◎教育部产学合作协同育人项目（项目编号：202102344003）：大数据分析与应用实践教学体系研究

◎教育部产学合作协同育人项目（项目编号：201901263032）：大数据分析与商务智能教学平台建设

◎西安理工大学教育教学改革研究项目（项目编号：XJY2007）：面向经管类专业的《大数据分析技术》课程体系建设研究

大数据分析与应用

段刚龙　谢天保◎主编

Big Data
Analysis and Application

经济管理出版社

ECONOMY & MANAGEMENT PUBLISHING HOUSE

图书在版编目（CIP）数据

大数据分析与应用/段刚龙，谢天保主编 . —北京：经济管理出版社，2023.4
ISBN 978-7-5096-9001-7

Ⅰ.①大… Ⅱ.①段… ②谢… Ⅲ.①数据处理 Ⅳ.①TP274

中国国家版本馆 CIP 数据核字（2023）第 075280 号

组稿编辑：申桂萍
责任编辑：申桂萍
助理编辑：张　艺
责任印制：黄章平
责任校对：张晓燕

出版发行：经济管理出版社
　　　　　（北京市海淀区北蜂窝 8 号中雅大厦 A 座 11 层　100038）
网　　址：www. E-mp. com. cn
电　　话：（010）51915602
印　　刷：北京晨旭印刷厂
经　　销：新华书店
开　　本：787mm×1092mm/16
印　　张：23
字　　数：504 千字
版　　次：2023 年 6 月第 1 版　　2023 年 6 月第 1 次印刷
书　　号：ISBN 978-7-5096-9001-7
定　　价：78.00 元

前　言

随着物联网、社交网络、云计算等技术不断地融入人们的生活，以及现有的计算能力、存储空间、网络带宽的高速发展，数据在互联网、通信、金融、商业、医疗等诸多领域不断地增长、累积。"信息泛滥""数据爆炸"等词汇不绝于耳，海量的数据信息使人们难以快速做出抉择。大数据在给人们带来价值的同时，也带来了信息冗余、信息真假、信息安全、信息处理、信息统一等一系列问题。人们不仅希望能够从大数据中提取出有价值的信息，更希望发现能够有效支持生产生活中需要决策的更深层次的规律。大数据是一次对商业战略决策、国家宏观调控、服务业务与管理方式以及每个人的生活都具有着重大影响的一次数据技术革命。大数据的应用与推广将会给市场带来千万亿美元收益的机遇，成为数据带来的又一次工业革命。

信息技术与经济社会的交汇融合引发了数据的迅猛增长，数据已成为国家基础性战略资源。在全球范围内，数以百万计的计算机每时每刻都有数据注入。尽管如此，与未被存储的数据量相比，存储下来的数据量仍是微不足道的。如何快速、准确、实时、方便地从庞大的、分散的数据中获取所需要的知识，是当前科技领域面临的重要问题，也是科学技术及产业领域研究的前沿课题之一。面对这一挑战，数据分析与挖掘技术显示出强大的生命力。数据挖掘技术使数据处理技术进入了一个更高级的阶段，能够找出过去数据之间的潜在联系，进行更高层次的分析，以便更好地决策、预测各种问题。基于管理的视角，当大数据被看作一类"资源"时，为了有效地开发、管理和利用这种资源，就不可忽视其获取问题、加工问题、应用问题、产权问题、产业问题和法规问题等相关的管理问题。

2023 年 4 月，教育部公布在 2022 年全国 38 所高校获批大数据管理与应用专业。至此，共有 221 所学校获批大数据管理与应用专业。大数据管理与应用专业旨在培养具有大数据思维、运用大数据思维及分析应用技术的高层次大数据人才。本书编写的目的是培养学生掌握大数据分析与应用技术，提升学生解决实际问题的能力。

本书适合本科生及研究生阅读学习，其编写也符合"大数据分析与应用"课程自身的特点，能够促进学生对专业知识基础课程的掌握和提升，使学生能够将所学的基础知识用于前沿研究领域，加深对基础课程的理解和掌握。另外，本书突出大数据计算框架下的实践特点，深入浅出地讲解了处理数据的基础算法，并且通过案例的形式使学生能够进行算法的实践，提高学生的学习效率。这门课程覆盖的知识面较广，与其他课程的衔接比较密切，同时这门课程又具有明显的应用特点。

本书紧紧围绕"构建知识体系，阐明基本原理，引导理论实践，了解相关应用"的指导思想，对大数据分析与应用的知识体系进行了系统梳理。本书第一章介绍了大数据分析的相关概念、大数据分析模型的建立方法；第二章介绍了数据仓库模型和大数据可视化；第三章介绍了数据预处理。本书后面章节围绕各种算法展开，第四章描述了数据回归分析模型，包括一元回归、多元回归、Logistics 回归；第五章、第六章、第七章是本书的重点章节，分别介绍了关联分析模型、分类分析模型和聚类分析模型；第八章介绍了预测分析模型，包括灰色预测和马尔科夫预测；第九章、第十章分别讲解了离群点分析模型和文本分析模型；第十一章介绍了推荐系统模型，对之前章节内容做出应用实践。

针对以往在课程教学过程中发现的问题，本书的主要编写目标是培养学生大数据分析与应用的能力。通过简单易学的例子，让学生快速入门，并且在实践过程中培养学生对大数据分析与应用技术的兴趣。通过教材的介绍，努力弥合理论与实践之间的缝隙，夯实理论基础，强调基本概念与算法的学习。

本书得到了教育部产学合作协同育人项目"大数据分析与应用实践教学体系研究（项目编号：202102344003）"和"大数据分析与商务智能教学平台建设（项目编号：201901263032）"资助。全书由段刚龙、谢天保主编，副主编为杨慧、赵立英及聂钰，参与编写的研究生有崔博文、刘建君、刘萌、李扬、刘意葳、张子怡、李滢男、杨娜、魏嘉斌、杨鑫军、张津恺、董嘉怡、严顺飞、王延爽、文健、廖浩丞、张锦程、靳玉洁、韩威宇、杨泽阳、刘佳茵、郭格、孔维维。感谢全体主编与副主编为本书付出的大量心血！对于其余编写人员做出细致的审校工作，在此也表示衷心的感谢！

最后也诚挚的感谢经济管理出版社对本书出版提供的大力支持。

由于作者水平有限，书中难免存在一些疏漏和不足，恳切希望广大读者批评指正。

目　录

第一章　大数据分析概述

第一节　认识大数据

如果把数据比作地球上的水，个人的数据（电脑里的各种文档、电影等）就好像一颗小水珠，最多能在累的时候解解渴。一些企业的数据略有不同，根据规模的大小，有些是水坑，有些是池塘，已经可以养些小鱼小虾了；另一些企业的数据（如 Facebook）已经算得上是一个大湖泊了，可以实现大型的捕捞、规模化的养殖。

再者，当我们初次学习做饭时，各种攻略上常常以"少许""适当""足量"等词汇粗略地进行描述，实际操作起来很难。有了大数据以后，主材、配料的种类、比例，油盐酱醋的多少都可以进行精准的记录，甚至哪里产的猪肉，配上哪里的青椒、豆瓣做出来的回锅肉最好吃，都可以形成数据被记录下来。这些以前不被重视、不被采集的数据，就是我们大数据领域隐藏的"水滴""池塘""湖泊"。已有的大量数据，以及尚未被发现、记录的数据，共同构成了大数据时代的发展基础。

水滴、池塘、湖泊发现得多了，就能够汇成海洋。大数据海洋里面的水（数据）多到数不清楚，里面的资源（大数据产生的价值）也丰富到无以复加。原来我们在湖泊里面养"青草鲢鳙"四大家鱼，而有了数据海洋，想吃生蚝、鳕鱼、金枪鱼等也可以轻松搞定。简而言之，大数据时代把大量数据信息汇集到一起，然后从中发现价值，服务于生活与生产。

一、大数据的定义

大数据是指大数据集，这些数据集经过计算分析以揭示与数据某个方面相关的模式和趋势。对于大数据的定义，我们可以分别从广义和狭义两方面理解。广义的定义，有点哲学的味道——大数据，是指物理世界到数字世界的映射和提炼，通过发现其中的数据特征，从而做出提升效率的决策行为。狭义的定义，是站在技术工程师的角度——大数据，是通过获取、存储、分析，从大容量数据中挖掘价值的一种全新的技术架构。

获取数据、存储数据、分析数据这一系列的行为，都不算新奇。例如，每月的月初考勤管理员会获取每个员工上个月的考勤信息，录入 Excel 表格并存在电脑里，统计分析员工的迟到、缺勤情况，然后进行处罚。但是，同样的行为，放在大数据身上，就行不通了。但是，当数据量变得巨大到传统个人电脑、传统常规软件无力应对时，这种级别的数据就称作"大数据"。

二、大数据的发展史

大数据的发展史可以从两个方面来理解：大数据技术栈的产生史和大数据应用的发展史。

1. 大数据技术栈的产生史

大数据技术栈是指用于处理大规模数据的技术组合，包含数据采集、存储、处理、分析和可视化等多方面的技术，例如：Hadoop、Spark、NoSQL 数据库等。

（1）起源于 Google。大家都知道最早的搜索引擎 Google，其功能是提供互联网用户的信息的检索功能。那么搜索引擎具有哪些功能？一是数据采集，也就是网页的爬取；二是数据搜索，也就是索引的构建。数据采集离不开存储，索引的构建也需要大量计算，所以存储容器和计算能力贯穿搜索引擎的整个更迭过程。

在 2004 年前后，Google 发表了三篇重要的论文，俗称"三驾马车"：分布式文件系统 GFS、大数据分布式计算机框架 MapReduce 和 NoSQL 的数据库系统 BigTable。

在互联网早期，互联网产品用户规模都不是很大，很少有人会关注分布式解决方案，都是单体机器上寻找解决方案，也就是在硬件上下功夫。而 Google 在当时的互联网界，不管是用户规模还是所产生数据量都是顶级的。所以，Google 以对分布式和集群等方式解决存储问题研究较早，同时也采用横向拓展的思路去研发系统。

（2）Hadoop 的产生。最早关注 Google 大数据论文的是 Lucene 项目的创始人 Doug Cutting，他看到 Google 发表的论文后颇为激动，于是很快就依据论文的原理实现了类似 GFS 和 MapReduce 的功能框架。

2006 年，DC 开发的类似 MapReduce 功能的大数据技术被独立出来，单独开发运维。这个也就是不久后被命名为 Hadoop 的产品。该体系里面包含大家熟知的分布式文件系统 HDFS 以及大数据计算引擎 MapReduce。

（3）Yahoo 优化改编。当 Hadoop 发布之后，搜索引擎巨头 Yahoo 很快就使用了起来。2007 年，百度也开始使用 Hadoop 进行大数据存储与计算。2008 年，Hadoop 正式成为 Apache 的顶级项目，自此，Hadoop 被更多的人所熟知。

当然，任何系统都不可能是完美的，也不可能是通用的，并非适用于每个公司。Yahoo 使用 MapReduce 进行大数据计算时，觉得开发太烦琐，于是他们便开发了一个新的系统——Pig。这是一个基于 Hadoop 类结构化查询语言（SQL）语句的脚本语言，经过编译后，直接生成 MapReduce 程序，在 Hadoop 系统上运行。所以，Yahoo 也是在 Hadoop 的基础上进行了编程上的优化使用。

（4）Facebook 的数据分析 Hive。Yahoo 的 Pig 是一种类似于 SQL 语句的脚本语言，相比于直接编写 MapReduce 简单许多，但使用者仍要学习这种新的脚本语言。又一家巨头公司——Facebook，为了数据分析也开发了一种新的分析工具——Hive，它能直接使用 SQL 语句进行大数据计算，这样，只要是具有数据库关系型语言的开发人员就能直接使用大数据平台，极大地降低了使用门槛，又将大数据技术推进了一步。

至此，大数据主要的技术栈基本形成，包括 HDFS、MapReduce、Pig、Hive。

2. 大数据应用的发展史

从最早 Google 公司的搜索引擎业务到目前最火的 AI（ChatGPT）技术，大数据应用越来越广泛。

（1）Google 搜索引擎时代。在 Google 之前，Yahoo 一直在搜索引擎领域领先。从 Google 发布三篇大数据论文开始，Google 扭转了局面：通过 HDFS 对海量数据的存储，运用 MapReduce 技术高效地计算网页内容，提高用户的检索能力。正是这些大数据技术的发展，让 Google 傲立搜索引擎之巅。

（2）数据仓库时代。稍具规模的公司都会有数据专员这种角色，不管是为老板提供数据，还是为产品人员提供数据支持。原来的工作方式，以传统的关系型数据库为主，用一些 SQL 语句做报表数据。

大数据提供了保存海量数据的能力，也构成了数据仓库。数据专员可以利用大数据的技术，在海量数据上进行分析，效率也大大提高。简单来说，数据人员利用 Hive 可以在 Hadoop 上进行 SQL 操作，实现数据统计与分析。

（3）大数据挖掘时代。"买尿不湿的人通常也会买啤酒"这一故事也许最能体现数据挖掘的作用。它可以帮助用户发现自己都不知道的需求，帮助电商平台推荐最适合用户的产品，帮助社交平台根据用户画像更好地挖掘出最优关联性社交关系。

（4）机器学习时代。有了大数据技术，可以把历史数据收集起来，探究其中的规律，进而预测正在发生的事情，这就是机器学习。以 AlphaGo 战胜世界冠军为起点，机器学习迎来了一波高潮，智能手机的语音助手等语音聊天也将机器学习推广到了寻常百姓家。

（5）AI（人工智能）时代。将全部的数据，使机器学习得到统计规律，进而模拟人的行为，使机器能像人类一样思考，这就是人工智能。而 AI（人工智能）时代是指人工智能技术在社会和经济各个领域得到广泛应用的时代。在这个时代，人工智能技术不仅能够辅助人类完成一些繁琐的工作，还能帮助人类实现更高效的生产和管理方式，同时也对人类社会的生活方式和发展模式产生了深远的影响。AI 技术已经应用于医疗、金融、教育、制造等各个领域，并将在未来继续拓展新的应用场景。

三、大数据的特点

大数据的重要特征便是规模上的"大",但远不是全部,由于在人类发展不同阶段,人们对数据量的主观感受是不同的,因此不能单纯根据数据的规模来定义大数据。

与传统的大量数据相比,大数据的基本特征可以概括为 4V:Volume、Variety、Value、Velocity。

Volume:数据量大,可以是 TB 级别或 PB 级别。

Variety:类型繁多,无处不在的传感器产生了音频、视频、图片、地理位置信息等多类型数据,这对数据的处理能力提出了更高的要求。

Value:价值密度低,随着物联网的广泛应用,信息感知无处不在,量大但价值密度低是一大难题,如何通过强大的机器算法从海量数据中提取需要的数据,是大数据时代亟待解决的难题。

Velocity:速度快、时效高,这是大数据区分于传统数据挖掘最显著的特征。既有的技术架构和路线,已经无法高效处理如此海量的数据,而对于相关组织来说,如果投入巨大采集的信息却无法通过及时处理反馈有效信息,那将是得不偿失的。大数据时代对人类的数据驾驭能力提出了新的挑战,也为人们获得更为深刻、全面的洞察能力提供了前所未有的空间与潜力。

第二节　认识大数据分析

沃尔玛每小时处理超过 100 万次的客户交易;百度的存储、访问和分析 30 PB 以上用户生成的数据,每天都会创建超过 230 万条软文;全球有超过 50 亿人在用手机打电话、发短信、发推文、浏览网页;抖音用户每分钟上传 48 个小时的新视频;现代汽车有近 100 个传感器,可监控燃油水平,轮胎压力等,每辆汽车都会生成大量传感器数据。

随着互联网的发展,整个世界已经联机,越来越多的数据被创造和记录。随着智能对象上线,数据增长率迅速提高。数据的主要来源是社交媒体站点、传感器网络、数字图像/视频、手机、Web 日志、病历、档案、电子商务、复杂的科学研究等,所有这些信息总计约 500 亿字节的数据。

直到今天,我们还可以将数据存储到服务器中,因为数据量非常有限,并且处理这些数据的时间也在接受范围内。但是在当今的技术世界中,地球上的数据量呈指数级增长,人们很多时候都依赖数据。同样,数据的增长速度很快,就不可能将数据存储到任何服务器中。因此,大数据分析就显得十分必要。

一、大数据分析概述

大数据分析涉及的数据集规模通常非常大，很难使用现有的数据库管理工具或传统的数据处理应用程序进行存储和处理。由于数据量过于庞大，需使用分布式系统和并行计算等先进技术进行处理和分析，以发现数据的潜在关联和模式。因此，大数据分析是一个复杂而全面的过程，需综合运用多种技术和工具来解决数据处理和数据分析的挑战。

大数据趋势下数据可以分为三种类型：

结构化：结构化数据是指可以通过固定格式存储和处理的数据，通常具有清晰的字段和行结构，例如关系数据库管理系统（RDBMS）中存储的数据。由于结构化数据具有固定的架构，因此很容易处理。SQL 通常用于管理此类数据。

半结构化：半结构化数据是一种不具有数据模型的正式结构（关系 DBMS 中的表定义）的数据类型，但是它具有一些组织属性（如标签和其他标记）来分隔语义元素，这使它更容易分析。XML 文件和 JSON 文档是半结构化数据的示例。

非结构化：非结构化数据是指缺乏固定格式或无法以传统结构化数据库中的行和列进行存储和处理的数据类型，如文本文件、图像、音频和视频等。一般而言，非结构化数据的增长速度比其他数据快，目前约 80% 的数据都是非结构化的。

二、大数据分析的相关概念

1. 数据可视化（Data Visualizations）

数据可视化是利用计算机图形学和图像处理技术，将数据转换成图形或图像在屏幕上显示出来，并进行交互处理的理论、方法和技术。数据可视化的实质是借助图形化手段，清晰有效地传达与沟通信息，使通过数据表达的内容更容易被理解。不管是对数据分析专家还是普通用户，数据可视化是数据分析工具最基本的要求。可视化可以直观地展示数据，让数据自己说话，让使用者听到结果。

可视化分析可以对以多维形式组织起来的数据进行钻取、联动、链接等各种分析操作，以便剖析数据，使分析者、决策者能从多个角度、多个侧面观察数据库中的数据，从而深入了解包含在数据中的信息和内涵。

（1）钻取。钻取包括上卷与下钻。上卷是通过在维级别中合并或聚合上升，或通过消除某个、某些维来观察更概括的数据。下钻是通过在维级别中下降或通过引入某个、某些维来更细致地观察数据。切换是用于实现跨层级的数据钻取。

（2）联动。联运是指将多个可视化图表之间的操作和数据链接起来，实现交互数据分析和可视化展示。例如，通过选择某个区域或某个数据点，在一个图表中的操作会自动联动到其他相关的图表中，从而实现多个视图之间的数据同步和交互式分析。

（3）链接。图表链接用于触发打开新的场景或链接，用于实现图表超链接功能，目标链接可在弹出窗口、新页面或当前页面打开。链接功能不仅可以实现页面跳转，还可以传递参数值来实现跨页面的数据筛选。

2. 数据分析算法（Data Analysis Algorithms）

如果说可视化是给人看的，那么数据挖掘就是给机器看的。集群、分割、孤立点分析还有其他的算法让我们深入数据内部挖掘价值。这些算法不仅要处理大数据的量，还要处理大数据的速度。常用的算法如下：

（1）聚类分析。目标是通过对无标记训练样本的学习，揭示数据内在的规律及性质。

K-Means：K-Means 聚类算法适用于对球形簇分布的数据聚类分析，其可应用于客户细分、市场细分等分析场景。该算法对空间需求及时间需求均是适度的，另外，算法收敛速度很快。算法难以发现非球形簇，且对噪声及孤立点较为敏感。

模糊 C 均值：模糊聚类分析作为无监督机器学习的主要技术之一，是用模糊理论对重要数据分析和建模的方法建立了样本类属的不确定性描述。在众多模糊聚类算法中，模糊 C 均值算法的应用最广泛且较为成功。模糊 C 均值聚类算法通过优化目标函数得到每个样本点对所有类中心的隶属度，从而决定样本点的类属，以达到自动对样本数据进行分群的目的。

EM 聚类：EM（期望最大化）算法是在概率模型中寻找参数最大似然估计的算法，最大期望算法经过两个步骤交替进行计算，第一步是计算期望（E），利用对隐藏变量的现有估计值，计算其最大似然估计值；第二步是最大化（M），这个过程不断交替进行。与其他聚类算法相比，EM 算法可以给出每个样本被分配到每一个类的概率。能够处理异构数据，以及具有复杂结构的记录。适用于客户细分、客群分析等业务场景。EM 算法比 K-Means 算法计算复杂，收敛也较慢，不适用于大规模数据集和高维数据。

Hierarchy 聚类：层次聚类方法对给定的数据集进行层次的分解，直到某种条件满足为止。具体又可分为：①凝聚的层次聚类：一种自下而上的策略，首先将每个对象作为一个簇，其次合并这些原子簇为越来越大的簇，直到某个终结条件被满足。②分裂的层次聚类：采用自上而下的策略，首先将所有对象置于一个簇中，其次逐渐细分为越来越小的簇，直到达到某个终结条件。

KoHoneo 聚类：KoHoneo 网络是一种竞争型神经网络，可用于将数据集聚类到有明显区别的分组中，使组内各样本间趋于相似，而不同组中的样本有所差异，其在训练过程中，每个神经元会与其他单元进行竞争以"赢得"每条样本。

视觉聚类（Visual Cluster）：视觉聚类是一种聚类算法，在视觉聚类算法中，每一样本数据点视作空间中的一个光点，于是数据集便构成空间的一幅图像。当尺度参数充分小时，每一数据点是一个类，当尺度逐渐变大时，小的数据类逐渐融合形成大的数据类，直到尺度参数充分大时，形成一个类。

Canopy 聚类：Canopy 聚类算法是一种将对象分组到类的简单、快速的方法。Canopy 算法开始首先指定两个距离阈值 T1、T2（T1>T2），随机选择一个数据点，创建一个包含这个点的 Canopy，对于每个点，如果它到第一个点的距离小于 T1，就把这个点加入这个数据点的 Canopy 中，如果这个距离小于 T2，就把此点从候选中心向量集合中移除。重复以上步骤直到候选的中心向量为空，最后形成一个 Canopy 集合。

幂迭代聚类：幂迭代聚类（Power Iteration Clustering，PIC）是一种可尺度化的有效聚类算法。幂迭代算法是将数据点嵌入由相似矩阵推导出来的低维子空间中，然后通过 K-Means 算法得出聚类结果。幂迭代算法利用数据归一化的逐对相似度矩阵，采用截断的迭代法，寻找数据集的一个超低维嵌入，低维空间的嵌入是由拉普拉斯矩阵迭代生成的伪特征向量，这种嵌入恰好是有效的聚类指标，使它在真实的数据集上优于谱聚类算法，而不需要求解矩阵的特征值。

两步聚类：两步聚类算法可以同时分析连续属性和离散（分类）属性。算法中采用的度量距离包括欧氏距离及对数似然距离。该算法的特点是可以基于 BIC 信息准则自动确定最优聚类数。

（2）分类分析：已知研究对象分为若干类，按照某种指定的属性特征将新数据归类。

逻辑回归分类：逻辑回归（Logistic Reg）算法可用于二元及多元分类问题，是分类算法的经典算法。对于二分类问题，算法输出一个二元 Logistic 回归模型。对于 K 分类问题，算法会输出一个多维 Logistic 回归模型，包含 K-1 个二分类模型。

朴素贝叶斯：朴素贝叶斯（Naive Bayes）算法在机器学习中属于简单概率分类器。朴素贝叶斯是一种多分类算法，前提假设为任意特征之间相互独立。首先计算给定标签下每一个特征的条件概率分布，其次应用贝叶斯理论计算给定观测值下标签的条件概率分布并用于预测。

XGBoost 分类：XGBoost 分类是集成学习算法 Boosting 族中的一员，其全名为极端梯度提升，其对 GBDT（Gradient Boosting Decision Tree）分类算法做了较大改进，分类效果显著。该算法的核心是大规模并行 Boosted Tree。XGBoost 是以 CART 树中的回归树作为基分类器，但其并不是简单、重复地将几个 CART 树进行组合，而是一种加法模型，将模型上次预测（由第 t-1 棵树组合成的模型）产生的误差作为参考进行下一棵树（第 t 棵树）的建立。

贝叶斯网络分类：贝叶斯网络（Bayes Net）是一种概率网络，它是基于概率推理的图形化网络，是在朴素贝叶斯的基础上取消了关于各属性中关于类标号条件独立的苛刻条件，通过各类的先验概率计算待分类样本的后验概率，得到测试样本属于各类别的概率。贝叶斯网络是为了解决不定性和不完整性而提出的，它对于解决复杂设备不确定性和关联性引起的故障有很大的优势，在多领域中获得广泛应用。

神经网络分类：BP 神经网络算法（MLP）由输入层、隐藏层和输出层构成，学习过程由信号的正向传播和误差的反向传播两个过程组成，通过多次调整权值，直至网络输出的误差减小到可以接受的程度，或进行事先设定的学习次数。学习得到因变量与自变量之间的一个非线性关系。

随机森林分类：随机森林（Random Forest）算法广泛应用于分类问题。其是决策树的组合，将许多决策树联合到一起，以降低过拟合的风险。与决策树类似，随机森林可以处理名词型特征，不需要进行特征缩放处理（如归一化），能够处理特征间交互的非线性关系。随机森林支持连续数据或离散数据进行二分类或多分类。

SVM 分类：SVM 分类算法以极大化类间间隔为目标，并以之作为最佳分类超平面，其中定义的类间间隔为两类样本到分类超平面的最小距离，通过引入松弛变量，使支持向量机能够解决类间重叠问题，并提高泛化能力。该算法在开源算法中仅支持二分类，平台通过将多分类问题分解为多个二分类问题进行求解，从而实现对多分类的支持。

CART 分类：分类回归树（CART）属于一种决策树。分类回归树是一棵二叉树。对于分类问题，目标变量必须是字符型，可以通过剪枝避免模型对数据过拟合，同时可以控制剪枝程度，训练完成可得到一棵多叉树。

ID3 分类：ID3 分类算法是一种流行的机器学习分类算法，算法的核心是信息熵。ID3 算法通过计算每个属性的信息增益，认为信息增益高的属性是好属性，每次划分选择信息增益最高的属性作为划分标准，重复这个过程，直至生成一个好的分类训练样本的决策树。

C5.0+决策树分类：C5.0+算法是在 C4.5 算法的基础上改进而来的产生决策树的一种更新的算法，计算速度比较快，占用的内存资源较少。C5.0 算法的优点：面对数据遗漏和输入字段很多的问题时非常稳健，比一些其他类型的模型易于理解，模型退出的规则有非常直观的解释，提供强大技术以提高分类的精度。

梯度提升决策树分类：GBDT 是一种迭代的决策树算法，该算法由多棵决策树组成，所有树的结论累加起来做最终答案。

L1/2 稀疏迭代分类：L1/2 稀疏迭代算法（L12）是基于极小化损失函数与关于系数解的 1/2 范数正则项的高效稀疏算法。在分类问题中，采用分类损失函数，并通过 L1/2 阈值迭代算法实现 L1/2 稀疏迭代分类。平台通过 Half 阈值迭代算法实现 L1/2 稀疏迭代分类问题的求解，使它相比于凸正则化方法精度更高。

RBF 神经网络分类：RBF 网络即径向基神经网络，是前馈型网络的一种，其基本思想是对于低维空间不一定线性可分的问题，把它映射到高维空间中，则可能是线性可分的，其在对问题进行转换的同时，也解决了 BP 网络的局部极小值问题。RBF 网络是一个三层的网络，包含输入层、隐层和输出层，其中隐层的转换函数是局部相应的高斯函数，而其他前向型网络的转换函数一般都是全局相应的函数，理论上讲对于任意连续函数可以无限逼近。

KNN：KNN 算法亦称 K 近邻算法，是数据挖掘技术中最简单的分类算法之一。所谓 K 最近邻，就是 K 个最近的邻居的意思，也就是说每个样本都可用它最近的 K 个邻居来近似推断。该算法的核心思想是：如果一个样本在特征空间中的 K 个最相邻的样本中的大多数属于某个类别，则该样本也属于这个类别。

线性判别分类：线性判别分析算法（LDA）是根据研究对象的各种特征值判别其类型归属问题的一种多变量统计分析方法，其将输入数据投影到一个线性子空间中，以最大限度地将类别分开。

Adaboost 分类：Adaboost 分类是集成学习算法 Boosting 族中最著名的代表。其训练过程为：选取一个基分类器（例如逻辑回归分类器），顺序进行 T 轮模型训练。初始时，首先给训练集的每个样本赋予相同权重 1/N（N 为训练样本数），其次进行第一轮带权训练得到分类器 H1，最后求出该分类器在训练集上的加权误差率，并基于此误差率求得 H1 分类器的权重及更新训练样本权值（分类错误的样本权重调大，分类正确的反之）。接下来的每轮训练依次类推，最终得到每轮的分类器及其权重。这 T 个基分类器及其权重组成了整个 Adaboost 分类模型。当预测新样本时，其分类预测值为这 T 个分类器的加权分类结果。需要注意的是，如果在迭代过程中，某一次的误差率大于定限值，将终止迭代。此时，得到的基分类器少于 T 个。

（3）回归分析。回归分析是指确定两种或两种以上变量间相互依赖的定量关系的一种统计分析方法，在解决实际问题时经常会把数据拆分为两个数据集：训练集数据和测试数据集。

线性回归：线性回归（Linear Reg）算法假设每个影响因素与目标之间存在线性关系，并通过特征选择、得到关键影响因素，建立线性回归模型来预测目标值。该算法利用数理统计中回归分析，通过凸优化的方法进行求解。在实际业务中应用十分广泛。

决策树回归：决策树（Decision Tree）回归算法通过构建决策树来进行回归预测。在创建回归树时，使用最小剩余方差来决定回归树的最优划分，该划分准则是期望划分之后的子树误差方差最小。创建模型树，每个叶子节点都是一个机器学习模型，如线性回归模型。

SVM 回归：支持向量机回归（Support Vector Machines，SVMs）是处理回归问题的算法。它通过定义 Epsilon 带，将回归问题转换为分类问题，以极大化类间间隔为目标，并以之作为最佳回归超平面。

梯度提升树回归：梯度提升树（GBDT）是一种迭代的决策树算法，该算法由多棵决策树组成。它基于集成学习中 Boosting 的思想，每次迭代都在减少残差的梯度方向上建立一棵决策树，迭代多少次就生成多少棵决策树。该算法的思想使其具有天然优势可以发现多种有区分性的特征以及特征组合。

BP 神经网络回归：BP 神经网络算法（BP）由输入层、隐藏层和输出层构成，其学习过程由信号的正向传播和误差的反向传播两个过程组成，通过多次调整权值，直至网络输出的误差减小到可以接受的程度，或进行事先设定的学习次数。学习得到因变量与自变量之间的一个非线性关系。

保序回归：保序回归可以看作是附加有序限制的最小二乘问题，拟合的结果为分段的线性函数。训练集用该算法可以返回一个保序回归模型，可以被用于预测已知或未知特征值的标签。目前只支持一维自变量。

曲线回归：曲线回归算法实现的是一元多项式曲线回归，研究一个因变量与一个自变量间多项式的回归分析方法。一元多项式回归的最大优点就是可以通过增加高次项对实测点进行逼近，直到满意为止。在一元多项式回归模型中，自变量的次数不宜设置太高，否则容易过拟合。

随机森林回归：随机森林（Random Forest）回归算法是决策树回归的组合算法，将许多回归决策树组合到一起，以降低过拟合的风险。随机森林可以处理名词型特征，不需要进行特征缩放处理。随机森林并行训练许多决策树模型，对每个决策树的预测结果进行合并可以降低预测的变化范围，进而改善测试集上的预测性能。

L1/2 稀疏迭代回归：L1/2 稀疏迭代回归算法（L12）是基于极小化损失函数（误差平方和函数）与关于系数解 L1/2 范数正则项的高效稀疏算法。L1/2 正则化与 L0 正则化相比更容易求解，而与 L1 正则化（Lasso）相比能产生更稀疏的解，说明 L1/2 正则化具有广泛且重要的应用价值，平台通过 Half 阈值迭代算法实现 L1/2 稀疏迭代回归问题的求解，算法具有高效、精确的优点。

（4）时序分析。变量随时间变化，按等时间间隔所取得的观测值序列，称为时间序列。时间序列分析法主要通过与当前预测时间点相近的历史时刻的数据来预测当时时刻的值。

ARIMA：ARIMA 模型将预测对象随时间推移而形成的数据序列视为一个随机序列，用一定的数学模型来近似描述这个序列。这个模型一旦被识别后就可以从时间序列的过去值及现在值来预测未来值。ARIMA（p，d，q）称为差分自回归移动平均模型，AR 为自回归，p 为自回归项，MA 为移动平均，q 为移动平均项数，d 为时间序列成为平稳时所做的差分次数。所谓 ARIMA 模型，是指将非平稳时间序列转化为平稳时间序列，然后将因变量仅对它的滞后值以及随机误差项的现值和滞后值进行回归所建立的模型。（注：此算法节点不支持连接模型利用节点，对于新数据只能重新进行预测。）

稀疏时间序列：稀疏时间序列是将稀疏性引入时间序列模型系数的求解中。本算法基于 AR 模型，通过 L1/2 稀疏化方法，能够获取到更好的稀疏解，稀疏时间序列在一定程度上解决了 ARMA 模型的定阶问题。（注：此算法节点不支持连接模型利用节点，对于新数据只能重新进行预测。）

指数平滑：指数平滑模型根据时间序列先前的观察值来预测未来，如根据销售历史记录来预测未来销售情况。该节点提供了自动、简单指数平滑、Holt 线性趋势、简单季节模型、Winter 加法多种模型可以选择，其中自动是指节点会自动求解平滑系数。（注：此算法节点不支持连接模型利用节点，对于新数据只能重新进行预测。）

移动平均：移动平均算法是根据时间序列，逐项推移，依次计算包含定项数的序时平均数，以此进行预测的方法，平台集成了一次移动平均法和多次移动平均法。（注：此算法节点不支持连接模型利用节点，对于新数据只能重新进行预测。）

向量自回归：向量自回归模型（以下简称 VAR 模型）是计量经济中常用的一种时间序列分析模型。该模型是用所有当期变量对所有变量的若干滞后变量进行回归。VAR 模型用来估计联合内生变量的动态关系，而不带有任何事先约束条件。VAR 模型是 AR 模型的推广，可同时回归分析多个内生变量，即同时构建多个时间序列回归方程。

回声状态网络：回声状态网络作为一种新型的递归神经网络，也由输入层、隐藏层（即储备池）、输出层组成。其将隐藏层设计成一个具有很多神经元组成的稀疏网络，通过调整网络内部权值的特性达到记忆数据的功能，其内部的动态储备池（DR）包含了大量稀疏连接的神经元，蕴含系统的运行状态，并具有短期记忆功能。ESN 训练的过程，就是训练隐藏层到输出层的连接权值（Wout）的过程。（注：此算法节点不支持连接模型利用节点，对于新数据只能重新进行预测。）

灰度预测：灰色模型的建立机理是根据系统的普遍发展规律，建立一般性的灰色微分方程，然后通过对数据序列的拟合，求得微分方程系数，从而获得灰色模型方程。灰色建模直接将时间序列转化为微分方程，从而建立抽象系统的发展变化的动态模型，即 Grey Dynamic Model（GM），灰色理论微分方程模型成为 GM（M，N），即 M 阶 N 个变量的微分方程灰色模型。其中 GM（1，1）是最基础模型，即一阶一变量微分方程灰色模型应用最为广泛。（注：此算法节点不支持连接模型利用节点，对于新数据只能重新进行预测。）

（5）关联规则分析。关联规则反映一个事物与其他事物之间的相互依存性和关联性；如果两个事物或者多个事物之间存在一定的关联关系，那么其中一个事物就能够通过其他事物预测到。关联是某种事物发生时其他事物会发生的这样一种联系。

Apriori：Apriori 算法是一种挖掘关联规则的频繁项集算法，其核心思想是不断寻找候选集，然后剪枝去掉包含非频繁子集的候选集。该算法节点提供给了用户设置最小支持度、置信度等选项，生成满足特定要求的关联规则，生成输出关联规则的模型和网络图。

FPGrowth：FPGrowth 是挖掘关联规则的经典算法之一，FPGrowth 算法是基于数据构建一棵规则树，并基于规则树进行频繁项挖掘的算法，算法对数据库仅扫描 2 次，且不会产生大量的频繁项集，因此算法具备处理效率高、内存占用相对较小的优点。

（6）综合评价。综合评价的基本步骤：第一，明确评价目标、选择评价对象；第二，建立评价指标体系；第三，确定评价指标的权重；第四，选择合适的综合评价方法；第五，计算综合评价值，对评价对象进行排序和归档。

层次分析法：层次分析法（AHP）是将与决策相关的元素分解成目标、准则、方案等层次，进行定性和定量分析的决策方法。

模糊综合评价法：模糊综合评价法是一种基于模糊数学的综合评价方法。该方法将"优""良""差"等定性评价转化为定量评价值，进而用模糊算子自下而上逐层对各指标权重及评价隶属度做运算，最终得到最高层目标的评价等级或综合得分值。

语料库：语料库中存放的是在语言的实际使用中真实出现过的语言材料；语料库是以电子计算机为载体承载语言知识的基础资源；真实语料需要经过分析和处理，才能成为有用的资源。

3. 预测性分析能力（Predictive Analytic Capabilities）

数据挖掘可以帮助人们更好地理解数据，而预测性分析则基于可视化分析和数据挖掘的结果做出预测性的判断。

常用的预测方法有以下几种：

（1）经验预测法。经验预测法是最为传统的预测法。如果我们有了丰富的生活阅历和工作经验，那么我们对事物的判断就会更加准确，从而能够做出更加合理的决策。经验预测法在生活、工作中有大量的应用实例。人们最容易用自己过去的经验做出判断，所以人们几乎每时每刻都在做经验预测。单纯依靠少数人的预测往往风险很高，因为我们每个人的生活经历都是有限的，并且看问题的视角是单一的，所以对于重大决策，在没有其他更好的方法可以预测时，需要让更多的人一起利用经验来预测，这种方法被称为德尔菲法。

德尔菲法是通过召集专家开会，集体讨论得出一致预测意见的专家会议法，是一种专家预测方法。德尔菲法能发挥专家会议法的优点，即能充分发挥各位专家的作用，集思广益，准确性高。同时，又能避免专家会议法的缺点：权威人士的意见影响他人的意见；有些专家碍于情面，不愿意发表与其他人不同的意见；出于自尊心而不愿意修改自己原来不全面的意见。德尔菲法的主要缺点是：缺少思想沟通交流，可能存在一定的主观片面性；易忽视少数人的意见，可能导致预测的结果偏离实际；存在组织者主观影响。

（2）类比预测法。事物有很多的相似性，事物发展的规律也有相似性。例如根据一个人对一件事情的反应，找到这个人的行为模式，从而预测其未来的行为模式，这就是类比预测法。然而类比法也有局限性，主要的局限在于类的可比性。因此，当使用类比法进行预测时，需确保所选取的类别具有足够的相似性和可比性，以获得更准确的预测结果。

（3）逻辑关系预测法。逻辑关系预测法从预测的角度来看是最简单的方法，但从算法探索的角度来看则是最难的方法。每个逻辑规律都有其成立的条件。例如在广告投放初期构建的模型，不见得适合中期和后期；品牌的知名度较低时，广告与销售额的关系会被弱化，边际效应显现；当公司的品牌已经非常强大时，广告本应该承担一个提醒功能，这个时候如果还是采用说服式广告就非常不妥了，消费者会觉得这是"欺骗"，其自我保护机制显现，产生负面影响。

（4）惯性时间预测法。惯性预测法是根据事物发展的惯性进行预测，其中最典型的就是趋势分析。炒股的人除了要看基本的股值点数外，还要看趋势线，并根据趋势线来判断拐点。

时间序列分析模型是最典型的惯性分析法，其本质就是探寻一个事物的数量化指标随时间变化的规律。如果事物完全按照时间顺序发展，则一定会按照规律继续发展下去，如果是向上的趋势，就会继续向上发展；如果是向下的趋势，就会继续向下发展；如果存在周期性，就会按照周期性的规律发展；如果具有循环往复的特征，就会按照循环往复的特征发展下去。

时间序列模型的局限：忽略了现在的变化影响因素，即如果事物过去都是向上发展的，则时间序列认为事物还会继续向上发展，但是因为某些因素的原因出现了下滑，则这个因素不予考虑，会认为是误差或者受随机因素的影响。

（5）比例预测法。运用比例预测法，其实就是针对以往的数据，对其进行分类汇总整理后，对未来的数据按照一定的比例进行预测，其中，比例就是通过以往的某一指标与目标指标之间的关联数据总结确定的。

人的行为方式、兴趣爱好在短时间内不会发生较大的变化，预测其实就是在预测人的行为方式和思维，这也就是为什么可以使用比例预测法的原因，因为人的行为方式、兴趣爱好不会轻易改变。

比例预测法的重点就是在无特殊情况下的一种状态下的预测，例如，一家大型购物中心，前5个月的会员销售占比为50%，那么在第6个月的会员销售占比也会是在50%左右。其前5个月的周一到周五的日均销售额为100万元，周六、周日的日均销售额为200万元。那么我们根据本月工作日和双休日的天数，可以预测出本月的销售额。

比例预测法也有其局限性，比例预测法成立的前提是需要有大量的数据源，但是当数据较少的情况下，比例预测法就没有效果，反而会误导我们的决策。

4. 语义引擎（Semantic Engines）

由于非结构化数据的多样性带来了数据分析的新的挑战，我们需要一系列的工具去解析、提取、分析数据。语义引擎需要被设计成能够从"文档"中智能提取信息。

5. 数据质量和数据管理（Data Quality and Master Data Management）

数据质量是指数据的准确性、完整性、一致性和可靠性等特征。数据管理是指对数据进行收集、存储、处理和分析的一系列活动。通过标准化的流程和工具对数据进行处理可以保证一个预先定义好的高质量的分析结果。

要提升数据质量可以从以下几个方面入手：

（1）事前定义数据的监控规则。监控规则：梳理对应指标、确定对象（多表、单表、字段）、通过影响程度确定资产等级、质量规则制定。

（2）事中监控和控制数据生产过程。通过数据生产过程中进行控制，实现质量监控和工作流无缝对接；支持定时调度；通过强弱规则控制 ETL 流程；对脏数据进行清洗。

（3）事后分析和问题跟踪。邮件短信报警并及时跟踪处理；稽核报告查询；数据质量报告的概览、历史趋势、异常查询、数据质量表覆盖率；异常评估、严重程度、影响范围、问题分类。

6. 数据存储（Data Storage）

大数据处理当中面临的第一道障碍就是关于大数据存储的问题，针对于大数据存储主要有以下几种存储方法：

（1）顺序存储方法。该方法把逻辑上相邻的节点存储在物理位置上相邻的存储单元里，节点间的逻辑关系由存储单元的邻接关系来体现。由此得到的存储表示称为顺序存储结构（Sequential Storage Structure），通常借助程序语言的数组描述。该方法主要应用于线性的数据结构，非线性的数据结构也可通过某种线性化的方法实现顺序存储。

（2）链接存储方法。该方法不要求逻辑上相邻的节点在物理位置上亦相邻，节点间的逻辑关系由附加的指针字段表示。由此得到的存储表示称为链式存储结构（Linked Storage Structure），通常借助于程序语言的指针类型描述。

（3）索引存储方法。该方法通常在储存节点信息的同时，还建立附加的索引表，索引表由若干索引项组成。若每个节点在索引表中都有一个索引项，则该索引表称为稠密索引（Dense Index）。若一组节点在索引表中只对应一个索引项，则该索引表称为稀疏索引（Spare Index）。索引项的一般形式是：（关键字，地址），其中关键字是能唯一标识一个节点的数据项。稠密索引中索引项的地址指示节点所在的存储位置，稀疏索引中索引项的地址指示一组节点的起始存储位置。

（4）散列存储方法。该方法的基本思想是：根据节点的关键字直接计算出该节点的存储地址。

上述四种基本存储方法，既可单独使用，也可组合起来对数据结构进行存储映像。同一逻辑结构采用不同的存储方法，可以得到不同的存储结构。选择何种存储结构来表示相应的逻辑结构，视具体要求而定，主要考虑运算方便及算法的时空要求。

数据仓库是为了便于多维分析和多角度展示数据按特定模式进行存储所建立起来的关系型数据库。在商业智能系统的设计中，数据仓库的构建是关键，是商业智能系统的基础，承担对业务系统数据整合的任务，为商业智能系统提供数据抽取、转换和加载（ETL），并按主题对数据进行查询和访问，为联机数据分析和数据挖掘提供数据平台。

三、大数据分析过程

大数据分析过程大致分为以下六个步骤：

1. 业务理解

最初的阶段集中在理解项目目标和从业务的角度理解需求，同时将业务知识转化为数据分析的定义和实现目标的初步计划。

2. 数据理解

从初始的数据收集开始，通过一些活动的处理，目的是熟悉数据，识别数据的质量问题，首次发现数据的内部属性，或是探索引起兴趣的子集去形成隐含信息的假设。

3. 数据准备

数据准备阶段包括从未处理数据中构造最终数据集的所有活动。这些数据是模型工具的输入值。这个阶段的任务能执行多次，没有任何规定的顺序。任务包括表、记录和属性的选择，以及为模型工具转换和清洗数据。

4. 分析建模

在这个阶段，可以选择和应用不同的模型技术，模型参数被调整到最佳的数值。有些技术可以解决一类相同的数据分析问题；有些技术在数据行程上有特殊要求，因此需要经常跳回到数据准备阶段。

5. 评估

在这个阶段，已经从数据分析的角度建立了一个高质量显示的模型。在最后部署模型之前，重要的步骤是彻底地评估模型，检查构造模型，确保模型可以完成业务目标。这个阶段的关键目的是确定是否有重要业务问题没有被充分考虑。在这个阶段结束后必须达成一个数据分析结果使用的决定。

6. 部署

通常，模型的创建不是项目的结束。模型的作用是从数据中找到知识，获得的知识需要以便于用户使用的方式重新组织和展现。根据需求，这个阶段可以生成简单的报告，或者是实现一个比较复杂的、可重复的数据分析过程。在很多案例中，这一部分是由客户而不是由数据分析人员承担部署的工作。

四、大数据分析技术

大数据分析通常包括数据采集、存取、分析、可视化等方面，都有一些相应的技术，如用于数据采集的 ETL，用于数据存储的分布式系统（如 HDFS）、云存储等，用于数据分析与挖掘的 MapReduce、Spark 等，用于可视化展示的热图、标签云、地图、相关矩阵等。

作为大数据的主要应用，大数据分析涉及的技术相当广泛，主要包括以下几类：

1. 数据采集

大数据采集是指利用多个数据库来接收发自客户端（Web、App、传感器形式等）的数据，并且用户可以通过这些数据库来进行简单的查询和处理工作。例如，电商会使用传统的关系型数据库 MySQL 和 Oracle 等来存储每一笔事务数据，除此之外，Redis 和 MongoDB 这样的 NoSQL 数据库也常用于数据库的采集。阿里云 DataHub 是一款数据采集产品，可为用户提供实时数据的发布和订阅功能，写入的数据可直接进行流式数据处理，也可参与后续的离线作业计算，并且 DataHub 同主流插件和客户端保持高度兼容。

在大数据采集过程中，其主要特点和挑战是并发数高，因为同时可能会有成千上万的用户来进行访问和操作，如火车票售票网站和淘宝，它们并发的访问量在峰值时达到上百万，所以需要在采集端部署大量数据库才能支撑。并且，如何在这些数据库之间进行负载均衡和分片的确需要深入的思考和设计。例如 ETL 工具负责将分布的、异构数据源中的数据，如关系数据、平面数据文件等抽取到临时中间层后进行清洗、转换、集成，最后加载到数据仓或数据集市中，成为联机分析处理、数据分析的基础。

2. 数据管理

对大数据进行分析的基础是对大数据进行有效的管理，使大数据"存得下，查得出"，并且为大数据的高效分析提供基本数据操作（如 Join 和聚集操作等），实现数据有效管理的关键是数据组织。面向大数据管理已经提出了一系列技术。随着大数据应用越来越广泛，应用场景的多样化和数据规模的不断增加，传统的关系数据库在很多情况下难以满足要求，学术界和产业界开发出了一系列新型数据库管理系统，如适用于处理大量数据的高访问负载以及日志系统的键值数据库（如 Tokyo Cabinet、Tyrant、Redis、Voldemort、Oracle BDB）、适用于分布式大数据管理的列存储数据（如 Cassandra、HBase、Riak）、适用于 Web 应用的文档型数据库（如 CouchDB、MongoDB、SequoiaDB）、适用于社交网络和知识管理等的图形数据库（如 Neo4J、InfoGrid、Infinite Graph），这些数据库统称为 NoSQL。面对大数据的挑战，学术界和工业界拓展了传统的关系数据库，即 NewSQL，这是对各种新的可拓展/高性能数据库的简称，这类数据库不仅具有 NoSQL 对海量数据的存储管理能力，还保持了传统数据库支持 ACID（原子性（Atomicity）、一致性（Consistency）、隔离性（Isolation）和持久性（Durability））和 SQL（包括 DDL、DQL、DML、DCL）的特性。典型的 NewSQL 包括 VoltDB、ScaleBase、dbShards 等。例如，阿里云分析型数据库可以实现对数据的实时多维分析，百亿量级多维查询只需 100 毫秒。

3. 基础架构

从更底层来看，对大数据进行分析还需要高性能的计算架构和存储系统。例如：用于分布式计算的 MapReduce 计算框架、Spark 计算框架，用于大规模数据协同工作的分布式文件存储 HDFS 等。

4. 数据理解与提取

大数据的多样性体现在多个方面。在数据结构方面，大数据分析中处理的数据不仅有传统的结构化数据，还包括多模态的半结构和非结构化数据；在语义方面，大数据的语义也有着多样性，同一含义有着多样的表达，同样的表达在不同的语境下也有着不同的含义。要对具有多样性的大数据进行有效的分析，需要对数据进行深入的理解，并从结构多样、语义多样的数据中提取出可以直接进行分析的数据。这方面的技术包括自然语言处理、数据抽象等。自然语言处理是研究人与计算机交互的语言问题的一门学科。处理自然语言的关键是要让计算机"理解"自然语言，所以自然语言处理又叫作自然语言理解（Natural Language Understanding，NLU），也称为计算机语言学，它是人工智能（Artificial Intelligence，AI）的核心课程之一。信息抽取（Information Extraction，IE）是从非结构化数据中自动提取结构化信息的过程。

5. 统计分析

统计分析是指运用统计方法及分析对象有关的知识，从定量与定性的结合上进行研究活动。它是继统计设计、统计调查、统计整理之后的一项十分重要的工作，是在前几个阶段工作的基础上通过分析达到对研究对象更为深刻的认识。它也是在一定的选题下，针对分析方案的设计、资料的搜索和整理而展开的研究活动。系统、完善的资料是统计分析的必要条件。统计分析技术包括假设检验、显著性检验、差异分析、相关分析、T检验方差分析、卡方分析、偏相关分析等。

6. 数据挖掘

数据挖掘指的是从大量数据中通过算法搜索隐藏于其中的信息的过程，包括分类（Classification）、估计（Estimation）、预测（Prediction）、相关性分组或关联规则（Affinity Grouping or Association Rule）、聚类（Clustering）、描述和可视化（Description and Visualization）、异常点检测（outlier detection）、复杂数据类型挖掘（Text、Web、图形图像、视频、音频等）。与前面统计和分析过程不同的是，数据挖掘一般没有什么预先设定好的主题，主要是在现有数据上进行基于各种算法的计算，从而达到预测的效果，实现一些高级别数据分析的需求。例如，阿里云的数家产品拥有一系列机器学习工具，可基于海量数据实现对用户行为、行业走势、天气、交通的预测，产品还集成阿里巴巴核心算法库，包括特征工程、大规模机器学习、深入学习等。

7. 数据可视化

数据可视化是关于数据视觉表现形式的科学技术研究。对于大数据而言，由于其规模、高速和多样性，用户通过直接浏览来了解数据，因而，将数据进行可视化，将其表示为人能够直接读取的形式，就显得非常重要。目前，针对数据可视化已经提出了许多方法，这些方法根据可视化的原理可以划分为基于几何的技术、面向像素的技术、基于图标的技术、基于层次的技术、基于图像的技术和分布式技术等；根据数据类型可以分为文本可视化、网络可视化、时空数据可视化、多维数据可视化等。

数据可视化应用包括报表类工具（如Excel）、BI分析工具及专业的数据可视化工具等。阿里云2016年发布的BI报表产品，三分钟内即可完成海量数据的分析报告，产品支持多种语音数据源，提供近20种可视化效果。

五、大数据分析面临的挑战

作为一个新生领域，尽管大数据意味着大机遇，拥有巨大的应用价值，但同时也面临工程技术、管理政策、人才培养、资金投入等领域的挑战。

1. 数据来源错综复杂

虽然大数据中心存有不少数据，但适合解决领导急需问题的数据很少，而大数据应用是通过收集、存储、处理和分析大量数据来获得有价值的信息的过程，不像统计调查可以根据需要进行调查设计，因此缺乏适用的数据经常是大数据决策应用的常态。

丰富的数据源是大数据产业发展的前提。我国数字化的数据资源总量略低于美欧，但是政府和制造业的数据资源积累远远落后于国外。就已有的数据资源来说，还存在标准化、准确性、完整性低和利用价值不高的情况，这极大地降低了数据的价值，因此需要更加全面的数据来提高分析预测的准确度。

随着移动互联、云计算等技术的飞速发展，无论何时何地，手机等各种网络入口以及无处不在的传感器等，都会对个人数据进行采集、存储、使用、分享，而这一切大都是在人们并不知晓的情况下发生的。这些数据，一方面给人们带来了诸多便利，另一方面由于数据的管理还存在漏洞，那些发布出去或存储起来的海量信息，很容易被监视、窃取。

2. 对大数据认知的局限性

流行观念认为科学决策依赖的只是数据，数据越多决策越正确，大数据将成为获取信息的主渠道，如决策可建立在大数据的基础上，然而实际情况并非如此。决策信息来自诸多方面，不只是数字化信息，很多重要的信息难以数字化，决策者需要综合考虑，大数据产生于相对狭窄的业务领域，适合于具体业务的改进，并不适合的宏观决策。

可以说，真正启动大数据在企业和社会的全面应用，面临的不仅仅是技术和工具问题，更重要的是要转变经营思维和组织架构。

3. 构建数据挖掘分析模型

大数据的大，不仅仅在于数据量的大，而且在于它的全面：空间维度上的多角度、多层次信息的交叉复现；时间维度上的与人或社会有机体的活动相关联的信息的持续呈现。而这恰好反映了构建数据挖掘分析模型是一项复杂且有挑战的任务，首先，由于数据量大，其数据本身可能包含噪音、不完整或不准确的信息；其次，需选择合适的算法和技术进行处理，以提高计算效率和准确性；并且还需进行特征选择和变量转换，以便更好地反映数据的内在规律和特点；最后还需结合具体领域的业务知识和经验，以确保挖掘出的信息具有实际应用价值。

另外，要以低成本和可扩展的方式处理大数据，这就需要对整个IT架构进行重构，开发先进的软件平台和算法。而我国数据处理技术基础薄弱，总体上以跟随为主，难以满足大数据大规模应用的需求。如果把大数据比作石油，那数据分析工具就是勘探、钻井、提炼、加工的技术。我国必须掌握大数据关键技术，才能将资源转化为价值。

4. 数据开放与隐私的权衡

数据应用的前提是数据开放，这已经成为共识。有专业人士指出，作为全球第一数据生产国，我国数据量也面临急剧增长的态势。我国数据量的增长依赖于数字经济的实现，作为"十四五"规划重点战略对象，数字经济的逐步落实将导致更为庞大及迅速的数据增长。中国信息通信研究院数据表明，2018年我国新增数据量为7.6ZB，预计2025年中国新增数据量将达到48.6ZB，年均复合增长率高达30%。数据量的急剧增长，越发凸显了数据存储及管理的重要性。我国一些部门和机构拥有大量数据，但即使自己不用也不愿提供给有关部门共享，导致信息不完整或重复投资。

我国政府、企业和行业信息化系统建设缺少统一规划和科学论证，系统之间缺乏统一的标准，形成了众多"信息孤岛"，而且受行政垄断和商业利益所限，数据开放程度较低，以邻为壑、共享难，这给数据利用造成极大障碍。制约我国数据资源开放和共享的一个重要因素是政策法规不完善，大数据挖掘缺乏相应的立法，毕竟我国还没有国家层面的专门适合数据共享的国家法律，只有相关的条例、法规、章程、意见等，无法既保证共享又防止滥用。一方面欠缺推动政府和公共数据的政策，另一方面数据保护和隐私保护方面的制度不完善抑制了开放的积极性。因此，建立一个良性发展的数据共享生态系统，是我国大数据发展需要完成的重要任务。

国外的一些做法值得我们参考。美国政府提供政策和经费保障，使数据信息中心群成为国家信息生产和服务基地，保障数据信息供给不断，利用网络把数据和信息最便捷、及时地送到包括科学家、政府职员、公司职员、学校师生在内所有公民的桌上和家庭中，把全社会带进了信息化时代。

开放与隐私如何平衡亦是一大难题。任何技术都是"双刃剑"，大数据也不例外。如何在推动数据全面开放、应用和共享的同时有效地保护公民、企业隐私，逐步加强隐私立法，将是大数据时代面临的一大挑战。

5. 大数据管理与决策

大数据的技术挑战显而易见，但其带来的决策挑战更为艰巨。利用大数据改进决策的难题是决策本身的不确定性。面对确定性问题时信息是完备的，IT处理只是一种计算，信息技术很容易发挥其优势，但是信息技术不会处理不确定性问题，这是人脑擅长解决的问题，解决此类问题的信息和分析能力主要来自决策者的头脑。

大数据至关重要的方面，就是它会直接影响组织怎样以及由谁来做决策。在信息有限、获取成本高昂且没有被数字化的时代，组织内做重大决策的人都是典型的位高权重的人，抑或是花重金请来的拥有专业技能和显赫履历的外部智囊。但是，在当时商业世界中，高管的决策仍然更多地依赖个人经验和直觉，而不是基于数据。甚至数据专家利用大数据中心的资源也能够分析出一些结论，但这些结论业务部门是已知的，即使一些有价值的成果也会因与决策层当时的关注点不合拍而被冷落。

大数据本质上是"一场管理革命"。大数据时代的决策不能仅凭经验，而真正要"拿数据说话"。因此，大数据能够真正发挥作用，从深层次来看，还要优化我们的管理模式，需要管理方式和架构与大数据技术工具相适配。

此外，大数据应用领域仍窄小，应用费用过高，制约大数据应用。国内能利用大数据背后产业价值的行业主要集中在金融、电信、能源、证券、烟草等超大型、垄断型企业，其他行业谈大数据价值为时尚早。随着企业内部的资料量越来越大，日后大数据将成为 IT 支出中的主要因素，特别是数据储存所耗费的成本，很可能造成企业负担，甚至使企业望而却步。

6. 大数据人才缺口

如果说，以 Hadoop 为代表的大数据是一头小象，那么企业必须有能够驯服它的驯兽师。在很多企业热烈拥抱这类大数据技术时，精通大数据技术的相关人才也成为一个大缺口。

大数据建设的每个环节都需要依靠专业人员完成，因此，必须培养和造就一支懂指挥、懂技术、懂管理的大数据建设专业队伍。

从大数据中提取信息不是 IT 技术自己能完成的工作，计算机并没有信息抽象能力，这种能力专家才有。另外，同样的数据不同人看到的信息是不一样的，同样的信息决策分析的结论也不相同，信息提取与决策分析依赖于专家的智慧，这种认知决策的过程难以通过 IT 技术复制，难以形成稳定的效益。

对于现实而言，决策问题的不确定性是大数据决策应用效益不好的根本原因，技术与业务场景的不匹配也是造成大数据分析困难的一大因素。只有解决这些基础性的挑战问题，才能充分利用这个大机遇，让大数据为企业、为社会充分发挥最大价值。

第三节　大数据分析模型建立方法

模型建立是数据挖掘的核心，因此要确定具体的数据挖掘模型，并用此模型原型训练出模型的参数，得到具体的模型形式。模型建立的操作流程如图 1-1 所示。

常用的数据挖掘方法主要是基于客户画像体系与结果，选取相关性较大的特征变量，通过分类模型、聚类模型、回归模型、神经网络和关联规则等机器学习算法进行深度挖掘。

一、分类和聚类

分类算法是极其常用的数据挖掘方法之一，其核心思想是找出目标数据项的共同特征，并按照分类规则将数据项划分为不同的类别。

聚类算法则是把一组数据按照相似性和差异性分为若干类别，使同一类别数据间的相似性尽可能大，不同类别数据的相似性尽可能小。

分类和聚类的目的都是将数据项进行归类，但二者具有显著的区别。分类是有监督的学习，即这些类别是已知的，通过对已知分类的数据进行训练和学习，找到这些不同

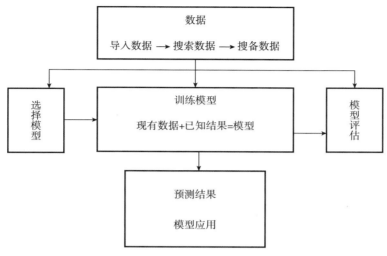

图 1-1　模型建立的操作流程

类的特征，再对未分类的数据进行分类。而聚类是无监督的学习，不需要对数据进行训练和学习。常见的分类算法有决策树分类算法、贝叶斯分类算法等；聚类算法则包括系统聚类、K-Means 均值聚类等。

二、回归分析

回归分析是确定两种或两种以上变量间相互依赖的定量关系的一种统计分析方法，其主要研究的问题包括数据序列的趋势特征、数据序列的预测以及数据间的相关关系等。按照模型自变量的多少，回归算法可以分为一元回归分析和多元回归分析；按照自变量与因变量间的关系，又可以分为线性回归分析和非线性回归分析。

三、关联分析

关联分析是在交易数据、关系数据或其他信息载体中，查找存在于项目集合或对象集合之间的关联性、相关性或因果结构，即描述数据库中不同数据项之间所存在关系的规则。例如，如果一项数据发生变化，另一项也跟随发生变化，则这两个数据项之间可能存在某种关联。

关联分析是一个很有用的数据挖掘模型，能够帮助企业输出很多有用的产品组合推荐、优惠促销组合，能够找到潜在客户，真正地把数据挖掘落到实处。

市场营销大数据挖掘在精准营销领域的应用可分为两大类，包括离线应用和在线应用。其中，离线应用主要是基于客户画像进行数据挖掘，进行不同目的的针对性营销活动，包括潜在客户挖掘、流失客户挽留、制定精细化营销媒介等。而在线应用则是基于实时数据挖掘结果，进行精准化的广告推送和市场营销，包括 DMP、DSP 和程序化购买等应用。

本章小结

本章从大数据的简史、大数据的特点等角度入手，介绍了如何更深入地理解大数据及其对我们生活的影响，进而引出大数据在生活中的应用，即大数据分析，了解了大数据分析的定义、类型，数据分析的过程、工具、技术以及当前大数据分析所面临的困难，最后学习大数据分析模型建立方法以便更好地应用大数据。

大数据并不足以成就一个时代，它更应该与云计算、产业创新、智能化等概念结合在一起，才有足够的力量。另外，如何更好地利用这些大数据也颇为重要，数据量大固然重要，但提高数据利用率也是加速其发展的又一关键，这是企业、政府、国家共同面临的难题，站在这个数据革命的中心，承载着未来的科研、知识挖掘、数据科学的重任。对大数据领域来说这是一个机遇与挑战并存的时期。

思考练习题

简答题

1. 什么是大数据？
2. 大数据有哪些特点？
3. 数据可以分为哪几类？
4. 数据挖掘的常用算法有哪些？
5. 大数据分析的基本过程有哪些？

参考文献

［1］Christophides V, Efthymiou V, Palpanas T, et al. An Overview of End-to-End Entity Resolution for Big Data ［J］. ACM Computing Surveys, 2021（6）：53.

［2］Hoerl A E, Kennard R W. Ridge Regression：Biased Estimation for Nonorthogonal Problem ［J］. Technometrics, 1970（12）：69-82.

［3］Leinbaum D G，Kupper L，Muller K E，Nizam A．Applied Regression and Other Multivariable Methods Third Edition［M］．Pacific Grove：Duxbury Press，1998．

［4］Ludwig Fahrmeir，Thomas Kneib，Stefan Lang，Brian Marx．Regression：Models，Methods and Applications［M］．Berlin：Springer-Verlag，2013．

［5］Manu M R，Balamurugan B．An Overview of Milestones of Big Data Analytics in Clinical and Medical Analysis［J］．International Journal of Engineering and Advanced Technology，2021，10（5）：416-421．

［6］Nelder J A，Wedderburn R W M．Generalized Linear Models J［J］．Journal of the Royal Statistical Society：Series A（General），1972（135）：370-384．

［7］Pencheva M．Big Data and AI-A Transformational Shift for Government：So，What Next for Research？［J］．Trends in Ecology & Evolution，2020，35（1）：24-44．

［8］［美］Samprit Chatterrjee，Ali S. Hadi，Bertram Price．例解回归分析（第三版）［M］．郑明，等译．北京：中国统计出版社，2004．

［9］［美］Samprit Chatterrjee，Ali S. Hadi．例解回归分析（第五版）［M］．郑忠国，许静，译．北京：机械工业出版社，2013．

［10］［美］拉罗斯．数据挖掘方法与模型［M］．刘燕权，胡赛全，冯新平，姜恺，译．北京：高等教育出版社，2011．

［11］郭子菁，罗玉川，蔡志平，等．医疗健康大数据隐私保护综述［J］．计算机科学与探索，2021，15（3）：14．

［12］何强，尹震宇，黄敏，等．基于大数据的进化网络影响力分析研究综述［J］．计算机科学，2022，49（8）：11．

［13］李学龙，龚海刚．大数据系统综述［J］．中国科学：信息科学，2015，45（1）：1-44．

［14］梁吉业，冯晨娇，宋鹏．大数据相关分析综述［J］．计算机学报，2016，39（1）：18．

［15］刘智慧，张泉灵．大数据技术研究综述［J］．浙江大学学报（工学版），2014，48（6）：957-972．

［16］叶小青，汪政红，吴浩．大数据统计方法综述［J］．中南民族大学学报（自然科学版），2018，037（4）：151-156．

［17］周英，卓金武，卞月青．大数据挖掘：系统方法与实例分析［M］．北京：机械工业出版社，2016．

第二章 数据仓库模型和大数据可视化

第一节 什么是数据仓库

一、数据仓库的基本概念

数据仓库是一种具有主题性、集成性、动态性、稳定性，并用于帮助管理者决策的战略集合。

1. 主题性

数据仓库不同于传统的操作型信息系统（如管理信息系统 MIS、决策支持系统 DSS），传统的操作型信息系统中的数据是围绕功能进行组织的，而数据仓库是针对某一个主题进行分析数据用的，例如针对商品主题、客户主题等。

2. 集成性

不同产品或系统中的数据是分散在各自系统中的，而且数据格式和计算单位不统一。而数据仓库则需要在把几个离散的数据块统一为共同的、无歧义的数据格式之后，并克服了名称矛盾、计量单位不统一等主要问题，进而把数据集成到了一块，才可以称这个数据仓库集成的。

3. 动态性

数据仓库要表现出数据信息随时间的变化情况，而且能够体现在过去某一时间点上数据信息是什么样式的。而传统的操作型信息系统，往往只是存储当前数据，以反映当前的实际状况。

4. 稳定性

稳定性是指资料一旦进入数据仓库，就不能再被修改了，当在操作型信息系统中修改数据后，再进入数据仓库就会生成新的记录。这样一来，数据仓库中就保留了数据变化的轨迹。

二、数据仓库的组成

1. 数据库

数据库是数据仓库环境的核心部分，是数据信息存储的场所，它对数据进行储存与查询；相较于传统数据库，其特点在于对海量数据的支持以及高效的查询检索技术。

2. 数据抽取工具

数据抽取工具将数据从不同的存储环境中抽取起来，再进行适当的转换、处理，并存储在数据仓库中，对各类不同信息储存方法的存取功能也是数据抽取工具的重点。其能够使用高级编程语言撰写的程序、操作系统脚本、批命令脚本或 SQL 脚本等方法存取不同的数据环境。

数据转换一般包含以下内容：剔除对决策分析中没有价值的数据、转换为统一的数据名称或者定义、计算统计数据和其衍生数据、补充缺失数据、统一不同的数据定义方式。

3. 元数据

元数据（Metadata）又称中介数据、中继数据等，是为了描述数据的数据（Data about Data）而界定的一种概念，一般是描述数据属性（Property）的信息，其功能包括指示数据存储地址、历史数据、资料查询、文档记录等。元数据可以被看作一种电子式目录，如果想要达到能够编制目录的目的，必须描述并收藏数据的内容或特色，从而达到协助数据检索的目的。

4. 访问工具

通俗来讲，访问工具就是在用户访问数据仓库时提供给其一种手段，如数据查询工具和报表工具、应用开发工具、数据挖掘工具和数据分析工具等。

5. 数据集市

数据集市是出于特定的应用目的，在数据仓库中独立出来的一些数据，又被称为部门数据或主题数据。在数据仓库的实施过程中，首先可以从某个部门的数据集市入手，其次慢慢用多个数据集市组成一个更加完善的数据仓库。

需要注意的是，在实施不同的数据集市时，同种含义的字段的定义一定要相容，以避免在数据仓库中产生问题。

6. 数据仓库管理工具

数据仓库管理包括安全与权限的管理、数据更新的跟踪、数据质量的检查、元数据的管理与更新、数据仓库使用状态的检测与审计、数据复制与删除、数据分割与分发、数据备份与恢复、数据存储管理等。

7. 信息发布系统

信息发布系统用于把数据仓库中的数据或其他相关的数据发送给不同的地点或用户，基于网络的信息发布系统是当前流行的多用户访问的最有效方法。

三、数据仓库的体系结构

一个完整的数据仓库的体系结构由数据源、数据仓库和数据集市三个层次组成。三者通过数据仓库管理软件联系起来，然后构建成一个较为完整的体系，如图 2-1 所示。

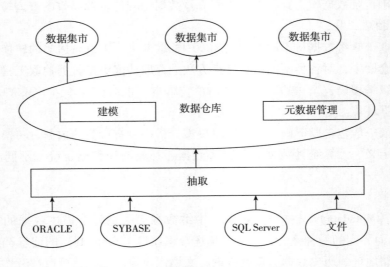

图 2-1　数据仓库系统示意图

1. 数据源

数据仓库的数据来自多个方面，其中分为以下三种：

（1）不同格式的数据。由于企业内部在长期事务过程中随着数据库系统本身的发展，逐渐产生了企业内从简单到复杂、从小到大规模的各种数据类型，其中有大规模关系数据库、对象数据库系统、桌面数据库系统以及各类非格式化的数据文件等。

（2）不同的数据操作平台：多种关系数据库操作平台。

（3）不同的物理位置。数据从数据源到数据仓库需要完成的功能有七个：①在数据仓库环境中进行输出时，关键字需要被重新构建和转换，通常来说，还要加入"时间成分"；②数据一定要及时清理：需要对数据进行取值范围检查、交叉记录验证、格式检验等，清理掉不合适的数据；③非关键字数据必须进行格式化：如日期的年/月/日格式需要转化为日/月/年格式；④需要合并多数据源的文件，并且在合并操作时要进行关键字剖析；⑤提供默认值；⑥经常进行数据的汇总；⑦对数据元素的重命名操作进行跟踪。

数据信息从数据信息源直接流入数据信息库存的路径，可以采用的数据信息抽取方法主要包括 ETL 方法和清洗方式，操作也包括提取、过滤、清洗、加载等，对于使用过程中必须高速加载的数据信息，在这里有两种方式使数据加载起来更加简单，一是并行加载，将数据信息分成若干单独的工作流程；二是设立缓冲区，对历史数据进行缓冲处理，通过缓存区进行数据处理。

2. 数据仓库

数据仓库中的数据分为企业内部各个部门当前的或其过去的细节性业务数据和为了进行分析决策操作而生成的分析型综合数据。若要对其进行管理，则需要利用更加成熟的数据库技术对其进行存储管理，并利用改造过的关系数据库系统来组织和管理 DW 中的数据。在相关管理技术中，包括以下两种：

（1）增加必要的功能：如多介质的管理、多接口的实现、数据并行处理等。

（2）关闭不需要的功能：如事务完整性、行/页级的锁定、参照完整性等。

数据仓库中数据的组织方式与数据库不同，通常采用分级的方式进行组织。一般包括早期细节数据、当前细节数据、轻度综合数据、高度综合数据以及元数据五部分。①早期细节数据：是指存储以前的详细数据，它反映了当时真实的历史情况，也称为历史数据层。通常存储在备用的海量存储器上。②当前细节数据：是指最近或刚刚发生的业务数据，它反映了当前业务的状况，数据量比较大，是数据仓库用户最感兴趣的部分。这类数据通常存储在直接存储存取设备和磁带上。随着时间的推移，当前细节数据由数据仓库的时间控制机制转为早期细节数据。③轻度综合数据：是指从当前基本数据中提取出来，以较小的粒度（时间段）统计后所产生的数据。这类数据比细节数据的数据量小得多。数据集市中的数据多为轻度综合数据。④高度综合数据：是在轻度综合数据的基础上，再进行综合（粒度变大），从而形成了高度综合数据。在这一层，数据都非常精练，且丢失了大量信息，是一种难决策数据。一般保存在快速且比较昂贵的存储介质上。⑤整个数据的组织结构由元数据统一组织，不涉及其他业务数据库中的实际数据信息。

3. 数据集市

数据集市（Data Mart），其是为了满足特定的部门或用户的需求，按照多维的方式进行存储，包括定义维度、需要计算的指标、维度的层次等，生成面向决策分析需求的一种数据立方体。

从范围来说，数据是从企业范围的数据库、数据仓库，或者是更加专业的数据仓库中抽取出来的。数据集市的重点就在于它迎合了专业用户群体的特殊需求，如在分析、内容、表现以及易用方面。数据集市的用户希望数据是由他们熟悉的术语表现的，数据集市的特征如下：①规模小；②特定的应用；③面向部门；④由业务部门定义、设计与开发；⑤业务部门管理和维护；⑥快速实现；⑦购买较便宜；⑧投资快速回收；⑨工具集的紧密集成；⑩提供更完善的、预先存在的、数据仓库的摘要子集；⑪可更新到完整的数据仓库。

数据仓库和数据集市的区别如表 2-1 所示。

表 2-1　数据仓库和数据集市的区别

指标	数据仓库	数据集市
数据来源	遗留系统、外部数据	数据仓库
范围	企业级	部门级或工作组级
主题	企业主题	部门或特殊的分析主题
数据粒度	最细的粒度	较粗的粒度
数据结构	规范化结构、星型模型、雪花模型	星型模型、雪花模型
历史数据	大量的历史数据	适度的历史数据
优化	处理海量数据/数据探索	便于访问和分析/快速查询
索引	高度索引	高度索引

四、数据仓库和数据库的不同点

数据仓库和数据库两者都是指利用数据库软件进行存放数据的地方，从这个意义上看，它们似乎没有很大的差别。但是，深入地分析后会发现无论是从数据量还是作用来讲，两者均存在较大区别。为了更明确地区别数据仓库和数据库，下面是数据仓库和数据库的不同之处。

1. 概念不同

数据库是一种逻辑概念，是指用来存放数据的仓库，主要是利用数据库软件来完成。数据库一般由很多表构成，表是二维的，每一个表里都有许多字段。字段一字排开，数据就一行一行地写入表中。数据库的表，能够用二维表达多维的关系。而数据仓库是数据库概念的升级，从数据量来说，数据仓库要比数据库庞大得多。数据仓库主要用于数据挖掘和数据分析，存放的是历史数据，从而辅助领导做出决策。

2. 本质不同

数据库与数据仓库实际的区别是 OLTP 与 OLAP。

操作型处理叫联机事务处理（OLTP），它是针对具体业务在数据库联机的日常操作，通常对少数记录进行查询、修改。用户较关心操作的响应时间，数据的安全性、完整性和并发支持的用户数等问题。传统的数据库系统作为数据管理的主要手段，主要用于操作型处理。分析型处理叫联机分析处理（OLAP），一般针对某些主题的历史数据进行分析，支持管理决策。

3. 作用不同

我们要知道，数据仓库和数据库虽然有所不同，但并不意味着谁就是最好的，数据仓库的存在并不是要代替数据库。数据库是基于业务设计的系统，数据仓库是基于主题设计的系统。数据库系统通常存放业务数据，数据仓库存放的通常是历史数据。

4. 设计不同

数据库的设计应尽量避免冗余，一般针对某一业务应用进行设计，比如一张简单的

User 表，只记录用户名、密码等简单数据即可。其符合业务应用，但是不符合分析要求。而数据仓库的设计则是有意引入冗余，依照分析需求、分析维度、分析指标进行设计。简单来说，数据库是为捕获数据而设计，数据仓库是为分析数据而设计。

5. 应用场景不同

以银行业务为例，数据库是事务系统的数据平台，客户在银行做的每笔交易都会写入数据库，被记录下来，这里可以简单地理解为用数据库记账。有所区别的是，数据仓库是分析系统的数据平台，它从事务系统获取数据，并做汇总、加工，为决策者提供决策的依据。比如，某银行某分行一个月发生多少交易，该分行当前存款余额是多少。如果存款和消费交易都较多，那么该地区就有必要设立自动取款机了。

显然，银行的交易量是巨大的，通常以百万甚至千万次来计算。事务系统是实时的，这就要求时效性，因为客户存一笔钱需要花费几十秒是无法忍受的。而分析系统是事后的，它要提供关注时间段内所有有效数据。这些数据是海量的，汇总计算起来也要慢一些，但只要能够提供有效的分析数据就达到目的了。

总之，数据仓库与数据库虽然都可以存放数据，但是数据仓库是在数据库已经大量存在的情况下，为了进一步挖掘数据资源、进行决策需要而产生的，它绝不是所谓的"大型数据库"。两者既相互区别，又相辅相成。

第二节　数据仓库建模

一、数据仓库模型

数据模型是抽象描述现实世界的一种工具和方法，是通过抽象的实体与实体之间联系的形式，来表示现实世界中事务的相互关系的一种映射。在这里，数据模型表现的抽象是实体与实体之间的关系，通过对两者之间关系的定义和描述，来表达实际业务中的具体的业务关系。

数据仓库模型是数据模型中针对特定的数据仓库应用系统建立的一种特定的数据模型，一般来说，数据仓库模型分为三个层次：①领域建模，形成领域模型，主要是对业务模型进行抽象处理，从而生成领域概念模型。②逻辑建模，形成逻辑模型，重点是将领域建模的概念实体与实物之间的关系进行数据库层次的逻辑化。③物理建模，生成物理模型，主要处理逻辑模型中针对不同关系型数据库的物理化过程以及性能等一些具体的技术问题。

所以，在整个资料仓储的模式的设计与架构过程中，既涉及行业知识，又涉及具体的技术，因此数据仓库模型搭建师既要掌握大量的行业经验，同时又需要相应的信息技术来支持建立数据模型，最关键的是还需要一种合理的方法论，来引导我们针对自身的业务加以抽象、处理，从而生成各个阶段的模型。

在数据仓库的构造中，数据模型究竟为何如此重要呢？首先我们需要了解整个数据仓库建设的发展历程。

数据仓库的发展大致经历了三个时期：

简单报表时期：在这个时期，系统的主要任务是处理日常工作中的报表。此外，生成一些较为简单的、在领导决策时所需要的数据汇总。表现形式为数据库、前端报表工具。

数据集市时期：在这个时期，工作重心是清晰认识某个特定部门的需求，完成相应数据的采集、梳理，并按照需要，对数据以多维度报表的形式进行展示，从而对特定部门的特定业务进行相应指导，为领导提供决策的数据。

数据仓库时期：在这个时期，工作重点主要是根据特定的数据类型，对全公司的企业信息进行收集、梳理，同时可以根据不同行业公司的实际需求，提交跨部门的、内容完全一致的行业报表信息，也可以通过数据仓库得到对整个行业具有指导性的数据，为公司管理决策提供比较完整的信息支撑。

纵观数据仓库建立的历程，人们可以发现数据仓库的建立与数据集市的建立主要差别在于信息数据的基础。所以，数据模型的建立对数据仓库的建立具有至关重要的作用。

总之，数据模型的建立主要能够协助人们解决以下问题：

进行全面的业务梳理，改进业务流程。在业务模型建设时期，建立数据模型能够帮助企业或管理机关对本单位的业务进行全面的梳理。通过业务模型的建设，我们能够全面了解该单位的业务架构图和整个业务的运行情况，能够将业务按照特定的规律进行分门别类和程序化，同时，帮助我们进一步改进业务的流程，提高业务效率，指导业务部门的生产。

建立全方位的数据视角，消灭"信息孤岛"和数据差异。通过数据仓库的模型建设，能够为企业提供一个整体的数据视角，因此企业不再是各个业务部门只是关注自己的数据，而是通过模型的建设，可以勾勒出部门之间内在的联系，帮助消灭各个部门之间的"信息孤岛"问题。更为重要的是，通过数据模型的建设，能够保证整个企业的数据的一致性，从而各个部门之间数据的差异将会得到有效解决。

解决业务的变动和数据仓库的灵活性。通过数据模型的建设，能够很好地实现分离底层技术和展现上层业务。当上层业务发生变化时，通过数据模型，底层的技术实现可以非常轻松地完成业务的变动，从而实现整个数据仓库系统的灵活性。

帮助数据仓库系统本身的建设。通过数据仓库的模型建设，开发人员和业务人员能够很容易地达成系统建设范围的界定及长期目标的规划，从而使整个项目组明确当前的任务，加快了整个系统建设的速度。

二、常见的建模方法

构建数据模型、整个数据仓库建设中的关键组成部分。下文将具体介绍如何创建适合自身特点的数据模型。

数据仓库的数据模型的架构和数据仓库的整体结构是紧紧联系在一起的，首先来认识一下整个数据仓库的数据模型的各个组成部分。整个数据仓库的数据模型可以分为五大部分：

系统记录域（System of Record）：这部分是最主要的数据仓库业务数据保存区域，此外，数据模型在这里确保了数据的一致性。

内部管理域（House Keeping）：这部分主要存储在数据仓库中进行内容管理的元数据，数据模型在这里能够帮助进行统一的元数据的管理。

汇总域（Summary of Area）：这部分数据都源自系统数据区域的汇总，数据模型在这里提高了系统数据区域的基础数据的使用，从而实现了部分的报表信息。

分析域（Analysis Area）：这部分数据来自系统记录域的汇总，数据模型在这里保证了分析域的主题分析的性能，满足了部分的报表查询。

反馈域（Feedback Area）：可选项，这部分数据模型主要用于相应前端的反馈数据，数据仓库可以视业务的需要设置这一区域。

通过对整个数据仓库模型中的数据区域的明确界定，能够发现，一个好的数据建模，不仅是对业务做出抽象界定，同时还要对实现技术也做出具体的指导，它应该包括从业务管理到实现技术的所有部分。

目前，业界流行的数据仓库建模方法非常多，这里主要介绍范式建模法、维度建模法、实体建模法、Data Vault 模型四种方法，每种方法其实从本质上讲就是从不同的角度看我们业务中的问题。下面将详细介绍上述几种建模方法。

1. 范式建模法

范式建模法是在构建数据模型时常用的一种方法。范式是数据库逻辑模型设计的基本理论，一个关系模型可以从第一范式到第五范式进行无损分解，这个过程也可称为规范化。在数据仓库的模型设计中目前一般采用第三范式，它有严格的数学定义。从其表达的含义来看，一个符合第三范式的关系必须具有以下三个条件：

（1）每个属性值唯一，不具有多义性。

（2）每个非主属性必须完全依赖于整个主关键字，而非主关键字的一部分面向部门。

（3）每个非主属性不能依赖于其他关系中的属性，因为这种属性应该归到其他关系中去。

数据仓库模型的构建方法和业务系统的企业数据模型构建类似。在业务系统中，企业数据模型决定了数据的来源，而企业数据模型也分为两个层次，即主题域模型和逻辑模型。同样，主题域模型可以看成是业务模型的概念模型，而逻辑模型则是领域模型在关系型数据库上的实例。

从业务数据模型转向数据仓库模型时，同样也需要有数据仓库的域模型，即概念模型，同时也存在域模型的逻辑模型。这里，业务模型中的数据模型和数据仓库的模型的主要区别在于：数据仓库的域模型应该包含企业数据模型的域模型之间的关系，以及各主题域定义。数据仓库的域模型概念应该比业务系统的主题域模型范围更广。数据仓库的逻辑模型需要从业务系统的数据模型中的逻辑模型中抽象实体，如实体的属性、实体的子类以及实体的关系等。

范式建模法的最大优点就是从关系型数据库的角度出发，结合了业务系统的数据模型，能够比较方便地实现数据仓库的建模。但其缺点也是明显的，由于建模方法限定在关系型数据库之上，在某些时候反而限制了整个数据仓库模型的灵活性、性能等，特别是考虑到数据仓库的底层数据向数据集市的数据进行汇总时，需要进行一定的变通才能满足相应的需求。因此，在实际的使用中，参考使用这一建模方式。

2. 维度建模法

维度建模法最简洁的表述方式是通过事实表、维表来建立数据仓库、数据集市。而这个模型法最为人熟知的名字是星型模式（Star-Schema）。

图 2-2 所示架构是典型的星型架构。星型架构之所以能够被普遍地采用，是因为其针对各个维做了大量的预处理，如按照维进行预先的统计、分类、排序等。通过这些预处理，能够极大地提升数据仓库的处理能力。特别是针对 3NF 的建模方法，星型模式在性能上占据明显的优势。

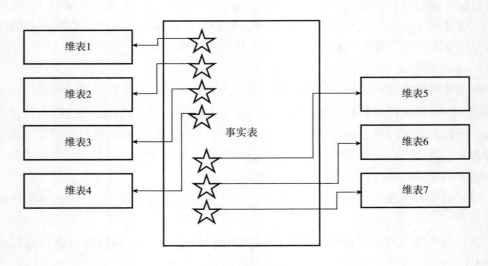

图 2-2　星型架构

同时，维度建模法还有一种好处就是维度建模十分直观，并且紧密围绕着业务模型，因此可以直观反映出业务模型中所存在的业务问题。不需要经过特别的抽象处理，就可以完成维度建模。这一点也是维度建模突出的优势。

不过，维度建模法的缺点也是非常显而易见的，因为在建立星型模式前要进行大量的数据预处理操作。此外，当业务发生变化，需要重新进行维度定义时，经常需要重新进行维度数据的预处理工作。而在这些处理过程中，可能会导致大量的数据冗余。

另一个缺点是，如果仅通过单一的数据维度模型，就无法保证数据来源的统一性和精确度，而数据仓库的底层也没有非常适合于数据维度模型的解决方案。

所以，维度建模主要应用于数据集市层，其最主要的功能实际上就是用来处理数据仓库建模中的性能问题。但是维度建模很难提供一个完整地描述真实业务实体之间的复杂关系的抽象方法。维度分为退化维度和缓慢变化维度。

（1）退化维度（Degenerate Dimension，DD）。在维度类型中，有一种重要的维度被称作退化维度。这种维度指的是直接地将简单的一个维度放进事实表，而退化维度则是在维度模型领域中的一个十分关键的概念，它对于理解维度建模也具有重要的作用，退化维度通常在数据分析中被作为分组使用。

（2）缓慢变化维度（Slowly Changing Dimensions，SCD）。维度的属性并不是始终不变的，它会随着时间的流逝发生缓慢的变化，这种随时间发生变化的维度一般被称为缓慢变化维度。比如员工表中的部门维度、员工的所在部门有可能两年后会进行调整。

维度建模步骤：选择业务过程→声明粒度→确定维度→确定事实。维度建模旨在重点解决数据粒度、维度设计和事实表设计问题。声明粒度，为业务最小活动单元或不同维度组合。以共同粒度从多个组织业务过程合并度量的事实表称为合并事实表，需要注意的是，来自多个业务过程的事实合并到合并事实表时，它们必须具有同样等级的粒度。

3. 实体建模法

实体建模法在数据仓库建模中并不常见，它来源于哲学的一个流派。从哲学层面来说，客观世界应该是可以细分的，客观世界可以细分为由一个个实体，并由这些实体与实体之间的关系组成。因而我们在数据仓库的建模过程中引用这个比较抽象的方法，从而将整个业务也细分成一个个的实体，而每个实体之间的关系，以及针对这些关系的说明就是数据建模中需要做的工作。

虽然实体法看起来似乎有一些抽象，实际上理解起来是很容易的。即我们可以将任何一个业务工作细分成三个部分：实体、事件和说明。

（1）实体，主要指领域模型中特定的概念主体，指发生业务关系的对象。

（2）事件，主要指概念主体之间完成一次业务流程的过程，特指特定的业务过程。

（3）说明，主要是针对实体和事件的特殊说明。

如果我们描述一个简单的事实："小明开车去学校上学。"以这个业务事实为例，我们可以把"小明"和"学校"看成一个实体,"上学"描述的是一个业务过程,我们在这里可以抽象为一个具体"行为",而"开车去"则可以看成是事件"上学"的一个说明。

由于实体建模法可以很轻松地划分业务模型,因此,实体建模法在业务建模阶段和领域概念建模阶段都有广泛的应用。从笔者的经验和视角来分析,没有已经完成的行业模型,就可以采用实体建模的方法和客户一起梳理整个业务的模型,进行领域概念模型的划分,抽象出具体的业务概念,结合客户的使用特点,完全可以创建出一个符合自己需要的数据仓库模型。

但是,实体建模法也有着自己先天的缺陷,由于实体建模法是一种抽象客观世界的方法,因此,注定了该建模方法只能局限在业务建模和领域概念建模阶段。因此,到了逻辑建模阶段和物理建模阶段,则是范式建模和维度建模发挥长处的阶段。

因此,在创建自己的数据仓库模型时,可以参考使用上述所介绍的三种数据仓库建模方法,要在各个不同阶段采用不同的方法,才能够保证整个数据仓库建模的质量。

4. Data Vault 模型

Data Vault 是 Dan Linstedt 发起创建的一种模型方法论,Data Vault 是在 ER 模型的基础上衍生而来的,模型设计的初衷是有效地组织基础数据层,使之易扩展、灵活地应对业务的变化,同时强调历史性、可追溯性和原子性,不要求对数据进行过度的一致性处理。同时设计的出发点也只是为了实现数据的整合,并非为数据决策分析直接使用。

Data Vault 模型包含三种基本结构:

(1)中心表——Hub:唯一业务键列表,唯一标识企业实际业务,企业业务主体集合。

(2)链接表——Link:表示中心表之间关系,通过链接表串联整个企业业务关联关系。

(3)卫星表——Satellite:历史的描述性数据,数据仓库中数据的真正载体。

5. 模型总结

(1)ER 模型更适用于 OLTP 数据库模型,使用者在建立数据仓库时更偏重信息集成,站在企业业务总体考量下,对公司各个系统的信息进行相似性、一致性、协同分布,并提供统计分析、管理等支持,但并不便于直接使用数据库分析。缺点是必须完整整合公司全部的业务和数据流、周期长、人才要求高等。

(2)维度建模的对象是数据分析情景,通过数据分析情景,从而建立相关的数据仓库模型;其着重关注于快速地解决数据分析需求,并且可以提高大量数据分析的高速响应性能。有着较强的针对性,其主要应用于企业数据仓库建设、OLAP 引擎的低层数据模型等。优势是对企业的流程和数据全面性不做要求,并且按照主题边界进行周期执行,易于迅速完成 demo。

(3)数据仓库模型的选择是灵活的、多变的、具有弹性的,不必拘泥于某一种模型建造方法。

（4）数据仓库模型的设计也是灵活的，以实际情况为导向。

（5）模型设计要综合考虑灵活性、可拓展，并对终端用户透明性。

（6）模型设计时，一定要考虑技术可靠性和实现成本。

第三节　大数据可视化

一、大数据可视化的概念

数据可视化技术是指针对数字视觉艺术表现形式的科学技术研究。其重要目的是利用图像技术手段，更清晰、更有效地进行表达和交换内容，数字的可视化表现形式可以被界定为一个单位以一种形态所提供的信息内容（包含有关内容单位的所有特征和变化），即将结构或非构造数据转换成适当的可视化图形，进而使隐含于数字中的内容直接地展现于人类眼前。广义的大数据可视化，包括计算机技术、自然科学、大数据分析、图形学、互联网以及地理信息等多个专业。

二、大数据可视化的特点

1. 科学可视化

科学可视化是科学研究中的一种跨学科的研究方法和应用，其重点关注于三维现象的图像可视化，如建筑工程学、医药以及生物技术等方面的各类信息系统，尤其是着重反映在对体、表面和光源等的真实呈现，目的是以图像方法表示科学研究数据，让科研人员可以在数据处理中认识、描述和收集科学规律。

2. 信息可视化

信息可视化是研究抽象数据的交互式视觉表示，以提高人们的理解。抽象数据包含了数字与非数字，如地理信息和文件等。柱状体、趋势图、流程图、树形图等，都属于数据可视化，通过这种图表的设计把抽象的概念变为可视化数据。

【例2-1】信息可视化案例①。

现在有某个城市一天的天气数据，数据中包括每个小时的温度、风力方向、风级、降水量、相对湿度、空气质量。那么我们可以从中得出一些有用的信息。信息可视化解题过程如表2-2所示。

---

① 数据源自中国天气网：http：//www．weather．com．cn/weather/10128070/．shtml。

表 2-2　信息可视化解题过程

输入：数据 weather.csv

输出：一天相对湿度变化曲线图

过程：（1）读取数据中的'小时'，'相对湿度'两列，并求得平均相对湿度和最高、最低相对湿度；

（2）建立 x，y 两个空的列表，其中 x 代表 0~24 时，y 代表随 x 变化的湿度；

（3）使用 matplotlib 库如 plt.plot（x，y，color='blue'，label='相对湿度'），画出用实线表示的相对湿度曲线；

（4）使用 matplotlib 库如 plt.plot(x，['平均相对湿度']，c='red'，linestyle='--'，label='平均相对湿度')，画出用虚线表示的平均相对湿度；

（5）将图的标题命名为"一天相对湿度变化曲线图"，x 轴命名为"时间/h"，y 轴命名为"百分比/%"，结果如图 2-3 所示。

通过图 2-3 可看出这一天的最高相对湿度为 93%，最低相对湿度为 71%，因此清晨的相对湿度相当高，但下午至黄昏的相对湿度则较低。

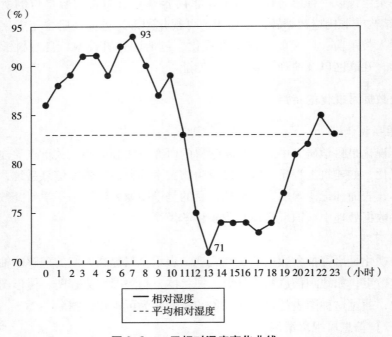

图 2-3　一天相对湿度变化曲线

源代码如下：

```
import matplotlib.pyplot as plt
import numpy as np
import pandas as pd
import math
```

```
data＝pd. read_csv（'weather1. csv'，encoding＝'gb2312'）
hour＝list（data［'小时'］）
hum＝list（data［'相对湿度'］）
for i in range（0，24）：
    if math. isnan（hum［i］）＝＝True：
        hum［i］＝hum［i-1］
hum_ave＝sum（hum）/24                           # 求平均相对湿度
hum_max＝max（hum）
hum_max_hour＝hour［hum. index（hum_max）］      # 求最高相对湿度
hum_min＝min（hum）
hum_min_hour＝hour［hum. index（hum_min）］      # 求最低相对湿度
x＝［］
y＝［］
for i in range（0，24）：
    x. append（i）
    y. append（hum［hour. index（i）］）
plt. figure（2）
plt. plot（x，y，color＝'blue'，label＝'相对湿度'）# 画出相对湿度曲线
plt. scatter（x，y，color＝'blue'）                  # 点出每个时刻的相对湿度
plt. plot（［0，24］，［hum_ave，hum_ave］，c＝'red'，linestyle＝'--'，label＝'平均相对湿
度虚线
plt. text（hum_max_hour+0. 15，hum_max+0. 15，str（hum_max），ha＝'center'，va＝'bottom'，fontsize＝10. 5）    #
标出最高相对湿度
plt. text（hum_min_hour+0. 15，hum_min+0. 15，str（hum_min），ha＝'center'，va＝'bottom'，fontsize＝10. 5）    # 标
出最低相对湿度
plt. xticks（x）
plt. legend（）
plt. title（'一天相对湿度变化曲线图'）
plt. xlabel（'时间/h'）
plt. ylabel（'百分比/%'）
plt. show（）
```

3. 可视化分析学

可视化分析学是随着科学可视化与大数据可视化发展而产生的研究学科，重点利用交互式可视化界面实现数据分析。

4. 指标可视化

一般来说，数据都是一种属性，如销售列表，这个销售的数据属于什么主体，而主体本身又是否能够可视化，在许多时候，这一点很容易被大数据分析工作者所忽视，而在制表的过程中，可以通过可视化元素的方法将指标可视化。

5. 数据可视化

做数据可视化要先看数据的类型，数据类型包括一般数值型数据、图像数据还包括具有序列的图像类型数据等。除此之外，还有字符、图形、动画、声音等类型的数据。不过为了简便，我们用一般数值的数据作为代表，讲解在数据可视化中最核心的是选择

什么样的可视化元素来表达原始数据。如原始数据的销售额列表。针对这样的数据，可以通过圆柱、横条、扇形图等表示，而通过这样的方式，就可以更好地表现数据自身的特点。数据可视化解题过程如表2-3所示。

表2-3　数据可视化解题过程

输入：数据 weather.csv

输出：一天温度变化曲线图

过程：（1）读取数据中的'小时'，'温度'两列，求出一天中的平均温度、最高温度、最低温度；

（2）建立 x，y 两个空的列表，其中 x 代表 0~24 时，y 代表随 x 变化的湿度；

（3）使用 matplotlib 库如 plt. plot（x，y，'red'，label ='温度'），画出用实线表示的温度曲线；

（4）使用 matplotlib 库如 plt. plot（x，['平均温度']，c ='blue'，linestyle ='--'，label ='平均温度'），画出用虚线表示的平均温度曲线；

（5）将图的标题命名为"一天温度变化曲线图"，x 轴命名为"时间/h"，y 轴命名为"摄氏度/℃"，结果如图2-4所示。

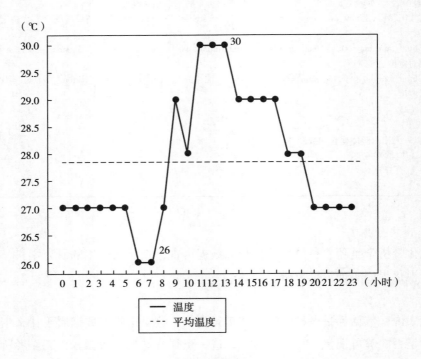

图2-4　一天温度变化曲线

【例2-2】数据可视化案例。

仍然采用【例2-1】的数据，来更全面地分析一天的天气。

经研究分析可以发现，这一天最高温度为30℃，最低温度为26℃，并且平均温度在 27.8℃左右，发现昼夜温差为 4℃，低温分布在凌晨，高温分布在中午到下午。

源代码如下：

```
import matplotlib. pyplot as plt
import numpy as np
import pandas as pd
import math
data=pd. read_csv（'weather1. csv'，encoding='gb2312'）
print（data）
hour=list（data［'小时'］）
tem=list（data［'温度'］）
for i in range（0，24）：
    if math. isnan（tem［i］）==True：
        tem［i］=tem［i-1］
    tem_ave=sum（tem）/24            # 求平均温度
tem_max=max（tem）
tem_max_hour=hour［tem. index（tem_max）］    # 求最高温度
tem_min=min（tem）
tem_min_hour=hour［tem. index（tem_min）］    # 求最低温度
x=［］
y=［］
for i in range（0，24）：
    x. append（i）
    y. append（tem［hour. index（i）］）
plt. figure（1）
plt. plot（x，y，color='red'，label='温度'）    # 画出温度曲线
plt. scatter（x，y，color='red'）            # 点出每个时刻的温度点
plt. plot（［0，24］，［tem_ave，tem_ave］，c='blue'，linestyle='--'，label='平均温度'）    # 画出平均温度虚线
plt. text（tem_max_hour+0. 15，tem_max+0. 15，str（tem_max），ha='center'，va='bottom'，fontsize=10. 5）
                # 标出最高温度
plt. text（tem_min_hour+0. 15，tem_min+0. 15，str（tem_min），ha='center'，va='bottom'，fontsize=10. 5）
                    # 标出最低温度
plt. xticks（x）
plt. legend（）
plt. title（'一天温度变化曲线图'）
plt. xlabel（'时间/h'）
plt. ylabel（'摄氏度/℃'）
plt. show（）
```

6. 数据关系可视化

在数据可视化的方式、指标可视化方式确立以后，就必须想到怎么实现数据关系的可视化，而这种数据关系通常都会成为可视化数据需要核心表达的主旨，比如需求是什么，而这些数据的关联有大小、多少、高低等，而在数据可视化的展现中，也是通过高低、左右、距离、位置、颜色等实现，而想要实现这样的结果，就要通过排序、分类、透视等操作运算。

【例2-3】 数据关系可视化案例。

仍然采用【例2-1】的数据,来更全面地分析一天的天气。数据关系可视化解题过程如表2-4所示。

表2-4 数据关系可视化解题过程

输入: 数据 weather. csv

输出: 一天空气质量变化柱状图

过程: (1) 读取数据中的'小时','空气质量'两列,求出一天中的平均空气质量、最高空气质量、最低空气质量;

(2) 建立 x, y 两个空的列表,其中 x 代表 0~24 时,y 代表随 x 变化的湿度;

(3) 使用 matplotlib 库如 plt. plot (x, ['平均空气质量'], c='black', linestyle='--', label='平均空气质量'),画出用虚线表示的平均空气质量;

(4) 将图的标题命名为"一天空气质量变化柱状图",x 轴命名为"时间/h",y 轴命名为"空气质量指数 AQI",结果如图2-5所示。

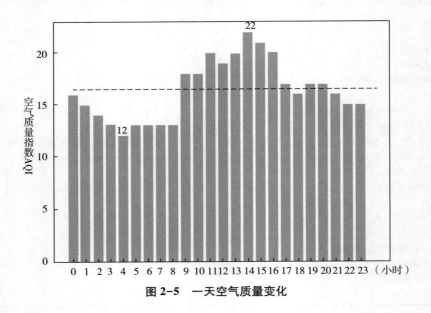

图2-5 一天空气质量变化

经研究分析可以发现这一天最高空气质量指数达到了 22,最低则只有 12,并且平均在 17 左右,基本清晨是空气最好的时候(4~8 点),下午是空气污染最严重的时候。

源代码如下:

```
hour=list(data['小时'])
air=list(data['空气质量'])
print(type(air[0]))
for i in range(0,24):
```

```
    if math. isnan (air [i]) = =True：
        air [i] =air [i-1]
air_ave=sum （air） /24   # 求平均空气质量
air_max=max （air）
air_max_hour=hour ［air. index （air_max）］   # 求最高空气质量
air_min=min （air）
air_min_hour=hour ［air. index （air_min）］   # 求最低空气质量
x= ［］
y= ［］
for i in range （0, 24）：
    x. append （i）
    y. append （air ［hour. index （i）］）
plt. figure （3）


for i in range （0, 24）：
    if y ［i］ <=50：
        plt. bar （x ［i］, y ［i］, color='lightgreen', width=0. 7）     # 1 等级
    elif y ［i］ <=100：
        plt. bar （x ［i］, y ［i］, color='wheat', width=0. 7）   # 2 等级
    elif y ［i］ <=150：
        plt. bar （x ［i］, y ［i］, color='orange', width=0. 7）     # 3 等级
    elif y ［i］ <=200：
        plt. bar （x ［i］, y ［i］, color='orangered', width=0. 7）     # 4 等级
    elif y ［i］ <=300：
        plt. bar （x ［i］, y ［i］, color='darkviolet', width=0. 7）     # 5 等级
    elif y ［i］ >300：
        plt. bar （x ［i］, y ［i］, color='maroon', width=0. 7）   # 6 等级
plt. plot （［0, 24］, ［air_ave, air_ave］, c='black', linestyle='--'）   # 画出平均空气质量虚线
plt. text （air_max_hour+0. 15, air_max+0. 15, str （air_max）, ha='center', va='bottom', fontsize=10. 5）   # 标出最
高空气质量
plt. text （air_min_hour+0. 15, air_min+0. 15, str （air_min）, ha='center', va='bottom', fontsize=10. 5）   # 标出最低
空气质量
plt. xticks （x）
plt. title （'一天空气质量变化柱状图'）
plt. xlabel （'时间/h'）
plt. ylabel （'空气质量指数 AQI'）
plt. show （）
```

7. 背景数据可视化

很多时候，仅有原始数据是不够的，有一句话是"数据没有价值，信息才有价值"，那么信息与数据之间的差别是什么？其差别核心就是背景数据，例如销售数据和营销数据分析。销售数据要为企业的决策服务，只看销售数据是远远不够的，其还需要更多的数据，例如销售计划数据，那么在图表中增加一条销售计划线，而销售数据是否达到销售计划就可以一目了然。只看营销数据分析不足以实现我们的目标，真正的意义是为公司的策略服务，那么我们就还需要更多的数据分析，例如若需要营销规划数据，

可以在表格中添加一个营销规划线，根据营销数据关于如何达到的营销规划就可以一目了然。

8. 转换成便于接受的形式

关于数据转换的问题，即使很多时候最前面的原始数据、指标、关系、背景数据都有了，只按照原始数据进行可视化也是可以的。不过问题会很大，因为在这个时候，就只有数据本身了，而可视化的主要功能分为以下几种：记录、传输、交流。因为有了前面的工具，才能实现记录、传输，但交流可能还需要优化，而这个优化就必须包含根据人的接收模式、习性、功能，或者必须充分考虑显示产品的功能，再加以整体改善，这样才能最好地达到便于接收的效果，具体来说，在销售规划线上添加符号，如勾和叉，表示是否完成规划，对看图的人则更容易接受。

9. 聚焦

在前面都没有介绍过大数据分析，但是在聚焦方面就一定要讲大数据分析，由于是大数据分析，所以许多时间统计、消息、符号对于受众来说就是过载的，例如在人很多时，一旦观察的对象大于 7 个，受众就识别不过来了，这时我们就必须在以前的可视化成果基础上进一步优化，如裁剪、规约、区域显示等，一般情况下在这里首先强调焦点，而所谓聚焦方面就是运用了一些可视化手法，将一些要强调的，或者小部分统计、信号根据可视化的标准再次处理。

10. 集中或者汇总显示

还拿前面的销售图表来说，为使管理者更好地掌握情况，我们可在柱形图表格的最右边，添加一个还没有完成计划的销售员工资料表格，这样管理者在掌握全局的基础上就很容易把握每个焦点，并加以逐一解决。

11. 扫尾的处理

上述已经达到比较完美的可视化功能，不过我们还必须完成一些修饰的工作，这部分功能主要是为了使计算可视化的细节更加准确、完美，较常见的操作还有设置标题，以表明信息出处，对过长的柱子进行缩略化，以及各种表格线的选择设计，各种文字、图素粗细、色彩设计等。

12. 完美的风格化

达到这一条堪称圆满。所谓风格化，也可以说成是在规范化基础上的特色化，比如增加了公司、个人的 LOGO。但真正做到风格化，还是有不少值得考究的地方，比如布局、用色、图素，常见的图形、信息图形、数字、内容维度限制，以及常见的图标（ICON），乃至动画的时间、过渡等，才能产生让受众更加赏心悦目的效果。

三、设计数据可视化的十条原则

（1）明确数据可视化的目的。

（2）通过比较（同比和环比）反映问题。

（3）提供相应的数据指标的业务背景。

（4）通过总体到部分的形式展示数据报告。

（5）理论联系实际的生产与生活，可视化了数据指标的大小。

（6）通过具体和全面的说明，尽最大可能地减少错误和歧义。

（7）把可视化的图示和听觉的叙述加以有机地融合。

（8）使用图形化手段，提高内容的可读性与生动性。

（9）允许，而不是强制使用表格的形式提供数据信息。

（10）目标是让数据报告的读者更关注呈现的结果指标，而不是数据的表现方式。

四、如何实现数据的可视化

在技术上，对数据可视化最简单的理解是指数据空间到图像空间之间的映射。一个典型的可视化过程，是先对数据进行加工过滤，然后转变成视觉上可表示的样式，之后再绘制为用户所可见的样子视图。可视化的步骤有：

1. 数据采集

采集是统计分析与可视化的一步，俗语说"巧妇难为无米之炊"，采集的方式与内容，很大意义上也决定着信息可视化的最后成果。数据采集的方法有很多，从数据的来源来看可以分为内部数据采集和外部数据采集。

（1）内部数据采集。指的是采集公司本身的运营行为信息，资料一般取自商业数据库，如客户成交数据。因为要了解客户的活动信息、APP 的应用状况，就需要一些活动日志信息，这种情况就必须采用"埋点"的方式来完成 APP 及 Web 的信息采集。

（2）外部数据采集。指的是利用一些手段采集公司对外的一些信息，其目的是采集精品的信息、官方机构网站上发布的某些业务信息等。采集外部信息，一般使用的信息收集技术是"网络爬虫"。

上述的两种信息采集方式获取的信息，均为二手信息。根据调研和实践采集资料，是第一手资料，在调研和科学实践中较为普遍，不属于此次研究范畴。

2. 数据处理和变换

信息处理与数据变换，是实现大数据分析可视化的前提，其涉及数据预处理与数据挖掘两个方面。一方面，经过前期的大数据分析所采集到的证据，往往不可避免地有噪声和差错，数据品质也较低下；另一方面，大数据分析的特点、模式也常常隐含于海量的数据之中，往往需要更深入的数据挖掘才能将其提炼出来。

可视化映射。对数据进行处理、除噪，再根据目的进行处理以后，接着就进入了可视化映射阶段。可视化映射是整个信息可视化过程的基础，是指把数据处理所产生的数字信息映射为可视化内容的过程。

可视化元素主要由三部分构成：可视化空间、标识、可视化通道。①可视化空间。可视化空间是指数字可视化的展示空间，一般为三维空间。三维物体的可视化，利用图像绘制技术，可以解答在二维平面展示的难题，如 3D 环形图、3D 地图等。②标识。标识表示为数据特征与可视化中几何或图形元素的映射，用于表示对信息特征的归类。按照空间自由度的不同，标记物可包括节点、直线、平面、体，它们也有零自由、一维、二维、三维自由度。例如，我们现在常用的散点图、折线图、矩形树图、三角柱形图，它们都使用了点、线、面、体这四个不同类别的记号。③可视化通道。视觉通道是信息特征值与所标示的视觉效果显示参数的反映，一般用来显示信息特征的定量信号。常见的视觉方式有文字标记的部位、尺寸（长度、面积、体积）、形状（三角形、圆、立方体）、方向、颜色（颜色、饱和度、亮度、透明率）等。

3. 人机交互

可视化的目的是反映信息的数量、性质和方法，用比较直接、容易掌握的形式，把信息背后的数据展示给用户，帮助他们做出合理的判断。但总的来说，由于人们所面临的信息都是繁杂的，而数据中包含的信息又是大量的，所以如果人们在可视化图形时，对已有的信息都没有进行整理和过滤，而是完全机械地堆放起来，不仅会使整体界面看起来非常的笨重和杂乱，也不美观，反而模糊了焦点，转移了人们的视线，也削弱了单位时间信息的力量。

常见的交互方式包括：

（1）滚动和缩放。当数据在当前像素分辨率的设备上无法完全显示时，滚动与缩放也是一个十分有用的信息交互方式，包括地图、折线图上的数据细节等。不过，滑动和缩放的具体结果，除与页面布局有关联以外，还和具体的显示器设备相关。

（2）颜色映射的控制。一个可视化的开源软件，会给出调色板，如 D3。使用者也可按照自身的偏好，完成对可视化商品图像色彩的选择。这个功能在自助分析等平台类工具中会比较多一点，不过在对那些自研的可视化商品中，一般有专门的设计师来承担这个职责，以便让可视化的商品视觉传达更富有美感。

（3）数据映射方式的控制。这是指应用中对数据可视化映射元素的选取，通常指单个数据子集，是带有多组属性的，能够给使用者很灵活的数据映射方法，能够方便使用者根据自身的兴趣去寻找数字背后的信息。这在常见的可视化分析工具中均有实现，如 Tableau。

4. 用户感知

可视化的结果，只有让用户理解以后，才能够转变为知识的源泉。在系统的感知过程中，人们除被动接收可视化的图像信息以外，还要通过与可视化系统相关功能间的交流主动获得，以及怎样帮助人们更好地了解可视化的成果，将其转换成更有意义的数据用于辅助决策，而这其中涉及的专业领域包括：心理学、统计、人机交互等。

以家庭收入支出为例，想要传达一个家庭收入支出的数据信息，选取了柱状图为可视化方法，并应用 Excel 对数据进行可视化，结果如图 2-6 所示。

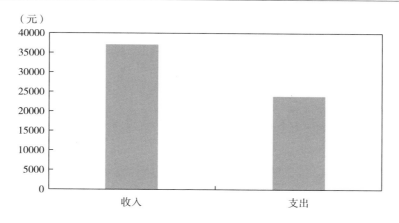

图 2-6 家庭收入支出

五、常见的数据可视化工具

学术界常见的可视化工具有 R 语言、Python 可视化库等，而用户较多使用的是 Excel，商业上的产品有美林大数据库、DOMO、FinBI 等，这里简要介绍 R 语言和 Python 可视化库。

1. R 语言

R 语言有两大绘图系统：基础绘图系统和 Grid 绘图系统，两者相互独立。基础绘图系统直接在图形设备上画图；而 Grid 系统将界面分成矩形区域（Viewport），每个区域有自己独立的坐标体系，并且相互可以嵌套，使 Grid 系统可以画出更复杂的图形。

用过 R 语言的人们知道，R 语言的功能是通过一个个库（Package），也就是我们常说的工具包实现的。基础绘图系统依赖于 Graphics 包。基于 Grid 系统的包有 Grid、Lattice、Ggplot2 等。Grid 包仅提供低级的绘图功能（如点、线等），并不能画出完整的图形。更高级的图形是两个主流绘图包 Lattice 和 Ggplot2 来实现。让我们来关注最常用的三个包：Graphics、Lattice、Ggplot2。

基础绘图包 Graphics，在安装 R 语言时默认安装，启动 R 语言时默认加载。这里也包含了常见的标准统计图像，如条条块块、饼图、直线图、箱曲线图、散点图等。

在使用 Lattice 之前，需要先加载 Lattice 包。Lattice 包提供了大量新的绘图类型、默认颜色、图形排版等优化。同时，它还支持"条件多框图"。

Ggplot2 是由 Hadley Wickham 在根据 Grammar of Graphics（图形的语法）中提出的理论基础而发展。它把绘图过程看作一个映射，即把数学空间映射到图形元素空间。它的绘图方式类似于我们平时生活中的画图，先创建一个画布，然后一层层往上叠加信息。Ggplot2 是 R 语言中最常用到同时也是功能最强大的绘图包（Python 中也有了 Ggplot2 的实现——Plotnine，只需要对 R 语言中的 Ggplot2 代码稍做修改，就能直接在 Python 中运行）。

2. Python 可视化库

这里以七个常用的库为例，进行介绍。

（1）Matplotlib 库。Matplotlib 是一种 Python 二维绘画显示库，现已是 Python 界认可的大数据科学计算可视化软件，利用 Matplotlib 能够很容易地绘制出简单或复杂的图像，通过几行程序就能够得到线图、直方图、功率谱、长条形图、错误图形、散点图形等。针对某些简单的绘图，尤其是在与 IPython 组合应用中，Pyplot 模块提供了一种 Matlab 连接。

（2）Seaborn 库。Seaborn 是根据 Matplotlib 生成的一种模板，专攻于数据分析可视化，能够直接与 pandas 实现数据连接，让开发人员更加易于上手。相比于 Matplotlib，Seaborn 结构更为简单，且二者之间类似于 Numpy 与 Pandas 之间的关系。

（3）HoloViews 库。HoloViews 是一种完全开放的 Python 库，能够用非常少的代码行来实现大数据分析的可视化，除默认的 Matplotlib 后尾之外，还增加了一组 Bokeh 后端。Bokeh 也提出了一种强有力的工具，利用结合由 Bokeh 开发的交互式小部件，能够使用 HTML5 Canvas 和 WebGL 快速创建相互性的维数约减可视化，非常适合于用户的交互式探索。

（4）Altair 库。Altair 是 Python 的一种公认的计算可视化库。它的 API 简洁、友善、统一，并且构建于强大的 Vega-lite（交互式图像语言）之间。Altair API 并没有提供实用的可视化呈现代码，而只是根据 Vega-lite 规则生成了 JSON 数据信息架构。而由此生成的信息也能够直接在用户中展示，正是这种简单特性带来了漂亮且高效的交互式可视化功能，而且代码很少。

（5）PyQtGraph 库。PyQt Graph 是在 PyQt4/PySide 和 Numpy 之上建立的纯 Python 的 GUI 图型库。它主要应用于几何、科技、工程技术等领域。虽然 PyQtGraph 完全是在 Python 中写成的，但是其自身却是一种相当有实力的图形系统，能够完成大量的数据处理、数字计算；采用了 Qt 的 GraphicsView 框架优化并改善了工作过程，以最小的工程量实现了数据可视化，而且速度也相当快。

（6）Ggplot 库。Ggplot 是基于 R 语言的 Ggplot2 和图形语言的 Python 的绘画平台，实现了较简单的程序获得较专业的图像。它可以通过一个高级而具有表现力的 API 来完成线条、光点等元素的加入，色彩的变化以及各种各样的可视化组件的合成或插入等，而不需重复使用同样的代码，但是这对于想要实现高度定制化的人群来说，Ggplot 并没有很好的选项，虽然它也能够做出一个非常复杂、好看的图案。Ggplot 和 Pandas 联系紧密。假如你准备使用 Ggplot，尽量把数据储存到 DataFrames 中。

（7）Bokeh 库。Bokeh 是一种 Python 交互式可视化库，主要用于在现代化网页浏览器显示（图表能够直接输出为 JSON 对象，HTML 文件或是可交互式的网络使用）。它提供了风格更优美、简单的 D3.js 的图形化样式，并将其功能延伸至高性能互联网的大数据集、数据流上。使用 Bokeh 能够迅速方便地制作交互式绘图、电子仪表板，以及大数据应用程序等。Bokeh 可以和 NumPy、Pandas、Blaze 等很多数组或表形式的数字构成完全结合。

本章小结

这一章解释了数据仓库的概念和建模方法、数据可视化。主要目的还是进一步了解数据，这一部分的内容相对简单，也有自己的固定模式，只要通过这些基本的数据认识方法来了解方法即可。

思考练习题

一、思考题

1. 数据仓库的基本概念是什么？
2. 数据仓库的组成有哪些？
3. 数据仓库的主要特征有哪些？
4. 大数据可视化的特点是什么？
5. 数据可视化的步骤有哪些？

二、简答题

1. 简述一个数据仓库的建模方法。
2. 简述数据仓库和数据库的区别。
3. 简述数据可视化的功能。

参考文献

［1］Peralta V．Data Warehouse Logical Design from Multidimensional Conceptual Schemas［J］．Universidad De La República，2022（11）：102918．

［2］Ramdane Y，Boussaid O，D Boukraà，et al．Building a Novel Physical Design of a

Distributed Big Data Warehouse over a Hadoop Cluster to Enhance OLAP Cube Query Performance [J]. Parallel Computing, 2022 (111): 102918.

[3] Wang X, Besanon L, Ammi M, et al. Understanding Differences between Combinations of 2D and 3D Input and Output Devices for 3D Data Visualization [J]. International Journal of Human-Computer Studies, 2022 (163): 102820.

[4] Xu H, Wang C R, Berres A, et al. Interactive Web Application for Traffic Simulation Data Management and Visualization: [J]. Transportation Research Record, 2022, 2676 (1): 274-292.

[5] [美] 拉贾拉曼，厄尔曼. 大数据 [M]. 王斌，译. 北京：人民邮电出版社，2012.

[6] [美] 西蒙. 大数据可视化 [M]. 漆晨曦，译. 北京：人民邮电出版社，2015.

[7] [美] 伊恩·艾瑞斯. 大数据思维与决策 [M]. 宫相真，译. 北京：人民邮电出版社，2014.

[8] [美] 伊森，哈里奥特. 大数据分析 [M]. 漆晨曦，刘斌，译. 北京：人民邮电出版社，2014.

[9] [新西兰] 威滕，弗兰克，霍尔. 数据挖掘 [M]. 董琳，等译. 北京：机械工业出版社，2014.

[10] [英] 迈耶·舍恩伯格. 大数据时代 [M]. 周涛，译. 杭州：浙江人民出版社，2012.

[11] 蔡斌，陈湘萍. Hadoop 技术内幕 [M]. 北京：机械工业出版社，2013.

[12] 陈晨，刘秀，李晋源. 基于数据仓库的多源监控告警数据集成系统 [J]. 电子设计工程，2023，31 (7)：5.

[13] 陈燕，李桃迎. 数据挖掘与聚类分析 [M]. 大连：大连海事大学出版社，2012.

[14] 顾炯炯. 云计算架构技术与实践 [M]. 北京：清华大学出版社，2014.

[15] 黄宜华. 深入理解大数据 [M]. 北京：机械工业出版社，2014.

[16] 霍朝光，卢小宾. 数据可视化素养研究进展与展望 [J]. 中国图书馆学报，2021，47 (2)：79-94.

[17] 卡劳，肯维尼斯科，温德尔，扎哈里亚. Spark 快速大数据分析 [M]. 北京：人民邮电出版社，2015.

[18] 李春葆，李石君，李筱驰. 数据仓库与数据挖掘实践 [M]. 北京：电子工业出版社，2014.

[19] 刘鹏. 实战 Hadoop [M]. 北京：电子工业出版社，2011.

[20] 刘鹏. 云计算 [M]. 北京：电子工业出版社，2011.

［21］陆嘉恒．Hadoop 实战［M］．北京：机械工业出版社，2012.

［22］吴朱华．云计算核心技术剖析［M］．北京：人民邮电出版社，2011.

［23］项亮．推荐系统实践［M］．北京：人民邮电出版社，2012.

［24］姚宏宇，田溯宁．云计算［M］．北京：电子工业出版社，2013.

［25］于俊，向海，代其锋，马海平．Spark 核心技术与高级应用［M］．北京：机械工业出版社，2015.

［26］曾繁超．基于 PaaS 平台的矢量关系化数据可视化方法［J］．信息技术，2022，46（3）：127-132.

［27］周英，卓金武，卞乐清．大数据挖掘：系统方法与实例分析［M］．北京：机械工业出版社，2016.

第三章 大数据分析的数据预处理

在真实世界中，数据通常是不完整的（缺少某些感兴趣的属性值）、不一致的（包含代码或者名称的差异）、极易受到噪声的（错误或异常值）侵扰的。因为数据库太大，而且数据集经常来自多个异种数据源，低质量的数据将导致低质量的挖掘结果。就像一个厨师现在要做美味的蒸鱼，如果不将鱼进行去鳞等处理，一定做不成我们口中美味的鱼。

数据预处理就是解决上面所提到的数据问题的可靠方法。

第一节 数据抽样和过滤

数据采集的过程中，宽表（字段比较多的数据库表）的数据量通常是几十万、上百万的。但如果对所有的数据加以预处理、训练，在时间上就很难达到要求，所以对数据加以抽样训练就非常重要了。另外，抽样作为一个数据规约技术应用，因为它用一个有限的随机样本（子集）表示数据集合，因此不同的信息抽取方法对抽样结果的准确性有较大限制，应该考虑采用一些信息查询方法、统计分析手段，在对数据有全面的了解之后，再考虑选择正确的抽样技术。对于一般性的建模，例如用户分类，在做抽样调查时可以选择随机抽样，也可选择从整群抽样；在做离网警示建模和金融诈骗警示建模时，数据分布往往是有偏的，而这些有偏数据针对这类建模又十分重要，此时通常使用分层抽样与过度抽样相结合的抽样方法。

选用抽样调查方法时应重视抽样调查方法的有效性。抽样调查方法的有效性，是指采样的代表性和随机性，代表性体现样品质量和总体情况的相似度，而随机性体现样品总体中每个单位都有同等机会被抽中。在对总样品质量情况一无所知的前提下，显然无法主观地增加抽样的代表性，而且由于抽样过程是完全随机的，所以这时应该选择简单随机抽样方法。在对总体质量构成情况掌握的前提下，应该选择分层随机或系统随机抽样方法以增加样本的代表性。在简单随机抽样方法有难度时，可选择整群简单随机抽样方法。

一、数据缺陷类型

当数据量达到一定规模后，数据质量问题是无法避免的，解决数据质量问题是保证数据挖掘算法精度的首要前提。衡量数据质量主要有三个要素：准确性、完整性和一致性。准确性是指数据集中的每个数据都能准确描述样本空间中的对象。完整性是指数据有足够的广度和深度，能够完整地呈现样本空间中对象的所有特征。一致性是指数据之间不存在矛盾，能实现兼容。根据数据质量衡量标准，一般将数据缺陷分为缺失数据、噪声数据、异常数据和非规范化数据四种类型。

1. 缺失数据

缺失数据是影响数据完整性的最主要原因，数据缺失将直接导致计算模型无法运行，如果只是简单对缺失数据进行"补零"操作，则会产生过拟合风险，因此需要正确识别缺失数据的类型，并采取相应的方法对缺失数据进行填充。现实中，数据会被各种因素干扰而造成缺失，如网络中断、硬件的写入错误、软件版本错误、安装故障、运行故障等。一些缺失的数据很难被分析，会造成模型错误。数据缺失种类可划分为短时缺失、长时缺失和完全缺失。

2. 噪声数据

噪声数据会导致模型计算产生过拟合风险，同时也会影响模型计算的收敛速度，因此清理噪声数据十分必要。常规的噪声数据一般指的是被检测的变量，在检测过程中产生的系统误差或者随机误差就称为随机噪声。

3. 异常数据

异常数据是远离大部分样本数据的数据值，异常数据产生的原因可能是录入错误或偶然因素。通常情况下，数据样本中的异常数据属于需要清理掉的数据，但在某些特定的情况下，异常数据也有它存在的意义。

4. 非规范化数据

非规范化数据会影响计算模型中不同属性的权重，大尺度的数据比小尺度的数据具有更高的权重，因此需要识别这些非规范化的数据，并进行相应的规范化操作。

二、数据抽样

数据的抽样方法主要有以下五种：

1. 简单随机抽样

简单随机抽样，也就是如果在总体为 N 的个体中选择容量为 n 的样本，则每个个体被选择的概率为 n/N。

优点：是在通过数据资料推断总体后，使用概率的方法真实地计算推断值的可信性，以便将这些推断建立在正确的基础上。因此，简单随机抽样技术在社会科学统计与社会调查中运用比较普遍。目前常见的简单随机抽样方法，包括单纯随机取样、分层抽样、系统抽样、整群抽样、多阶段抽样等。

　　缺点：简单随机抽样只适合于数据总体和数据规模受限制的场合，对于复杂的总体，数据的代表性无法确定。

　　【例 3-1】 随机抽样。

　　假设有 3 个单位的数据依次到达，但每次只能保存 1 个单位的数据。方法如下：当数据 1 到达时，将它保存下来。当数据 2 到达时，以 1/2 的概率，舍弃数据 1，保存数据 2；以 1/2 的概率，舍弃数据 2。当数据 3 到达时，以 2/3 的概率，舍弃数据 3；以 1/3 的概率，舍弃原数据，保存数据 3。这样数据 1、数据 2 和数据 3 被留下的概率都为 1/3。随机抽样解题过程如表 3-1 所示。

表 3-1　随机抽样解题过程

输入：样本 D = [0, 1, 2, 3, 4, 5, 6, 7, 8, 9, 10]；

　　　未知参数 a，b，c

　　　d 为 0~1 的随机数

输出：3 个随机数

过程：(1) 先建立一个空的列表 D_1 = [ ]；

　　　(2) 根据 D 得到 a=len (D) = 10，b=a-1；

　　　(3) 重复步骤 (2)、(3)；

　　　(4) if b * random. random ( ) <c 则 b=b-1，c=c-1，并返回一个随机数；

　　　(5) 最终得到 3 个随机数。

源代码如下：

```
import random
def sampling(lists, c, a=None):
    selected=[ ]
    if a is None:
        a=len(lists)
    b=a-1
    for i in range(a):
        random. random( )#返回 0~1 的随机数
        if random. random( ) * b < c:
            selected. append(lists[i])
            c-=1
        b-=1
    return selected
lists=[i for i in range(10)]
print(sampling(lists, 3))
```

2. 系统抽样

系统抽样又称机械抽样或等距抽样，即先把对总体的观测内容按某一序列号分为 n 个组成部分，然后再在每个组成部分中选择相应数量的观测内容组成样本。

优点：易于理解、简单易行，等距抽样方法相比于简单随机抽样方法，最主要的优点就是经济性。等距抽样方法较单一，比随机抽样更简便，所花费的时间更少，而且费用更低。

缺点：不足之处是当总体上出现周期性的增减趋势之后，容易出现偏性。这些偏性数据可能是隐蔽的形态甚至是"不合格数据"，因此抽样者会忽视，将它们抽选为数据。由此可见，只要抽样人员对总体系统已相当熟悉后，充分利用现有资料对总体单位进行排队后再抽样，将会大大提高抽样效果。

【例3-2】系统抽样。

例如，想要从100名学生中抽取20名学生，那么对所有的学生编号，依次为0，1，2，3，…，99。从0~10中随机选一个数字，如0，并且规定步长为5，那么被抽到的学生的编号分别为0，5，15，25，…，95。系统抽样解题过程如表3-2所示。

表3-2 系统抽样解题过程

输入：样本 $D = [0, 1, 2, 3, 4, \cdots, 98, 99]$；
输出：20个系统抽样的数据
过程：（1）先建立一个空的列表 $D_1 = [\ ]$；
（2）将步长规定为5，使用 for…in…以及 range( ) 函数；
（3）则 $D_1 = [a\ for\ a\ in\ range(0, 100, 5)]$；
（4）最终得到 $D_1 = [0, 5, 10, 15, 20, 25, 30, 35, 40, 45, 50, 55, 60, 65, 70, 75, 80, 85, 90, 95]$。

源代码如下：

```
sample = [element for element in range(0, 100, 5)]
print (sample)
```

3. 分层抽样

分层抽样根据对样品影响最大的某些特征，把总体分成若干个类别，其次在每一类别中随机选择数据，组合起来构成特征。比如，一家企业的现有员工约500人，其中小于30岁的有125人，30~40岁的有280人，而40岁以上的有95人。为掌握职工身体状况，需要选择100人的抽样，从每个年龄段依次选择25人、56人、19人。

总体上赖以实现分层的变量称为分层变量，而理想的分层变量则是在开展调查时需要调查的变量，或与其高度关联的变量。分层的原理，在于增加层内的同质性和层间的异质性。

优点：最常见的分层变量有性别、年龄、教育、职业等。分层随机抽样方法在实际抽样调查中普遍采用，在相同样本容量的情况下，它比单纯随机抽样方法的数据更准确，而且管理简单，成本较小，更有效率。

缺点：必须对总体情况有较多的了解，否则无法进行恰当分层。

4. 加权随机抽样

加权随机抽样问题又称不放回随机抽样问题（Random Sampling without Replacement），要求在大小为 n 的集合中，随机选择 m 个不同元素。假设所有的元素被提取出的概率都相同，则称为均匀随机抽样（Uniform Random Smpling）。而加权随机抽样（Weighted Random Smapling），是指每个元素都具有权重，而每一种元素都被抽取的可能性是根据元素自身的权重确定的。

例如，要研究一种啤酒的口味是否应该改变，那么不同购买程度的消费者观点应该有不同的权值：经常购买该啤酒的客户的权值为 3，偶尔购买的客户的权值为 1，从不购买的客户的权值为 0.1。

5. 整群抽样

把系统中各个单位归并成若干个交互、不重叠的集合，该集合称为群体，然后以群体作为抽样的样本。整群体抽取的好处是实施方便、节约经费。

例如，调查中小学生患有近视眼的状况，就可选择以一个班做抽样统计。

三、数据过滤

数据过滤是为了获取满足某种条件的数据。比如为了分析小说的销量，可从销量列表中选类别为小说的图书，数据过滤的方法包括缺失值比率、低方差滤波、高相关滤波以及随机森林/组合树。

1. 缺失值比率

在查看数据时，发现里面含有缺失值，如果缺失值很少，就应该选择补充缺失值或是干脆删掉这些缺失值；而缺失值在数据集上的占比过高时，通常也会直接删掉这些缺失值，因为它所含有的有用信息太少了。删或不删，以及如何删除要视具体的情况而定，通常可设定一个阈值，假设缺失值占比超过阈值时，就删掉它所属的列。但值得注意的是，该方法的前提是含有过多缺失值的数据集，其包含有用内容的可能性相对较小。

2. 低方差滤波

假设在一个数据集中，某一列的数据基本一致，也就是它的方差都非常低，那么可以将其进行删除，而实际中，可以通过统计每个变量方差的大小，然后再去掉其中方差很小的变量。

3. 高相关滤波

高相关滤波原理认为当两列数据的变化趋势相同时，其中包含的数据也相似。这样，使用高相似序列中的一列就能够满足机器学习模型。当相关系数超过一个阈值时两列只保留一列。但同样需要注意的还有，相关系数法对范围比较敏感，所以在实际使用之前还必须先对其做归一化处理。

4. 随机森林/组合树

组合决策树一般也可以称为随机森林，它在进行特征选择和建立更有效的分类器过程中特别实用。其经典的降维方式就是对目标特征形成了许多的树，然后再通过对这些特征的计算结果找出信息量最大的目标特征子集。因此，人们可以对一些特别重要的数据集形成层次很浅的树，但每棵树都只能有一小部分特征。而假如某个特征经常是最佳的分裂特征，则它也有可能成为需要保留的信息特征。对随机森林信息特征的统计评估可以展现其他特征，探究哪个特征是预测能力最佳的信息特征。

【例 3-3】 数据过滤。

使用了与、或、非三个条件配合大于、小于、等于对数据进行过滤。例如，给一个指定数字，在特定条件下可以得到不同的结果。数据过滤解题过程如表 3-3 所示。

表 3-3 数据过滤解题过程

输入：a=5；

输出：True、True、False；

过程：（1）使用"与"进行筛选，如果设定条件为 a>2 and a<10，则结果为 True；

　　　（2）使用"或"进行筛选，如果设定条件为 a>8 or a<15，则结果也为 True；

　　　（3）使用"非"进行筛选，如果设定条件为 not a<15，则结果为 False。

源代码如下：

```
a=5
print(a>2 and a<10)
print(a>8 or a<15)
print(not(a<15))
```

第二节　数据规范化与标准化

一、数据规范化

数据规范化是根据数据结构，将数据按某种特征，或者某种属性，统一到一个特定区间，或者一个特定分部里面。规范化能在未设定任何初始权重的基础上，赋予所有属性相等的权重，以防止有较大取值范围的属性与较小取值范围的属性相比权重过大。

1. 最大最小规范化

最大最小规范化是通过线性变换，将原始数据统一到特定区间。设 x_i 为属性 A 的一个取值，属性 A 的最大值为 $\max_A$，最小值为 $\min_A$，新映射区间的最大值为 $\max'_A$，则完成最大最小规范化后的新取值为：

$$x'_i = \frac{x_i - \min_A}{\max_A - \min_A}(\max'_A - \min'_A) + \min'_A \tag{3-1}$$

通常将新的特定区间设置为 [0，1]。最大最小规范化仅对原数据的方差与均差进行了倍数缩减，保持了与原始数据的线性关联。该方法必须保证原始数据的最大值和最小值是合理的，如果存在超出的情况，应该首先被判断为噪声数据而筛除掉，以免代入分析中引起错误。

2. Z 分数规范化

Z 分数规范化基于属性 A 的均值和标准差进行规范化处理，设属性 A 的均值为 μ_A，标准差为 σ_A，则规范化后的新取值为：

$$x_i = \frac{x_i - \mu_A}{\sigma_A} \tag{3-2}$$

标准差标准化则使标准化的数据方差为零。这对许多的算法更加有利，但是其缺点在于假如原始数据没有呈高斯分布，标准化的数据分布效果并不好。z 分数规范化能适用于最大值和最小值未知的情况，但是由于电池群组中大部分属性都已经规定最大最小值，因此在对电池群组数据进行分析时，首先选用最大最小规范化。

二、数据标准化

数据标准化是为了方便数据的下一步处理，而对数据进行的等比例缩放。数据归一化是指将数据缩放到 [0，1] 区间内。主要是用来减少各种参数间的量纲，便于数据比较。

1. 离差标准化

【例 3-4】离差标准化。

离差标准化也称 0-1 标准化，转换函数为：

$$h(x) = \frac{x - \min}{\max - \min} \tag{3-3}$$

其中，min 为样本数据的最小值，max 为样本数据的最大值。这个方法的缺陷是当新的数据加入时，可能导致 min 和 max 的变化，需要重新进行计算。离差标准化解题过程如表 3-4 所示。

表 3-4　离差标准化解题过程

输入：样本 $D_1 = [4，3，9，6，8]$，$D_2 = [5，10，3，7，2]$；
输出：标准化之后的结果 $D = [D_1，D_2]$，$D_1 = [0，0，1，0，1]$，$D_2 = [1，1，0，1，0]$

续表

过程：（1）先建立一个列表 D = [D₁，D₂]；

　　　（2）求得样本的最大值和最小值 x_{max}，x_{min}；

　　　（3）按照公式 $(x-x_{min})/(x_{max}-x_{min})$ 得到标准差。

源代码如下：

```
import numpy as np
aa = np. array([4,3,9,6,8])
bb = np. array([5,10,3,7,2])
cc = np. array([aa, bb])
print( cc)
cc_min_max = (cc-np. min (cc, axis=0)) / (np. max (cc, axis=0) -np. min (cc, axis=0))
print (cc_min_max)
```

2. Z-score 标准化

【例 3-5】 Z-score 标准化。

这种方法的目的是把数据转换为标准正态分布，即 N（0，1）。转换函数为：

$$h(x)=\frac{x-\mu}{\rho} \tag{3-4}$$

其中，μ 为转换前的样本均值，ρ 为转换前的样本标准差。Z-score 标准化解题过程如表 3-5 所示。

表 3-5　Z-score 标准化解题过程

输入：样本 D₁ = [4，3，9，6，8]，D₂ = [5，10，3，7，2]；

输出：标准化之后的结果 D = [D₁，D₂]，D₁ = [-1，-1，1，-1，1]，D₂ = [1，1，-1，1，-1]

过程：（1）先建立一个列表 D = [D₁，D₂]；

　　　（2）按照列求各列的均值以及标准差 μ_D，ρ；

　　　（3）按照公式 $(x-\mu_D)/\rho$ 得到标准差。

源代码如下：

```
import numpy as np
aa = np. array([4,3,9,6,8])
bb = np. array([5,10,3,7,2])
cc = np. array([aa, bb])
print( cc)
cc_mean = np. mean (cc, axis=0)    # axis=0, 表示按列求均值 cc_std = np. std (cc, axis=0)
cc_zscore = (cc-cc_mean) /cc_std
print (cc_zscore)
```

第三节　数据清洗

一、数据质量概述

数据质量控制是根据信息在规划、收集、储存、共享、管理、使用、消亡生命周期的各个阶段所产生的各种数据质量问题，实施识别、度量、监控、预警等各种控制行为，从而通过改进与提升管理水平，使数据质量得到提高。

数据质量问题，以及所引发的认知与决策错误已在世界范围内产生了严重的后果。数据质量的维度一般分为以下五种：

1. 数据一致性

数据集合中，各种数据中会包括语义错误和相互矛盾的问题。例如，数据（公司="先导"，国家代码="86"，区号="10"，城市="上海"）之间存在着一致性问题，因为 10 为北京区划代码而不是上海市区划代码。

2. 数据精准性

数据的集合中，各种数据均可精确描述为真实世界中的实体。比如，某一个城市人口数量是 4130465 人，而在数据库中记录的是 400 万人。从宏观分析来看，该信息是合理的，但不准确。

3. 数据完整性

数据集中含有相应的数据类型来回答各种查询问题，并支持各种算法。因此，某医学信息库中的数据虽然一致而准确，但遗失了某些患者的既往病历，因此可能造成不准确的诊疗或者严重医疗事故。

4. 数据时效性

数据的集合中，所有内容均需要与时俱进，保证不过时。因此，某数据库系统上的用户地址在 2022 年是很准确的，而在 2023 年未必准确，即个别数据已经过时。

5. 实体同一性

同一实体的标识在每个数据集中应该一致，数据也必须相同。因此，产品营销与售后服务机构需要管理他们的数据库，一旦这个数据库中的多个实体没有一致的标识或是信息不统一，就会产生大量的重复数据，导致实体表达混乱。

数据质量管理的方法一般分为两种：①制度手段。建立数据品质度量准则，数据品质控制规范制度以及数据品质管理体系等。②技术手段。缺失值填充、实体识别、真值挖掘等。

二、数据清洗策略

数据清洗是保证数据质量最关键的部分，它对使用基础标准数据库实现反向清洗、数据挖掘以及构建数据模型起着不可或缺的作用。通过对各个行业的大量历史数据进行研究与大数据分析，设计了数据清洗策略流程图，如图 3-1 所示。

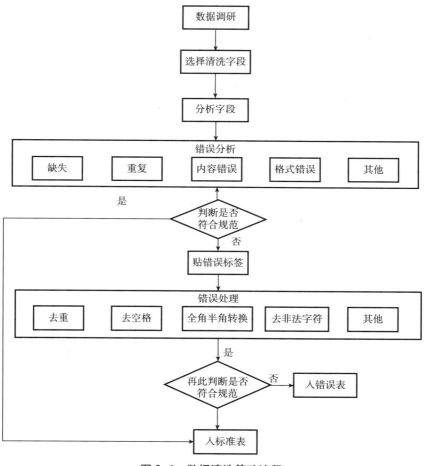

图 3-1　数据清洗策略流程

1. 数据调研

在数据清洗之前，必须先对数据做好足够的调研工作，此部分直接决定了数据清洗的结果。如对证件号码调研，18 位身份证号码和 15 位护照号码的编码方法都为正确规则。在证件的文本字段中，除了中国居民身份证号，护照号码等也应该包括在正确文本字段内。

2. 分析字段

根据不同的字段设置不同的清洗规则。

3. 错误分类

目前将错误分为缺失、重复、信息有误和格式问题等。可以对错误进行重新编码，例如将"缺失"编码为0100，"重复"编码为0200。对编码的划分，重复编码也可包括身份证重复0201、全国统一的社会信用编码重复0202等，但具体的分类也可按照需求来确定。

4. 判断字段是否符合规范

符合规范的数据可以直接迁入标准库。如不符合标准，则应给错误内容贴标签，并解决错误，而错误处理则一般包括去重、去空格、全角半角转换、去非法字符等。处理完毕后对结果重新执行校验，一旦符合标准则迁入标准数据库，否则进入错误数据库。

设计清洗程序必须先对字段进行校验，针对字段的内容形式及其错误状况提出适当的清洗方式。图3-2为本书提供的数据分析过程，此步骤便于运用与扩展。

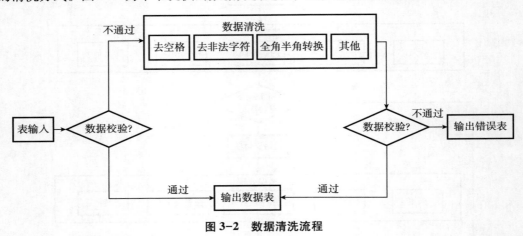

图3-2　数据清洗流程

数据清洗流程如下：

（1）输入要清洗的表。

（2）检测字段存在的问题，在检测中一般采用的是正则表达式方法，将符合检测要求的数据直接插入正确的表，不符合要求的进入清洗路线。

（3）清洗方式，一般针对全角半角、非法文字、空格等加以清洗。

（4）清洗完成后，再进行数据校验，经过校验的数据分成已修改与未修改，已修改数据直接进入正确表格中，未修改的数据输出到错误表格，以便进一步分析数据的出错原因。

在清洗流程中，最关键的就是数据校验这个功能。数据校验是确定数据是否真实的最主要手段。通过制定不同的校验准则，能够迅速地找到数据中出现的问题，并加以清洗。在具体使用中，设计了四种数据校验方法。

（1）数据字典校验。数据字典是不同类别信息的集合体，它能够对信息进行分类。例如行业代码或行政区域代码，而这些代码通常都有专门的字典表。如果经过校验的结果在此字典表内，则校验为合格，否则不合格。

（2）正则表达式校验。正则表达式校验被应用于检查字段值是否准确，或遵循某个类型（规则）的文件标准。在本书中，正则表达式主要用来检测字符段是否准确，并且消除了部分的非法字符。但并非每个情况下都适合正则表达式，例如校验身份证号码、统计社会信用编码等，所以不要单纯根据是否符合正则表达式来确定其是不是合理的，还需要通过一定程序检验。

（3）JavaScript 代码校验。JavaScript 主要使用于在字段清洗中对数据内容格式的错误修改，包括全角、半角转换，以及去除某些复杂字段的内容。JavaScript 也被运用来校验信息是否真实，包括验证公司设立日期是否晚于公司注销日期、公司设立日期是否晚于当前时间、公司法人数量是否正确等。

（4）JavaScript 和正则表达式结合校验。JavaScript 与正则表达式的结合，能够处理许多复杂句段问题，如校验身份证、校验统一的信用编码、校验注册号等。如身份证编号有 15 位和 18 位，则必须同时对这两个格式进行调整校验。

上述四种数据校验方法都需要根据具体的字段情况加以选用，首先经过比较充分的资料调查知道什么字段格式是比较准确的，其次选用最合适的数据校验方式，而对于比较烦琐的字段，则建议使用 Java 或 Python 等编程工具来处理。

三、缺失值处理

缺失值处理的方法一般分为四种，分别是删除、统计填充、统一填充和预测填充。

1. 删除

删除也是最原始的方法，它直接删除相应的属性或样本。如果数据缺失能够通过单纯地删除小部分数据达到目的，那这种方式就是比较合理的。但如果剔除了非缺失数据，破坏了样本数，就会降低了数据有效性。当样本数较大或缺失数据所占样本百分比较少时（<5%），就应该考虑采用本方法。

【例 3-6】删除缺失值。

在缺失值的处理方法中，删除缺失值是常用的方法之一。通过 dropna 方法可以删除具有缺失值的行。dropna 的解题过程如表 3-6 所示。

表 3-6　dropna 的解题过程

输入：样本 D=［［1，2.5，5］，［1，None，None］，［None，None，None］，［None，2.5，5］］；

输出：删除缺失值之后的结果 D=［1，2.5，5］

过程：（1）读取数据将其变成 DataFrame 对象；

（2）对样本 D 直接使用 dropna（）函数；

（3）得到结果 D=［1，2.5，5］。

源代码如下：

```
from numpy import nan as NA
import pandas as pd
Data2 = pd. DataFrame([[1. ,2. 5,5. ],[1. ,NA,NA],[NA,NA,NA],[NA,2. 5,5. ]])
print( Data2)
cleaned = Data2. dropna( )
print( '删除缺失值后的：\n' ,cleaned)
```

2. 统计填充

适用所有样本的一维度统计值，对其进行填充，如平均数、中位数、众数、最大值、最小值等。

【例3-7】 统计填充缺失值。

缺失值所在的特征一般是数值型的，但通常使用其均值、中位数和大众数或说明其集中趋势的统计值来填充；缺失数据的特点是当数据为类别型时，则选择众数来填充。Pandas 库中还给出了缺失值替代的方式——fillna 法。fillna 利用平均数填充缺失值解题过程如表3-7 所示。

表 3-7　fillna 利用平均数填充缺失值解题过程

输入：样本 D = [[1, 2, None, None], [2, None, 5, 8], [None, 4, None, 0], [4, None, 1, None]]；

输出：利用平均数填充缺失值缺失值之后的结果 D = [[1, 2, 3, 4], [2, 3, 5, 8], [2.33, 4, 3, 0], [4, 3, 1, 4]]

过程：（1）读取数据将其变成 DataFrame 对象；

　　　（2）先求得样本 D 各列的平均值，直接使用 mean ( ) 函数；

　　　（3）对样本 D 直接使用 fillna ( ) 函数；

　　　（4）得到结果 D = [[1, 2, 3, 4], [2, 3, 5, 8], [2.33, 4, 3, 0], [4, 3, 1, 4]]。

源代码如下：

```
import pandas as pd
import numpy as np
data = pd. DataFrame([[1,2, np. nan, np. nan], [2, np. nan, 5, 8],[np. nan, 4, np. nan, 0 ], [4,np. nan, 1,
np. nan]])
data[0] = data[0]. fillna( data[0]. mean( ))
data[1] = data[1]. fillna( data[1]. mean( ))
data[2] = data[2]. fillna( data[2]. mean( ))
data[3] = data[3]. fillna( data[3]. mean( ))
print( data)
```

3. 统一填充

把各种缺失值统一填充为自定义数值，如"空""0""正无穷""负无穷"等。

4. 预测填充

通过预测利用不具有缺失值的特性来估计缺失值。尽管这种方式比较复杂，不过最后得出的结论还是准确的。关于类别属性，可通过分类方式加以补充，如朴素贝叶斯方法，而关于数值属性，可通过回归的方式加以补充。

以年薪、驾龄和是否已婚为例，年收入填充可在产品介绍情况下补充平均值，在接待额度下补充最小值。驾龄计算中的驾龄词条，对于没有填写这一条的用户来说可能没有驾照，因此为其填上零比较合适，在是否已婚这一词条中，把是否已婚作为预测属性，在构建决策时，可以对是否已婚属性上确实的属性值进行预测填充。

四、噪声数据的处理

噪声是指被测量的变量产生的随机错误或系统误差。

噪声是随着随机误差出现的，包含错误点值或孤立点值。噪声数据产生的主要原因是数据输入数据库产生的纰漏及设备故障。噪声检测可以降低根据大量数据做出错误决策的风险，并有助于识别、预防、去除错误行为的影响。

识别噪声数据以及在样本集中消除它们的第一步为在 n 个样本中选取 k 个与其余样本显著差异或例外的样本（$k<<n$）。定义噪声数据不是一般性问题，在多维样本中尤其如此。常用的噪声检测技术如下：

1. 基于统计的技术

基于统计的噪声探测方法可以分为一元方法和多元方法，目前多数研究团体通常采用多元方法，但是这种方法并不适合高维数据集和数据分布未知的任意数据集。

多元噪声探测的统计方法常常能表明远离数据分布中心的样本。这个任务可以使用几个距离度量值完成。马哈拉诺比斯（Mahalanobis）距离（以下简称马氏距离）值包括内部属性之间的依赖关系，这样系统就可以比较属性组合。这个方法依赖多元分布的估计参数，给定 p 维数据集中的 n 个观察值 x_i（其中 $n>>p$），用 $\overline{x}_n$ 表示样本平均向量，V_n 表示样本协方差矩阵，则有：

$$v_n = \frac{1}{n-1} \sum_{i=1}^{n} (x_i - \overline{x}_n)(x_i - \overline{x}_n)^T \qquad (3-5)$$

每个多元数据点 i（$i=1, 2, \cdots, n$）的马氏距离 M_i 为：

$$M_i = \left[\sum_{i=1}^{n} (x_i - \overline{x}_n)^T v_n^{-1} (x_i - \overline{x}_n) \right]^{\frac{1}{2}} \qquad (3-6)$$

于是，马氏距离大的 n 个样本就被视为噪声数据。

2. 基于距离的技术

基于距离的噪声检测方法和基于统计量的方法之间最大的差别是：基于距离的噪声检测方法只能使用多维样本；基于统计的方法只分析了一维样本，即使分析多维样本，也是单独分析每一维。这种基于距离的噪声检测方法的基本运算复杂性，在于估计 n 维数据集上各个采样之间的检测间隔。如果样本 S 中至少有一部分数量为 p 的样本到 S_i 的距离比 d 大，那么样本 S_i 就是数据集 S 中的一个噪声数据。也就是说，这种方法的检测标准基于参数 p 和 d，这两个参数可以根据数据的相关信息提前给出或者在迭代过程中改变，以选择最具有代表性的噪声数据。

【例 3-8】 基于距离的噪声检测方法。

给定一组三维样本 S，$S=\{S1，S2，S3，S4，S5，S6\}=\{(1，2，0)，(3，1，4)，(2，1，5)，(0，1，6)，(2，4，3)，(4，4，2)\}$，求在距离阈值 $d \geqslant 4$、非邻点样本的阈值部分 $p \geqslant 3$ 时的噪声数据。

解：首先，求数据集中样本的欧几里得距离，$d=\sqrt{(x_1-x_2)^2+(y_1-y_2)^2+(z_1-z_2)^2}$，如表 3-8 所示。

表 3-8　数据集 S 的距离表

数据集	$S1$	$S2$	$S3$	$S4$	$S5$	$S6$
$S1$	—	4.583	5.196	6.164	3.742	4.123
$S2$	—	—	1.414	3.606	3.317	3.742
$S3$	—	—	—	2.236	3.606	4.690
$S4$	—	—	—	—	4.690	6.403
$S5$	—	—	—	—	—	2.236

其次，根据阈值距离 $d=4$ 计算出每个样本的 p 值，即距离大于或等于 d 的样本数量，计算结果如表 3-9 所示。

表 3-9　S 中每个点的距离大于或等于 d 的 p 值表

样本	p	样本	p
$S1$	4	$S4$	3
$S2$	1	$S5$	1
$S3$	2	$S6$	3

根据表 3-9 所示的结果，可选择 $S1$、$S4$、$S6$ 作为噪声数据（因为它们的 $p \geqslant 3$）。

五、实体识别与真值发现

实体识别法是指在给定的对象集合中，正确找到不同的实体对象，并将之聚类，使每个人进行实体识别后所获得的对象簇在实际情况中的是同一个实体。以在知网中检索"Zhang Hua"的文章为例，在出现的一系列文章里，会出现两个问题：①冗余问题。同一类实体可能由不同的名字指代。如名字叫张华，用英文可能是"Zhang Hua"，也可能是"Hua Zhang"。②重名问题。不同类的实体可能由相同的名字指代。例如，在知网检索的张华结果中，可能会出现很多不同的作者。

实体识别技术主要分为以下两类：

（1）冗余发现。计算对象间的差异，并进行阈值计算，以便判断对象是否处于一个实体层。

（2）重名检测。通过聚类方法，可以通过考察实体属性之间的联系程度，判断同一名称的实体是否构成了同一实体范畴。

真值识别指的是，当实体识别后，就说明了在现实中实体的所有不同元素都聚集在了一起，但是这些实体的所有相同属性都是相互冲突的，从这些相互冲突值中，可以找到真正的价值。真值发现的两种思路如下：

（1）投票方法。往往真值是有大多数的数据源提供。

（2）考虑数据源精度的迭代方法。迭代地分析数据源的真实性，从而估计实体的置信率。

六、错误发现与修复

数据获取和修复通常需要注意三个方面，分别是格式内容清洗、逻辑错误清洗和非需求数据清洗。

1. 格式内容清洗

一般在显示格式不一致，以及内容中含有非法字符或者内容中字句不相符的情形下，必须进行格式内容清洗。在整合多源数据时容易遇到格式不一致的问题，如日期格式不一致。在一些属性值中只包括了一部分字符，如身份证中只包括数字和 X 值时，会出现内容中含有非法字符的问题。如果用户把本属于某个属性中的数据直接写入了另一种属性中，有可能产生内容和字句完全不符的问题。

2. 逻辑错误清洗

逻辑错误清洗的处理方法有去重、去除不合理值和修正矛盾内容三个。去重指的是去除重复信息，常用于解决数据中存在的同名或异名问题。去重通常通过实体识别技术来实现，去重后出现的冲突值使用真值挖掘技术来消解。去除不合理值即对数据中出现的不合理值进行清除，比如清除年龄 2000 岁、月收入 100000 万元等数据，这一类不合理的检测主要依靠对属性值上的限制。修正矛盾内容，在可直接证明的句段中出现矛盾的情况时常发生，如某用户电话的区号为"010"，但所在城市是"上海"。

3. 非需求数据清洗

对于一些看上去不需要但实际上对业务很重要的字段；有时候决定某个字段有用但又没想好怎么用，无法确定是否该删、在处理时删错字段等。可以考虑在出现错误的数据上增加错误标记，或者针对存在的错误值设计包容劣质数据的数据分析算法以最小化错误值对分析结果的影响。

七、数据清洗方式

噪声和缺失值都会产生"脏"数据，也就是说会有很多原因会使数据产生错误，在进行数据清洗时，就需要对数据进行偏差检测。出现错误的因素有许多，如人工录入信息时有错误输入；数据库的字段设计自身可能存在一些问题；用户填写信息时有可能没有填写真实信息等。不规范的数据表示与编码的不规范使用也可以产生数据偏差，例如，身高170cm 和 1.70m，日期"2011/12/12"和"12/12/2011"。字段过载（Field Overloading）产生的原因通常是开发者将新属性的定义挤进已经定义的属性未应用（位）部分，比如，使用了某个属性尚未使用的位时，该属性取值就用到了 32 位中的 31 位。通过应用唯一性原则、连续性原则和空值原则观测结果，实现偏差检测。

1. 唯一性原则

每个值都是唯一的，一个属性的每一个值都不能和这个属性的其他值相同。

2. 连续性原则

首先要满足唯一性原则，其次要满足每个属性的最大值与最小值之间没有缺失的值。

3. 空值原则

必须清楚空格、问号、特殊字符和指向空值条件的其他字符串的用法，以及知道怎么处理这样的值。

另外，为统一数据格式和处理数据冲突问题，在数据清理时还可通过外部源文件纠正错误数据。外部源文件是以记录的形式表达有效内容的文件，这种外部源文件通常能够在拥有单位或个人完整且实际有效信息的行政部门获取。

第四节　数据清洗方法对比分析

一、缺失值填充方法

缺失值填充的方法主要有：①通过缺失值所处位置前后的数据，利用中心度量值（均值、中位数等）进行填充；②通过缺失值所处位置前后的数据构建插值函数，对缺失值所处位置进行求解；③在样本空间中，如果存在和缺失值对应的属性相似的属性，则利用相关系数或者聚类分析算法进行相似性判断，找到相似性最高的属性，利用该属性的值进行替代；④在样本空间中，如果存在和缺失值对应的属性相似或者相关的属性，利用回归分析算法，构建回归方程，对缺失值所处位置进行求解。

1. 插值法

插值法的基本思想是利用给定的数据点，可以找到一个多项式函数，这个函数经过给定的每一个数据点。利用这个多项式，当给出任意一个变量时，可以得到这个变量的函数值，这个函数值可以近似替代该变量所对应的真实函数值。其基本概念如下：

设函数 $y=f(x)$ 有 n 个已知数据点 (x_i, y_i)，$i=1, 2, \cdots, n$，若存在一个多项式函数 $P(x)$，使 $P(x)=y_i$，$i=1, 2, \cdots, n$ 成立，则 $P(x)$ 为 $f(x)$ 的插值函数，点 x_i 为插

值节点。设该多项式函数为：

$$y = a_0 + a_1 x + a_2 x^2 + \cdots + a_{n-1} x^{n-1} \tag{3-7}$$

将已知数据点代入该多项式，可以求得拉格朗日插值函数：

$$L(x) = \sum_{i=1}^{n} y_i \prod_{j=1, j \neq i}^{n} \frac{x - x_j}{x_i - x_j} \tag{3-8}$$

拉格朗日插值函数非常利于理解，但是一旦已知数据点发生改变，整个公式需要重新进行计算，这样会占用资源。另外一种灵活的插值方法是牛顿插值法，当已知数据点增多时，只需要增加一项加法因子就能计算。牛顿插值函数如下：

$$N(x) = f(x_1) + f[x_1, x_2](x - x_0) + f[x_1, x_2, x_3](x - x_1)(x - x_2) + \cdots + f[x_1, x_2, \cdots,$$
$$x_n](x - x_1)(x - x_2) \cdots (x - x_n) \tag{3-9}$$

其中，$f[x_1, x_2, \cdots, x_n]$ 为 $n-1$ 阶差商，定义如式(3-6)，并有 $f[x_1] = f(x_1)$

$$f[x_1, x_2, \cdots, x_n] = \frac{f[x_1, x_2, \cdots, x_{n-1}] - f[x_1, x_2, \cdots, x_n]}{x_0 - x_n} \tag{3-10}$$

2. 聚类分析

聚类分析与相关性分析的作用是一致的，就是从多个相似的属性中找到相似性最高的属性，相关性分析是统计学的范畴，聚类分析是数据挖掘理论的范畴。二者不同的是，相关性通常是利用相关系数公式或者距离公式直接计算，而聚类分析则在公式计算的结果上，利用聚类算法进一步对各个属性进行归类，因此聚类分析相比于相关性分析能找到更佳的相似性程度划分。

K-均值算法是一种典型的聚类分析算法，具体的算法如表3-10所示。

表3-10　K-均值算法

算法：K-均值算法
输入：簇的数量：k
样本空间：D
输出：k 个簇的集合
方法：（1）从 D 中随机挑选 k 个对象作为初始簇中心；
　　　（2）重复步骤（3）~（5）；
　　　（3）将剩下的对象按最小距离划分到各个簇中；
　　　（4）更新簇的均值，并作为新的簇中心，重新划分各个对象；
　　　（5）直到划分结果不再变化，则停止更新，输出结果。

其操作过程主要包括：先从样本空间中随机选择 k 个对象，每个对象各自代表了一个簇的中心点，然后针对剩余的其他对象，依次计算这些对象与 k 个中心点之间的距离，以距离最小值对应的那个中心点作为这些对象所在的簇，进行配置的同时，再统计各个簇中的平均数，将新计算的平均数视为新的簇的中心点，并继续将剩余的其他对象依次配置到这个新簇中，反复此过程，直至配置结果不再改变。距离的计算一般可采用欧氏距离，设两个对象分别为 $X=\{x_1,\ x_2,\ \cdots,\ x_n\}$ 和 $Y=\{y_1,\ y_2,\ \cdots,\ y_n\}$，则两者的欧氏距离为：

$$dist(X,\ Y)=\sqrt{(x_1-y_1)^2+(x_2-y_2)^2+\cdots(x_n-y_n)^2} \tag{3-11}$$

3. 回归分析

回归分析是将缺失数据的对象当作目标函数，将与其属性有关联的已知数据的对象当作属性描述，利用已知属性描述求解目标函数的过程，它也是一种数据挖掘算法。典型的多元线性回归模型如下：

设属性数量为 d，属性集合为 $X=\{x_1,\ x_2,\ \cdots,\ x_d\}$，其中 x_i 为第 i 个属性的取值。目标函数定义为：

$$f(X)=w_1x_1+w_2x_2+\cdots+w_dx_d+b=\omega^T X+b \tag{3-12}$$

给定已知数据集 $D=\{(X_1,\ y_1),\ (X_2,\ y_2),\ \cdots,\ (X_n,\ y_n)\}$，可以求得目标函数，使目标函数 $f(X_i)\approx y_i$，衡量这种相似性的性能度量为均方误差，均方误差最小时，相似度最高，因此求解目标可以转换为：

$$(w^*,\ b^*)=arg\ \min\sum_{i=1}^{n}(f(X_i)-y_i)^2=arg\ \min\sum_{i=1}^{n}(y_i-\omega X_i-b)^2 \tag{3-13}$$

即找到的结果，使目标函数和已知结果的均方误差最小。求解过程可以采用最小二乘法，分别对 ω 和 b 求导，令得到的导数为 0，可以得到 ω 和 b 的封闭解为：

$$\omega=\frac{\sum_{i=1}^{n}y_i(X_i-\bar{X})}{\sum_{i=1}^{n}x_i^2-\frac{1}{n}(\sum_{i=1}^{n}x_i)} \tag{3-14}$$

$$b=\frac{1}{n}\sum_{i=1}^{n}(y_i-\omega X_i) \tag{3-15}$$

【例 3-9】 对表 3-11 中的数据进行缺失值填充，缺失值填充的步骤见表 3-12。

表 3-11 学生的成绩表

序号	Name	Scoe	Class	Sex	Age
0	Bob	99.0	Class1	Male	23
1	Mary	100.0	Class2	Fmale	25
2	Peter	NaN	Class1	Male	20
3	NaN	91.0	Class2	Male	19
4	Lucy	95.0	NaN	Fmale	24

采用均值、中位数、众数、前后数据、线性回归等方法进行 Score 值和 Class 值填充。

表 3-12　缺失值填充的步骤

输入：表 3-11 数据

输出：填充后的数据

方法：（1）创建包含上述数据的 DataFrame 表；

　　（2）对 data 数据中的 score 进行均值填充，data［'score'］.fillna（data［'score'］.mean（））；

　　（3）得出的结果为 ［99.00，100.00，96.25，91.00，95.00］；

　　（4）对 data 数据中的 score 进行中位数填充，data［'score'］.fillna（data［'score'］.median（））；

　　（5）得出结果为 ［99.0，100.0，97.0，91.0，95.0］；

　　（6）对 data 数据中的 class 进行众数填充，data［'class'］.fillna（data［'class'］.mode（）［0］）；

　　（7）得出结果为 ［class1，class2，class1，class2，class1］；

　　（8）对 data 数据中的 score 进行前后数据填充，前文填充 data［'score'］.fillna（method='pad'），后文填充 data［'score'］.fillna（method='bfill'）；

　　（9）得出结果，前文填充结果 ［99.0，100.0，100.0，91.0，95.0］，后文填充结果 ［99.0，100.0，91.0，91.0，95.0］；

　　（10）对 data 数据中的 score 进行线性回归填充，首先先确定自变量和因变量，此处选择自变量为 age，因变量为 score，然后使用线性回归进行拟合，最后使用预测结果进行填充；

　　（11）得出结果为 ［99.00，100.00，93.00，91.00，95.00］。

源代码如下：

```
import pandas as pd
import numpy as np
data = pd. DataFrame ( {
    'name': ['Bob', 'Mary', 'Peter', np. nan, 'Lucy'],
    'score': [99, 100, np. nan, 91, 95],
    'class': ['class1', 'class2', 'class1', 'class2', np. nan],
    'sex': ['male', 'fmale', 'male', 'male', 'fmale'],
    'age': [23, 25, 20, 19, 24]
} )
data1 = data ['score'] . fillna (data ['score'] . mean ( ) ) #均值填充
data2 = data ['score'] . fillna (data ['score'] . median ( ) ) #中位数填充
data3 = data ['class'] . fillna (data ['class'] . mode ( ) [0] ) #众数填充
data4 = data ['score'] . fillna (method='pad') #前文填充
data5 = data ['score'] . fillna (method='bfill') #后文填充
print (data5)

#使用线性回归进行填充
from sklearn. linear_model import LinearRegression
#获取数据
data_train = data. iloc [ [0, 1, 3] ]
print (data_train)
data_train_x = data_train [ ['age'] ]
data_train_y = data_train ['score']
```

```
#使用线性回归进行拟合
clf = LinearRegression（）
clf. fit（data_train_x，data_train_y）
#使用预测结果进行填充
data6 = data［'score'］. iloc［2］= clf. predict（pd. DataFrame（data［［'age'］］. iloc［2］））
print（data6）
```

二、降噪方法

对噪声数据进行处理的基本思想是识别噪声，然后根据噪声类型选择合适的方法进行处理。在电池系统中，噪声主要为测量误差和电源噪声，由于电源噪声是一种高频噪声，因此在硬件系统中就已经通过滤波等方法实现消噪，且通过数据平台、电池管理系统、日志系统记录的数据通常周期大于1s，远远高于电源噪声频率，根据奈奎斯特原理，这时是无法识别电源噪声的。因此，在数据处理平台中通常要处理的噪声是随机噪声。

处理随机噪声的关键是识别随机噪声，一旦识别完成，就可以将该噪声数据删除，然后将该时间序列中空缺的数据位置当作缺失值处理。以下给出三种识别随机噪声的基本方法原理。

1. 基于规则

基于规则的方法是监测的数据明显超过物理理论范围时，而这个物理范围是先验的情况下，可以直接判定去掉该值。比如锂离子电池单位电压不超过 4.2V，当出现 5V 的数据时，明显是测量有误。

2. 基于距离

根据距离识别噪声的原理是，噪声数据一般会显著远离其周围的数据，因此，只要找到合适的距离度量方式，度量噪声数据和周围数据的距离，然后依据初始阈值设定，就可以对样本数据进行分类划分，从而实现对噪声数据进行判定。通常基于距离的数据挖掘方法有聚类分析和近邻分析。这种方法的难点在于如何合理设置初始阈值。

3. 回归分析

根据回归分析识别噪声的原理是，利用数据空间中的其他属性，对目标属性建立回归模型，然后利用已知数据训练回归模型，再利用回归模型对目标属性进行预测，评价预测值和目标值之间的差异性，当差异性显著时，则可判定为噪声。由上文可知，回归分析运用在电池运行数据中非常有效，因为电池内部各个属性的关联性非常强，但是如果一旦无法提前获得无噪声数据进行模型学习，得到的回归模型的精度就会大幅降低，因此这种方法的难点在于如何获得无污染的训练数据。

本章小结

数据预处理是数据准备的重点和主要工作，在实际情况下没有任何一个数据分析的项目是完美的，总有或多或少的问题，所以总是需要做些数据预处理的工作。尽管人们已研究过多种数据预处理的技术，但因为标准不一致或脏数据的规模很大，再加上算法本身的复杂度，数据预处理技术还是个比较活跃的研究方向。在实践中，数据预处理的过程非常灵活，项目之间的数据预处理的过程经验可以借鉴，但基本不会完全相同，所以说数据预处理本身也是一种科学与艺术相结合的技术。

思考练习题

简答题

1. 数据抽样方法有哪些？
2. 数据过滤有哪些方法？
3. 说出数据规范化和标准化的两个方法并简要概述。
4. 数据清洗方法有哪些？
5. 数据降噪方法有哪些？

参考文献

［1］Pelzer K，Schwarz N，Harder R．Removal of Spurious Data in Bragg Coherent Diffraction Imaging：An Algorithm for Automated Data Preprocessing［J］．Journal of Applied Crystallography，2021，54（2）：523-532.

［2］Wang J，An Y，Li Z，et al. A Novel Combined Forecasting Model Based on Neural Networks，Deep Learning Approaches，and Multi-objective Optimization for Short-term Wind Speed Forecasting［J］．Energy，2022（15）：251.

［3］［美］Margaret H. Dunham. 数据挖掘教程［M］．郭崇慧，田凤占，靳晓明，等译．北京：清华大学出版社，2005.

［4］［美］麦瑞卡斯．数据仓库、挖掘和可视化核心概念［M］．敖富江，译．北京：清华大学出版社，2004.

［5］［美］唐·麦克雷南．数据挖掘原理与应用［M］．邝祝芳，等译．北京：清华大学出版社，2007.

［6］陈安，陈宁，周龙骧，等．数据挖掘技术及应用［M］．北京：科学出版社，2006.

［7］陈华友．组合预测方法有效性理论及其应用［M］．北京：科学出版社，2007.

［8］程学旗，靳小龙，王元卓，郭嘉丰，张铁赢，李国杰．大数据系统和分析技术综述［J］．软件学报，2014，25（9）：1889-1908.

［9］胡萌，孙继国．经济景气评价［M］．北京：中国标准出版社，2009.

［10］黄凯，丁恒，郭永芳，等．基于数据预处理和长短期记忆神经网络的锂离子电池寿命预测［J］．电工技术学报，2022，37（15）：14.

［11］纪希禹．数据挖掘技术应用实例［M］．北京：机械工业出版社，2009.

［12］李朋超，王金涛，宋吉来．基于PCL的3D点云视觉数据预处理［J］．计算机应用，2019，39（S2）：227-230.

［13］李雄飞，李军．数据挖掘与知识发现［M］．北京：高等教育出版社，2003.

［14］梁瑞华．微观经济学［M］．北京：中国农业大学出版社，2008.

［15］刘启雷，张媛，雷雨嫣，陈关聚．数字化赋能企业创新的过程、逻辑及机制研究［J］．科学学研究，2022，40（1）：150-159.

［16］卢纹岱．SPSS for Windows统计分析［M］．北京：电子工业出版社，2006.

［17］苏新宁，等．数据仓库和数据挖掘［M］．北京：清华大学出版社，2006.

［18］谢邦昌，李扬，匡宏波．从数据采集到数据挖掘［M］．北京：中国统计出版社，2009.

［19］徐炽强．经济学基础［M］．北京：清华大学出版社，2006.

［20］薛惠锋，张文宇，寇晓东．智能数据挖掘技术［M］．西安：西北工业大学出版社，2005.

［21］姚海鹏，王露瑶，刘韵洁，买天乐．大数据与人工智能导论［M］．北京：人民邮电出版社，2020.

［22］元昌安，等．数据挖掘原理与SPSS Clementine应用宝典［M］．北京：电子工业出版社，2009.

［23］张红．房地产经济学［M］．北京：清华大学出版社，2005.

［24］张润楚．多元统计分析［M］．北京：科学出版社，2006.

［25］张云涛，龚玲．数据挖掘原理与技术［M］．南京：电子工业出版社，2004.

［26］朱玉全．数据挖掘技术［M］．北京：东南大学出版社，2006.

第四章　数据回归分析模型

当人们对研究对象的自身特征以及各因素之间的相互关联有较为全面的了解时，人们通常用机理分析构建数学模型。假设由于受到客观事物内在规则的复杂性和对人类社会理解程度的影响，而无法解析与实际对象之间的关系，从而形成符合机理法则的数学模型，最通常的方法就是先收集大量数据，再通过对历史数据的统计分析去构建模型。而数据挖掘就是处理大数据分析问题的技术，因此本章将探讨在数据挖掘中应用得非常普遍的另一类方法——回归方法。

物体间的关系可抽象为变量间的关系，而变量间的关系一般分成两种：一种是确定性关系，又称双变量关系。另一种是相关关系，因为变量间的关系很难用一种准确的方式描述。因此，由于一般人的年龄越大血压就越高，人的年龄与血压的关系不是确定的数量关系，而是相关关系。因此，回归分析也是处理因素间的相关关系的一个重要数学方法。过程包括：

（1）收集一组包含因变量和自变量的数据。

（2）确定因变量和自变量关系的模式，即一组几何公式，使用数字依照一定准则（如最小二乘）估计模式中的关系。

（3）通过统计分析技术对不同的模式加以对比，找到效果最佳的模式。

（4）判断得到的模型是否适合于这组数据。

（5）使用模型，对因变量进行估计或解释。

回归在数据挖掘中是最基础的方法，也是应用领域和应用场景最多的方法，只要是量化型问题，我们一般都会先尝试用回归方法来研究或分析。根据回归方法中因变量的个数和回归函数的类型（线性或非线性）可将回归方法分为以下几种：一元回归、多元回归、Logistic 回归和梯度下降算法。本章将逐一介绍这几个回归方法。

第一节　回归分析概述

一、变量间的关系及回归分析的基本概念

1. 变量间的关系

变量间的关系分为两类，即函数关系和相关关系。

函数关系又称确定性关系，探讨的是确定事件和随机变量之间的联系。一个或多个变量如果在特定变化时另一变量有确定变化并与之相应，则一个（或多个）因素的变化就能完全决定于另一因素的变化，而这些因素相互之间一一对应的稳定性关系就叫作函数关系。一个或若干彼此关联的变量在取得了某个数值之后，与它相对应的另一个变量的数值尽管并不固定，但又按照规则在一定区域内变动，即变量间具有联系而不是完全确定，因此这些变量之间的不确定性对应联系就叫作相关联系。设两个变量 x 与 y，若变量 y 随变量 x 的值一起变化，而当变量 x 取得一定值时，则变量 y 的取值范围可能只有几个，而且取值范围变动也具有一定规律性，则称 y 与 x 间的相关关系。如居民收入虽与居民消费有关，但并不全部取决于居民消费；广告费支出与销售量有关，但并不会完全取决于销售量；以及粮食作物亩产量与施肥量、降水、温度之间的关系，家庭收入水平与受高等教育程度之间的关系，父母身材与孩子体格之间的关系等。

相关关系并不一定体现出因果，但相关关系的因果涉及的领域往往更为广阔。存在于相关关系的特定事件的总量也体现为相关关系总量，如自变量与因变量之间的相关关系等，但并不出现明确的因果关联，如人的身材与体型、食品的供求与价值等。变量之间的函数关系和相关关系，在特定情况下还可能发生互相转换。当具有测量误差或随机因素的作用时，函数关系也可以体现为相关关系；当人们对变量的内在联系有规律性了解时，相互关联也可以转换为参数关联或用参数关联加以说明。

相关关系见图 4-1 至图 4-6。

判断随机变量内部的相互关系，一般是利用相关分析方法（Correlation Analysis）或回归分析方法（Regression Analysis）。相关分析方法重点深入研究随机变量内部的关联形式和相关性程度，其相关性程度也可以利用统计的相关系数分析方法来观察。当存在着相互关系的随机变量之间产生了因果时，则可利用回归分析方法来探究它们之间的具体依存关系。而相关分析和回归分析方法之间的重要差异表现在以下两个方面：一方面，相关分析方法通常只重视随机变量内部的相互紧密联系程度，不重视其中的依赖性关联；而回归分析则着眼于变量间的具体依赖关系（因果），探究怎样利用解释变量的变化，来推断或预测被解释变量的变化。另一方面，在相关分析中，变量的地位是对称

的。但在回归分析中，变量的地位却是不对称的，有解释变量和被解释变量之分。

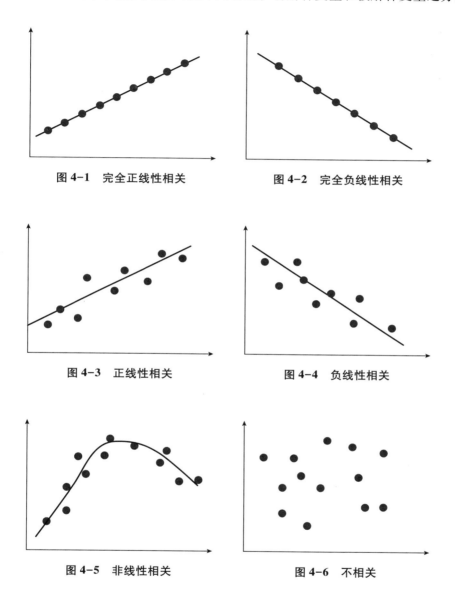

图 4-1 完全正线性相关   图 4-2 完全负线性相关

图 4-3 正线性相关   图 4-4 负线性相关

图 4-5 非线性相关   图 4-6 不相关

2. 相关系数

相关系数研究主要用于反映变量间联系的密切程度，对两变量间线性相关度的度量也叫作简单相关系数研究（简称相关系数）；若相关系数是按照总体全部数据计算的，则称之为总体相关系数，记为 ρ；若相关系数是按照整体抽样数据计算的结果，则称之为抽样相关系数，记为 r。对随机变量 x 和 y，总体相关系数 ρ 通常是未知的，只能根据样本观测值给出一个估计量，即对样品的相关系数分析 r。

样本相关系数 r 计算公式：

$$r = \frac{\dfrac{1}{n-1}\sum (x-\overline{x})(y-\overline{y})}{\sqrt{\dfrac{1}{n-1}\sum (x-\overline{x})^2 \cdot \dfrac{1}{n-1}\sum (y-\overline{y})^2}}$$

$$= \frac{\sum (x-\overline{x})(y-\overline{y})}{\sqrt{\sum (x-\overline{x})^2 \cdot \sum (y-\overline{y})^2}} \tag{4-1}$$

或简化为：

$$r = \frac{n\sum xy - \sum x \sum y}{\sqrt{n\sum x^2 - \left(\sum x\right)^2} \cdot \sqrt{n\sum y^2 - \left(\sum y\right)^2}} \tag{4-2}$$

r 的取值范围是 $[-1, 1]$，$|r|=1$，表明 x 与 y 完全线性相关；$r=1$，为完全正线性相关；$r=-1$，为完全负线性相关；$r=0$，表明 x 与 y 不存在线性相关关系；$-1 \leqslant r<0$，为负线性相关；$0<r \leqslant 1$，为正线性相关；$|r|$ 越趋于 1，表示 x 与 y 线性关系越密切；$|r|$ 越趋于 0，表示 x 与 y 线性关系越不密切。

使用相关系数时应考虑以下几点：①x 和 y 都是彼此相对称的随机变量；②线性相关性系数只反映变量之间的线性相关情况，而没有表示非线性相关关系；③样本相关系数是对总体相关系数的样本估计值，但由于抽样波动，所以样本相关系数分析是一个随机变量，其统计学显著性有待进一步检验；④相关系数只表达线性相关程度，无法判断因果关系，也不表示相应关系具体接近于哪一条直线。

3. 回归分析的基本概念

回归是由英格兰的统计学家 Francis Galton 于 19 世纪末期在探讨儿童以及家长们的平均身高时所指出来的。Galton 认为身高较高的家长，他们的子女更高大，但这些小孩的平均身高一般不会像他父亲那么高大。很矮的父母情况也差不多，他们的小孩都很矮，而这种小孩的平均身高也比他父亲的平均身高高。Galton 将这些小孩的平均身高向中值靠拢的现象叫作回归效应，他发明的分析两种数值变量间数量关系的方法叫作回归分析。

回归分析（Regression Analysis）是探讨一种变量对于另一种变量之间的具体依赖关系的计算方法与理论，对存在着相互联系关系的变化拟合数学过程，并利用某个或若干变量的变化分析另一种变量的变化。这里，为了便于理解，把被动变化的变量叫作被解释变量（Explained Variable）或因变量（Dependent Variable），主动变化的变量叫作解释变量（Explanatory Variable）或自变量（Independent Variable）。

回归分析构成计量经济学的方法论基础，基本内容和操作步骤为：根据理论和对问题的分析判断，区分自变量（解释变量）和因变量（被解释变量）；从一组样本数据出发，设法确定合适的数学方程式（即回归模型，Regression Model）描述变量间的关系；对数学方程式（回归模型）的可信程度进行统计检验，并从影响某一特定变量的诸多变量中找出哪些变量的影响显著，哪些不显著；利用数学方程式（回归模型），根据一个或几个自变量的取值来估计或预测因变量的取值，并给出这种估计或预测的精确程度。

二、总体回归函数（PRF）

回归分析的主要目的就是通过解释变量的已知值或给定值，研究被解释变量的总体均值数，即解释变量在取得一个定值后，对与之统计上相关的被解释变量，可能出现的对应价值的一般性平均数。当在给定解释变量 X 的情况下，被解释变量 Y 的期望轨迹就叫作总体回归线（Population Regression Line）或更普遍地叫作总体回归曲线（Population Regression Curve）。

相应的函数：
$$E(Y \mid X_i) = f(X_i) \tag{4-3}$$
称为（双变量）总体回归函数（Population Regression Function，PRF）。

回归函数（PRF）表明被解释变量 Y 的平均状态（总体条件期望）随解释变量 X 变化的规律性，可以是线性或非线性的。有两种表现形式，分别为条件均值表现形式与个别值表现形式。

条件均值表现形式：假如 y 的条件均值 $E(Y \mid X_i)$ 是解释变量 X 的线性函数，可表示 $E(Y \mid X_i) = \beta_0 + \beta_1 X_i$。

个别值表现形式：对于一定的 X，Y 的各个别值 Y_i 分布在 $E(Y \mid X_i)$ 的周围，若令各个 Y_i 与条件均值 $E(Y \mid X_i)$ 的偏差为 μ_i，显然 μ_i 是随机变量，则有：
$$\mu_i = Y_i - E(Y_i \mid X_i) = Y_i - \beta_0 - \beta_1 X_i \tag{4-4}$$
或者
$$Y_i = \beta_0 + \beta_1 X_i + \mu_i \tag{4-5}$$
其中，β_0、β_1 是未知参数，称为回归系数（Regression Coefficients）。

三、随机干扰项

各个 Y_i 值与条件均值 $E(Y \mid X_i)$ 的偏差 μ_i 代表排除在模型以外的所有因素对 Y 的影响，它是期望为 0 有一定分布的随机变量，其性质决定着计量经济方法的选择（见图 4-7）。
$$u_i = Y_i - E(Y \mid X_i) \tag{4-6}$$
随机干扰项在总体回归函数中内涵丰富，意义重大：①代表无法引入模型的未知影响因素。由于所考察总体的不完备性，必然会存在许多未知影响因素，只能用随机干扰项代表这些影响因素。②代表残缺数据。即使所有的影响变量都能够被包括在模型中，也

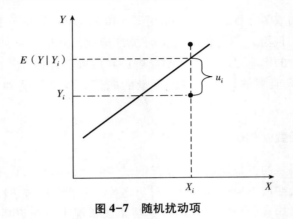

图 4-7　随机扰动项

会有某些变量的数据无法取得。③代表众多细小影响因素。有一些影响因素已经被认识，而且其数据也可以收集到，但它们对被解释变量的影响却是细小的。考虑到模型的简洁性，以及取得诸多变量数据可能带来的较大成本，建模时往往省掉这些细小变量，而将它们的影响综合到随机干扰项中。④代表数据观测误差。由于某些主客观的原因，在取得观测数据时，往往存在测量误差，这些观测误差也被归入随机干扰项。⑤代表模型设定误差。由于经济现象的复杂性，模型的真实函数形式往往是未知的，因此，实际设定的模型可能与真实的模型有偏差，随机干扰项包括了这种模型的设定误差。⑥变量的内在随机性。即使模型没有设定误差，也不存在数据观测误差，由于某些变量所固有的内在随机性，也会对被解释变量产生随机性影响。

四、样本回归函数（SRF）

对于 X 的一定值，取 Y 的样本为观测值，可计算其条件均值，样本观测值条件均值的曲线为样本回归曲线（见图 4-8）；若将因变量 Y 的样本条件均值表达成变量 X 的某种函数，则这个函数就叫作样本回归函数（SRF）。

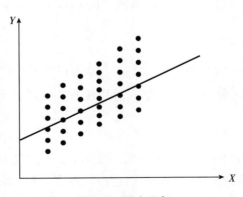

图 4-8　样本回归

样本回归函数如果为线性函数，可表示为：

$$\hat{Y}_l = \hat{\beta}_0 + \hat{\beta}_1 X_i \tag{4-7}$$

其中，$\hat{Y}_l$ 是与 X_i 相对应 Y 的样本条件均值；$\hat{\beta}_0$ 和 $\hat{\beta}_1$ 分别是样本回归函数的参数。

因变量 Y 的实际观 X_i 测值 Y_i 不完全等于样本条件均值，二者之差用 e_i 表示，e_i 称为剩余项或残差项：

$$e_i = Y_i - \hat{Y}_l \tag{4-8}$$

或者

$$Y_i = \hat{\beta}_0 + \hat{\beta}_1 X_i + e_i \tag{4-9}$$

其中，$\hat{\beta}_0$、$\hat{\beta}_1$ 是对总体回归函数参数 β_0、β_l 的估计；$\hat{Y}_l$ 是对总体条件期望 $E(Y \mid X_i)$ 的估计 e_i 在概念上类似总体回归函数中的 μ_i，可将其看作对 μ_i 的估计。

样本回归函数的特征：①样本回归线（SRF）不唯一。每次抽样都能获得一个样本，就可以拟合一条样本回归线，所以样本回归线随抽样波动而变化，可以有许多条。②样本回归函数的函数形式应与设定的总体回归函数的函数形式一致。③样本回归线并不能完全代替总体回归线，仅是未知总体回归线的近似表现。

第二节 一元回归

一、一元线性回归模型的基本假设

一元线性回归模型：只有一个解释变量。

$$Y_i = \beta_0 + \beta_1 X_i + \mu_i, \ i=1, \ 2, \ \cdots, \ n \tag{4-10}$$

其中，Y_i 为被解释变量，X_i 为解释变量，β_0 与 β_1 为待估参数，μ 为随机干扰项。

回归分析的主要目的是要通过样本回归函数（模型）SRF 尽可能准确地估计总体回归函数（模型）PRF，为保证参数估计量具有良好的性质，通常对模型提出若干基本假设。SRF 与 PRF 的基本关系如图 4-9 所示。线性回归模型包含六个经典假设，满足该假设的线性回归模型称为经典线性回归模型。

假设 1：回归模型是正确设定的。

假设 2：解释变量 X 是确定性变量，不是随机变量。

假设 3：解释变量 X 在所抽取的样本中具有变异性，而且随着样本容量的无限增加，解释变量 X 的样本方差趋于一个非零的有限常数。

假设 4：随机误差项 μ 具有给定 X 条件下的零均值、同方差和不序列相关性。

$$E(\mu_i \mid X_i) = 0, \ i=1, \ 2, \ \cdots, \ n \tag{4-11}$$

$$Var(\mu_i \mid X_i) = \sigma_\mu^2, \ i=1, \ 2, \ \cdots, \ n \tag{4-12}$$

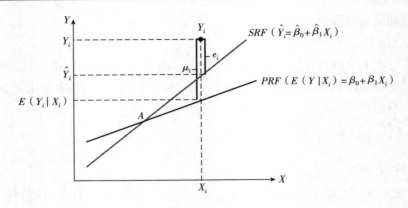

图 4-9　SRF 与 PRF 的基本关系

$$Cov(\mu_i,\ \mu_j\ |\ X_i,\ X_j)=0,\ i,\ j=1,\ 2,\ \cdots,\ n \tag{4-13}$$

假设 5：随机误差项与解释变量之间不相关。

假设 6：随机误差项服从零均值、同方差的正态分布。

二、一元线性回归模型的参数估计

1. 参数的普通最小二乘估计（OLS）

一元线性回归模式的参数估计，就是在一组样本观测值（X_i，Y_i），（$i=1,\ 2,\ \cdots,\ n$）下，采用特定的参数估计方法，来估计出样本回归线，最常见的是普通最小二乘法（Ordinary Least Squares，OLS）的估值。

给出一个样本观测值（X_i，Y_i）（$i=1,\ 2,\ \cdots,\ n$）要求用样本回归函数尽量好地拟合这组值，不同的计算方式可以求得不同的取样回归参数 $\hat{\beta}_0$ 和 $\hat{\beta}_1$，其估计的结果 $\hat{Y}_i$ 也有所不同。理想的估计方法，应使 Y_i 与 $\hat{Y}_i$ 之间的差值 e_i 越小越好，但因 e_i 可正可负，故可取 $\sum e_i^2$ 最小：

$$Q = \sum_1^n e_i^2 = \sum_1^n (Y_i - \hat{Y}_i)^2 = \sum_1^n (Y_i - (\hat{\beta}_0 + \hat{\beta}_1 X_i))^2 \tag{4-14}$$

即在给定的样本观测值下，选择出 $\hat{\beta}_0$、$\hat{\beta}_1$ 能使 Y_i 与 $\hat{Y}_i$ 之差的平方和最小化。

为了精确地描述 Y 与 X 之间的关系，必须使用这两个变量的每一对观察值（n 组观察值），尽可能做到全面。用协方差或相关系数判断 Y 与 X 之间是否是直线关系，若是，则可用一条直线描述它们之间的关系。在 Y 与 X 的散点图上画出直线的方法很多，找出一条能够最好地描述所有点的直线，使得所有这些点到该直线的纵向距离的和（平方和）最小。纵向距离是 Y 的实际值与拟合值之差，差异小直线拟合才会好，所以称为残差、拟合误差或剩余。将所有纵向距离平方后相加，即得误差平方和，误差平方和最小的直线就是对所有点来说最拟合的直线。拟合直线在总体上最接近实际观测点，此时可以运用求极值的原理，将求最好拟合直线的问题转换为求误差平方和最小的问题。

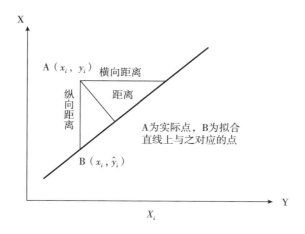

图 4-10 拟合直线

得到的参数估计量可以写成：

$$\begin{cases} \hat{\beta}_1 = \dfrac{\sum x_i y_i}{\sum x_i^2} \\ \hat{\beta}_0 = \overline{Y} - \hat{\beta}_1 \overline{X} \end{cases} \tag{4-15}$$

其中：

$$x_i = X_i - \overline{X} = X_i - \frac{\sum\limits_{i=1}^{n} X_i}{n} \tag{4-16}$$

$$y_i = Y_i - \overline{Y} = Y_i - \frac{\sum\limits_{i=1}^{n} Y_i}{n} \tag{4-17}$$

称为 OLS 估计量的离差形式（Deviation Form）。由于参数的估计结果是通过最小二乘法得到的，故称为普通最小二乘估计量。

2. 最小二乘估计量的性质

在对模型参数估计后，往往需要考虑参数估计值的精度，即是否能表示总体参数的真值，或者说需要考虑参数估计中的统计性质。一般从以下角度去考察总体估计量的优劣：

（1）线性性，总体估计量是对另一个随机变量的线性函数，即估计量 $\hat{\beta}_0$、$\hat{\beta}_1$ 是 Y_i 的线性组合。

（2）无偏性，总体估计量均值或期望值 β_0 与 β_1 是否等于总体的真实值，即估算量 $\hat{\beta}_0$、$\hat{\beta}_1$ 的均值（期望）等于总体回归参数均值。

（3）有效性，总体估计量能否在所有线性无偏估测器中具有最小方差，即在全部线性无偏估计量中，最小二乘法估计量的 $\hat{\beta}_0$、$\hat{\beta}_1$ 都具有最小方差。

这三个准则都被称为估测器的最小样本性质，而具有这类性质的估测器叫作最佳估计量和无偏估计量。

当不能满足小样本性质时，就需要进一步考虑估测器的大样本或渐近特性。

（1）渐近无偏性，即样品容量趋于无穷大时，能否代表它的平均序列已达到总体真值。

（2）一致性，即样本容量趋于无穷大时，能否依概率完全收敛于总体的真值。

（3）渐近有效性，即样本容量趋于无穷大时，是否它在所有的一致估测器中都存在着最小的渐近方差。

3. 参数估计量的概率分布及随机干扰项方差的估计

参数估计量 $\hat{\beta}_0$ 和 $\hat{\beta}_1$ 的概率分布。普通最小二乘估计量 $\hat{\beta}_0$、$\hat{\beta}_1$ 分别是 Y_i 的线性组合，因此，$\hat{\beta}_0$ 和 $\hat{\beta}_1$ 的概率分布取决于 Y 的分布特征。在 μ 是正态分布的假设下，Y 是正态分布，则 $\hat{\beta}_0$、$\hat{\beta}_1$ 也服从正态分布，因此 $\hat{\beta}_1 \sim N\left(\beta_1, \dfrac{\sigma^2}{\sum x_i^2}\right)$ $\hat{\beta}_0 \sim N\left(\beta_0, \dfrac{\sum X_i^2}{n \sum x_i^2}\sigma^2\right)$，$\hat{\beta}_0$ 与 $\hat{\beta}_1$ 的标准差为：

$$\sigma_{\hat{\beta}_1} = \sqrt{\sigma^2 \Big/ \sum X_i^2} \tag{4-18}$$

$$\sigma_{\hat{\beta}_0} = \sqrt{\dfrac{\sigma^2 \sum X_i^2}{n \sum x_i^2}} \tag{4-19}$$

4. 随机误差项 μ 的方差 σ^2 的估计

在估计的参数 $\hat{\beta}_0$ 与 $\hat{\beta}_1$ 的方差表达成中，只存在随机扰动项 μ 的方差 σ^2。σ^2 也叫作总体方差，但因为 σ^2 实际是未知的，所以 $\hat{\beta}_0$ 和 $\hat{\beta}_1$ 的平均值无法计算，这就需要对其进行估计。因为随机项 μ 无法观测，因此只能从 μ 的估计即残差 e_i 值入手，对总体方差进行估计。证明得到 σ^2 的最小二乘估计量，也 σ^2 的无偏数统计量。

$$\sigma^2 = \dfrac{\sum e_i^2}{n-2} \tag{4-20}$$

估计出随机误差项 μ 的方差 σ^2 后，可分别得到参数 $\hat{\beta}_0$ 与 $\hat{\beta}_1$ 的方差和标准差的估计量。

（1）$\hat{\beta}_1$ 的样本方差：

$$S_{\hat{\beta}_1}^2 = \hat{\sigma}^2 \Big/ \sum x_i^2 \tag{4-21}$$

（2）$\hat{\beta}_1$ 的样本标准差：

$$S_{\hat{\beta}_1} = \hat{\sigma} \Big/ \sqrt{\sum x_i^{\,2}} \qquad\qquad (4-22)$$

（3）$\hat{\beta}_0$ 的样本方差：

$$S_{\hat{\beta}_0}^2 = \hat{\sigma}^2 \sum X_i^{\,2} \Big/ n \sum x_i^{\,2} \qquad\qquad (4-23)$$

（4）$\hat{\beta}_0$ 的样本标准差：

$$S_{\hat{\beta}_0} = \hat{\sigma} \sqrt{\sum X_i^{\,2} \Big/ n \sum x_i^{\,2}} \qquad\qquad (4-24)$$

三、一元线性回归模型的统计检验

回归分析也就是指利用对样本所估计的参数来替代总的真实参数，如用样本回归线取代总体回归线。在统计学层面上，假设有足够多的重复取样，参数的估计值的期望（均值）必须小于其总体的参数真值，并且因为取样范围的局限和系统性误差等原因的影响，估计值通常也不小于该真值。所以，在一次取样中，参数的估计值与真值之间的差异程度及该差值是否显著，都必须继续开展试验，其中涉及拟合优度检验、变量的显著性检验和参数的区间评估。

1. 拟合优度检验

（1）判定系数（可决系数）R^2 的推导。拟合优度检验指通过对样本回归直线和样本观测值间拟合程度的检验。度量拟合优度的指标为判定函数（可决系数）R^2。

Y 的观测值围绕其均值的总离差（Total Variation）可划分为两点：一部分来源于回归线（ESS），另一些则来源于随机势力（RSS）。对于所有样本点，则必须考察所有点的样本均值与离差的平方和才能确定。

$$\sum (Y_i - \bar{Y})^2 = \sum (\hat{Y}_i - \bar{Y})^2 + \sum (Y_i - \hat{Y}_i)^2 \qquad\qquad (4-25)$$

即

$$TSS = ESS + RSS \qquad\qquad (4-26)$$

其中：

（总体平方和）$TSS = \sum y_i^{\,2} = \sum (Y_i - \bar{Y})^2$ $\qquad\qquad (4-27)$

（回归平方和）$ESS = \sum \hat{y}_i^{\,2} = \sum (\hat{Y}_i - \bar{Y})^2$ $\qquad\qquad (4-28)$

（残差平方和）$RSS = \sum e_i^{\,2} = \sum (Y_i - \hat{Y}_i)^2$ $\qquad\qquad (4-29)$

在给定样本中，TSS 不变，如果实际观测点离样本回归线越近，则 ESS 在 TSS 中占的比重越大，因此拟合优度可用 $\dfrac{ESS}{TSS} = R^2$ 来度量。

（2）判定系数（可决系数）R^2 的统计量。

$$R^2 = \frac{ESS}{TSS} = 1 - \frac{RSS}{TSS} \qquad\qquad (4-30)$$

实际计算判定系数时，在 $\hat{\beta}_1$ 已经估出后：

$$R^2 = \hat{\beta}_1^2 \left(\frac{\sum x_i^2}{\sum y_i^2} \right) \tag{4-31}$$

判定系数的取值范围为（0，1），R^2 越接近 1，说明实际观测点离样本线越近，拟合优度越高。

2. 变量的显著性检验

回归分析就是要确定解释变量 X 是不是对被解释变量 Y 产生的一个显著性的影响因素。在一元线性模型中，就是要确定 X 是否对 Y 具有显著的线性影响。这就必须进行变量的显著性检验。变量的显著性检验所应用的方法就是在数理统计学中的假设检验。在计量经济学中，主要是根据可变的系数真值是否为零来进行明确性检验。

（1）假设检验。假设检验是指预先对总体参数及总体分布形式作出一个假设，再运用样本信息来确定原假设是否合理，即判断样本信息与原假设是否有明显不同，进而决定是否接受原假定。假设检验采用的逻辑推理方法为反证法：首先假定原假设合理，其次通过样本信息考察由此假设所产生的新结论是否合理，最后确定能否接受原假设。

判断结果的正确与否，基于"小概率事件不易发生"的原理。

（2）变量的显著性检验。对于一元线性回归方程中的 $\hat{\beta}_1$ 可以证明它服从正态分布：

$$\hat{\beta}_1 \sim N\left(\beta_1, \frac{\sigma^2}{\sum x_i^2} \right) \tag{4-32}$$

由于真实的 σ^2 未知，在用它的无偏估计量 $\hat{\sigma}^2 = \sum e_i^2 / (n-2)$ 替代时，可构造如下统计量：

$$t = \frac{\hat{\beta}_1 - \beta_1}{\sqrt{\hat{\sigma}^2 / \sum x_i^2}} = \frac{\hat{\beta}_1 - \beta_1}{S_{\hat{\beta}_1}} \sim t(n-2) \tag{4-33}$$

检验步骤：

1）对总体参数提出假设。

$$H_0: \beta_1 = 0 \tag{4-34}$$

$$H_1: \beta_1 \neq 0 \tag{4-35}$$

2）以原假设 H_0 构造 t 统计量，并由样本计算其值。

$$t = \frac{\hat{\beta}_1}{S_{\hat{\beta}_1}} \tag{4-36}$$

3）给定显著性水平 α，查 t 分布表得临界值 $t_{\frac{\alpha}{2}}(n-2)$ 参数的置信区间。

4）比较，判断。

若 $|t| > t_{\frac{\alpha}{2}}(n-2)$，则拒绝 H_0，接受 H_1；

若 $|t| \leqslant t_{\frac{\alpha}{2}}(n-2)$，则拒绝 H_1，接受 H_0。

而对于常数项 β_0，可构造如下 t 统计量进行显著性检验：

$$t = \frac{\hat{\beta}_1}{\sqrt{\hat{\sigma}^2 \sum X_i^2 / n \sum x_i^2}} = \frac{\hat{\beta}_0 - \beta_0}{S_{\hat{\beta}_0}} \sim t(n-2) \tag{4-37}$$

该统计量服从自由度为 $n-2$ 的 t 分布，检验的原假设为 $\beta_0 = 0$。

（3）参数的置信区间。统计试验虽能够利用每次抽样的结果检验总体设计参数可能的假设值的范围（如是否为零），但这并不能说明在每次抽样时样本参数值究竟离总体参数的真值有多"近"。为了确定抽样数据的标准差在多大程度上能够"近似"地取代总体参数的真值，要求建立一种以样本参数的估计值为中心的"区间"，来考察其有多大的可能性包含着真实的参数值，这种方法也便是参数检验中的置信区间估计。

为了确定估计的参数 $\hat{\beta}$ 离实际的参数 β 有多"近"，可以预先选择一个概率 α，并求一种正数 δ，所以随机区间 $(\hat{\beta}-\delta, \hat{\beta}+\delta)$ 为主要参数的真值的概率为 $1-\alpha$。即：$0 < \alpha < 1$。

$$P(\hat{\beta}-\delta \leqslant \beta \leqslant \hat{\beta}+\delta) = 1-\alpha \tag{4-38}$$

若存在这么一个区间，便称之为置信区域；$1-\alpha$ 为置信系数（置信度），α 称为显著性水平；置信区间的端点称为置信限或临界值（Critical Values）。

$\beta_i (i=1, 2)$ 的置信区间在变量的显著性检验中可以知道：$t = \dfrac{\hat{\beta}_i - \beta_i}{S_{\hat{\beta}_i}} \sim t(n-2)$。

这意味着如果给定置信度 $(1-\alpha)$，从分布表中查得自由度为 $(n-2)$ 的临界值，那么 t 值处在 $(-t_{\alpha/2} < t < t_{\alpha/2})$ 的概率是 $(1-\alpha)$。表示为：

$$P(-t_{\frac{\alpha}{2}} < t < t_{\frac{\alpha}{2}}) = 1-\alpha \tag{4-39}$$

即

$$P\left(-t_{\frac{\alpha}{2}} < \frac{\hat{\beta}_i - \beta_i}{S_{\hat{\beta}_i}} < t_{\frac{\alpha}{2}}\right) = 1-\alpha \tag{4-40}$$

$$P(\hat{\beta}_i - t_{\frac{\alpha}{2}} \times S_{\hat{\beta}_i} < \beta_i < \hat{\beta}_i + t_{\frac{\alpha}{2}} \times S_{\hat{\beta}_i}) = 1-\alpha \tag{4-41}$$

于是得到 $(1-\alpha)$ 的置信度下 β_i 的置信区间是：

$$(\hat{\beta}_i - t_{\frac{\alpha}{2}} \times S_{\hat{\beta}_i}, \quad \hat{\beta}_i + t_{\frac{\alpha}{2}} \times S_{\hat{\beta}_i}) \tag{4-42}$$

置信区间一定程度上提供了样本参数估计值和总体参数真值的"接近"程度，所以置信区间越小越好。从 $(1-\alpha)$ 的置信度和 β_i 的置信区间的表达式可以得知，为缩小置信区间，可以进行以下两点操作：

（1）增加样本容量 n。因为在相同的置信水平下，n 值越大，t 分布表中的临界值也越小。

（2）提高模型的拟合优度。因为样本参数估计中的标准差和残差平方和呈正比；

模型拟合值优度越高，则回归平方和越大，残差平方和也越小，参数估算值的标准差也越小。

四、一元线性回归模型的预测

计量经济学模型的一个重要应用是经济预测。对于一元线性回归模型：

$$\hat{Y}_i = \hat{\beta}_0 + \hat{\beta}_1 X_i \tag{4-43}$$

若给出了样本以外的变量的观测值 X_0，即可得出该变量的预测值 $\hat{Y}_0$，将此结果视为其条件均值 $E(Y \mid X = X_0)$ 以外的某个值 Y 的一种接近估计值。但严格地讲，这是对该被解释变量的预测值的估计值，而并非预测值。原因在于两个方面：一是模型中的参数或统计因素都是未知的；二是随机项的影响。因此，得到的结果仅可能是预测值的某个标准差，或者预测值只是以某一置信度，位于以这个标准差为中心的某个区间内，所以预测问题更大程度地讲是一种区间估计预测问题。

1. $\hat{Y}_0$ 是条件均值 $E(Y \mid X = X_0)$ 或个值 Y 的一个无偏估计

在总体回归函数为 $E(Y \mid X) = \beta_0 + \beta_1 X$ 的情况下，Y 在 $X = X_0$ 时的条件均值为：

$$E(Y \mid X = X_0) = \beta_0 + \beta_1 X_0 \tag{4-44}$$

通过样本回归函数 $\hat{Y} = \hat{\beta}_0 + \hat{\beta}_1 X$，求得 $X = X_0$ 的拟合值为：

$$\hat{Y}_0 = \hat{\beta}_0 + \hat{\beta}_1 X_0 \tag{4-45}$$

$$E(\hat{Y}_0) = E(\hat{\beta}_0 + \hat{\beta}_1 X_0) = E(\hat{\beta}_0) + X_0 E(\hat{\beta}_1) = \beta_0 + \beta_1 X_0 \tag{4-46}$$

另外，在总体回归模型为 $Y = \beta_0 + \beta_1 X + \mu$ 的情况下，Y 在 $X = X_0$ 时的值为：

$$Y_0 = \beta_0 + \beta_1 X_0 + \mu \tag{4-47}$$

$$E(Y_0) = E(\beta_0 + \beta_1 X_0 + \mu) = \beta_0 + \beta_1 X_0 + E(\mu) = \beta_0 + \beta_1 X_0 \tag{4-48}$$

式（4-46）与式（4-48）说明在 $X = X_0$ 时，样本估计值 $\hat{Y}_0$ 是总体均值 $E(Y \mid X = X_0)$ 和个值 Y_0 的无偏估计，因此可用 $\hat{Y}_0$ 作为 $E(Y \mid X = X_0)$ 与 Y_0 的预测值。

2. 总体条件均值与个值预测值的置信区间

（1）总体均值预测值的置信区间。

由于 $\hat{Y}_0 = \hat{\beta}_0 + \hat{\beta}_1 X_0$ 且 $\hat{\beta}_1 \sim N\left(\beta_1, \dfrac{\sigma^2}{\sum x_i^2}\right)$，$\hat{\beta}_0 \sim N\left(\beta_0, \dfrac{\sum X_i^2}{n \sum x_i^2}\right)$，则 $E(\hat{Y}_0) = E(\hat{\beta}_0) +$

$$X_0 E(\hat{\beta}_1) = \beta_0 + \beta_1 X_0 \tag{4-49}$$

$$Var(\hat{Y}_0) = Var(\hat{\beta}_0) + 2X_0 Cov(\hat{\beta}_0, \hat{\beta}_1) + X_0^2 Var(\hat{\beta}_1) \tag{4-50}$$

可以证明：

$$Cov(\hat{\beta}_0, \hat{\beta}_1) = -\sigma^2 \overline{X} / \sum x_i^2 \tag{4-51}$$

$$Var(\hat{Y}_0) = \frac{\sigma^2 \sum X_i^2}{n \sum x_i^2} - \frac{2X_0 X \sigma^2}{\sum x_i^2} + \frac{X_0^2 \sigma^2}{\sum x_i^2}$$

$$= \frac{\sigma^2}{\sum x_i^2}\left(\frac{\sum X_i^2 - n\overline{X}^2}{n} + X^2 - 2X_0X + X_0^2\right) = \frac{\sigma^2}{\sum x_i^2}\left(\frac{\sum x_i^2}{n} + (X_0 - \overline{X})^2\right)$$

$$= \sigma^2\left(\frac{1}{n} + \frac{(X_0 - \overline{X})^2}{\sum x_i^2}\right) \tag{4-52}$$

故 $\hat{Y}_0 \sim N\left(\beta_0 + \beta_1 X_0,\ \sigma^2\left(\frac{1}{n} + \frac{(X_0 - \overline{X})^2}{\sum x_i^2}\right)\right)$。

将未知的 σ^2 代以它的无偏估计量 $\hat{\sigma}^2$，则可构造 t 统计量：

$$t = \frac{\hat{Y}_0 - (\beta_0 + \beta_1 X_0)}{S_{\hat{Y}_0}} \sim t(n-2) \tag{4-53}$$

其中，$S_{\hat{Y}_0} = \sqrt{\hat{\sigma}^2\left(\frac{1}{n} + \frac{(X_0 - \overline{X})^2}{\sum x_i^2}\right)}$，于是，在 $1-\alpha$ 的置信度下，总体均值 $E(Y \mid X_0)$ 的置信区间为 $(\hat{Y}_0 - t_{\frac{\alpha}{2}} \times S_{\hat{Y}_0},\ \hat{Y}_0 + t_{\frac{\alpha}{2}} \times S_{\hat{Y}_0})$。

（2）总体个值预测值的预测区间。

由 $Y_0 = \beta_0 + \beta_1 X_0 + \mu$ 知，$Y_0 \sim N(\beta_0 + \beta_1 X_0,\ \sigma^2)$。于是，$\hat{Y}_0 - Y_0 \sim N\left(0,\ \sigma^2\left(1 + \frac{1}{n} + \frac{(X_0 - \overline{X})^2}{\sum x_i^2}\right)\right)$

将未知的 σ^2 代以它的无偏估计量 $\hat{\sigma}^2$，则可构造 t 统计量：

$$t = \frac{\hat{Y}_0 - Y_0}{S_{\hat{Y}_0 - Y_0}} \sim t(n-2) \tag{4-54}$$

$$S_{\hat{Y}_0 - Y_0} = \sqrt{\sigma^2\left(1 + \frac{1}{n} + \frac{(X_0 - \overline{X})^2}{\sum x_i^2}\right)} \tag{4-55}$$

从而在 $1-\alpha$ 的置信度下，Y_0 的置信区间为：

$$(\hat{Y}_0 - t_{\frac{\alpha}{2}} \times S_{\hat{Y}_0 - Y_0},\ \hat{Y}_0 + t_{\frac{\alpha}{2}} \times S_{\hat{Y}_0 - Y_0}) \tag{4-56}$$

【例 4-1】关于某市的社区商品零售总额和职工工资总额的统计资料如表 4-1 所示，请进一步构建社区商品零售总额和职工工资总额统计的回归模型。

表 4-1 商品零售总额与职工工资总额　　　　　　单位：亿元

职工工资总额	23.8	27.6	31.6	32.4	33.7	34.9	43.2	52.8	63.8	73.4
商品零售总额	41.4	51.8	61.7	67.9	68.7	77.5	95.9	137.4	155.0	175.0

该问题也属于最常见的一元回归问题，但首先要确定是直线的，在确定了直线之后就可通过上面的方式构建它们之间的回归模型。一元线性回归解题过程见表 4-2。

表 4-2　一元线性回归解题过程

输入：样本 $x = [23.80, 27.60, 31.60, 32.40, 33.70, 34.90, 43.20, 52.80, 63.80, 73.40]$；

$y = [41.4, 51.8, 61.70, 67.90, 68.70, 77.50, 95.90, 137.40, 155.0, 175.0]$；

输出：一元线性回归模型 $y = 2.799x - 23.549$

过程：（1）首先求出 x，y 的平均值 $\overline{x}$，$\overline{y}$；

（2）其次求得 $b = \{(\sum\limits_{i=1}^{n}(x_i - \overline{x})(y_i - \overline{y}))/\sum\limits_{i=1}^{n}(x_i - \overline{x})^2\}$，$a = \overline{y} - b\overline{x}$；

（3）再次得到一元线性回归模型 $y = bx + a$ 即 $y = 2.799x - 23.549$；

（4）最后采用 matplotlib 库画图，得到图 4-11。

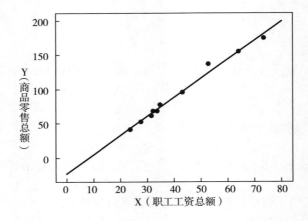

图 4-11　职工工资总额和商品零售总额关系趋势

在图 4-11 中先描绘了数据的散点图，这样我们能够在图像上确定这些数值是否近似为线性关系。在看到它们的确近似于同一条线上之后，再用线性回归的方式加以还原，这就更适合于我们对分析数据的一般思维。

源代码如下：

```python
import numpy as np
import matplotlib. pyplot as plt
x=np. array([23.80,27.60,31.60,32.40,33.70,34.90,43.20,52.80,63.80,73.40])
y=np. array([41.4,51.8,61.7,67.9,68.7,77.7,95.9,137.4,155,175])
plt. scatter(x,y)#打印原始数据
plt. title("原始数据集")
plt. xlabel("X(面积)")
plt. ylabel("Y(价格)")
plt. show()
x_mean=np. mean(x)
y_mean=np. mean(y)
m=len(x)
x_a=0#(xi-x_mean) * (yi-y_mean)
```

```
x_b = 0#(xi-x_mean) * * 2
for i in range(m):
        x_a+=(x[i]-x_mean) * (y[i]-y_mean)
        x_b+=(x[i]-x_mean) * * 2
w = x_a/x_b
b = y_mean-w * x_mean
print("单变量线性回归函数为 y={} x+{}".format(w,b))
#画线性函数
plt.scatter(x,y)
lx = np.linspace(0,80)
ly = w * lx+b
plt.plot(lx,ly)
plt.rcParams['font.sans-serif'] = ['SimHei']   # 用来正常显示中文标签
plt.rcParams['axes.unicode_minus'] = False   #用来正常显示负号
plt.title("原始数据集")
plt.xlabel("X(职工工资总额)")
plt.ylabel("Y(商品零售总额)")
plt.show()
```

第三节 多元回归

一、多元线性回归模型

1. 模型形式

$$Y_i = \beta_0 + \beta_1 X_{1i} + \beta_2 X_{2i} + \cdots + \beta_k X_{ki} + \mu_i$$

$$= \beta_0 + \sum_{j=1}^{k} \beta_j X_{ji} + \mu_i$$

$$= \sum_{j=0}^{k} \beta_j X_{ji} (X_{0i} = 1) \tag{4-57}$$

该模型也被称为总体回归函数的随机表达式，其中：①解释变量 X 的个数：k；回归系数 β_j 的个数：$k+1$。②β_0 为常数项，β_j 为偏回归系数，表示了 X_j 对 Y 的净影响，即在其他自变量保持不变时，X_j 增加或减少一个单位时 Y 的平均变化量。③X 的第一个下标 j 区分变量（$j=1, 2, \cdots, k$）；X 的第二个下标 i 区分变量（$i=1, 2, \cdots, n$）。④μ_i 是去除 m 个自变量对 Y 影响后的随机误差（残差）。

总体回归函数（PRF）：$Y = X\beta + \mu$

样本回归函数（SRF）：$\hat{Y} = X\hat{\beta} + e$

2. 基本假设

假设1：解释变量都是非随机的或固定的，且各 X 之间互不相关（无多重共线性）。

假定 2：随机误差项 μ 有零均值、同方差和无序列相关性。

$$E\mu(\mu_i)=0 \quad Var(\mu_i)=0, \quad i=1, 2, \cdots, N \tag{4-58}$$

$$Cov(\mu_i, \mu_j)=0, \quad i\neq j, \quad i, j=1, 2, \cdots, N \tag{4-59}$$

假设 3：随机误差项 μ 与解释变量 X 之间不相关。

$$Cov(X_{ij}, \mu_j)=0, \quad i=1, 2, \cdots, N \tag{4-60}$$

假设 4：μ 服从零均值、同方差、零协方差的正态分布。

$$\mu_i \sim N(0, \sigma^2), \quad i=1, 2, \cdots, N \tag{4-61}$$

二、多元线性回归模型的参数估计

1. 普通最小二乘估计

对于多元线性回归模型：

$$y_t=b_0+b_1x_{1t}+b_2x_{2t}+\cdots+b_kx_{kt}+\mu_t \tag{4-62}$$

设 $(y_t, x_{1t}, x_{2t}, x_{kt})$ 为第 t 次观测样本（$t=1, 2, \cdots, n$），为使残差 $e_t=y_t-\hat{y}_t=y_t-(\hat{b}_0+\hat{b}_1x_{1t}+\hat{b}_2x_{2t}+\cdots+\hat{b}_kx_{kt}+\mu_t)$ 平方和 $\sum e_t^2=\sum(y_t-\hat{y}_t)^2=\sum[y_t-(\hat{b}_0+\hat{b}_1x_{1t}+\hat{b}_2x_{2t}+\cdots+\hat{b}_kx_{kt})]^2$ 达到最小，根据极值原理有如下条件：

$$\frac{\partial(\sum e_t^2)}{\partial \hat{b}_j}=0(j=0, 1, 2, \cdots, k) \tag{4-63}$$

即：

$$\begin{cases} \sum 2e_t(-1)=-2\sum[y_t-(\hat{b}_0+\hat{b}_1x_{1t}+\hat{b}_2x_{2t}+\cdots+\hat{b}_kx_{kt})]=0 \\ \sum 2e_t(-x_{1t})=-2\sum x_{1t}[y_t-(\hat{b}_0+\hat{b}_1x_{1t}+\hat{b}_2x_{2t}+\cdots+\hat{b}_kx_{kt})]=0 \\ \sum 2e_t(-x_{2t})=-2\sum x_{2t}[y_t-(\hat{b}_0+\hat{b}_1x_{1t}+\hat{b}_2x_{2t}+\cdots+\hat{b}_kx_{kt})]=0 \\ \cdots\cdots \\ \sum 2e_t(-x_{kt})=-2\sum x_{kt}[y_t-(\hat{b}_0+\hat{b}_1x_{1t}+\hat{b}_2x_{2t}+\cdots+\hat{b}_kx_{kt})]=0 \end{cases} \tag{4-64}$$

上述 $(k+1)$ 个方程称为正规方程。用矩阵表示为：

$$\begin{cases} n\hat{b}_0+\hat{b}_1\sum x_{1t}+\hat{b}_2\sum x_{2t}+\cdots+\hat{b}_k\sum x_{kt}=\sum y_t \\ \hat{b}_0\sum x_{1t}+\hat{b}_1\sum x_{1t}x_{1t}+\hat{b}_2\sum x_{1t}x_{2t}+\cdots+\hat{b}_k\sum x_{1t}x_{kt}=\sum x_{1t}y_t \\ \hat{b}_0\sum x_{2t}+\hat{b}_1\sum x_{2t}x_{1t}+\hat{b}_2\sum x_{2t}x_{2t}+\cdots+\hat{b}_k\sum x_{2t}x_{kt}=\sum x_{2t}y_t \\ \cdots\cdots \\ \hat{b}_0\sum x_{kt}+\hat{b}_1\sum x_{kt}x_{1t}+\hat{b}_2\sum x_{kt}x_{2t}+\cdots+\hat{b}_k\sum x_{kt}x_{kt}=\sum x_{kt}y_t \end{cases} \tag{4-65}$$

$$\begin{cases} \sum e_t \\ \sum x_{1t}e_t \\ \vdots \\ \sum x_{kt}e_t \end{cases} = \begin{pmatrix} 1 & 1 & \cdots & 1 \\ x_{11} & x_{12} & \cdots & x_{1n} \\ \vdots & \vdots & \vdots & \vdots \end{pmatrix} \begin{Bmatrix} e_1 \\ e_2 \\ \vdots \\ e_n \end{Bmatrix} = X'e \tag{4-66}$$

样本回归模型：$Y=X\hat{B}+e$ 两边同乘样本观测值矩阵 X 的转置 X'，有：

$$X'Y = X'X\hat{B} + X'e \tag{4-67}$$

将极值条件式代入，得正规方程组：

$$X'Y = X'X\hat{B} \tag{4-68}$$

由古典假定条件 4 知 $(X'X)^{-1}$ 存在，用 $(X'X)^{-1}$ 左乘上述方程两端，就得参数向量 B 的最小二乘估计为：

$$\hat{B} = (X'X)^{-1}X'Y \tag{4-69}$$

2. 多元线性回归最小二乘估计量的性质

（1）线性。

$$\hat{B} = (X'X)^{-1}X'Y \tag{4-70}$$

其中，$C = (X'X)^{-1}X'$ 为一仅与固定的 X 有关的行向量。

（2）无偏性。

$$\begin{aligned} E(\hat{\beta}) &= E((X'X)^{-1}X'Y) \\ &= E((X'X)^{-1}X'(X\beta+\mu)) \\ &= \beta + (X'X)^{-1}E(X'\mu) \\ &= \beta \end{aligned} \tag{4-71}$$

这里利用了假设：$E(X'\mu) = 0$

（3）有效性（最小方差性）。

参数估计量 $\hat{\beta}$ 的方差—协方差矩阵：

$$\begin{aligned} Cov(\hat{\beta}) &= E(\hat{\beta}-E(\hat{\beta})) = E(\hat{\beta}-\beta) \\ &= E((X'X)^{-1}X'\mu\mu'X(X'X)^{-1}) \\ &= (X'X)^{-1}X'E(\mu\mu')X \\ &= E(\mu\mu')(X'X)^{-1} \\ &= \sigma^2 I(X'X)^{-1} \\ &= (X'X)^{-1} \end{aligned} \tag{4-72}$$

其中利用了 $\hat{\beta} = (X'X)^{-1}X'Y = (X'X)^{-1}X'(X\beta+\mu) = \beta+(X'X)^{-1}X'\mu$ 和 $E(\mu\mu') = \sigma^2 I$，根据高斯—马尔可夫定理，$Cov(\hat{\beta}) = \sigma^2$ 在所有无偏估计量的方差中都是很小的。残差的方差 σ^2 估计为：$S^2 = \dfrac{e'e}{n-k}$，k 为预估计参数的个数。参数估计量 $\hat{\beta}$ 的方差估计为：Cov $(\hat{\beta}) = S^2(X'X)^{-1}$，值得注意的是，这些估计公式在显著性检验、预测的置信区间构造上

都不可或缺。

三、多元线性回归模型的统计检验

1. 参数估计式的分布特征

如果只计算最小二乘估计 β，并不要求对 μ 的分布形成提出要求，只有 $E(\mu)=0$ 即可。若涉及模型的显著性检验问题、置信区间的预测问题等，则需要对误差项 μ 的分布形式进行规定。中心极限定理表明，不管误差项 μ 服从何种分布，只要样本容量 n 够大，都可以近似按 μ 服从正态分布看待。

在实际的研究中，虽然很难达到正态分布的条件，但只要样本容量比较大，仍是近似地根据 Y 和 μ 服从正态分布来研究。

由古典假设条件4：μ 服从多元正态分布。$\mu \sim N(0, \sigma^2)$

$$\hat{\beta} = \beta + (X'X)^{-1}X'\mu \tag{4-73}$$

故参数估计式的分布为：

$$\hat{\beta} \sim N(\beta, \sigma^2(X'X)^{-1}) \tag{4-74}$$

由于 σ^2 是未知的，通常用 $S^2 = \dfrac{e'e}{n-k}$ 估计 σ^2。

2. 多元线性回归模型的统计检验

类似于一元线性回归分析，在多元线性回归分析中有对单个解释变量的显著性检验（t 检验）、拟合优度检验（或相关分析）、线性显著性检验——F 检验等。

（1）拟合优度检验——R^2 检验。拟合优度试验，是指检验模型曲线上对样本观测数值的拟合程度，检验的方法是可决系数 R^2。

$$R^2 = \frac{ESS}{TSS} = 1 - \frac{RSS}{TSS} \tag{4-75}$$

$0 < R^2 < 1$，该计算数越接近于1，代表模型的拟合优度越高。

当模型中增加了某个解释变量，R^2 往往增大。不过，解释变量数量的增加往往得不偿失，不重要的变量也不应引入。添加解释变量导致计算参数增多，从而自由度减小。如果新引进的变量对减少残差平方和的影响极小，这将导致引起了误差方差 σ^2 的增大，从而导致模型精确度的下降。所以，R^2 需要调整。

（2）调整的可决系数 $Adj(R^2)$。调整的基本思路是，将残差平方和与离差平方和除以各自的自由度，以剔除变量个数对模型拟合优度的影响。

自由度为统计量可自由变化的样本观测值的个数，记为 df。

$$TSS：df = n-1 \tag{4-76}$$

$$ESS：df = k \tag{4-77}$$

$$RSS：df = n-k-1 \tag{4-78}$$

其中：

$$df(TSS) = df(ESS) + df(RSS) \tag{4-79}$$

所以，调节系数的公式为：

$$\overline{R}^2 = 1 - \frac{RSS(n-k-1)}{TSS(n-1)} \tag{4-80}$$

Adj（R^2）对回归分析有重要作用：①消除模型拟合优度评价中解释变量的多少以及对模型拟合优度的影响；②对自变量 Y 相同，但不同自变量 X 个数的模型，不能采用与 R^2 直接比较模型拟合优度，而应该采用 Adj（R^2）；③可以通过 Adj（R^2）的增加变化，判断是否引入一个新的解释变量。

Adj（R^2）与 R^2 的关系：

$$\overline{R}^2 = 1 - (1 - R^2)\frac{(n-1)}{(n-k-1)} \tag{4-81}$$

Adj（R^2）$\leqslant R^2$，即调查的可决系数不大于未调节的可决系数。随着解释变量的增加，二者的差异越来越大。

3. 方程的显著性检验——F 检验

方差的显著性检验，是对模型中被解释变量和解释变量间的线性关系在整体上是否显著成立进行推断。应用最广泛的检验方法为 F 验证。下面，通过方差分析方法，建立 F 统计量来进行方程线性显著性的联合假设检验。对模型的被解释变量和解释变量间的线性关系在总体上是否显著成立，意味着检验总体线性回归模型中的参数有无显著的或不为零。即检验模型：

$$Y_i = \beta_0 + \beta_1 X_{1i} + \beta_2 X_{2i} + \cdots + \beta_k X_{ki} + \mu_i, \quad i = 1, 2, \cdots, n \tag{4-82}$$

建立原假设：

$$H_0: \beta_0 = \beta_1 = \beta_2 = \cdots = \beta_k = 0 \tag{4-83}$$

若原假设成立，表明模型线性关系不成立。

（1）检验统计量。用方差分析技术，考虑恒等式：

$$TSS = ESS + RSS \tag{4-84}$$

$$\sum_{t=1}^{n}(Y_t - \overline{Y})^2 = \sum(\hat{Y}_t - \overline{Y})^2 + \sum e_t^2 \tag{4-85}$$

对 TSS 的各个部分进行的研究称为方差分析。为此，建立方差分析如表 4-3 所示。

表 4-3　方差分析

方差来源	平方和 SS	自由度 df	$MSS = SS/df$
来自回归（ESS）	$\sum(\hat{Y}_t - \overline{Y})^2$	$k - 1$	$ESS/(k-1)$
来自残差（RSS）	$\sum e_t^2$	$n - k$	$RSS/(n-k)$
总离差（TSS）	$\sum(Y_t - \overline{Y})^2$	$n - 1$	

由于 Y_t 服从正态分布，所以有：

$$ESS = \sum (\hat{Y}_t - \overline{Y})^2 ~\chi^2(k-1) \tag{4-86}$$

$$RSS = \sum (Y_t - \hat{Y}_t)^2 ~\chi^2(n-k) \tag{4-87}$$

构造统计量：

$$F = \frac{ESS/k}{RSS/(n-k-1)} ~ F(k-1, n-k) \tag{4-88}$$

根据变量的样本观测值和参数估计值，计算 F 统计量的数值：给定一个显著性水平 α，查 F 分布表，得到一个临界值 $F_\alpha(k-1, n-k)$。

检验的准则是：当 $F > F_\alpha(k-1, n-k)$ 时，则拒绝 H_0：$\beta_0 = \beta_1 = \beta_2 = \cdots = \beta_k = 0$，表明模型线性关系显著成立。当 $F < F_\alpha(k-1, n-k)$ 时，则接受 H_0：$\beta_0 = \beta_1 = \beta_2 = \cdots = \beta_k = 0$，表明模型线性关系不成立。

（2）对多个线性约束的 F 检验。

1）不受约束模型（Unrestricted Model）。

$$y = \beta_1 + \beta_2 X_2 + \beta_3 X_3 + \cdots + \beta_k X_k + \mu \tag{4-89}$$

假设有 q 个排除性约束。不妨设为自变量中的最后 q 个，虚拟假设为：

$$H_0:\ \beta_{k-q+1} \cdots = \beta_k = 0 \tag{4-90}$$

2）受约束模型（Restricted Model）。

$$y = \beta_1 + \beta_2 X_2 + \beta_3 X_3 + \cdots + \beta_{k-q} X_{k-q} + \mu \tag{4-91}$$

对立假设 H_1：不正确（即至少有一个异于 0）。定义检验的 F 统计量：

$$F = \frac{(RSS_r - RSS_{ur})/q}{RSS_{ur}/(n-k)} ~ F_{q,n-k} \tag{4-92}$$

其中，RSS_r 为受约束模式中的残差平方和，而 RSS_{ur} 则为不受约束模式中的残差平方和。

分子系统中使用的自由度 df = 所检验的约束个数 = $df_r - df_{ur}$，即在受约束模型和不受约束模型的自由度之差。

分母所采用的自由度 df = 不受约束模型的自由度 = $n-k$。

4. 变量显著性检验——t 检验

对多元线性回归模型，方程的总体线性关系是显著的，但并不能说明求解变量对被解释变量的影响都是显著的，因此需要对各种解释变量进行显著性检验，以确定其作为解释变量被保存在模型中。若某个变量对可解释变量的作用不明显，必须将其去除，以形成比较简化的模式。

系数的显著性检验最常用的检验方法是 t 检验。要利用 t 检验对某变量 X_i 的显著性进行检验，首先建立原假设 H_0：$\beta_i = 0$，$i = 1, 2, \cdots, k$；若接受原假设，表明该变量是不显著的，需从模型中剔除该变量。

（1）检验统计量。由于 $Cov(\hat{\beta}) = \sigma^2(X'X)^{-1}$，以 c_{ii} 表示矩阵 $(X'X)^{-1}$ 主对角线上的第 i 个元素，于是参数估计量的方差为：

$$Var(\hat{\beta}_i) = \sigma^2 c_{ii} \tag{4-93}$$

其中，σ^2 为随机误差项的方差，在实际计算时用它的估计量代替：

$$\hat{\sigma}^2 = \frac{\sum e_i^2}{n-k} = \frac{e'e}{n-k} \tag{4-94}$$

易得 $\hat{\beta}$ 服从如下正态分布 $\hat{\beta}_i \sim N(\beta_i, \sigma^2 c_{ii})$，因此，可构造如下 t 统计量：

$$t = \frac{\hat{\beta}_i - \beta_i}{\sqrt{c_{ii}\dfrac{e'e}{n-k}}} \sim t(n-k) \tag{4-95}$$

（2）t 检验。设计原假设为备择假设：$H_0: \beta_i = 0$（$i = 1, 2, \cdots, k$），$H_1: \beta_i \neq 0$ 给定显著性水平 α，可得出临界值 $t_{\alpha/2}(n-k)$，由样本求出统计量 t 的平均值，使用 $|t| > t_{\alpha/2}(n-k)$ 或 $|t| \leqslant t_{\alpha/2}(n-k)$ 来拒绝或接受该假设 H_0，以便判断相应的求解因素是不是已被包含在模型中。在一元线性回归中，t 检测和 F 检验一致。

四、多元线性回归模型的预测

1. 均值预测

（1）点预测。考虑满足正态经典假设条件的简单线性回归模型：

$$Y = X\beta + \mu \tag{4-96}$$

其样本回归函数为：

$$\hat{Y} = X\hat{\beta} \tag{4-97}$$

当由各解释变量为分量构成的解释向量控制在 $X = X_0[X_0 = (X_{20}, \cdots, X_{k0})]$ 时，则该变量的均值为 $E(Y_0|X_0) = X_0\beta$，并以 $\hat{Y}_0 = X_0\hat{\beta}$ 的平均数 $E(Y_0|X_0) = X_0\beta$ 的点估计。可知，对均值的节点估算是无偏的。但实际上

$$E(\hat{Y}_0) = X_0 E(\hat{\beta}) = X_0\beta = E(Y_0|X_0) \tag{4-98}$$

$\hat{Y}_0$ 的方差为：

$$
\begin{aligned}
Var(\hat{Y}_0) &= E[(X_0\hat{\beta} - X_0\beta)(X_0\hat{\beta} - X_0\beta)'] \\
&= E[X_0(\hat{\beta} - \beta)(\hat{\beta} - \beta)'X_0'] \\
&= X_0 E[(\hat{\beta} - \beta)(\hat{\beta} - \beta)']X_0' \\
&= X_0 \mathrm{cov}(\hat{\beta}) X_0' \\
&= \sigma^2 X_0 (X'X)^{-1} X_0'
\end{aligned} \tag{4-99}
$$

（2）区间预测。由于 $\hat{Y}_0$ 是正态分布的线性函数，所以它也服从正态分布，故有：

$$\hat{Y}_0 \sim N(X_0\hat{\beta}, \sigma^2 X_0(X'X)^{-1} X_0') \tag{4-100}$$

如果用 $\hat{S}_{\hat{Y}_0} = \sqrt{\hat{\sigma}^2 X_0 (X'X)^{-1} X_0'}$ 表示 $\hat{Y}_0$ 标准误差，则易证 $\dfrac{\hat{Y}_0 - E(\hat{Y}_0)}{\hat{S}_{\hat{Y}_0}}$ 满足自由度为 $(n-k)$ 的 t 分布。故在解释变量的值为 X_0 时，对该变量的均值的置信率为 $(1-\alpha)$ 的置信区间为 $(\hat{Y}_0 - t_{\frac{\alpha}{2}}\hat{S}_{\hat{Y}_0}, \quad \hat{Y}_0 + t_{\frac{\alpha}{2}})$，其中，$t_{\frac{\alpha}{2}}$ 为当显著性水平为 α、自由度为 $(n-k)$ 的准则 t 分布的双侧临界值。在样本容量很大时，也可使用服从标准正态分布的 Z 统计量代替 t 统计量。

2. 个值预测

对于多元线性回归模型，其样本回归方程范围为 $\hat{Y} = X\hat{\beta}$，那么当解释变量的取值范围为 X_0 时，就可以把样本回归方程中所确定的值 $\hat{Y}_0 = X_0\hat{\beta}$，也叫作在解释变量取值范围为 X_0 时对应变量的点预测。

可见无论是因变量的个值还是均值，和简单线性回归模型一样，它们的预测值就其表达式而言是一样的，但是含义却不太相同。

首先，对均值的预测可以归结为总体参数的估计问题，而对个值的预测则不能。这是因为解释变量的均值控制在某一水平上时，因变量的均值从总体上来说就是一个常量，并不是随机变量，所以人们对它的估值问题其实就是一种参数估计问题。不过，对于个值的预测并不总是如此，当解释变量控制在某一水平上时，因变量的数值是多少，在我们的模型中，它也是随机的，因而就个值而言，它是一个随机变量，所以对个值的估计就是对随机变量的取值所进行的估计，不是参数估计。

其次，因为在解释变量给定时，因变量的个数是围绕总体均值的上下变化的，当人们使用样本回归函数所决定的因变量的数值（这个值取决于样本，所以当样本不同时，其值也不同）来估计总平均数和个值时，其相对个值的偏差的方差必大于其相对于均值的方差，所大于的准度正是个值围绕均值波动的程度。因为个值围绕着均值的波动就是模型中的随机扰动，所以这个波动程度恰好就可以用用随机扰动项目的方差表示，故预测值相对于总体个值的方差就等于预期值的方差（因为均值的点估计是无偏的，所以其相比于均值的方差相当于预测值的方差）加上随机扰动项的方差。可以说明

$$Var(\hat{Y}_0 - Y_0) = \sigma^2 \left[1 + X_0 (X'X)^{-1} X_0' \right] \tag{4-101}$$

最后，预测值相对于均值而言是无偏的，但预测值相对于个值而言，则不存在这个问题，这也是因为均值是一个参数，而个值是一个随机变量。

在经典正态假设下，个值预测的置信度为 $(1-\alpha)$ 的置信区间为 $(\hat{Y}_0 - t_{\frac{\alpha}{2}}\hat{S}_{\hat{Y}_0-Y_0}, \hat{Y}_0 + t_{\frac{\alpha}{2}}\hat{S}_{\hat{Y}_0-Y_0})$，其中 $\hat{S}_{\hat{Y}_0-Y_0} = \sqrt{\hat{\sigma}^2 \left[1 + X_0 (X'X)^{-1} X_0' \right]}$ 为 $(\hat{Y}_0 - Y_0)$ 的标准误差，$t_{\frac{\alpha}{2}}$ 为当显著性水平为 α、自由度为 $(n-k)$ 的 t 分布的双侧临界值。

【例 4-2】某科研基金会要统计参与科研的人的年均工资 Y 与他们的成果（学术论文、作品等）的品质指数 $X1$、进行研究的时限 $X2$、能顺利得到资金的目标 $X3$ 之间的联系，为此，按一定的实验设计方法调查了 24 位研究者，得到如表 4-4 所示的数据（i 为学者序号），试建立 Y 与 $X1$、$X2$、$X3$ 联系的数理建模，并对得出的结果进行了数据分析。

表 4-4 从事某种研究的学者的相关指标数据

i	1	2	3	4	5	6	7	8	9	10	11	12
$X1$	3.5	5.3	5.1	5.8	4.2	6.0	6.8	5.5	3.1	7.2	4.5	4.9
$X2$	9	20	18	33	31	13	25	30	5	47	25	11
$X3$	6.1	6.4	7.4	6.7	7.5	5.9	6.0	4.0	5.8	8.3	5.0	6.4
Y_i	33.2	40.3	38.7	46.8	41.4	37.5	39.0	40.7	30.1	52.9	38.2	31.8
i	13	14	15	16	17	18	19	20	21	22	23	24
$X1$	8.0	6.5	6.6	3.7	6.2	7.0	4.0	4.5	5.9	5.6	4.8	3.9
$X2$	23	35	39	21	7	40	35	23	33	27	34	15
$X3$	7.6	7.0	5.0	4.4	5.5	7.0	6.0	3.5	4.9	4.3	8.0	5.8
Y_i	43.3	44.1	42.5	33.6	34.2	48.0	38.0	35.9	40.4	36.8	45.2	35.1

这个问题也属于最常见的多元回归问题，但对于如何使用多元线性回归，最好先利用数值可视化确定它们之间的变化趋势，再假设问题近似满足线性关系，那么即可实现利用多元线性回归技术对问题的回归。具体步骤如表 4-5 所示。

表 4-5 多元线性回归解题过程

输入：X1 = [3.5, 5.3, 5.1, 5.8, 4.2, 6.0, 6.8, 5.5, 3.1, 7.2, 4.5, 4.9, 8.0, 6.5, 6.6, 3.7, 6.2, 7.0, 4.0, 4.5, 5.69, 5.6, 4.8, 3.9]
X2 = [9, 20, 18, 33, 31, 13, 25, 30, 5, 47, 25, 11, 23, 35, 39, 21, 7, 40, 35, 23, 33, 27, 34, 15]
X3 = [6.1, 6.4, 7.4, 6.7, 7.5, 5.9, 6.0, 4.0, 5.8, 8.3, 5.0, 6.4, 7.6, 7.0, 5.0, 4.4, 5.5, 7.0, 6.0, 3.5, 4.9, 4.3, 8.0, 5.8]
Y = [33.2, 40.3, 38.7, 46.8, 41.4, 37.5, 39.0, 40.7, 30.1, 52.9, 38.2, 31.8, 43.3, 44.1, 42.5, 33.6, 34.2, 48.0, 38.0, 35.9, 40.4, 36.8, 45.2, 35.1]

输出：多元线性回归模型 y = 17.436+1.119X1+0.321X2+1.333X3

过程：（1）首先用 matplotlib 库画图，判断 X1, X2, X3 与 Y 之间是否是线性关系，如图 4-12 所示，则 X1, X2, X3 与 Y 之间为线性关系；

（2）其次根据矩阵法 $b = (X^T X)^{-1} X^T Y$ 即 b = np. matmul（np. matmul（np. linalg. inv（np. matmul（X. T, X）），X. T），Y）求得 b_0, b_1, b_2, b_3；

（3）再次得到一元线性回归模型 $y = b_0 + b_1 x_1 + b_2 x_2 + b_3 x_3$，即 y = 17.436+1.119X1+0.321X2+1.333X3；

（4）最后计算相关系数 $R^2 = 0.913$。

源代码如下：

```
import pandas as pd   #读数据库
import numpy as np   #矩阵计算库
X1 = np. array（[3.5, 5.3, 5.1, 5.8, 4.2, 6.0, 6.8, 5.5, 3.1, 7.2, 4.5, 4.9, 8.0, 6.5, 6.6, 3.7,
6.2, 7.0, 4.0, 4.5, 5.69, 5.6, 4.8, 3.9]）
X2 = np. array（[9, 20, 18, 33, 31, 13, 25, 30, 5, 47, 25, 11, 23, 35, 39, 21, 7, 40, 35, 23, 33,
27, 34, 15]）
X3 = np. array（[6.1, 6.4, 7.4, 6.7, 7.5, 5.9, 6.0, 4.0, 5.8, 8.3, 5.0, 6.4, 7.6, 7.0, 5.0, 4.4,
5.5, 7.0, 6.0, 3.5, 4.9, 4.3, 8.0, 5.8]）
```

```
y=np. array（[33.2, 40.3, 38.7, 46.8, 41.4, 37.5, 39.0, 40.7, 30.1, 52.9, 38.2, 31.8, 43.3, 44.1,
42.5, 33.6, 34.2, 48.0, 38.0, 35.9, 40.4, 36.8, 45.2, 35.1]）
    #多元线性回归
    def multiple_regression（X1, X2, X3, y）:
        x=range（1, len（X1）+1）
        print（" 矩阵:", list（zip（np. ones（len（y）), X1, X2, X3）））
        Y=y. T                        #矩阵
        X=np. array（[list（x）for x in zip（np. ones（len（y）), X1, X2, X3）]）
        B=np. matmul（np. matmul（np. linalg. inv（np. matmul（X. T, X）), X. T）, Y）   # (X. T * X) -1 *
X. T * Y
        print（" B=", B）
        #多元线性回归模型
        print（" 回归方程为 y=%f+%fx1+%fx2+%fx3" %（B[0], B[1], B[2], B[3]））
        y_predict=B[0]+B[1] * X1+B[2] *X2+B[3] *  X3
        return X, B, y_predict
    #检验
    def check（y_real, y_predict, X, B）:
        y1=np. sum（（y_predict-np. mean（y_real））**2）
        y2=np. sum（（y_real-np. mean（y_real））**2）
        R1=y1/y2
        print（" 相关系数 R²=", R1）
    if__name__=='__main__':
        X1, X2, X3, y
        X, B, y_predict=multiple_regression（X1, X2, X3, y）
        check（y, y_predict, X, B）
```

作散点图的目的主要是研究因变量 Y 和相关因素之间能否建立很好的线性关系，从而选取合适的几何模型类型。图 4-12 中分别是月均时间 Y 与研究质量指标 $X1$、研究的目标时间 $X2$，以及得到政府资助的研究目标 $X3$ 等关系的散点示意图。在散点图上，可发现这些点大致散布在同一条直线上，因此具有相当好的线性关系。

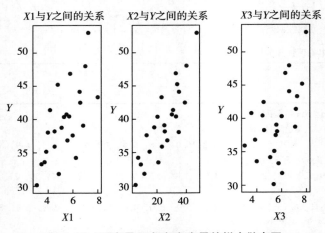

图 4-12 因变量 Y 与各自变量的样本散点图

相关性系数 R^2 的评价：该例 R 的绝对值为 0.913，表示其线性关联较强。证明了因变量 Y 与自变量之间有明显的线性相关关系，从而得到了线性回归模型应用。

源代码如下：

```
import pandas as pd
import numpy as np
import matplotlib. pyplot as plt
X1 = [3.5, 5.3, 5.1, 5.8, 4.2, 6.0, 6.8, 5.5, 3.1, 7.2, 4.5, 4.9, 8.0, 6.5, 6.6, 3.7, 6.2, 7.0,
4.0, 4.5, 5.69, 5.6, 4.8, 3.9]
X2 = [9, 20, 18, 33, 31, 13, 25, 30, 5, 47, 25, 11, 23, 35, 39, 21, 7, 40, 35, 23, 33, 27, 34,
15]
X3 = [6.1, 6.4, 7.4, 6.7, 7.5, 5.9, 6.0, 4.0, 5.8, 8.3, 5.0, 6.4, 7.6, 7.0, 5.0, 4.4, 5.5, 7.0,
6.0, 3.5, 4.9, 4.3, 8.0, 5.8]
y = [33.2, 40.3, 38.7, 46.8, 41.4, 37.5, 39.0, 40.7, 30.1, 52.9, 38.2, 31.8, 43.3, 44.1, 42.5,
33.6, 34.2, 48.0, 38.0, 35.9, 40.4, 36.8, 45.2, 35.1]
fig = plt. figure(figsize = (16, 16))
ax1 = fig. add_subplot(1,3,1)
plt. scatter(X1, Y)
plt. xlabel('X1')
plt. ylabel('Y')
plt. title('X1 与 Y 之间的关系')

ax2 = fig. add_subplot(1,3,2)
plt. scatter(X2, Y)
plt. xlabel('X2')
plt. ylabel('Y')
plt. title('X2 与 Y 之间的关系')
ax3 = fig. add_subplot(1,3,3)
plt. scatter(X3, Y)
plt. xlabel('X3')
plt. ylabel('Y')
plt. title('X3 与 Y 之间的关系')
```

第四节　Logistics 回归

一、Logistic 的定义

Logistic 回归又称 Logistic 回归分析，是一种广义的线性回归分析模型，常用于数据挖掘、病情自动检测以及经济预测等领域。比如，通过研究导致病变的风险因素，或通过风险因素预估病变出现的可能性等。以对胃癌病情的研究为例，有两组对象：一组为胃癌组，另一组为非胃癌组，两组患者之间必定存在着不同的症状和生活方式等。因此，因变量为是否胃癌，值为"是"或"否"，而不同的因变量可能还有许多，如年龄、性别、饮食习惯、幽门螺杆菌感染程度等。不同因变量之间既可能是连续的，又可能是分散的；然后通过 Logistic 回归方法，即可得出各个因变量的权值，由此能够粗略地知道究竟哪些因素是胃癌的风险变量，并且通过这个权值能够预测一个人罹患胃癌的风险。

Logistic 回归模型的适用条件：

（1）因变量必须是二分类的分类变量或某事件的发生率，并且是数值型变量。不过必须指出，重复计数现象指标并不适用于 Logistic 回归。

（2）残差与因变量都要遵循二项分布。二项分布所针对的是分类变量，而没有正态分布，进而没有使用最小二乘法，只是用最大似然法来解决微分方程估计与检验问题。

（3）自变量和 Logistic 概率是线性关系，即隐状态。

（4）各观测对象间相互独立。

Logistic 回归是一种广义线性回归（GeneraLized Linear Model），因而与多重线性回归分析有许多相似的地方。它们的模型形成相似，都包含 $w'x+bw'x+b$，并且 w 和 b 是待求参数，其不同之处是因为它们的因变量有所不同，多重线性回归中直接将 $w'x+b$ 视为因变量，即 $y=w'x+b$，而 Logistic 回归则利用函数 L 将 $w'x+b$ 对应某种隐状态 p，此时 p 为概率且此过程为一次分类 $p=L(w'x+b)$，最后再由 p 与 $1-p$ 的大小确定因变量的值。

Logistic 回归的因变量可以是二分类的，也可能是多分类的，不过二分类的更常见，也比较方便理解，多分类可通过 softmax 方式加以处理。实际中，最常见的方法是二分类的 Logistic 回归。

若直接把线性回归的模式放在 Logistic 回归中，将出现与方程二边取值区间截然不同的非线性关系。由于 Logistic 回归的因变量是二分类变量，某个概率作为方程的因变量估计值的取值区间内是 0-1，但是，在微分方程右边的取值范围为无穷大或无穷小。于是，才有了 Logistic 回归。

二、Logistic 模型

在回归分析中，因变量 y 可以有两种情况：

（1）y 是一个定量的变量，这时可以使用一般的 regress 参数对 V 进行回归。

（2）y 是一个定性的变量，如果 $y=0$ 或 1，这时就不应该采用一般的 regress 函数来对 V 值进行回归，而要采用 Logistic 回归。Logistic 分析通常运用于分析一些事件产生的可能性，包括股价上涨或者下跌、股票成功或者失败的可能性。此外，本书还探讨了概率 p 和哪些因素相关。Logistic 回归模型的基本形态是：

$$p(Y=1 \mid x_1, x_2, \cdots, x_k) = \frac{\exp(\beta_0+\beta_1 x_1+\cdots+\beta_k x_k)}{1+\exp(\beta_0+\beta_1 x_1+\cdots+\beta_k x_k)} \tag{4-102}$$

其中，β_0，β_2，$\cdots$，β_k 为类似于多元线性回归模型中的回归系数。

该式表示当变量为 x_1，x_2，$\cdots$，x_k 时，自变量 p 为 1 的概率。对该式进行对数变换，可得：

$$\ln \frac{p}{1-p} = \beta_0+\beta_1 x_1+\cdots+\beta_k x_k \tag{4-103}$$

此时，可以看到，只要通过对自变量 p 按 $\ln[p/(1-p)]$ 的方式进行对数转换，就能够把 Logistic 回归问题转变为线性回归问题，并且能够根据多元线性回归的方式，更简单地获得回归数据。而对定性的变量，p 的取值也仅限于 0~1，这也就使 $\ln[p/(1-p)]$ 形式没有意义。因此，在具体应用 Logistic 建模的实践中，没有直接对 p 值进行回归，而只是首先确定了一个简单连续的概率函数为 π，即令 $\pi = p(Y=1 \mid x_1, x_2, \cdots, x_k)$，$0<\pi<1$，有了这样的定义，Logistic 建模便可以变形为：

$$\ln \frac{\pi}{1-\pi} = \beta_0+\beta_1 x_1+\cdots+\beta_k x_k, \quad 0<\pi<1 \tag{4-104}$$

虽然形式上一样，但此时的 π 为连续函数。只需对原始资料进行合理的映射处理，就能够用线性回归方式求得回归系数。最后，再根据 π 与 p 之间的映射关系，进行映射而求得 p 的真值。

三、Logistic 回归模型的参数估计

如果像前面介绍的那样考虑线性回归模型：

$$y = X'\beta+\varepsilon \tag{4-105}$$

来研究 0-1 型因变量和自变量 x_j，$j=1, 2, \cdots, p$ 之间的关系，其中，$X'=(1, x_1, x_2, \cdots, x_p)$，$\beta=(\beta_0, \beta_1, \beta_2, \cdots, \beta_p)'$，将至少会面临两方面的问题。一方面，因变量的取值范围最大是 1、最小是 0，而右端的取值范围可能会超过 $[0, 1]$ 区间的范围，甚至可能在整个实数轴 $(-\infty, +\infty)$ 上取值。另一方面，因变量 y 本身只能取得 0、1 两种离散取值范围，而公式右端的取值范围可在同一个区间内连续变化。

针对第一个问题，可以找到一个函数，使经此函数变换后的取值范围在 $[0, 1]$ 区间内。满足这样要求的函数还有许多。因此，所有连续型随机变量的分布函数都符合要求，其中，最常见的就是标准正态分布的分布参数。另一种符合要求的函数则为：

$$f(z) = \frac{e^z}{1+e^z} = \frac{1}{1+e^{-z}} \tag{4-106}$$

我们可以称图 4-13 为 Logistic 函数，Logistic 函数对自变量的取值范围为 $(0, 1)$，即当自变量由 $-\infty$ 改变到 $+\infty$ 时，其函数值对应地从 0 变化到 1。

关于第二个问题，因为 y 是 0-1 型伯努利随机变量，其概率分布为：

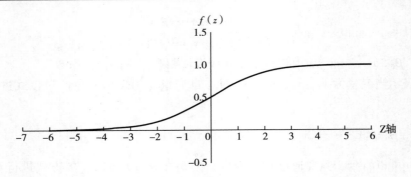

图 4-13 Logistic 函数

$$P(y=1) = \pi \tag{4-107}$$

$$P(y=0) = 1 - \pi \tag{4-108}$$

根据离散型随机变量期望值的定义，可得：

$$E(y) = 1 \times P(y=1) + 0 \times P(y=0) = P(y=1) = \pi \tag{4-109}$$

π 是指随机变量 y 取 1 的概率，其值可在 $[0, 1]$ 的区间内连续变动。所以，在进行过 n 次观测之后，用下列模型来研究 0-1 型因变量 y 和自变量 x_j，$j=1$，2，$\cdots$，p 之间的关系是十分合理的。

$$E(y_i) = \frac{1}{1 + \exp\left[-\left(\beta_0 + \sum_{j=1}^{p} \beta_j x_{ij} \right) \right]}, \quad i=1, 2, \cdots, n \tag{4-110}$$

模型又称 Logistic 回归模型，它是非线性模型的一种特例，其中：

$$f(X_i, \theta) = f(X'_i \beta) = \frac{1}{1 + \exp(-X'_i \beta)} \tag{4-111}$$

由于 $E(y_i) = \pi_i = P(y_i = 1)$，故 Logistic 回归模型也可表示为：

$$P(y_i = 1) = \frac{1}{1 + \exp(-X'_i \beta)}, \quad i=1, 2, \cdots, n \tag{4-112}$$

其中，$X'_i = (1, x_{i1}, x_{i2}, \cdots, x_{ip})$，$i=1$，2，$\cdots$，$n$，$\beta = (\beta_0, \beta_1, \beta_2, \cdots, \beta_p)'$ 为未知参数向量。模型中很好地说明了概率 $y_i = 1$ 时（如第 i 次投资成功）出现的概率和变量 x_j，$j=1$，2，$\cdots$，p 之间的关系。

对模型的两端同时做变换 $g(x) = \ln\left(\dfrac{x}{1-x}\right)$，$0 < x < 1$，可得：

$$\ln\left(\frac{\pi_i}{1-\pi_i}\right) = \ln\left[\frac{P(y_i=1)}{P(y_i=0)}\right] = X'_i \beta, \quad i=1, 2, \cdots, n \tag{4-113}$$

变换公式 $g(x) \ln\left(\dfrac{x}{1-x}\right)$，$0 < x < 1$ 又称逻辑（Logistic）变换公式，因为 Logistic 模型中经逻辑转换后的模型，其右端已变成参数 $\beta = (\beta_0, \beta_1, \beta_2, \cdots, \beta_p)'$ 的线性函数，

所以，如果假设已知事件中 $y_i = 1$ 事件的概率 π_i，或预先就能估算出 π_i 的数值，就应该运用上述推荐的线性回归模型的知识，来预测在 Logistic 模型中的参数为 $\beta = (\beta_0, \beta_1, \beta_2, \cdots, \beta_p)'$。

在对因变量进行的 n 次观测 y_j，$j = 1, 2, \cdots, n$ 中，如果有相同的 $X'_i = (1, x_{i1}, x_{i2}, \cdots, x_{ip})$ 完成了多次重复观测，则可以用样本比例再进行估计，这种结构的数据就叫作分组数据，将分组数据记为 c。以 π_i 的估计值作为式中的 π_i，并记：

$$y_i^* = \ln\left(\frac{\hat{\pi}_i}{1 - \hat{\pi}_i}\right), \quad i = 1, 2, \cdots, c \tag{4-114}$$

则得：

$$y_i^* = \beta_0 + \sum_{j=1}^{p} \beta_j x_{ij}, \quad i = 1, 2, \cdots, c \tag{4-115}$$

参数 $\beta = (\beta_0, \beta_1, \beta_2, \cdots, \beta_p)'$ 的最小二乘估计为：

$$\hat{\beta} = (X'X)^{-1} X'Y^* \tag{4-116}$$

其中，$Y^* = (y_1^*, y_2^*, \cdots, y_c^*)'$

$$X = \begin{pmatrix} 1 & x_{11} & \cdots & x_{1p} \\ 1 & x_{21} & \cdots & x_{2p} \\ \vdots & \vdots & \vdots & \vdots \\ 1 & x_{c1} & \cdots & x_{cp} \end{pmatrix} \tag{4-117}$$

四、Logistic 回归模型的应用

在流行病学中，往往需要研究某一病症发生和不发病的概率高低，例如一人得流行性感冒相对于不得流行性感冒的概率为多少，对此一般用赔率来度量。赔率的具体含义包括：

定义 1：将一个随机事件 A 发生的概率与其不发生的概率之比叫作事件 A 的赔率，记作 $odds\,(A)$，如：

$$odds\,(A) = P(A)/P(\bar{A}) = P(A)/(1 - P(A)) \tag{4-118}$$

假设一个事件 A 发生的概率 $P(A) = 0.75$，则其不发生的概率 $P(\bar{A}) = 1 - P(A) = 0.25$，所以，事件 A 的赔率 $odds\,(A) = 0.75/0.25 = 3$。也就是说，事件 A 发生与不发生的可能性是 $3:1$。粗略地讲，即在四次观察中有三次事件 A 发生而有一次事件 A 不发生。例如，事件 A 表示"投资成功"，$odds\,(A) = 3$ 就说明投资成功的概率为投资未完成的 3 倍。再如，若事件 B 为"客户理赔事件"，且已知 $P(B) = 0.25$，则 $P(\bar{B}) = 0.75$，从而事件 B 的赔率 $odds\,(B) = 0.25/0.75 = 1/3$，则意味着发生客户理赔事件的可能性约为未发生理赔事件的 1/3。赔率可以很好地衡量出现某些经济事件的可能性程度。

有时，我们还需要研究某一群客户相对于另一群客户发生客户理赔事件的风险大

小，如职业是司机的客户群相对于职业是教师的客户群发生客户理赔事件的风险大小，这需要使用赔率比的概念。

定义 2：以随机事件 A 的赔率和随机事件 B 的赔率之比为随机事件 A 对随机事件 B 的赔率比，记为 $OR(A，B)$，即 $OR(A，B) = odds(A)/odds(B)$。

若记 A 为职业为司机的客户出现理赔事件，记 B 为职务为教师的客户出现理赔事件，则已知 $odds(A) = 1/20$，$odds(B) = 1/30$，则事件 A 对事件 B 的赔率比 $OR(A，B) = odds(A)/odds(B) = 1.5$。这意味着，司机所进行理赔的案件赔率是教师的 1.5 倍。而使用 Logistic 回归，可以很简单地估计一个事件的赔率差和另外几个事件的赔率之比。

以【例 4-3】为实例，来介绍 Logistic 回归法的运用。

【例 4-3】 房地产商希望能估算出一个家庭年收入为 9 万元的客户，其达成意向后最终购房和不购买房的概率之比，以及一个家庭年收入为 9 万元的客户，其达成意向后最终购房的赔率大小是年薪为 8 万元客户的多少倍。

解：

$$\ln\left(\frac{\hat{\pi}}{1-\hat{\pi}}\right) = -0.886 + 0.156x \tag{4-119}$$

因此，

$$\frac{\hat{\pi}}{1-\hat{\pi}} = \exp(-0.886 + 0.156x) \tag{4-120}$$

将 $x = x_0 = 9$ 代入式（4-120），得一个家庭年收入为 9 万元的客户其签订意向后最终买房与不买房的可能性大小之比值为：

$$odds(\text{年收入 9 万元}) = \frac{\hat{\pi}_0}{1-\hat{\pi}_0} = \exp(-0.886 + 0.156x_0)$$

$$= \exp(-0.886 + 0.156 \times 9) = 1.6787 \tag{4-121}$$

这说明一个家庭年收入为 9 万元的客户其签订意向后最终买房的可能性是不买房的约 1.68 倍。另外，由式（4-120）还可得：

$$OR(\text{年收入 9 万元，年收 8 万元}) = \exp[0.156 \times (9-8)] = 1.1688 \tag{4-122}$$

所以，对于年薪约为 9 万元的客户，其在达成意愿后最终决定买房的赔率是年薪约为 8 万元客户的 1.17 倍。一般地，假设 Logistic 模型的参数估计为 $\hat{\beta}_0$，$\hat{\beta}_1$，$\hat{\beta}_2$，…，$\hat{\beta}_p$，那么在 $x_1 = x_{01}$，$x_2 = x_{02}$，…，$x_p = x_{0p}$ 条件下事件赔率的估计值为：

$$\frac{\hat{\pi}_0}{1-\hat{\pi}_0} = \exp\left(\hat{\beta}_0 + \sum_{j=1}^{p} \hat{\beta}_j x_{0j}\right) \tag{4-123}$$

如果记 $X_A = (1，x_{A1}，x_{A2}，…，x_{Ap})'$，$X_B = (1，x_{B1}，x_{B2}，…，x_{Bp})'$，并将相应条件下的事件仍分别记为 X_A 和 X_B，则事件 X_A 对 X_B 赔率比的估计可由下式获得：

$$OR(X_A，X_B) = \exp\left[\sum_{j=1}^{p} \hat{\beta}_j(x_{Aj} - x_{Bj})\right] \tag{4-124}$$

第五节 梯度

在微积分函数里，把多元函数的参数求 ∂ 偏导数，然后将得到的各个函数的偏导数都用向量的方式写出来，叫作梯度。如函数 $f(x, y)$，分别对 x，y 求偏导数所得到的梯度向量是 $(\partial f/\partial x, \partial f/\partial y,)^T$，简称 $grad f(x, y)$。假如是三个参数的向量梯度，则是 $(\partial f/\partial x, \partial f/\partial y, \partial f/\partial z)^T$，依此类推。

那么，求出梯度向量有什么用呢？它的作用从几何意义上来说，就是函数增加最快的地方。具体来说，对函数 $f(x, y)$，对点 (x_0, y_0)，沿着梯度向量的方向就是 $(\partial f/\partial x, \partial f/\partial y, \partial f/\partial z)^T$ 的方向，也就是 $f(x, y)$ 增加最快的部分。或者说，沿着梯度向量的方向，就比较容易找出函数的最大值。而反过来说，如果沿着与梯度向量相反的方向，则阶梯下降得最快，也就比较容易找出函数的最小值。

一、梯度下降法与梯度上升法

梯度下降法（Gradient Descent）：简称最速下降法，是一个一阶优化算法。如何通过梯度下降法寻找某个函数的局部极小值，就需要通过对函数的当前点对应梯度（或者说是近似梯度）的仅方向的规定步长距离点开始迭代搜索。

梯度上升法（Gradient Rise）：如果相反地向梯度的正方向迭代进行搜索，结果将会逼近函数的局部极大值点，因此这个过程也被叫作梯度上升法。假如我们要求解损失函数的最大值，就需要用梯度上升法来迭代了。

梯度下降法与梯度上升法是能够相互转换的。例如，我们要求解损失函数 $f(\theta)$ 的最小值，这时我们必须用梯度下降法来迭代求解。但是，事实上我们可以反过来求解损失函数的最大值，这时梯度上升法就派上用场了。

二、梯度下降法详解

1. 梯度下降法的直观解释

先来看看对梯度下降的一种最直观的解释。例如，在山顶的某个地方，因为还不知如何下山，所以每走到一个地方时，先计算当前位置的梯度，之后顺着梯度的负方向走，也便是在当前最陡的地方再往下走一次，接着进一步计算当前位置的梯度，向这一个所在位置再顺着当前最陡、最容易下山的地方走一次。这样一步步地走下去，一直到我们认为的山脚下。当然如此走下去，有可能并没有走到山脚下，而只是到了某一座山峰的低处。

由以上的说明能够发现，利用梯度下降法不一定可以得到全局的最优解，有可能是一种局部最优解。当然，假设损失函数为凸函数，则梯度下降法求得的解也必然为全局最优解。

2. 梯度下降法的相关概念

（1）步长（Learning Rate）。步长决定了在梯度上下降迭代的过程中，每一步沿梯度负方向前进的长度。用上述下山的实例，步长可以表示为从当前的一个所在位置，顺着最陡峭、最容易下山的地方走过的一步的长度。步长通常取为1。

（2）特征（Feature）。特点指的是样本输入部分，例如，两个单特征的样本为 $(x^{(0)},\ y^{(0)})$，$(x^{(1)},\ y^{(1)})$ 则第一个样本特征为 $x^{(0)}$，第一个样本输出为 $y^{(0)}$。

（3）假设函数（Hypothesis Function）。在监督学习中，为拟合输入样本，将所采用的假设函数记为 $h_\theta(x)$。例如，关于单个特征的 m 个样本 $(x^{(i)},\ y^{(i)})(i=1,\ 2,\ \cdots,\ m)$ 的可用拟合函数如下：

$$h_\theta(x)=\theta_0+\theta_1 x \tag{4-125}$$

（4）损失函数（Loss Function）。为判断模型拟合的优劣，人们一般采用损失函数来度量模型拟合的情况。将损失函数极小化，表示模型已经拟合度最好，而相应的模型参数即是最优的系数参数。在线性回归中，损失函数一般是指样本输出与假定函数的差取平方。例如，对 m 个样本 $(x_i,\ y_i)(i=1,\ 2,\ \cdots,\ m)$ 采用线性回归，损失函数如下：

$$J(\theta_0,\ \theta_1)=\sum_{i=1}^{m}(h_\theta(x_i)-y_i)^2 \tag{4-126}$$

其中，x_i 表示第 i 个样本特征，y_i 表示第 i 个样本对应的输出，$h_\theta(x_i)$ 为假设函数。

3. 梯度下降法的详细算法

梯度下降法的计算一般用几何法和矩阵法（也称向量法）两种方法表现，如对矩阵法并不了解，则可用代数分析法。不过矩阵法比较简单，而且也因为使用了矩阵，实现逻辑的过程一目了然。本章先介绍代数分析法，再讲解矩阵法。

（1）梯度下降法的代数方式描述。

1）先决条件：确认优化模型的假设函数和损失函数。比如对于线性回归，假设函数表示为：

$$h_\theta(x_1,\ x_2,\ \cdots,\ x_n)=\theta_0+\theta_1 x_1+\theta_2 x_2+\cdots+\theta_n x_n \tag{4-127}$$

其中，$\theta_i(i=0,\ 1,\ 2,\ \cdots,\ n)$ 为模型参数，$x_i(i=0,\ 1,\ 2,\ \cdots,\ n)$ 为每个样本的 n 个特征值。

这个表示可以简化，我们增加一个特征 $x_0=1$，这样：

$$h_\theta(x_0,\ x_1,\ \cdots,\ x_n)=\sum_{i=0}^{n}\theta_i x_{i_0} \tag{4-128}$$

同样是线性回归，对应于上面的假设函数，损失函数为：

$$J(\theta_0,\ \theta_1,\ \cdots,\ \theta_n)=\frac{1}{2m}\sum_{j=1}^{m}\left[h_\theta(x_0^{(j)},\ x_1^{(j)},\ \cdots,\ x_n^{(j)})-y_j\right]^2 \tag{4-129}$$

2）算法相关参数初始化。主要是初始化工作 θ_0，θ_1，$\cdots$，θ_n 算法终止距离 $\varepsilon\varepsilon$ 以

及步长 $\alpha\alpha$。在缺少先验知识的情况下，首先将现有的 θ 初始化为0，其次把步长初始化为1，最后在调优的同时再优化。

3）算法过程。

①确定当前位置的损失函数的梯度，对于 θ_i，其梯度表达式如下：

$$\theta_i = \frac{\partial}{\partial \theta_i} J(\theta_0，\theta_1，\theta_2，\cdots，\theta_n) \tag{4-130}$$

②用步长乘损失函数的梯度，可以求得当前位置下降的距离，则 $\alpha \dfrac{\partial}{\partial \theta_i} J(\theta_0，\theta_1，\theta_2，\cdots，\theta_n)$ 相对于上述登山用例中的某一步。

③确定当前是否所有的 θ_0，θ_1，梯度下降的距离都小于 $\varepsilon\varepsilon$，如果小于 $\varepsilon\varepsilon$ 则计算终止，当前所有的 θ_i（$i=0，1，2，\cdots，n$）即为最终结果。否则将进入步骤④。

④更新所有的 θ，而针对 θ_i，其更新表达式如下。修改成功后，接着进入步骤①。

$$\theta_i = \theta_i - \alpha \frac{\partial}{\partial \theta_i} J(\theta_0，\theta_1，\theta_2，\cdots，\theta_n) \tag{4-131}$$

下面用线性回归的例子来具体描述梯度下降。假设我们的样本是：

$$(x_1^{(0)}，x_2^{(0)}，\cdots，x_n^{(0)}，y_0)，(x_1^{(1)}，x_2^{(1)}，\cdots，x_n^{(1)}，y_1)，\cdots(x_1^{(m)}，x_2^{(m)}，\cdots，x_n^{(m)}，y_m) \tag{4-132}$$

损失函数如前面先决条件所述：

$$J(\theta_0，\theta_1，\theta_2，\cdots，\theta_n) = \frac{1}{2m} \sum_{j=0}^{m} [h_\theta(x_0^{(j)}，x_1^{(j)}，x_2^{(j)}，\cdots，x_n^{(j)}) - y_j]^2 \tag{4-133}$$

则在算法过程步骤①中对于 θ_i 的偏导数计算如下：

$$\frac{\partial}{\partial \theta_i} J(\theta_0，\theta_1，\theta_2，\cdots，\theta_n) = \frac{1}{m} \sum_{j=0}^{m} [h_\theta(x_0^{(j)}，x_1^{(j)}，x_2^{(j)}，\cdots，x_n^{(j)}) - y_j]x_i^{(j)} \tag{4-134}$$

由于样本中没有 x_0 上式中令所有的 x_0^j 为1。

步骤④中 θ_i 的更新表达式如下：

$$\theta_i = \theta_i - \alpha \frac{1}{m} \sum_{j=0}^{m} [h_\theta(x_0^{(j)}，x_1^{(j)}，x_2^{(j)}，\cdots，x_n^{(j)}) - y_j]x_i^{(j)} \tag{4-135}$$

由上述实例，就可知道在当前位置的梯度方向是由所有样本决定的，加 $\dfrac{1}{m}$ 就更好理解。因为步长也是常量，因此它们的乘积也是常量，所以在这里 $\alpha \dfrac{1}{m}$ 也应该用常数表达。

以下将详细讲解梯度下降法的变种，它们主要的区别是对样本的采用方法不同。

（2）梯度下降法的矩阵方式描述。这一部分主要讲解梯度下降法的矩阵方式表述，相对于代数法，要求有一定的矩阵分析的基础知识，尤其是矩阵求导的知识。

1）先决条件。与梯度下降方法的代数方法描述过程相似，必须确定优化模型的假设参数及损失函数。关于线性回归，设函数为 $h_\theta(x_1，x_2，\cdots，x_n) = \theta_0 + \theta_1 x_1 + \theta_2 x_2 + \cdots +$

$\theta_n x_n$ 的矩阵，表达方式为：$h_\theta(X) = X\theta$。

其中，设函数 $h_\theta(X)$ 为 $m \times 1$ 的向量，θ 为 $(n+1) \times 1$ 的向量，则里面有 $n+1$ 的代数法的模型参数。X 为 $m \times (n+1)$ 维的特征矩阵。m 表示样本的数个，$n+1$ 则表示样本的特征数。

损失函数的表达式：以 $J(\theta) = \dfrac{1}{2}(X\theta-Y)^T(X\theta-YY)$ 为函数的输出方向，维度为 $m \times 1$。

2）算法相关参数初始化。θ 向是可以初始化为默认值，或调优后的值。算法终止距离为 $\varepsilon\varepsilon$，步长 $\alpha\alpha$ 没有变化。

3）算法过程。①确定当前位置损失函数的梯度，对 θ 向量来说，其梯度可以表示为 $\dfrac{\partial}{\partial\theta}J(\theta)$。②用步长乘损失函数的梯度，可以求得从当前位置下降的距离，则 $\alpha\dfrac{\partial}{\partial\theta}J(\theta)$ 对应于上述登山用例中的某一步。③确定了 θ 矢量里面的值，所有梯度下降的距离都小于 $\varepsilon\varepsilon$，如果小于 $\varepsilon\varepsilon$ 则算法结束，而当前 $\varepsilon\varepsilon$ 向量即是最终结果。否则将进入步骤④。④更新 θ 向量，其更新表示为式（4-136）。更新成功后，接着进入步骤①。

$$\theta = \theta - \alpha\frac{\partial}{\partial\theta}J(\theta) \tag{4-136}$$

还是用线性回归的实例来说明更具体的算法过程。

损失函数对于 $\partial\theta$ 向量的偏导数计算如下：

$$\frac{\partial}{\partial\theta}J(\theta) = X^T(X\theta-Y) \tag{4-137}$$

步骤④中 θ 向量的更新表达式如下：

$$\theta = \theta - \alpha XT(X\theta-Y) \tag{4-138}$$

梯度下降法的代数法比矩阵法要简单许多，其中使用了矩阵求导链式规则，以及用两个矩阵求导的公式。

公式1：

$$\frac{\partial}{\partial x}(x^Tx) = 2xx \tag{4-139}$$

公式2：

$$\nabla_x f(AX+B) = A^T\nabla_y f, \quad Y = AX+B \tag{4-140}$$

（3）梯度下降法的算法调优。在使用梯度下降法时，需要进行调优。

1）算法的步长选择。在前面的方法说明中，所提到的步长均为1，不过实际取值仍取决于数据样本，可多选取几个数值，由大至小，依次进行计算，再看迭代效果，如果损失函数一直在变小，就表示取值比较合理，否则需要增大步长。步长过大，很容易造成迭代速度太快，甚至有可能错失最优解，具体表现为损失函数值波动。步长太小，导致迭代进度很缓慢，很长时间算法都还没有结束。所以算法的步长必须反复运算后才能得出一个最优的数值。

2）算法参数的初始值选择。初始值不同，得到的最小值也就有可能会有差异，所以梯度下降得到的只是局部最小值，当然，假设若损失函数为凸函数，则必然是最佳解。因为有陷入局部最优解的风险，所以必须反复用各个初始值进行计算，关键就是选取损失函数中最小化的初值。

3）归一化。因为采样中所有特点的选取值幅度都不相同，就会造成替换速率很缓慢，为降低特点数据的负面影响，可对所有特点数据归一化，即对所有特点 x，得出它的新期望值与标准差，再变换为：$\dfrac{x-\bar{x}}{std(x)}$，这样特点的新期望值为 0，而新方差系数为 1，替换速率就可极大提高。

三、梯度下降法大家族

1. 批量梯度下降法

批量梯度下降法（Batch Gradient Descent，BGD）是梯度下降法最基础的表现形式，具体实施方法也是在更新参数时利用所有的样本来实现更新，这种方法就是用梯度下降法的代数方法描述的批量梯度下降法。

$$\theta_i = \theta_i - \alpha \sum_{j=1}^{m} \left[h_\theta(x_0^{(j)}, x_1^{(j)}, x_2^{(j)}, \cdots, x_n^{(j)}) - y_j \right] x_i^{(j)} \tag{4-141}$$

由于我们有 m 个样本，这里求梯度的时候就用了所有 m 个样本的梯度数据。

【**例 4-4**】x = [0.2, 0.3, 0.5, 0.68, 0.8, 1.0, 1.15, 1.3, 1.7, 1.8, 1.5, 1.75, 1.7, 2.0]，y = [0.7, 0.4, 1.0, 0.9, 1.4, 1.1, 1.25, 1.9, 2.2, 2.5, 1.7, 2.0, 2.6, 2.8]，以此为数据，利用批量梯度下降绘制图 4-14。批量梯度下降解题过程如表 4-6 所示。

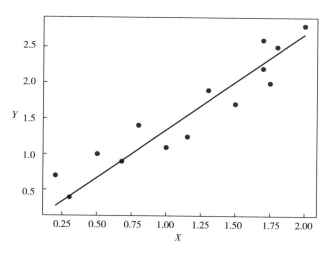

图 4-14 梯度下降算法结果

表 4-6　批量梯度下降解题过程

输入：X = [0.2, 0.3, 0.5, 0.68, 0.8, 1.0, 1.15, 1.3, 1.7, 1.8, 1.5, 1.75, 1.7, 2.0]

Y = [0.7, 0.4, 1.0, 0.9, 1.4, 1.1, 1.25, 1.9, 2.2, 2.5, 1.7, 2.0, 2.6, 2.8]

输出：梯度下降算法结果图

过程：（1）确定学习率 alpha = 0.04；

　　　（2）利用批量梯度下降模型 BGD（x, y, alpha）；

　　　（3）利用 matplotlib 绘制出结果图。

源代码如下：

```python
import numpy as np
from matplotlib import pylab as plt
def BGD(x, y, alpha):
    theta = 0
    while True:
        hypothesis = np.dot(x, theta)
        loss = hypothesis-y
        gradient = np.dot(x.transpose(), loss)/len(x)
        theta = theta-alpha * gradient
        if abs(gradient) < 0.0001:
            break
    return theta
#假设出数据
x = np.array([0.2, 0.3, 0.5, 0.68, 0.8, 1.0, 1.15, 1.3, 1.7, 1.8, 1.5, 1.75, 1.7, 2.0])
y = np.array([0.7, 0.4, 1.0, 0.9, 1.4, 1.1, 1.25, 1.9, 2.2, 2.5, 1.7, 2.0, 2.6, 2.8])
#学习率
alpha = 0.04
#批量梯度下降
weight = BGD(x, y, alpha)
print(weight)
#绘制所有数据点
plt.plot(x, y, 'ro')
#绘制拟合出来的直线
plt.plot(x, x * weight)
#显示
plt.show()
```

2. 随机梯度下降法

随机梯度下降法（Stochastic Gradient Descent，SGD）其实与批量梯度下降法的基本原理差不多，差异在于与求梯度不是用所有的 m 个样本的数据，而是只选择了某个数据 j 来求梯度。对应的更新方法如下：

$$\theta_i = \theta_i - \alpha[h_\theta(x_0^{(j)}, x_1^{(j)}, \cdots, x_n^{(j)}) - y_j]x_i^{(j)} \tag{4-142}$$

随机梯度下降法与批量梯度下降法是两种极端，一种使用所有的样本来使梯度下降，另一种使用某一种样本使梯度降低。它们的优缺点都十分明显，对于训练速度而言，随机梯度下降法因为每次仅仅使用一次样本迭代，所以训练速度极快，而批量梯度下降法因为当样本量较大时，训练速度无法让人满意。对于精度而言，随机梯度下降法可以仅用某个样本确定梯度方向，而得到的解很有可能是不是最优。对于收敛速度而言，随机梯度下降法一次迭代一个数据时，由于迭代方向发生了改变，无法快速地收敛到局部最优解。

3. 小批量梯度下降法

小批量梯度下降法（Mini-batch Gradient Descent）是批量梯度下降法与随机梯度下降法之间的折中方法，也就是说对 m 个样品，只能选择 x 个样本进行迭代，即 $1<x<m$。应使 $x=10$，当然基于样本的信息，可以改变 x 的取值。对应的更新公式如下：

$$\theta_i=\theta_i-\alpha\sum_{j=t}^{t+x-1}\left[h_\theta(x_0^{(j)},\ x_1^{(j)},\ \cdots,\ x_n^{(j)})-y_j\right]x_i^{(j)} \tag{4-143}$$

与最小二乘法相比，梯度下降法必须考虑步长，而最小二乘法则不考虑步长。梯度下降法是迭代求解，而最小二乘法则是计算解析。如果样本数不是很多，并且具有解析解，最小二乘法比梯度下降法更有优势，因为运算的速度快。如果样本数较大，用最小二乘法还需一组超级大的逆矩阵，这时采用迭代的梯度下降法更有优势。

梯度下降法与牛顿法或拟牛顿法一样，二者都是用迭代计算，只是梯度下降法是梯度求解，而牛顿法或拟牛顿法是用二阶的海森矩阵的逆矩阵伪逆矩阵求解。相对而言，用牛顿法或拟牛顿法收敛速度更快，不过每次迭代的时间较梯度下降法长。

本章小结

随着数字化时代的到来，大数据分析已然成为当今的重要研究问题，其不仅具备了科学的理论探索价值，同时也具备了应用的实践发展意义。除此之外，大数据分析的战略化意义也不仅局限于提供丰富的数字信息资源，还着重其对有价值的信息资源进行科学化、准确化的分类整理，并利用各种方法来进行社会信息的增值利用。在经济、技术国际化的时代，其分析与挖掘信息的功能有着十分巨大的实际意义，是推动社会各学科技术共同发展、融会贯通的重要基础。不过它同时又具有两面性，因为大数据分析在推动社会科技进展的同时，也带来了很多不可忽视的社会问题。所以为了减少其信息化所带来的影响，科学合理利用数据挖掘与统计分析是当务之急。但大数据由于其数据结构的维度、规模以及多样性的变化，给统计学的理论与方法带来了巨大的挑战和影响。本章介绍了数据挖掘中常用的几种回归方法，可针对不同类型的数据进行分析，发现数据中的规律。

思考练习题

一、简答题

单因子测试是否需要纠正板块、市值偏离等问题？如何纠正？

二、思考题

1. 在多元线性回归分析中，为什么用修正的决定系数衡量估计模型对样本观测值的拟合优度？

2. 对于多元线性回归模型，为什么在进行了总体显著性 F 检验之后，还要对每个回归系数进行是否为 0 的 t 检验？

3. 分类变量赋值不同对 Logistic 回归有何影响？分析结果一致吗？

参考文献

［1］ Graham M. H. Confronting Multicollinearity in Ecological Multiple Regression ［J］. Ecology, 2003（84）：2809-2815.

［2］ Hoerl A. E., Kennard R. W. Ridge Regression：Biase Estimation for Nonorthogonal Problem ［J］. Technometrics, 1970（12）：69-82.

［3］ Kleinbaum D. G., Kupper L., Muller K. E., Nizam A. Applied Regression and Other Multivariable Methods ［M］. Pacifiz Grove：Duxbury Press, 1998.

［4］ Kundu P, Chatterjee N. Logistic Regression Analysis of Two-phase Studies Using Generalized Method of Moments ［J］. Biometrics, 2023, 79（1）：241-252.

［5］ Ludwig Fahrmeir, Thomas Kneib, Thomas Kneib, Stefan Lang, Brian Marx. Regression：Models, Methods and Applications ［M］. Berlin：Springer-Verlag, 2013.

［6］ Nelder J. A., Wedderburn R. W. M. Generalized Linear Models ［J］. Journal of the Royal Statistical Society：Series A（General）, 1972（135）：370-384.

［7］ Sen A. K. Regression Analysis：Theory, Methods and Applications ［M］. Berlin：Springer-Verlag, 1990.

［8］ Yuan Zou. A First-Order Approximated Jackknifed Liu Estimator in Binary Logistic

Regression Model ［J］. Advances in Applied Mathematics, 2021, 10 （3）: 790-800.

　　［9］［美］S. Weisberg. 应用线性回归（第二版）［M］. 王静龙，梁小筠，李宝慧，译. 北京：中国统计出版社，1998.

　　［10］［美］Daniel T. Larose. 数据挖掘方法与模型［M］. 刘燕权，胡赛全，冯新平，姜恺，译. 北京：高等教育出版社，2011.

　　［11］［美］Samprit Chatterrjee, Ali S. Hadi. 例解回归分析（第五版）［M］. 郑忠国，许静，译. 北京：机械工业出版社，2013.

　　［12］陈颖 . SAS 软件系统—用 SAS 进行统计分析［M］. 上海：复旦大学出版社，2008.

　　［13］方杰，温忠麟，梁东梅，李霓霓 . 基于多元回归的调节效应分析［J］. 心理科学，2015，38（3）：715-720.

　　［14］胡宏昌，崔恒建，秦永松，李开灿 . 近代线性回归分析方法［M］. 北京：科学出版社，2013.

　　［15］李欣海 . 随机森林模型在分类与回归分析中的应用［J］. 应用昆虫学报，2013，50（4）：1190-1197.

　　［16］潘正军，赵莲芬，王红勤 . 逻辑回归算法在电商大数据推荐系统中的应用研究［J］. 电脑知识与技术，2019，15（15）：291-294.

　　［17］王汉生 . 商务数据分析与应用［M］. 北京：中国人民大学出版社，2011.

　　［18］王静龙，梁小筠，王黎明 . 数据、模型与决策［M］. 上海：复旦大学出版社，2012.

　　［19］谢瑜，谢熠 . 大数据时代技术治理的情感缺位与回归［J］. 自然辩证法研究，2022，38（1）：124-128.

第五章　关联分析模型与算法

第一节　关联规则背景

我们先来看个有趣的故事——"尿布与啤酒"的故事。在一家超市里，有一个有意思的现象：尿布和啤酒赫然摆在一起出售。不过，这种奇特的做法让尿布和啤酒的销售量双双上升了。这并非一个玩笑，而是发生在美国纽约沃尔玛连锁店超市里的真实事件，曾长期被全美消费者津津乐道。由于沃尔玛有世界上最大的数据仓库系统，为了能够更精确地掌握全美消费者在其商店里的购物行为，沃尔玛通过对消费者的购买行为进行购物篮研究，来了解他们常去购买什么东西。沃尔玛的数据仓库里也汇集了其各门店的详细原始交易数据。在这些原始交易数据的基础上，沃尔玛通过利用数据挖掘方法对相关内容进行了研究分析和挖掘。一个意外的发现是，与尿布一起购买最多的商品竟是啤酒！经过大量的实际调查和分析，揭示了隐藏在尿布与啤酒背后的美国人的一种行为模式：在美国，一些年轻的父亲下班后经常要到超市去买婴儿尿布，而他们中有 30% ~ 40% 的人同时也会为自己买一些啤酒。

形成这一现象的主要原因是：美国的太太们常常叮嘱她们的丈夫下班后为小孩买尿布，而丈夫们在买尿布后又随手带回了他们喜欢的啤酒。按常规思维，尿布与啤酒并不相关，但如果没有对大量的交易数据进行挖掘分析，沃尔玛是找不到这一潜在规律的。因为客户的一次订货中往往涉及许多产品，而这种产品之间是有联系的。比如，购买了轮胎的外胎就会购买内胎；购买了羽毛球拍，就会购买羽毛球。

可见，关联分析能够识别出相互关联的事件，判断某个事件出现后有多大的可能性出现下一种事件。数据关联是数据库中存在的一类重要的可被发现的知识。如果两个或多个变量的值之间存在某种规律性，就称为关联。关联可分为简单关联、时序关联和因果关联。由于关联分析的主要目的是寻找数据库中隐藏的关联网。有时候并不知道数据库中数据间的关系函数，即便已知但还是不明确，所以通过关联分析得到的规则更具有可信度。通过关联规则，有助于在大量数据中找到项集间有趣的关联或相互联系。

第二节　关联规则概述

一、关联规则的定义

关联规则挖掘能够在大量数据中找到项集间最有意思的关联或相关联系。它在数据挖掘中是一项很重要的课题，最近数年已被业内人士所普遍研究。关联规则挖掘的一项典型例子是购物篮数据分析。通过关联规则的研究，能够找到在交易数据库中各个产品（项）之间的联系，能够找到消费者购物行为模式，以及在购买了某一产品后对购买者或其他产品的影响。分析结果还能够运用到商业仓库货架布置、商品货存安排和根据购买模式对用户进行分类。

二、关联规则的分类

（1）基于规则中处理的变量类别，关联规则又可分成布尔型和数值型。布尔型关联规则处理后的值一般都是离散的、种类化的，它显示了这些变量间的关系；而数值型关联规则可和多维关联或多层关联规则组合在一起，对数值型字段进行处理，或将其加以动态的分割，或者直接对原始的数据进行处理，当然数值型关联规则中也可能含有种类变量。例如，性别＝"女"⇒职业＝"秘书"，是布尔型关联规则；性别＝"女"⇒avg（收入）＝2300，涉及的收入是数值类型，所以是一个数值型关联规则。

（2）基于规则中数据的抽象层次，可分为单层关联规则和多层关联规则。在单层的关联规则中，全部的变量都没有考虑到现实的数据中是存在着多个层次的；但在多层次的关联规则中，对数据的多层性也做出了足够的考量。例如，IBM 台式机⇒Sony 打印机，是一个细节数据上的单层关联规则；台式机⇒Sony 打印机，是一个较高层次和细节层次之间的多层关联规则。

（3）基于规则中所涉及的数据维数，关联规则又可分为单维的与多维的。在单维的关联规则中，我们仅触及数据的一维，即消费者所选购的商品；而在多维的关联规则中，需要处理的数据则涉及多维。换个角度，单维关联规则是解决单一属性中的一些关系；而多维关联规则是处理不同属性间的某些关系。例如，啤酒⇒尿布，这条规则只涉及消费者购买的物品；性别＝"女"⇒职业＝"秘书"，这一条规则就涉及了两个文本字段的内容，是在两维上的一种关联规则。

三、经典的关联规则挖掘算法

1. 经典频集方法

Agrawal 等在 1993 年首次提出了挖掘顾客在交易数据库系统中项集间的关联规则问题，其核心方法为基于频集理论的递推方法。此后，众多的研究人员对关联规则的数据挖掘问题展开了更大规模的研究。他们对原有的算法加以完善，如引入了随机采样、并行的思想等，提升了算法挖掘规则的效率；并提出了许多变体，如更加广泛的关联规则、周期关联规则等，对关联规则的使用加以推广。

2. 关联规则的相关算法

（1）Apriori 算法：使用候选项集找频繁项集。Apriori 算法是一个最有影响的挖掘布尔关联规则频繁项集的算法。该关联规则在分类中归属于单维、单层、布尔关联规则。其思想为：第一步，找到所有的频繁项集，并且项集产生的频繁性必须与预定义的最小支持度相同；第二步，利用每个频繁项集产生强关联规则，但这些规则需要满足最小支持度和最小置信度；第三步，利用第一步找到的每个频繁项集产生期望的规则，产生只包含集合的项的所有规则，但这里每一个规则的右部都只有一项，这里采用的是中规则的定义。一旦这些规则被生成，那么只有大于用户给定的最小置信度的规则，才能被留下来。为了生成全部频繁项集，采用了递推的方法，会有大量的候选集生成，而且很可能要反复扫描整个数据库，这是 Apriori 算法的两大缺陷。

（2）基于划分的算法。Savasere 等人提出了一种基于划分的算法。这种算法首先将整个数据库在逻辑方式上分为若干互不交叉的区块，其次分别考虑某个区块并对其生成频繁项集，再次将生成的每个频繁项集合并，最后生成所有可能的频繁项集，最后计算这些项集的支持度。其中区块的大小选择则是为了保证每个区块都能够被纳入主存，并且每个阶段都必须重新扫描一遍。而这种方法的有效性是由每一个可能的频繁项集至少在某一个区块上是频繁项集确定的。这种方法是高度并行的，将每一区块单独配置到某一个处理器生成频繁项集。在生成频繁项集的每一次周期完成后，处理器之间开始数据通信以生成全局的候选 k-项集。一般来说，这里的通信过程是算法执行时的主要瓶颈；另外，每个单独的处理器在生成频繁项集的时候也是一种瓶颈。

（3）FP 树频集算法。针对 Apriori 算法的存在问题，J. Han 等人（2000）给出了不产生候选挖掘频繁项集的方法 FP-tree 频繁项集算法。根据分而治之的策略，在经过了第一次扫描以后，将整个数据库系统中的所有频繁项集都缩小到了一棵频繁模式树（FP-tree），而且继续保存着它们的所有关联信息，接着再把 FP-tree 分化成了几个基本条件库，每种库都与一条长度为 1 的频繁项集相关，接着再对它们基本条件库各自加以挖掘。在原始数据较大的时候，还应该根据划分的方式，让一条 FP-tree 能够放在主存中。实验证明，FP-growth 对不同长度的规则均有较好的适应作用，而且在效率方面相比于 Apriori 算法都有了很大的改善。

四、关联规则的基本概念

接下来我们了解一下关联规则挖掘中的几个概念，如【例5-1】所示，几名消费者购买的商品如表5-1所示。

【例5-1】：

表5-1 顾客购买的商品

交易编号	购买的商品
1	牛奶、面包、尿布
2	可乐、面包、尿布、啤酒
3	牛奶、尿布、啤酒、鸡蛋
4	面包、牛奶、尿布、啤酒
5	面包、牛奶、尿布、可乐

1. 项集（Itemset）

在一个数据库中，项目是指一种无法继续分割的很小的信息单位，用符号 i 表示。所谓项集，指的是所有项目的集合。假如一个集合 $I = \{i_1, i_2, \cdots, i_k\}$ 为项集，则 I 中的所有项数量为 K，则称为 K-项集。例如{面包}是1-项集，{牛奶，面包}是2-项集。

2. 项集的支持度

对于项集 X，用 $Count(x)$ 表示 D 集合中项集 X 的交易数量。$|D|$ 表示交易的数量，那么项集 X 的公式可表示为：

$$Support(X) = \frac{Count(x \subseteq T)}{|D|} \tag{5-1}$$

其中，T 是指所有项目的集合项集的支持度，是指一个或几个商品出现的次数和实际交易数量之间的比例，支持度也可理解为物品当前流行程度。从上面给顾客选择的商品列表中可以发现，如果"牛奶"出现了4次，那么这5笔交易中1-项集"牛奶"的支持度就是4/5=0.8。同样"牛奶，面包"出现了3次，那么这5笔订单中2-项集"牛奶，面包"的支持度就是3/5=0.6。

3. 项集的最小支持度与频繁项集

发现关联规则的项集必须满足最小阈值，最小阈值也就是项集的最小支持度，记为 Sup_{min}。在统计学层面来说，它描述用户关心的关联规则需要满足的最低出现概率。最小支持度，用来反映规则需要满足的最低重要性，需要人为指定。

支持度大于或等于 Sup_{min} 的项集称为频繁项集（Frequent Itemset），简称频集。如

果 k-项集都符合 $Sup_{\min}$，称为 k-频繁项集，记作 $L[K]$。频繁项集就是支持度大于等于最小支持度的项集，就是频繁一起出现的物品的集合。所以小于最小支持度的项目就是非频繁项集，而大于等于最小支持度的项集就是频繁项集。假设指定最小支持度是 0.5，在上面的顾客购买的商品列表中，"面包"的支持度等于 0.6，大于 0.5，则"面包"是频繁项集。"可乐，面包，尿布，啤酒"的支持度是 0.25，小于 0.5，其不是频繁项集。

4. 关联规则

关联规则是一个蕴含式 R：$X \Rightarrow Y$，即由项集 X 可以推导出项集 Y。其中 X、Y 都是项集，且 $X \cap Y \neq \emptyset$。X 为规则的前提条件，也叫作前项，而 Y 为规则结果，也叫作后项。关联规则表示在一次交易中，如果出现项集 X，那么项集 Y 就会有相应概率的出现。比如，从上面的案例中可以看到，买面包的消费者通常也会买牛奶，所以 {面包} → {牛奶} 是一种关联规则。而关联规则也从某个侧面展现出了事件内部的某种联系。支持度和置信度都是伴随着关联规则出现的，也是对关联规则的重要补充。关联规则支持度的定义与频繁项集支持度的定义基本相同。

5. 关联规则的支持度

对于关联规则 R：$X \Rightarrow Y$，规则 R 的支持度是交易之比并且涉及 X 与 Y 之间的交易与所有交易之比，记为 $Support(X \Rightarrow Y)$，其计算公式是：

$$Support(X \Rightarrow Y) = \frac{Count(X \cap Y)}{|D|} \tag{5-2}$$

关联规则的支持度反映了 X 和 Y 中所包含的商品，在全部交易中同时出现的频率。因为关联规则必须由频繁项集产生，所以规则的支持度实际上就是频繁项集的支持度，即：

$$Support(X \Rightarrow Y) = Support(X \cup Y) = \frac{count(X \cup Y)}{|D|} \tag{5-3}$$

6. 关联规则的置信度

对于关联规则 R：$X \Rightarrow Y$，规则 R 的置信度是同时包含 X 和 Y 的交易与包含 X 的交易之比，记为 $Confidence(X \Rightarrow Y)$，其计算公式是：

$$Confidence(X \Rightarrow Y) = \frac{Support(X \cup Y)}{Support(X)} \tag{5-4}$$

关联规则的置信度，反映了当交易中含有项集 X 时，项集 Y 同时出现的概率。关联规则的支持度和置信度分别体现了当前规则在整个数据库中的统计重要性和可靠程度。关联规则置信度指的就是当购买商品 A 时，会有多大的概率购买商品 B。置信度是个条件概率，就是说在 A 发生的情况下，B 发生的概率是多少。

比如在上述的由顾客选择的商品清单中，置信度（牛奶⇒啤酒）= 2/4 = 0.5，代表如果购买了牛奶，有 0.5 的概率会购买啤酒。置信度（啤酒⇒牛奶）= 2/3 ≈ 0.67，代表如果购买了啤酒，有 0.67 的概率会购买牛奶。

7. 关联规则的提升度

$$Lift(A{\Rightarrow}B) = \frac{Confidence(A{\Rightarrow}B)}{Support(B)} \tag{5-5}$$

提升度 $Lift$（$A{\Rightarrow}B$）是用来衡量 A 出现的情况下，是否会对 B 出现的概率有所提升。

所以，提升度有三种可能：

（1）提升度 $Lift>1$，代表有所提升。

（2）提升度 $Lift=1$，代表既没有提升，也没有下降。

（3）提升度 $Lift<1$，代表有所下降。

8. 关联规则的最小支持度和最小置信度

关联规则的最小支持度记为 Sup_{min}，它用于衡量规则所必须满足的最低重要性，需要人为指定。

关联规则的最小置信度记为 $Conf_{min}$，它说明了关联规则所必须满足的最低可靠性，需要人为指定。

9. 强关联规则

若关联规则 R：$X{\Rightarrow}Y$ 满足 $Support$（$X{\Rightarrow}Y$）$\geqslant Sup_{min}$ 且 $Confidence$（$A{\Rightarrow}B$）$\geqslant Conf_{min}$，则称规则 R：$X{\Rightarrow}Y$ 为强关联规则，否则为弱关联规则。挖掘关联规则时，产生的规则要经过 Sup_{min} 和 $Conf_{min}$ 的衡量，这样筛选出来的强关联规则才可以用于帮助企业做出选择。

在做产品推荐的时候，着重考虑的是提升度，因为提升度代表的是"商品 A 的出现，对商品 B 的出现概率提升的"程度。发现物品间的关联规则也是要找出物品间的潜在关联。要找出这些关联，有两个步骤：

（1）找出频繁项集。例如超市的频繁项集可能有{{啤酒，尿布}，{鸡蛋，牛奶}，{香蕉，苹果}}。

（2）在频繁项集的基础上，通过关联规则算法找出其中物品的关联结果。简单来说，就是先找频繁项集，再找关联的物品。

五、闭项集和极大频繁项集

在庞大数据集中挖掘频繁项集常常出现的问题是产生大量满足最小支持度阈值的项集，当最小支持度阈值（Min-sup）设置得很低时更是如此。主要是因为一个项集是频繁的，那么它的每一个子集都是频繁项集。比如，一个长度为 100 的频繁项集 $\{a_1,$ $a_2, \cdots, a_{100}\}$ 含了 100 个频繁 1 项集和 4950 个频繁 2 项集 $\{a_1, a_2\}$，$\{a_1, a_3\}$，$\cdots$，$\{a_1, a_{100}\}$，$\{a_2, a_3\}$，$\{a_2, a_4\}$，$\cdots$，$\{a_2, a_{100}\}$，$\cdots$，$\{a_{99}, a_{100}\}$，以此类推。这样，频繁项集的总个数约为 1.27×10^{30}。可见，如果要获取关联规则，项集个数越多，意味着关联规则分析所要花费的时间越长、所需空间越大，对于计算机的计算能力和存储都提出了更高的要求。而实际应用中，并不需要分析所有满足条件的频繁项集和关联规则，因此，为了让分析具有一般性，提出了闭频繁项集和极大频繁项集等概念。

1. 超项集（Super Itemset）

若一个集合 S_2 中的每一个元素都在集合 S_1 中，且集合 S_1 中可能包含 S_2 中没有的元素，则集合 S_1 就是 S_2 的一个超项集。若 S_1 是 S_2 的超项集，则 S_2 是 S_1 的子集。

2. 闭频繁项集（Closed Frequent Itemset）

在数据集 D 中，对于一个项集 X，它的超项集 Y 的支持度计数不等于 X 本身的支持度计数，则 X 称为数据集 D 的闭项集。如果闭项集 X 在数据集 D 中同时也是频繁的，也就是它的支持度大于等于最小支持度阈值，那它也称为 D 中的闭频繁项集。

3. 极大频繁项集（Maximal Frequent Itemset）

如果 X 是数据集 D 中的一个频繁项集，而且 X 的任意一个超项集 Y 都是非频繁的，那么称 X 是数据集 D 中的极大频繁项集，也就是说，如果 X 这个频繁项集进一步扩充就不是频繁项集了。

从以上定义可以看出，三种频繁项集间存在如下关系：极大频繁项集<闭频繁项集<超项集。不过在实际应用中，极大频繁项集会丢失很多信息。例如，在超市商品销售分析中，可能在同时购买酒、花生和饼干的人群中还有一部分同时也购买了洗发水，其项集的支持度也达到了最小支持度阈值，那么项集 {酒，花生，饼干，洗发水} 就是项集 {酒，花生，饼干} 的一个超项集，这样项集 {酒，花生，饼干} 的独特性就不会在极大频繁集里出现。而闭频繁集就能够保留这类独特食品频繁项集的信息，可以继续被拆分为频繁项集来获得有用的关联规则。

为了更清晰地了解闭频繁集和极大频繁项集的概念，下面对一个实例进行分析，如【例 5-2】所示，数据信息如表 5-2 所示。

【例 5-2】：

表 5-2　项集列表

项集	支持度	极大频繁集	闭频繁集
A	4	NO	NO
B	5	NO	YES
C	3	NO	NO
AB	4	YES	YES
AC	2	NO	NO
BC	3	YES	YES
ABC	2	NO	NO

这里定义最小支持度为 3，则 A、B、C、AB、BC 支持度都大于或等于 3，因此它们为频繁项集，其中 AB 为 A、B 的并集，其他并集以此类推。

由表 5-2 可知，A、B 均为频繁项集，它们的组合超项集 AB 也是频繁的，这时看 AB 的超项集 ABC，由表可得它不是频繁的，所以 AB 为极大频繁项集。同理，可以得到 BC 也为极大频繁项集。

由表 5-2 可知，A 是频繁项集，它的超项集 AB 的支持度等于 A 的支持度，所以 A 不是闭项集。但是项集 AB 支持度大于它的超项集 ABC 支持度，则可以得到 AB 为闭项集。同理，可以得到 B 和 BC 为闭项集。

【例 5-3】图 5-1 为海底捞菜品数据图，计算其各菜品之间的关系。频繁项集解题过程见表 5-3。

六、关联规则的应用

1. 银行金融行业分析

从目前情况来看，关联规则的挖掘技术已经在金融行业的企业中被广泛应用，它能够精准地预测银行客户的需求。一旦获得这些信息，银行就可以改善自身营销方式。现在银行一直都在开发与客户沟通的新方式。各银行为了增加客户对本行 ATM 机的了解，在 ATM 机上就捆绑了顾客可能感兴趣的本行产品信息，以便使用。如果数据库中显示，某个信贷额度较高的客户更换了地址，这个客户很有可能新近购置了一栋更大的住宅，因此会有可能需要更高的信贷额度、新的更高端的信用卡，而这些产品都可以通过信用卡账单邮寄给客户。在客户来电询问时，此数据库可以有力地帮助电话销售代表。销售代表的电脑屏幕上可以显示出客户的特点，同时也可以显示出顾客会对什么产品感兴趣。

同时，一些著名的电子商品网站也受益于强大的关联规则挖掘技术。这些电子购物网站通过关联规则进行信息挖掘，从而设置了用户有意要一起购买的捆绑包。也有部分购物网站提供相应的交叉信息，即购买一种产品的消费者会看到与另一个相关产品的广告。

目前，"数字海量，资讯欠缺"是我们在数据信息大集中后，普遍面临的窘境。目前我国金融业正在实施的大多数数据库，只能完成对财务数据的记录、检索、计算等较低层次的功能，却无法发现各种数据中有用信息，譬如对现有数据分析，发现其数据模式和特点，以便可以挖掘特定顾客、消费人群以及机构的金融活动与商务兴趣，从而可以看到市场变动的态势。可以说，关联规则挖掘的技术在我国的研究与应用并不是很广泛深入。

因为许多实际的应用问题往往比超市购买问题更复杂，因此大量研究人员从不同的角度对关联规则做了拓展，把越来越多的因素集成到关联规则挖掘方法中，从而丰富关联规则的应用领域，拓宽支持管理决策的范围。如考虑属性之间的类别层次关系、时态

滑牛肉	海底捞牛肉	一根面	鸭血	柠檬水	抻面	海底捞笋片	午餐肉	豆花	鸭肠	虾滑	嫩牛肉	毛肚	鱼片	竹荪
1	0	0	1	1	0	0	0	0	0	0	0	0	0	0
1	0	1	0	0	0	1	1	0	1	1	0	0	1	0
0	0	0	1	0	0	0	0	0	0	1	1	0	1	0
0	0	0	0	0	0	0	0	0	1	0	0	0	0	0
1	0	1	0	0	0	0	0	0	0	0	0	0	0	0
1	1	0	0	0	0	0	0	0	0	0	0	0	0	0
1	0	0	0	0	0	0	0	0	0	1	0	1	0	0
1	0	0	0	0	0	0	0	0	0	0	0	0	0	0
0	0	0	0	0	0	1	0	0	0	1	0	1	0	0
0	0	0	0	0	0	0	0	0	1	0	0	1	0	0
0	0	1	0	0	0	0	0	0	0	1	1	0	0	0
1	1	1	0	0	0	1	0	0	0	1	1	0	0	0
1	1	1	1	0	0	0	0	0	0	0	0	1	0	0
0	0	1	0	0	0	0	0	0	0	1	1	0	0	0
0	0	0	0	0	1	0	0	0	0	0	0	0	0	0
0	0	0	0	0	0	0	0	0	0	0	0	0	0	0
1	1	1	1	0	0	0	0	0	0	0	0	0	0	0
1	0	0	1	0	0	0	0	0	0	0	1	0	1	1
0	0	0	0	0	0	0	0	0	0	1	0	0	0	0
0	1	0	0	1	0	0	0	0	1	1	0	1	0	1
1	1	1	1	0	0	0	0	0	1	1	0	0	0	0
0	0	0	1	0	0	0	0	0	1	0	0	1	1	0
0	1	0	0	1	0	0	0	0	0	0	0	0	0	0
1	0	0	0	0	0	0	0	0	1	0	0	0	0	0
0	0	1	0	0	0	0	0	0	0	0	0	0	0	0
1	0	1	0	0	0	0	0	0	0	0	0	1	0	0
0	0	0	0	1	1	0	0	1	1	1	1	0	0	0
1	0	1	0	0	0	0	0	1	0	1	0	0	0	0
0	0	1	0	0	0	0	0	0	0	1	0	0	0	0
1	0	0	0	0	1	0	0	0	1	0	0	0	0	0

图 5-1　海底捞关于各菜品之间的关联关系

表 5-3　频繁项集解题过程

输入：数据 meal. xls

输出：X＝［一根面，午餐肉，抻面，海底捞笋片］，［一根面，午餐肉，抻面，海底捞牛肉］，［一根面，午餐肉，抻面，豆花］，［一根面，鸭血，抻面，午餐肉］，［一根面，午餐肉，抻面，豆花］

Y＝［海底捞牛肉］，［滑牛肉］，［海底捞牛肉］，［海底捞牛肉］，［滑牛肉］

Sup＝［0.013340］，［0.018818］，［0.010481］，［0.014054］，［0.010481］

Conf＝［0.861538］，［0.868132］，［0.862745］，［0.880597］，［0.862745］

Lift＝［2.242243］，［1.621182］，［2.245384］，［2.291845］，［1.611123］

lift 衡量 A 出现的情况下，是否会对 B 出现的概率有所提升。所以提升度有三种可能，lift>1，则代表有提升

过程：(1) 读取数据中的菜品名称与其选择次数；

　　　(2) 转换为算法可接受模型（布尔值）；

　　　(3) 设置支持度求频繁项集，设置其支持度为 0.04；

　　　(4) 求其关联规则，设置最小置信度为 0.15；

　　　(5) 设置最小提升度为 lift<1.0；

　　　(6) 得到结果如输出所示。

关系、多表挖掘等。近年来，围绕关联规则的研究主要集中于两个方面，即扩展经典关联规则能够解决问题的范围，提高经典关联规则挖掘算法效率和规则兴趣性。

2. 穿衣搭配推荐

服装搭配是在服装鞋包导购中十分关键的课题，基于搭配专家和达人生成的搭配组合数据，百万级商品的文本和图片数据，以及用户的行为数据。希望能在以上行为、文本和图片统计中挖掘服装匹配模型，为用户提出个性化、高质量的、专业的服装搭配方案，预测给定商品的搭配组合。

3. 互联网情绪指标和生猪价格的关联关系挖掘和预测

生猪作为畜牧业的第一大产业，其价格波动受社会影响也十分敏感。生猪产品价格波动变化的主要因素，就是受市场经济变化的直接影响。然而，专家和新闻媒体关于生猪市场前景的评估、新冠肺炎疫情的报告，是不是会对养殖户和消费者的情绪产生影响？情绪上的改变，是否也会对这部分群体的行动造成一些干扰，进而直接影响生猪交易市场的价格变化。由于互联网是网民情绪表达的主要渠道，在对网友心态的捕捉方面有着先天的优势。可以通过大量的数据，挖掘出网络情绪指标和生猪产品价格之间的关系，进而通过建立基于网络数据的生猪价格预测模型，挖掘互联网情绪指标与生猪价格之间的关系和未来价格预测。

4. 依据用户轨迹的商户精准营销

随着消费者使用手机网络数量的与日俱增，以及移动终端的大力发展，更多的消费者将会通过手机终端使用互联网，而随着消费者访问网络的偏好，已经产生了非常多的消费者网络标签和画像等信息。怎样通过用户的画像对用户进行精准营销成了众多互联网和其他传统公司的最新研究方向。怎样通过现有的用户画像对用户进行细分，并根据不同类别进行用户推荐，尤其是当用户置身于特殊的场所、企业，以及通过用户画像实

现企业与消费者的配对，并把相关的政策与营销资讯通过各种途径加以传递，成为当下研究热点。

通过商家位置及分类数据、用户的标签画像数据提取用户标签与商家类别之间的关联关系，进而通过对用户在某一段时间内的定位数据分析，可以确定用户已踏入该商家所在区域 300 米内，并可以对用户者发布适合于该用户者画像的商家具体定位以及其他优惠信息。

5. 地点推荐系统

由于移动社交网络的出现，对用户的移动数据进行了大量的积累，使这些移动数据可以通过位置推荐功能协助用户了解周围环境，增加地点的吸引力等。通过用户的签到信息以及地址的位置、类别等数据，给每位用户介绍几十个感兴趣的地方。

6. 气象关联分析

在社会经济生活中，许多产业，如种植业、交通运输业、建筑业、旅游业、销售业、保险业等无一例外地和气候变动有关。随着社会各行各业对天气信息的需求越来越大，同时社会各方对天气数据服务的个性化和精细化需求也在日益增强，如何开展天气数据在各个领域的有效运用，以更好地帮助大众创业、万众创新，服务民计民生，是当前天气大数据所面临的紧迫需求。

为了更深入地挖掘气象资源的价值，希望基于中国地面历史气象数据，促进气象数据和其他各行各业数据的有效整合，探索气象要素之间以及气象和其他事件之间的交互联系，使气象数据实现更加多样化的意义。

7. 交通事故成因分析

随着现代社会的发展，便捷的交通工具给社会发展带来了巨大贡献的同时，各种交通事故也威胁着公民自身健康和经济社会的稳定。为更深层次地发现事故的潜在诱因，并引导市民更加重视交通安全，贵阳市的道路交通管理局提供了事故相关数据以及多维度参考数据，旨在通过对事故类别、事故人数、事故车型、事故天气、驾驶证信息、驾驶人员违法情况信息等其他与事故原因相关的信息进行深入发掘，从而建立事故成因分析方案。

8. 基于兴趣的实时新闻推荐

由于近年来网络的蓬勃发展，新闻个性化推广服务已经成为了各大主流网站的一种必不可少的业务。虽然提供各种资讯服务的门户网站仍然是我国互联网上的传统业务，不过和当今兴起的电商网络比较，对于新闻的个性化推广服务仍有着很大差异。少数的网络用户或许不会在线购物，不过大多数的网络用户都会上网查阅资讯。所以咨询类网站的使用覆盖面也更广，如果可以更好地发现用户的潜在兴趣爱好并做出适当的新闻推广，将可以产生更大的社会影响和经济价值。初步调查表明，同一用户所浏览的各种媒体的信息内容间也会具有一定的联系，而物理世界中根本不相关的用户也会有相同的浏览兴趣。而且，用户对浏览新闻的兴趣爱好也会跟着时间而变化，这为推荐系统发展提供了全新的机遇与挑战。

所以，通过对有时间标识的用户浏览行为以及新闻文本内容进行分析的研究，挖掘用户的新闻浏览模式和变化规律，设计及时准确的推荐系统来预测用户未来可能感兴趣的新闻。

第三节　Apriori 算法

一、Apriori 算法的基本思想

挖掘关联规则的频繁项集算法，其实就是查找频繁项集的过程。所以，Apriori 有一条重要性质：一个频繁项集的所有非空子集也是频繁项集。其逆否命题是：假设某个项集不是频繁项集，那么它的扩集也不是频繁项集。或者说，假设某个项集的子集不是频繁项集，则该项集也不是频繁项集。

理解它，可以做一个假设，设 $Support(I)$ 小于最小支持度阈值，当有元素 A 添加到 I 中时，结果项集($A \cup I$)不可能比 I 出现次数更多，即 $Support(A \cup I)$ 也小于最小支持度阈值。因此($A \cup I$)也不是频繁的。例如，若存在 3-项集 $\{a, b, c\}$，如果它的 2-项子集 $\{a, b\}$ 的支持度小于阈值，则 $\{a, b, c\}$ 的支持度也会小于阈值。

Apriori 算法采用频繁项集的先验方法，并采用一种称作逐层搜索的迭代方法，k-项集用来寻找（$k+1$）项集。第一步，先通过扫描交易数据信息，找出全部的频繁 1-项集，该集合记为 L1；第二步，通过 L1 找频繁 2-项集的集合 L2；第三步，找 L3，以此类推，直到不能再找到任何频繁 k-项集。第四步，在所有的频繁集中找出强关联规则，即产生用户感兴趣的关联规则。

Apriori 算法的核心思想可以概括如下：该算法有两个关键步骤——连接步和剪枝步。

1. 连接步

如果有两个 $k-1$ 项集，则每个项集按照"属性—值"（一般按值）的字母顺序进行排序。如果两个 $k-1$ 项集的前 $k-2$ 个项相同，但最后一个项不同，则说明它们是可连接的，即可连接生成 k 项集。例如有两个 3 项集：$\{a, b, c\}$ 和 $\{a, b, d\}$，这两个 3 项集就是可连接的，它们可以连接生成 4 项集 $\{a, b, c, d\}$。又如两个 3 项集 $\{a, b, c\}$ 和 $\{a, d, e\}$，这两个 3 项集是不能连接生成 4 项集的。

2. 剪枝步

若某个项集的子集并非频繁项集，那么该项集也不是频繁项集。所以，只要存在一个项集的子集不是频繁项集，那么该项集就应该被舍弃。

二、Apriori 算法步骤

第一步：令 $k=1$，计算单个项目的支持度，并筛选出频繁 1 项集。

第二步：（从 $k=2$ 开始）根据 $k-1$ 项的频繁项目集生成候选 k 项集，并进行预减枝。

第三步：由候选项目集生成频繁 k 项集（筛选出满足最小支持度的 k 项集）重复第二步和第三步直到无法筛选出满足最小支持度的集合（第一个阶段结束）。

第四步：将获得的最终的频繁 k 项集依次取出。同时计算该次取出的这个 k 项集的所有真子集，然后以排列组合的方式形成关联规则，并且计算规则的置信度以及提升度，将符合要求的关联规则生成提出（算法结束）。

了解了以上的定义之后，那么如何从大量数据中找出不同项的关联规则呢？下面我们来看【例 5-4】。

【例 5-4】：表 5-4 是一家餐厅的菜品数据，我们根据这个例题利用 Apriori 算法来计算出它的关联规则算法过程，如图 5-2 所示。

表 5-4　某餐厅数据集

订单号	菜品 id	菜品 id	订单号	菜品 id	菜品 id
1	1849186938705	a, c, e	6	88428963	b, c
2	88427794	b, d	7	184918842	a, b
3	88428693	b, c	8	184918842286938705	a, b, c, e
4	184918842286937794	a, b, c, d	9	1849188428693	a, b, c
5	184918842	a, b	10	1849186938705	a, c, e

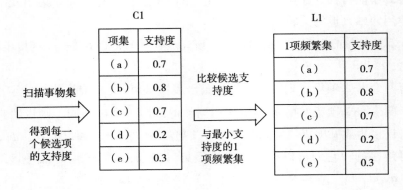

图 5-2　Apriori 算法实例流程

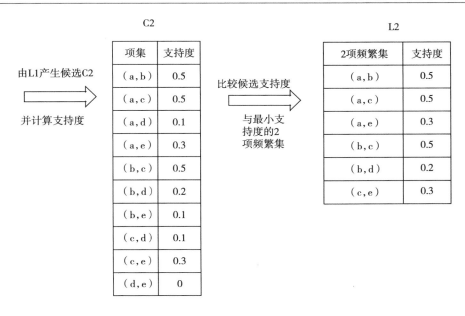

图5-2 Apriori算法实例流程（续）

首先计算出所有的频繁项集，这里最小支持度为0.2。

得出 L1、L2、L3 的各个项集均为频繁项集，再计算每个频繁项集的置信度，其中 L1 不必计算。计算结果如表5-5 所示。

表5-5 频繁项集置信度计算结果

Rule	（Support，Confidence）
a → b	（50%，71.4286%）
b → a	（50%，62.5%）
a → c	（50%，71.2486%）
c → a	（30%，71.2486%）
b → c	（50%，62.5%）
c → b	（50%，71.4286%）

续表

Rule	（Support, Confidence）
e → a	（30%, 100%）
e → c	（30%, 100%）
a, b → c	（30%, 60%）
a, c → b	（30%, 60%）
b, c → a	（30%, 60%）
e → a, c	（30%, 100%）
a, c → e	（30%, 60%）
a, e → c	（30%, 100%）
c, e → a	（30%, 100%）
d → b	（20%, 100%）

至此就完成了 Apriori 算法的全部过程。

三、改进的 Apriori 算法

通过以上对 Apriori 算法的说明可以看出，其两大缺点是可能产生大量的候选集，以及可能需要重复多次扫描数据库。针对 Apriori 算法的不足，人们提出了各种优化方法，主要包括 DHP（Direct Hashing and Pruning）算法、Partition 算法、Sample 算法和 DIC（Dynamic Itemsets Counting）算法等。

由于 Apriori 算法集中在从数据集中提取有效信息的初始阶段，因此 DHP 算法采用哈希表对 2 项集进行优化，在 k 频繁项集产生过程中，将可能的 k+1 候选项集散列到哈希表中，于是在下一步由 k 频繁项集产生 k+1 项候选集时，使用前一阶段建立的哈希表过滤非频繁项集，从而减少需要在数据库扫描阶段进行支持度计数的候选项集数目。该算法还有一个特点是能够逐步减少数据集的大小，包括其中事务的宽度和数目。

考虑到 Apriori 算法对数据集的扫描次数和扫描效率的瓶颈问题，Partition 算法采用了分治的思想，将数据集在逻辑上分成几个不重叠的分区，确定分区大小的原则是保证每个分区能够被放入内存，算法的核心思想是全局频繁项集至少在一个分区中应该是频繁项集。该算法总共只需要扫描数据集两次，第一次是产生、合并各个分区各自的频繁项集，第二次是验证全局频繁项集。但是，该算法受到数据集不平衡情况以及占用内存不好估计的影响，在使用上受到一定的限制。

Sample 算法使用了抽样的思想，核心是抽取事务数据形成可以放入内存大小的数据集，然后对此抽样数据集进行频繁项集的挖掘。该算法虽然减小了数据集的大小，降低了扫描等分析数据的计算量，但是容易漏掉一些频繁项集，对结果有一定影响。

DIC 算法从减少扫描次数入手，将原数据集在逻辑上进行划分，循环扫描各个数据

划分，因此主要还是集中在优化 I/O 开销上，对于巨量候选集的运算和开销并没有优化。下面介绍一个高效的基于哈希思想获取频繁项集的 DHP 算法。

DHP 算法是一个典型的基于哈希思想的算法。哈希思想的实质就是通过某种处理方式，尽量将要处理的所有数据放入内存，以提高处理效率。其实对于 Apriori 算法，如果内存能够满足算法中数据处理的需求，是能够很好地执行的，但是当频繁项集的数量比较大以至于内存存放不了时，对这些项集的频繁计数将会使内存中页面频繁地换入换出，这在操作系统中称为内存抖动，这种现象会大大降低执行效率。尤其是针对候选 2 项集 C_2，C_2 中包含的候选项集大小通常都非常大，因此许多优化算法针对这一问题提出了针对减少 C_2 大小的改进策略。通常在计算候选项集时特别是在计算候选项对时需要消耗大量内存，针对 C_2 候选项对过大的问题，一些算法被提出以减少 C_2 的大小，DHP 算法就是其中之一。

DHP 算法的核心思想是：在提取频繁项集的第一步，仅需要不到 10% 的内存空间，因此仅需满足两个条件，一个是存储每个项目的名称到某个整数的映射，而接下来的运算都是用这些整数值表示项，另一个是通过定义一个数组来对这些用整数表示的项目进行计算，这样就有许多空闲的内存空间。DHP 算法通过充分利用这些空闲的内存来另外定义出一种整数数组，把这种数组视为一种哈希表，表的各个桶中都装的是一个代表不同项的整数值，当通过计数得到下一个项出现的位置后，项对同时也会被散列在这些桶中，由此推出哪些 2 项集是否为 2 频繁项集。归纳起来，DHP 算法主要有两个优化思想，即定义哈希表和用位图（Bitmap）方式对其进行存储。

（1）生成哈希表。生成了一个哈希表数组后，在扫描数据集的所有事务中，当对 C_1 候选集生成最频繁项集 L1 时，如果对每个事务中同时生成了所有的 2 项集，则使用对应的散列函数把其散列在表中不同的桶中，并随之增加相应的桶计数。因此每个桶就有一个数，而这些数字代表了一个桶中 2 项集的数量。显然一旦桶的个数超过了支持度阈值 s，这种桶就叫作频繁桶。而关于频繁桶，无法判断其包含的所有 2 项集是否为最频繁的，但是有可能是程度较高的。相反，对于阈值低于 s 的桶，可以确定其所包含的 2 项集肯定是非频繁的，通过如此过滤可以大大减少候选 2 项集的数目。

在计算 2 项集数据量比较大时，需要花费的资源就非常多。为了保证精度引入了哈希表的理论，主要的计算过程如下：①先测量哈希表长度，得到哈希桶尺寸，建立哈希桶。②扫描全部数据库的每一项事务，找出每一项事务所涉及的全部 2 项集，再利用散列函数求每一项候选 2 项集的桶位置。③将桶位置压入相应的哈希桶中，将相应的桶计数加 1，再扫描全部数据库，将全部的候选数据压入哈希桶中，桶数大于或等于最小支持度的候选 2 项集就是可能的频繁 2 项集，下面以【例 5-5】来说明。

【例 5-5】：

如表 5-6 所示，频繁 1 项集 L1 = {I1，I2，I3，I4}，|L1| = 4，散列表长度 |L1| * (|L1| - 1)/2 = 6，令 order(I1) = 1，order(I2) = 2，order(I3) = 3，order(I4) = 4。

表 5-6　某超市购物篮事务数据

购物篮 TID	商品 ID 列表	购物篮 TID	商品 ID 列表
T001	I2, I3, I11	T006	I1, I9, I5
T002	I2, I11	T007	I7, I5
T003	I4, I6, I7, I10	T008	I1, I6, I9
T004	I3, I8	T009	I1, I10
T005	I2, I8, I10	T010	I1, I2, I3, I4, I8, I10

如图 5-3 所示，扫描数据库里的每一项事务，事务{I1，I3，I5}中包含了{I1，I3}，计算 h(I1，I3)=2，则{I1，I3}的哈希桶地址为 2，把地址为 2 的桶计数加 1。计算得到其他的候选 2 项集桶地址，如图 5-4 所示。事务{I2，I4，I6}中包含了{I2，I4}，计算 h(I2，14)=5，则{I2，I4}的哈希地址为 5，把地址为 5 的桶计数加 1。

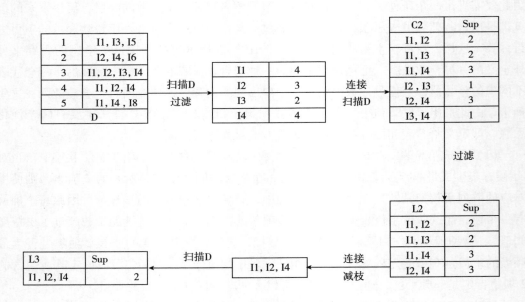

图 5-3　Aprior 算法流程

同样，事务{I1，I2，I3，I4}包含了{{I1，12}，{I1，I3}，{I1，14}，{I2，I3}，{I2，I4}，{I3，14}}，则相应 2 项集的桶计数加 1。事务{I1，I2，I4}包含了{{I1，I2}，{I1，I4}，{I2，I4}}，则相应 2 项集的桶计数加 1。事务{I1，I4，18}包含了{I1，I4}，则相应的桶计数加 1。最后通过桶计数和最小支持度比较，得到频繁 2 项集{{I1，I2}，{I1，13}，{I1，I4}，{I2，I4}}。

（2）生成 Bitmap 表。在 DHP 算法中，为了方便地获得哪些 2 项集是频繁的，哪些不是，通常哈希表应该常驻内存，但如果数据集中包含的项太多，也就是大数据的情况下，哈希表的内存也会过大。DHP 算法将哈希表压缩为 Bitmap，位图中每一位代表一个桶。若桶为频繁桶，则位置为 1，否则置为 0。Bitmap 的使用就可以大大减少哈希表所占用的内存空间，从而保证 DHP 算法能直接在内存中较好地处理这个数据集而不会耗尽内存。

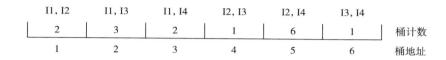

图 5-4　生成的哈希桶

第四节　FP-growth 算法生成频繁项集

一、FP-growth 算法的基本思想

本章第三节介绍的 Apriori 算法是一种很不错的发现频繁项集的方法，不过每当增加频繁项集的大小，Apriori 算法都会重新扫描整个数据集，数据量很大的时候会很难处理。毫无疑问，Apriori 算法的最大缺陷是频繁项集的发现速度太慢。而 FP-growth 算法则实际上是在 Apriori 算法的基础上进行了优化的算法。

FP-growth 算法比 Apriori 算法效率更高，在整个算法执行过程中，仅需遍历数据集两次，便可以实现频繁模式识别，而分析频繁项集合的大致流程包括：

（1）构建 FP 树。

（2）从 FP 树中挖掘频繁项集。

FP-growth 算法只需要对数据库进行两次扫描，而 Apriori 算法对每个潜在的频繁项集都会扫描判断模式是否频繁，因此 FP-growth 算法比 Apriori 算法快。在小型数据集上这并没有任何问题，不过在处理大型数据集时，结果就会有较大的差异。

关于 FP-growth 算法需要注意两点：

（1）该算法采用了与 Apriori 算法完全不同的方法来发现频繁项集。

（2）该算法虽然能更高效地发现频繁项集，但是无法用于发现关联规则。

二、FP-growth 算法的一般流程

第一次扫描原始数据集，获得频繁项为 1 的项目集，确定最小支持度（项目出现最少次数），删除所有小于最小支持度的项目，然后把原始数据集的所有内容按项目集

中降序进行排列。

第二次扫描，创建项头表（从上往下降序），以及 FP 树。

对每个项目（可以按照从下往上的顺序）找到其条件模式基（Conditional Patten Base，CPB），然后递归调用树结构，删除小于最小支持度的项。若最后呈现单一路径的树结构，则直接列举所有组合；非单一路径的则继续调用树结构，直到形成单一路径即可。

三、FP-growth 算法的基本术语及定义

1. 频繁模式树（Frequent Pattern Tree）

频繁模式树简称 FP-tree，是指一种通过把代表频繁项集的数据库信息压缩后所建立的树形，该树仍保留项集的关联信息。其构造必须符合以下要求：由一个根节点（值为 null）、项前缀子树（作为子女）和一个频繁项头表组成。

项前缀子树的每个节点包括 3 个域：item_name、count 和 node_link，其中，item_name 记录节点表示的项的标识；count 记录到达该节点的子路径的事务数；node_link 用于连接树中相同标识的下一个节点，如果不存在相同标识下一个节点，则值为 null。

2. 频繁项头表（Frequent Item Header Table）

本表中的每个表项包括一个频繁项的标识（item_name）以及一个指向树中具有该频繁项标识的第一个频繁项节点的指针（head of node_link）。

3. 条件数据库（Conolitional Data Base）

条件数据库又称条件模式库，是一种特殊类型的投影数据库，即把上述频繁模式树进行压缩后的数据库就是条件模式库。

4. 条件模式基（Conolitional Pattern Base）

在 FP-tree 中，每个任意的后缀模式可以形成各自的不同前缀子路径，所有这些路径组成了该后缀的条件模式基，即该后缀的子数据库。

5. 条件模式树（Conolitional Pattern Tree）

由某个后缀的条件模式基所构建的 FP-tree 称为该后缀的条件模式树。基于 FP-tree 挖掘频繁项集，需要了解 FP-tree 的一些重要性质。

6. 节点链性质（Node Chain Properties）

对于任何频繁项 item，从 FP-tree 的项头表对应 item 项的头指针（head of node_link）开始，通过遍历 item 的节点链（node_link）可以挖掘出所有包含 item 的频繁模式。

7. 前缀路径性质（Prefix Path Properties）

为了计算以 item 为后缀的频繁模式，只需要在 FP-tree 中计算 item 节点的前缀路径，所有这些前缀路径的频繁度（计数）为该路径上该后缀 item 的频繁度（计数）。

8. 条件模式树构造性质（Construction Properties of Conditional Pattern Tree）

为了构造 item 的条件模式树，首先累加每个条件模式基上所有其他 item 的频繁度（计数），过滤掉那些低于最小支持度阈值的其他 item，用剩下的 item 和该后缀一起构建 FP-tree。

四、FP 树的表示方式

FP 是频繁模式（Frequent Pattern）的缩写。FP-growth 算法将数据储存在一种称为 FP 树的紧凑的数据结构内，并直接从该结构中提取频繁项集。一个 FP 树的结构如图 5-5 所示，与其他树结构的最大区别是 FP 树通过链接来连接相似的元素，被连起来的元素项可以看成一个链表，可以说，FP 树是一种用于编码数据集的有效方式。

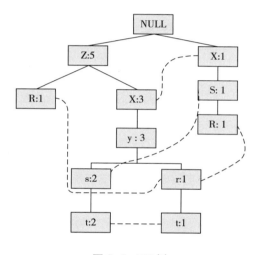

图 5-5　FP 树

FP 树的特点：①一个元素可以在一个 FP 树中多次出现；②项集以路径+频率的方式储存在 FP 树中；③树节点中频率表示的是一个事务，如果有事务完全一致，则路径可以重合；④相似项间的链接即为节点链接（link），主要是用来快速发现相似项的位置。

为了快速访问树中的相同项，还需要维护一个链接具有相同项的节点的指针列表（headTable），每个列元素包括数据项、该项的全局最小支持度、指向 FP 树中该项链表的表头指针，如图 5-6 所示。

【例 5-6】：

为了更好地理解 FP 树，接下来看一个小例子，如表 5-7 所示为某个商店的购买记录（第一列为购买编号，第二列为物品项目）。

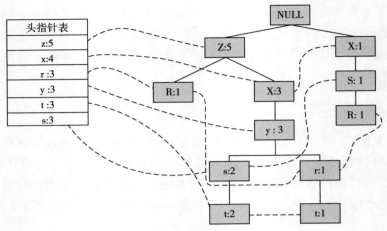

图 5-6 FP 树链接

表 5-7 某商店购买记录

编号	物品
1	I1, I2, I5
2	I2, I4
3	I2, I3
4	I1, I2, I4
5	I1, I3
6	I2, I3
7	I1, I3
8	I1, I2, I3, I5
9	I1, I2, I3

1. 构建 FP 树

（1）扫描数据集，对每个物品进行计数，如图 5-7 所示。

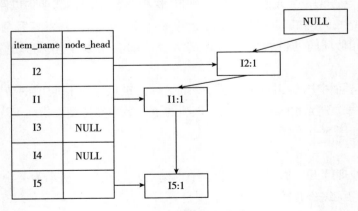

图 5-7 加入第一条清单

（2）加入第二条清单（I2，I4），出现相同的节点进行累加（I2），如图5-8所示。

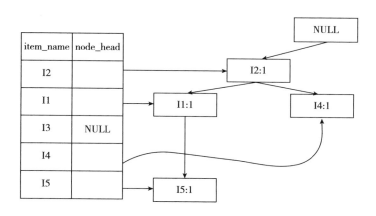

图5-8 加入第二条清单

（3）下面依次加入第3~9条清单，得到FP树，如图5-9所示。

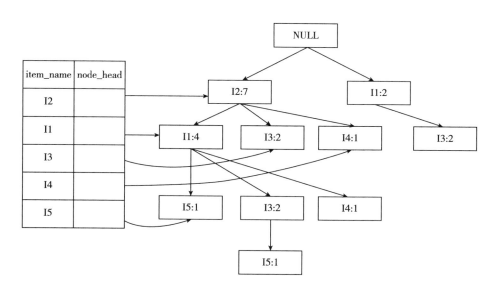

图5-9 得到的FP树

2. 挖掘频繁项集

对于每一个元素项，可以得到与其对应的条件模式基（Conditional Pattern Base）。条件模式基是以所查找元素项为结尾的路径集合。而每一条路径其实都是一条前缀路径。

按照从下往上的顺序，考虑两个例子。

大数据分析与应用

（1）考虑 I5，得到条件模式基 $\{$（I2 I1：1），（I2 I1 I3）$\}$，并建立条件 FP 树如图 5-10 所示，然后递归调用 FP-growth，模式后缀为 I5。这个条件 FP 树是单路径的，在 FP-growth 中直接列举 $\{$I2：2，I1：2，I3：1$\}$ 的所有组合，之后和模式后缀 I5 取并集得到支持度大于 2 的所有模式 $\{$I2 I5：2，I1 I5：2，I2 I1 I5：2$\}$。

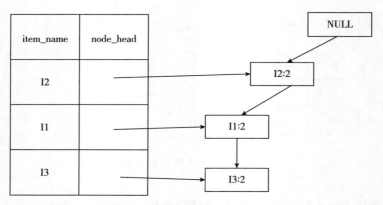

图 5-10　考虑 I5 构造的条件 FP 树

（2）I5 的情况是比较简单的，因为 I5 所对应的条件 FP 树是单路径的。接下来考察 I3，I3 的条件模式基是 $\{$（I2 I1：2），（I2：2），（I1：2）$\}$，首先生成的条件 FP 树如图 5-11 所示，其次递归调用 FP-growth，模式前缀为 I3。I3 的条件 FP 树仍然是一个多路径树，将模式后缀 I3 和条件 FP 树中的项头表中的每一项取并集，得到一组模式 $\{$I2 I3：4，I1 I3：4$\}$，但是这一组模式不是后缀为 I3 的所有模式。还需要递归调用 FP-growth，模式后缀为 $\{$I1，I3$\}$，$\{$I1，I3$\}$ 的条件模式基为 $\{$I2：2$\}$，其生成的条件 FP 树如图 5-12 所示。这是一个单路径的条件 FP 树，在 FP-growth 中把 I2 和模式后缀 $\{$I1，I3$\}$ 取并集得到模式 $\{$I1 I2 I3：2$\}$。理论上还应该计算一下模式后缀为 $\{$I2，I3$\}$ 的模式集，但是 $\{$I2，I3$\}$ 的条件模式基为空，递归调用结束。最终模式后缀 I3 的支持度大于 2 的所有模式为：$\{$I2 I3：4，I1 I3：4，I1 I2 I3：2$\}$。

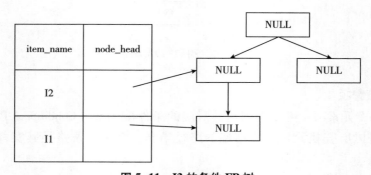

图 5-11　I3 的条件 FP 树

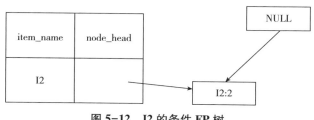

图 5-12　I2 的条件 FP 树

基于 FP-growth 算法，最终得到的支持度大于 2，频繁模式如表 5-8 所示。

表 5-8　得到的最终频繁项集

item	条件模式基	条件 FP 树	产生的频繁模式
I5	｛（I2, I1：1）｝,（I2, I1, I3：1）｝	（I2：2, I1：2）	I2, I5：2, I1 I5：2, I2 I1 I5：2
I4	｛（I2, I1：1）,（I2：1）｝	（I2：2）	I2, I4：2
I3	｛（I2, I1：2）,（I2：2）,（I1：2）｝	（I2：4, I1：2）	I2 I3：4, I1 I3：4, I2 I1 I3：2
I1	｛（I2：4）｝	（I2：4）	I2 I1：4

至此就完成了整个 FP 树挖掘频繁项集的全部过程。

第五节　关联规则的生成

数据关联，是从数据库中产生的一种很重要的可被研究的知识点。只要在两个或多个数据变量的取值相互之间具有一定规律，就叫作关联。关联分析主要是为了寻找数据库系统中隐藏的关联网。由于有时并不知道数据库中统计的关联函数，甚至就是已知是不明确的，所以通过关联分析得到的规则往往具有置信度。一般关联规则的研究步骤可分成以下两步：第一步是通过迭代识别所有的频繁项目集，并规定频繁项目集的支持度不低于用户设定的最低值；第二步是从频繁项目集中的置信度不接近用户预期的最低值的原则，形成关联规则。识别或找到所有频繁项目集的关联规则发现算法的关键，同时就是运算量最高的组成部分。

关联规则数据挖掘的第一阶段需要先在原始数据集上找到全部的高频度项目集（LArge Itemsets）。高频度是指某一项目集存在的频率相比于现有记录来说，需要到达某一程度。以一组包括 A 与 B 两个方案的 2-itemset 为例，我们应该求得包括｛A，B｝项目组的支持度，若支持度大于等于所规定的最小支持度（Minimum Support）限制值时，则｛A，B｝称为高频度项目集。一种符合最小支持度的 k-itemset，则称为高频 k-项目集（Frequentk-itemset），通常表述为 Largek 或 Frequentk。算法并在高频 k-项目集的项目集内，再尝试生成距离高于 k 的项目集 Largek+1，直至不能再有更多的高频项目集即可。

关联规则挖掘的第二阶段是要产生关联规则。从高频项目集产生关联规则，是指使用前一阶段的高频 k-项目集来产生准则，在最小置信度（Minimum Confidence）的要求门槛下，若一规则所获得的置信度满足最小置信度，则称此规则为关联规则。

给定如下阈值：Minimum Support：Minsup、Minimum Confidence：Minconf.

发现所有形如 $X{\rightarrow}Y$ 的关联规则，若满足：

$$Support(X{\rightarrow}Y) \geqslant Minsup \tag{5-6}$$

$$Confidengce(X{\rightarrow}Y) \geqslant Minconf \tag{5-7}$$

$$Confidence(X{\rightarrow}Y) = P(Y \mid X) = \frac{Support(XY)}{Support(X)} \tag{5-8}$$

为每个频繁项集 l，生成非空子集 s，若满足：

$$Confidengce((l-s){\rightarrow}s) = \frac{Sup(l)}{Sup(l-s)} \geqslant Minconf \tag{5-9}$$

则输出规则：$(l-s){\rightarrow}s$

例如：$l=ABCD$，$s=D$，$Confidence(ABC{\rightarrow}D) = Support(ABCD)/Support(ABC)$，频繁项集的数据如表 5-9 所示。

表 5-9　频繁项集的数据

l1		l2		l3	
Itemset	Sup	Itemset	Sup	Itemset	Sup
{A}	2	{A, C}	2	{BCE}	2
{B}	3	{B, C}	2		
{C}	3	{B, E}	3		
{E}	3	{C, E}	2		

设置置信度为 80%，根据公式（5-8）可得：

$$Confidengce(BE{\rightarrow}C) = \frac{Support(BCE)}{Support(BE)} < 80\%$$

For {BCE}：

$Confidence$（$BE{-}C$）$<80\%$

$Confidence$（$BC{\rightarrow}E$）$>80\%$

$Confidence$（$CE{\rightarrow}B$）$>80\%$

$Confidence$（$B{\rightarrow}CE$）$<80\%$

$Confidence$（$E{\rightarrow}BC$）$<80\%$

$Confidence$（$C{\rightarrow}BE$）$<80\%$

Confidence（BE→C）<80%

Confidence（BC→E）>80%

Confidence（CE→B）>80%

Confidence（C→BE）<80%

对于频繁项集 l＝ABCD

若 *BCD→A* 和 *ACD→B* 都成立，则 *CD→AB* 有可能成立。

若 *CD→AB*，*BD→CA* 和 *AD→BC* 都成立，则 *D→ABC* 有可能成立。

第六节　应用案例

案例名称：Apriori 算法

1. 数据说明

实现 Apriori 算法，采用所写程序提取数据中的频繁项集和强关联规则。参数设置：最小支持度＝4，最小置信度＝0.6，案例数据如表 5-10 所示。

表 5-10　案例数据

编号	数据
1	面包，黄油，尿布，啤酒
2	咖啡，糖，饼干，牛肉，啤酒
3	面包，黄油，咖啡，尿布，啤酒，鸡蛋
4	面包，黄油，牛肉，鸡
5	鸡蛋，面包，黄油
6	牛肉，尿布，啤酒
7	面包，茶，糖鸡蛋
8	咖啡，糖，鸡，鸡蛋
9	面包，尿布，啤酒，盐
10	茶，鸡蛋，尿布，啤酒

2. 代码实现

```
from apyori import apriori
min_sup=4
min_conf=0.6
K=3  # 最大 K 项集
# apriori 算法
```

```
def apriori( ):
    data_set = load_data( )    # 1. 读入源数据
    # 2. 计算每项的支持数
    item_count = count_itemset1( data_set, create_Count_Number( data_set ) )
    # 3. 剪枝,去掉支持数小于最小支持度数的项
    M1 = { }
    #生成剪枝后的 M1
    for values in item_count:
        if item_count[ values ] >= min_sup:
            M1[ values ] = item_count[ values ]
    # 4. 连接
    # 5. 扫描前一个项集,剪枝
    # 6. 计数,剪枝
    # 7. 重复4~6,直到得到最终的 K 项频繁项集
    L = [ ]
    L. append( M1. copy( ) )
    for values in range( 2, K+1 ):
        Ci = create_Covert_K_Shop( M1. copy( ), values )
        Li = generate_Lk_by_Ck( Ci, data_set )
        L. append( Li. copy( ) )
    # 8. 输出频繁项集及其支持度数
    print( '频繁项集\t 支持度计数' )
    support_count_number = { }
    for item in L:
        for i in item:
            print( list( i ), '\t', item[ i ] )
            support_count_number[ i ] = item[ i ]
    # 9. 对每个关联规则计算置信度,保留大于最小置信度的频繁项为强关联规则
    strong_rules_list = generate_Strong_Rules( L, support_count_number, data_set )
    strong_rules_list. sort( key = lambda result: result[ 2 ], reverse = True )
    print( " \nStrong association rule\nX\t\t\tY\t\tconf" )
    for item in strong_rules_list:
        print( list( item[ 0 ] ), " \t", list( item[ 1 ] ), " \t", item[ 2 ] )
#读入数据
def load_data( ):
    #事务 ID 购买商品
    data = { '001': '面包,黄油,尿布,啤酒', '002': '咖啡,糖,饼干,牛肉,啤酒',
            '003': '面包,黄油,咖啡,尿布,啤酒,鸡蛋', '004': '面包,黄油,牛肉,鸡',
            '005': '鸡蛋,面包,黄油', '006': '牛肉,尿布,啤酒',
            '007': '面包,茶,糖,鸡蛋', '008': '咖啡,糖,鸡,鸡蛋',
            '009': '面包,尿布,啤酒,盐', '010': '茶,鸡蛋,饼干,尿布,啤酒'}
    data_set = [ ]
    for values in data:
        data_set. append( data[ values ]. split( ',' ) )
    return data_set
#构建 item_set-项集
def create_Count_Number( data_set ):
    item_set = set( )
```

```
        for t in data_set:
            for item in t:
                item_set. add(frozenset([item]))
        return item_set
#生成剪枝后的 M1
def generate_M1(item_count):
    M1 = {}
    for values in item_count:
        if item_count[values] >= min_sup:
            M1[values] = item_count[values]
    return M1
#生成 k 项商品集,连接操作
def create_Covert_K_Shop(M1, k):
    Cks = set()
    len_Lk_copy = len(M1)
    list_Lk_copy = list(M1)
    for i in range(len_Lk_copy):
        for j in range(1, len_Lk_copy):
            list1 = list(list_Lk_copy[i])
            list2 = list(list_Lk_copy[j])
            list1. sort()
            list2. sort()
            if list1[0:k-2] == list2[0:k-2]:
                Cks_item = list_Lk_copy[i] | list_Lk_copy[j]
                #扫描前一个项集,剪枝
                for values in Cks_item:
                    sub_Ck_flag = Cks_item-frozenset([values])
                    #判断是否该剪枝
                    if sub_Ck_flag in M1:
                        Cks. add(Cks_item)
        return Cks
#计算给定数据每项及其支持数,第一次
def count_itemset1(data_set, item_set):
    item_count_number = {}
    for data in data_set:
        for item in item_set:
            if item. issubset(data):
                if item in item_count_number:
                    item_count_number[item] += 1
                else:
                    item_count_number[item] = 1
    return item_count_number
#生成剪枝后的 Lk
def generate_Lk_by_Ck(Ck, data_set):
    item_count = {}
  for data in data_set:
        for item in Ck:
```

```
            if item. issubset(data):
                if item in item_count:
                    item_count[item] += 1
                else:
                    item_count[item] = 1
    Lk2 = {}
    for i in item_count:
        if item_count[i] >= min_sup:
            Lk2[i] = item_count[i]
    return Lk2
#产生强关联规则
def generate_Strong_Rules(L, support_data, data_set):
    strong_rule_list = []
    sub_set_list = []
    for i in range(0, len(L)):
        for freq_set in L[i]:
            for sub_set in sub_set_list:
                if sub_set. issubset(freq_set):
                    #计算包含 X 的交易数
                    sub_set_num = 0
                    for item in data_set:
                        if(freq_set-sub_set). issubset(item):
                            sub_set_num += 1
                    conf = support_data[freq_set]/sub_set_num
                    strong_rule = (freq_set-sub_set, sub_set, conf)
                    if conf >= min_conf and strong_rule not in strong_rule_list:
                        strong_rule_list. append(strong_rule)
            sub_set_list. append(freq_set)
    return strong_rule_list
if __name__ == '__main__':
    apriori()
```

3. 得出结果

频繁项集	支持度计数
['黄油']	4
['尿布']	5
['啤酒']	6
['面包']	6
['鸡蛋']	4
['啤酒', '尿布']	5
['面包', '黄油']	4

Strong association rule

X	Y	conf
['尿布']	['啤酒']	1.0

['黄油']['面包'] 1.0

['啤酒']['尿布'] 0.8333333333333334

['面包']['黄油'] 0.6666666666666666

4. 结果分析

其中支持度代表了事情发生的概率，conf 代表置信度，反映了当交易中包含项集 X 时，项集 Y 同时出现的概率，即两者的关联程度。从上述结果可以看出['啤酒']出现了 6 次，['尿布']出现了 5 次，但是['啤酒']['尿布']一起出现了 5 次，从置信度的水平上看，['尿布']和['啤酒']以及['黄油']和['面包']的置信度都为 1，代表其具有强相关规则。

本章小结

在大量的数据中频繁模式、相关关系和关联的发现在产品促销、商品策略与市场规划中是很有用的。在许多此类应用中，购物篮分析是一个最热门的应用，它可以通过从购物事务记录中搜索经常一起购物的商品组合，研究消费者的购物活动与习惯。

关联规则的挖掘过程一般为获得频繁项集，若在某项集合内存在"牛奶"和"面包"，它们满足最小支持度阈值或任务相关元组的比例，由它们生成形如"牛奶→面包"的强关联规则。这些规则同时还保证了最小置信率阈值（预定义的、在保证"购买牛奶"的条件下满足"购买面包"的可能性）。可以进一步分析关联，发现项集"牛奶"与"面包"之间具有相关规则。

在频繁项集挖掘中，算法主要有三类：Apriori 算法、改进的 DHP 算法和 FP-growth 算法。

Apriori 算法是一种挖掘关联规则的频繁项集算法，其核心思想是经过候选集生成和向下封闭检测两个阶段，来挖掘频繁项集。它将逐层进行开发，并使用了先验性：在频繁项集中的每个非空子集合上也是频繁的。而 Apriori 算法的两种输入参数，依次为最小支持度和数据集。该算法首先就会生成所有单个元素的项集列表。其次扫描数据集并检查哪个项集满足最小支持度条件，所有低于最小支持度的项集被删除。再次对这些剩下来的项集进行合并以得到含有两个元素的项集。最后重新扫描交易记录，以排除这些低于最小支持度条件的项集。该步骤将反复进行，直至全部的项集都被删除。

频繁模式增长（FP-growth）算法基于 Apriori 构建，使用了先进的数据结构降低扫描次数，进而提升了运算速率。FP-growth 算法只需对数据库执行两次扫描检查操作，而 Apriori 算法则针对每个潜在的频繁项集，都会扫描数据集以判别给定模型是否频繁，所以 FP-growth 算法的反应速度比 Apriori 算法要快。

思考练习题

一、思考题

1. 给出如下几种类型的关联规则的例子，并说明它们是否有价值。

（1）高支持度和高置信度的规则。

（2）高支持度和低置信度的规则。

（3）低支持度和低置信度的规则。

（4）低支持度和高置信度的规则。

2. 关联规则是否满足传递性和对称性的性质？举例说明。

3. Apriori 算法使用先验性质剪枝，试讨论如下类似的性质。

（1）证明频繁项集的所有非空子集也是频繁的。

（2）证明项集 s 的任何非空子集 s' 的支持度不小于 s 的支持度。

（3）给定频繁项集 1 和它的子集 s，证明规则"$s' \rightarrow (1-s')$"的置信度不高于"$s \rightarrow (1-s)$"的置信度，其中 s' 是 s 的子集。

（4）Apriori 算法的一个变形是采用划分方法将数据集 D 中的事务分为 n 个不相交的子数据集。证明 D 中的任何一个频繁项集至少在 D 的某一个子数据集中是频繁的。

4. 购物篮分析只针对所有属性为二元布尔类型的数据集。如果数据集中的某个属性为连续型变量时，说明如何利用离散化的方法将连续属性转换为二元布尔属性。比较不同的离散方法对购物篮分析的影响。

5. 分别说明利用支持度、置信度和提升度评价关联规则的优缺点。

二、简答题

1. 数据集如表 5-11 所示。

表 5-11　简答题 1 数据集

Customer ID	Transaction ID	Items Bought
1	0001	{a, d, e}
1	0024	{a, b, c, e}
2	0012	{a, b, d, e}
2	0031	{a, c, d, e}
3	0015	{b, c, e}

续表

Customer ID	Transaction ID	Items Bought
3	0022	{b, d, e}
4	0029	{c, d}
4	0040	{a, b, c}
5	0033	{a, d, e}
5	0038	{a, b, e}

（1）把每一个事务作为一个购物篮，计算项集{e}，{b, d}和{b, d, e}的支持度。

（2）利用（1）中结果计算关联规则{b, d}→{e}和{e}→{b, d}的置信度。置信度是一个对称的度量吗？

（3）把每一个用户购买的所有商品作为一个购物篮，计算项集{e}，{b, d}和{b, d, e}的支持度。

（4）利用（2）中结果计算关联规则{b, d}→{e}和{e}→{b, d}的置信度。置信度是一个对称的度量吗？

2. 考虑如下的频繁3-项集：{1, 2, 3}，{1, 2, 4}，{1, 2, 5}，{1, 3, 4}，{1, 3, 5}，{2, 3, 4}，{2, 3, 5}，{3, 4, 5}。

（1）根据Aprior算法的候选项集生成方法，写出利用频繁3-项集生成的所有候选4-项集。

（2）写出经过减枝后的所有候选4-项集。

3. 一个数据库有5个事务项，如表5-12所示。设 min_sup＝60%，min_conf＝80%。

表5-12 简答题3数据集

事务 ID	购买的商品
T100	{M, O, N, K, E, Y}
T200	{D, O, N, K, E, Y}
T300	{M, A, K, E}
T400	{M, U, C, K, Y}
T500	{C, O, O, K, I, E}

（1）分别用Apriori算法和FP-growth算法找出所有频繁项集。比较两种挖掘方法的效率。

（2）比较穷举法和Apriori算法生成的候选项集的数量。

（3）利用（1）所找出的频繁项集，生成所有的强关联规则和对应的支持度及置信度。

4. 表5-13汇总了超级市场的事务数据。其中 hot dogs 指包含热狗的事务，（hot dogs）指不包含热狗的事务。hamburgers 指包含汉堡的事务，（hamburgers）指不包含汉堡的事务。

表5-13 简答题4数据集

	hot dogs	(hot dogs)	$\sum$ row
Hamburgers	2000	500	2500
(hamburgers)	1000	1500	2500
$\sum col$	3000	2000	5000

假设挖掘出的关联规则是"hot dogs⇒hamburgers"。给定最小支持度阈值25%和最小置信度阈值50%，这个关联规则是强规则吗？

计算关联规则"hot dogs⇒hamburgers"的提升度，能够说明什么问题？购买热狗和购买汉堡是独立的吗？如果不是，两者间存在哪种相关关系？

参考文献

［1］Agrawal R. Fast Algorithms for Mining Association Rules in Large Databases［J］. Vldb, 1994（2）：487-499.

［2］Borgelt C. An Implementation of the FP-growth Algorithm［C］//Proceedings of the 1st International Workshop on Open Source Date Mining Frequent Pattern Mining Implementations. New York：ACM Press, 2015.

［3］Du J, Zhang X, Zhang H, et al. Research and Improvement of Apriori Algorithm［C］//2016 Sixth International Conference on Information Science and Technology（ICIST）. New York：IEEE, 2016.

［4］Feng W, Li Y H. An Improved Apriori Algorithm Based on the Matrix［C］//Proceedings of 2008 International Seminar on Future BioMedical Information Engineering. New York：IEEE, 2008.

［5］Han J, Jian P. Mining Frequent Patterns without Candidate Generation［J］. ACM SIGMOD Record, 2000, 29（2）：1-12.

［6］Lei W, Fan X J, Liu X L, et al. Mining Data Association Based on a Revised FP-

Growth Algorithm ［C］//International Conference on Machine Learning & Cybernetics. New York：IEEE, 2012.

［7］ Lent B, Swami A, Widom J. Clustering Association Rules ［C］//International Conference on Data Engineering. New York：IEEE, 1997.

［8］ Liu Y. Study on Application of Apriori Algorithm in Data Mining ［Z］. IEEE, 2010.

［9］ Niu Z, Nie Y, Zhou Q, et al. A Brain-region-based Meta-analysis Method Utilizing the Apriori Algorithm ［J］. Bmc Neuroscience, 2016, 17 （1）：23-26.

［10］ Padua R D, Santos F, Conrado M, et al. Subjective Evaluation of Labeling Methods for Association Rule Clustering ［C］//12th Mexican International Conference on Artificial Intelligence （MICAI）. Berlin：Springer, 2013.

［11］ Park J S, Chen M S, Yu P S. An Effective Hash-based Algorithm for Mining Association Rules ［J］. Acm Sigmod Record, 1997, 24 （2）：175-186.

［12］ Pontarelli S, Reviriego P, Maestro J A. Improving Counting Bloom Filter Performance with Fingerprints ［J］. Information Processing Letters, 2016, 116 （4）：304-309.

［13］ Purdom P W, Gucht D V, Groth D P. Average Case Performance of the Apriori Algorithm ［J］. SIAM Journal on Computing, 2004, 33 （5）：1223-1260.

［14］ Savasere A. An Efficient Algorithm for Mining Association Rules in Large Databases ［C］//International Conference on Very Large Data Bases. Morgan Kaufmann Publishers Inc, 1995.

［15］ Shana J, Venkatachalam T. An Improved Method for Counting Frequent Itemsets Using Bloom Filter ［J］. Procedia Computer Science, 2015 （47）：84-91.

［16］ Shawkat M, Badawi M, El-Ghamrawy S, et al. An Optimized FP-growth Algorithm for Discovery of Association Rules ［J］. Journal of Supercomputing, 2022 （4）：78.

［17］ Yangu D, Ying S, Weiqiang J. Research on the Improvement of FP-growth based on Hash ［C］//International Conference on Information Science & Engineering. New York：IEEE, 2011.

［18］ Zhang Z, Huang J, Tan Q. Association Rules Enhanced Knowledge Graph Attention Network ［J］. Knowledge-based Systems, 2022 （5）：239.

［19］ 崔妍, 包志强. 关联规则挖掘综述 ［J］. 计算机应用研究, 2016, 33 （2）：330-334.

［20］ 何云峰. 关于改进的 Apriori 算法综述 ［J］. 数字技术与应用, 2017 （2）：1.

［21］ ［加］Jiawei Han, Micheline Kamber, Jian Pei, 等. 数据挖掘概念与技术 ［M］. 范明, 孟小峰, 译. 北京：机械工业出版社, 2012.

［22］纪文璐，王海龙，苏贵斌，等．基于关联规则算法的推荐方法研究综述［J］．计算机工程与应用，2020，56（22）：33-41.

［23］王国胤，刘群，于洪，等．大数据挖掘及应用［M］．北京：清华大学出版社，2017.

［24］肖谦，梅全喜，杨丽娇．基于 Apriori 和 FP-growth 的关联挖掘［J］．科技展望，2016，26（27）：1-2.

［25］徐建军，张国华．基于 Apriori 数据挖掘算法的应用与实践［J］．计算机技术与发展，2020，30（4）：5.

［26］余彪，刘守全．基于 FP-growth 算法的改进关联规则挖掘算法［J］．计算机与网络，2017，43（14）：4.

［27］周宇，曹英楠，王永超．面向大数据的数据处理与分析算法综述［J］．南京航空航天大学学报，2021，53（5）：13.

第六章　分类分析模型与算法

分类是一种很重要的数据挖掘技术。分类的主要目的是针对样本集的性质建立一个分类函数或分类模型（常称作分类器），通过这个模型可以将未知类别的样本直接映射到给定的类别上。

分类方法是处理分类问题的主要方法，在数据挖掘、机器学习和模式识别领域中起到关键作用。分类算法通过对已知类别训练集的分析，从中找到分类规则，以预测新数据的类别。

分类算法的应用领域也十分广阔，涉及系统安全性分析、用户类别划分、文本检索和搜索引擎分类安全领域中的攻击侦测，以及在软件工程中的广泛应用等。本章将介绍分类的基本概念、常用分类方法的理论及应用实例。

第一节　分类分析概述

一、分类的概念

大数据分析中，分类的主要任务就是利用数据集训练一个分类模型或分类函数（也称为分类器），而这种模型就能够把所有数据项都划归到既定分类的其中一种。

分类的特点是训练数据，而数据集的数据则是在数据库中保存的若干个数据记录。每一条数据记录都具有一定数量的特征属性，而每种特性都组成了一个特征向量。训练集的每一条数据记录中都有其与之相应的类型标签。训练集的类型标签的种类是恒定的。训练集数据记录输入分类器时，数据记录的属性和类别都是必不可少的，其中类别作为经验数据提供给分类器学习。一个具体样本的形式可以表示为样本向量：$(X_1, X_2, \cdots, X_n; C)$，其中 X_i 代表字段值，C 代表类别。分类的主要目的是分析所有输入数据，并利用从训练集中的数据表现出的特征为每一个类，找到一个正确的描述和模型。而由此得到的类描述将用于未来的测试数据进行分类。即使这些未来的测试数据的类标签都是未知的，但是仍然能够从中预测这些新数据所属的类。由于分类器的主要功能仍然是预测，而不是进行肯定的推理，因此分类的准确性无法做到百分之百。不过也能够从中对数据中的每一个类有更好的认识，也就是已经掌握了对这一类的基本理解。所以分类（Classification）也可以定义为：对现有数据加以学习，可以得出一个目标函数或规律，将每种特征的类型 x 映射到预先确定的类标号 y 目标函数或规律，也叫分类模型（Classification Model），分类模型具有两种重要功能：一是描述性建模，它一种解释性的方法，可以用来区分各种类中的对象；二是预测性建模，即用于预测未知事件的类标号。

在机器学习和统计科学中，分类是基于所有包括其类别成员资格已知实例的训练数据，从而确定新观察的一组数据隶属于哪一种类别。比如，医生把指定的电子邮件分为"垃圾邮件"或"非垃圾邮件"类，并通过所观察到的患者特征（性别、血压、表现的症状等）为指定患者分配了诊断。

通常，将各个观察结果处理为一组可量化的属性，不同地称为解释变量或特征。这些属性相互独立（例如对于血型有"A"，"B"，"AB"或"O"），序数（例如"大"，"中"或"小"），整数值（例如电子邮件中特定单词的出现次数）或实际值（例如血压的测量值）。

在机器学习的概念中，分类被看作是监督学习的一种实例，即学习可以获得正确识别训练集的能力。相应的无监督学习又称聚类，它是通过利用固有相似性或距离的度量方式将训练集进行分组。

在统计学中，一般采用逻辑回归或相似程序进行分类，研究的属性一般叫作解释变数（或独立变量、回归量等），要预测的类别称为结果，被看作是因变量的可能值。在机器学习中，观察对象常常被称为实例，而解释变量被叫作特征（被分组为特征向量），因为它们所预测的可能类别称为类。在其他领域可以采用不同的术语：比如，在社区生态学中，术语"分类"一般是指聚类分析，即一种无监督学习方法，但并非本书介绍的监督学习。

二、分类的原理

分类是一个基于大量输入数据集构建分类模型的系统方法，都是通过学习算法（Learning Algorithm）确定分类模型，使模型能很好地拟合输入数据中类标号与属性集间的联系。学习算法得出的模型不仅要能很好地拟合输入数据，还要能准确地预测未知样本的类标号。所以，学习算法的首要目标就是构建具备很好泛化能力的模型，即构建能够很精确地预测未知样本类标号的模型。模型训练过程见图 6-1。

一般来说，分类方法中所得到的模型被描述为分类规则型、决策树型以及几何方程型。因此，给定一家消费者信用信息数据库，经过学习所掌握的分类规则即可用来确定消费者是否具备良好的资信级别。分类规则还可用来对今后未知类型的信息做出识别判断，同时也能够有助于消费者更好地了解数据库内的信息。

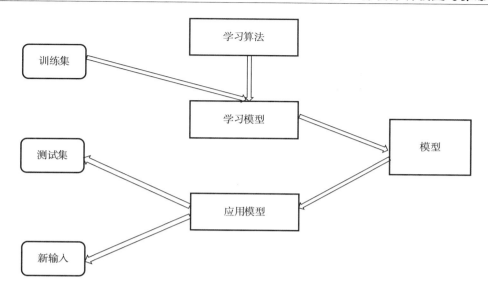

图 6-1　模型训练过程

　　建立模型的步骤，通常包括了训练和测试两个阶段。在建立模型以前，首先需要把数据集随机地分成训练数据集和测试数据集。在训练阶段，可以使用训练数据集，或者使用分析以属性定义的数据库元组来建立训练模型，并认为各个元组都形成了预定义的类别，以一种叫作类标号属性来定义。训练数据集中的单个元组也称作训练样本，一个具体样本的形式可为的：$(X_1, X_2, \cdots, X_n; C)$，其中 X_i 表示属性值，C 表示类别。由于给出了一个训练样本的类标号，该过程也就成为了有监督的机器学习，通常模型以分类规则、判别树或几何方程的形态表示。在测试阶段，通过测试数据集就能够判断模型的划分准确度，一旦认为模型的准确度能够满足，就能够用这种模型对该数据的元组加以划分。总体来讲，在测试阶段的代价比训练过程小得多。

　　为增强分类的精度、时效性和可伸缩性，在进行分类以前，一般先对数据进行预处理，如：

　　（1）数据处理。主要目的就是缩小或降低数据噪声，并解决空缺值。

　　（2）相关性研究。因为数据集中的很多特征可能和分类目标不相关，如果包含这些特征可能将降低学习质量。相关性分析的目的在于剔除其中不关联或者多余的特征。

　　（3）数据变换。将数据概化到更高层次的概念。例如，连续值属性"收入"的数值可概化离散值：低、中、高。标称值属性"市"可概化到高层概念"省"。另外，数据还可标准化，通过标准化就可使给定属性的值按比例缩放进较小的区间，如区间 [0，1] 等。

第二节　决策树

一、决策树的基本概念

1. 构建决策树模型

决策树是一种树结构（可以是二叉树或者非二叉树）的模型，如图 6-2 所示，能够带来决策依据。它也可以作为某种判别依据，一般采用每个非叶子节点为一个分类节点，各个分支都有不同的特征种类，一个叶子节点就存储了一种类型。通过决策树进行决策的流程也从根节点出发，按照实际需求，首先选用适用的算法（ID3、C4.5、CART 等）来检测数据中相应的特征属性，其次根据相关算法对特征进行排序，排序中最靠前的特征类型就是根节点，再次通过分类节点选择输出分支，最后到达叶子节点，就可以通过决策树实现对数据样本的分类，把叶子节点存储的特征类别也视为决策结果。

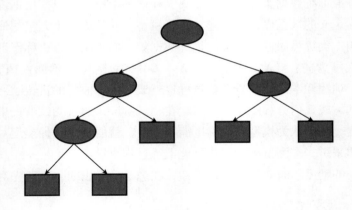

图 6-2　决策树结构

决策树的向下分裂采用的是 if-then 结构，简单来说就是当条件满足分裂节点的某一种情况时就朝着满足条件的那个方向向下生长，直到到达叶子节点，也就是类别。

2. 剪枝

剪枝是决策树停止分支的主要方法之一，剪枝分为预剪枝和后剪枝两种。

（1）预剪枝是在树的发育阶段中先确定某个指标，在超过这个指标之后即终止生长，但如此做将会造成"视界局限"，就是如果终止分支，导致节点 N 变为叶子节点，就断绝了其后继节点发生"好"的分支行为的所有机会。或者说，这些已停止的分支会误导学习算法，致使生成的树不纯，长度降差较大的点过于接近根节点。

（2）后剪枝阶段中树首先要完全生长，直至叶子节点都有最小的不纯值为止，因而才能解决"视界局限"。其次对每个邻近的成对叶子节点考虑能否消去它，若消去能引起令人满意的不纯度生长，则进行消去，从而使它们的公共父节点形成新的叶子节点。这样"整合"叶子节点的方法与节点分支的步骤恰好相反，因为通过剪枝后叶子节点通常会分布到很广的层面上，决策树也趋于非平衡。

后剪枝技术的优势在于解决了"视界局限"效应，并且无须保留部分样本用于交叉检验，从而能够充分利用全部训练集的数据。虽然后剪枝的计算量代价较预剪枝方法高得多，尤其是在大数据集中，但是针对小样本的情况，后剪枝方法是优于预剪枝方法的。

3. 决策树的优缺点

决策树的分类算法是一个启发式算法，核心是在决策树中不同节点上，使用信息增益等的准则来选取特征，从而递归地建立决策树。其优缺点分别体现在以下方面：

（1）优点。①算法难度不大，容易掌握和解释，并能够理解决策树各部分所代表的含义。②数据预处理过程比较简单，可以处理缺失数据。③可以同时处理数据型与分类型属性，并可以对具有多个特征类型的数据集构建决策树。④是一个白盒模型，如果给定了一个观察模型，那么根据其所形成的决策树就很容易推断出相关的逻辑表达式。⑤在比较短的时间内就可以对大数据集合提供简单可行而且效果较好的分类结果。

（2）缺点。①对各类别样本数目不相同的数据，信息增益结果倾向于那些带有更多数值的属性。②对噪声数据较为敏感。③容易出现过拟合问题。④忽略了数据集中属性间的关联。⑤处理缺失数据时比较困难。

二、决策树分类器的算法过程

决策树分类器的本质是利用训练数据构造一棵决策树，然后用这棵决策树所提炼出来的规则进行预测。算法过程大体分为两步：首先利用训练数据构造决策树；其次利用构造的决策树进行预测。

（1）构造决策树。决策树的构造是采用自上而下递归方式构造，也就是没有回溯。训练数据规模随着决策树的构造会变得越来越小。需要注意的是，通常在构造决策树的过程中，已经使用过的作为分裂属性的特征就不能再继续使用了。用自然语言描述决策树构造过程如下：①输入数据，一般包含训练集的特征和类标号。②选取一个属性作为根节点的分裂属性进行分裂。③对于分裂后的各个分支，如果已经属于同一类就不再分了，而如果还不属于同一类则分别选择不同的特征作为分裂属性进行分裂，并剔除之前选择的已分裂属性。④不断重复步骤③，直到达到叶子节点，这是决策树的最后一层，此时在这个节点下的所有结果也就归于同一类了。⑤最后得到每个叶子节点对应的类标签以及到达这个叶子节点的路径。

（2）决策树的预测。得到由训练数据构造的决策树之后就可开始预测，在将待预测的训练数据进入决策树时，按照分裂属性或者分裂规则进行分裂，最终就可以确定所属的类。决策树算法伪代码解题过程见表6-1。

【例6-1】决策树算法伪代码。

表6-1　决策树算法伪代码解题过程

算法：Generate_decision_tree，由数据集合 D 中的训练元组产生决策树
输入：
　　数据集合 D 是训练元组和对应类标签的集合；
　　attribute_list，候选属性的集合；
　　Attribute_selection_method，一个确定"最好"地划分数据元组为个体类的分裂准则 splitting_criterion 的过程，这个准则由分裂属性 splitting_attribute 和分裂点 splitting_point 或分裂子集 Dj 组成。
输出：
　　一棵决策树
方法：
　　创建一个新节点 N；
　　if D 中的元组都是同一类 C
　　then
　　　　　返回 N 作为叶节点，以类 C 标记；
　　if attribute_list 为空
　　then
　　　　　返回 N 作为叶节点，标记为 D 中的多数类；　　　　//多数表决
　　使用特征选择方法 Attribute_selection_method，找出"最好"的分裂准则 splitting_criterion；
　　用分裂准则 splitting_criterion 标记节点 N；
　　if 分裂属性 splitting_attribute 是离散值，并且允许多路划分//不限于二叉树
　　then
　　　　　attribute_list＝attribute_list-splitting_attribute；　　//删除分裂属性
for splitting_criterion 的每个输出 j ｜　　//划分元组并对每个分区产生子树设 Dj 是 D 中满足输出 j 的数据元组的集合；　　　　　　　　//一个分裂子集 if Dj 为空
then
加一个树叶到节点 N，标记为 D 中的多数类；
else ｛
递归生成 Dj 的决策树，返回节点 N1；
将 N1 加到节点 N；
｝
｝
return N；

假设 A 为分裂属性，则根据训练结果，A 中存在着 n 个不同的 {a_1，a_2，…，a_n}，选取 A 作为分裂属性进行分裂时有以下三种情况：

（1）A 是离散值：对 A 的每个值 a_j 创建一个分支，分区 D_j 是 D 中 A 上取值为 a_j 的类标号元组的子集，如图6-3（a）所示。

（2）A 是连续的：有两条分支线，都相对于 A≤split_point 和 A>split_point，其中

split_point 是分裂点，数据集 D 被划分为两个分区，D_1 包含 D 中 A ≤ split_point 的类标签组成的子集，而 D_2 包括其他元组，如图 6-3（b）所示。

（3）A 为离散值，且一定是二叉树（由属性选择度量或所采用的算法表示）：节点的判定条件为 $A \in S_A$，其中 S_A 是 A 的分裂子集。根据 A 的位置可以形成两条支路，左分支标记为 yes，使 D_1 相对 D 中符合判定条件的类标签元组的子集；右支路标记为 no，使 D_2 相对于 D 中不符合判定条件的类标签元组的子集，如图 6-3（c）所示。

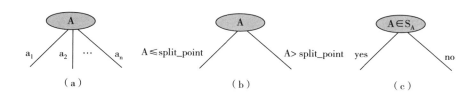

图 6-3　属性分裂的三种情况

构建出决策树后，可从决策树中获取分类规则，根据分类规则也可以预测新数据的类标签。决策树所表示的分类知识可用 IF-THEN 形式表示。由根到叶的每一条路径建立一种规则，在给定路径上的某个属性值，是构成准则前件（IF 组成部分）的一个合取项。叶子节点包含类预测，构成规则后件（THEN 组成部分）。因此 IF-THEN 规则很容易理解，尤其是在所指定的树很大时。

构造决策树过程中的关键问题是如何确定分裂节点的分裂属性。根据分裂属性的选取标准的不同，决策树算法可以分为 ID3、C4.5 等算法，下面将分别介绍这两种主要算法。

三、ID3 算法

ID3 算法是 J. Rose Quinlan 提出的一种决策树算法，属于传统概念学习算法。ID3 算法的构建方法和决策树的构建基本是一致的，不同的是分裂节点的特征选择的标准。这种算法在分裂节点上使用信息增益作为分裂准则进行特征选择，并递归地建立决策树。

在信息论中，若期望的信息越小，则信息增益就越大，从而信息内容纯度也就越高。ID3 算法的核心是通过信息增益来度量属性的选择，对从分裂后信息增益最大的属性进行分裂。该算法可以通过从上往下的贪婪搜索遍历所有可能的决策空间。

ID3 算法的步骤如下：

（1）输入数据信息，一般包含训练集的特征和类标签。

（2）如果每个实例都属于同一个类别，那么决策树就是一种单节点树，否则执行步骤（3）。

（3）计算训练数据中每个特征的信息增益。

（4）从根节点开始，选择最大信息增益的特征进行分裂。以此类推，由上往下建立决策树，并每次选取拥有最大信息增益的特征进行分裂，选过的特征后面就不能继续进行选择使用。

（5）重复步骤（4），直到没有特征可以选择或者分裂后的所有元组属于同一类别时则停止。

（6）构建。

（7）决策树构建完成，进行预测。

1. 信息熵

在信息增益中，关键性的标准是看特征能够向分类管理系统提供哪些数据，而提供的数据越多，该特征就越重要。在认识信息增益之前，先了解信息熵。熵这个概念最初源于物理学，在物理学中是为了度量一种热力学系统的紊乱程度，但在信息学里，熵是对不确定性的度量。在 1948 年，香农首先引进了信息熵概念，将其界定为离散随机事件出现的概率。一个系统越有序，信息熵就越低，反之，信息熵就越高。所以，消息熵也可被看作是对系统有序化程度的一种度量。

假设有一个随机变量 $X = \{x_1, x_2, \cdots, x_n\}$，每一个取到的概率分别为 $\{p_1, p_2, \cdots, p_n\}$，所以将 X 的熵定义为：

$$H(X) = -H(x) = -\sum_{i=1}^{n} P_i \cdot \log_2 p_i \tag{6-1}$$

由式（6-1）可以看出，当某个变量的情况越多，其所携带的信息量也越大。

就分类系统而言，以类别 C 为变量，它的计算范畴为 $C_1, C_2, \cdots, C_n$，每一种类别所出现的概率依次为 $P(C_1), P(C_2), \cdots, P(C_n)$，其中 n 为类别的数量，此时分类系统的熵可描述为：

$$H(c) = -\sum_{i=1}^{n} p(c_i) \log_2 p_{(c_i)} \tag{6-2}$$

2. 信息增益

信息增益是关于某一特征来说的，就是看某个特征 t，系统有它与无它时的信息量各是多少，而两者的差值也就是这个特征为系统所提供的信息量，即信息增益。

【例 6-2】天气预报的信息增益计算，如表 6-2 中所示的天气数据表，其目标为 play 或 not play。

表 6-2　天气预报数据集

Outlook	Temperature	Humidity	Windy	Play?
Sunny	Hot	High	false	No
Sunny	Hot	High	True	No

续表

Outlook	Temperature	Humidity	Windy	Play?
Overcast	Hot	High	False	Yes
Rain	Mild	High	False	Yes
Rain	Cool	Normal	False	Yes
Rain	Cool	Normal	True	No
Overcast	Cool	Normal	True	Yes
Sunny	Mild	High	False	No
Sunny	Cool	Normal	False	Yes
Rain	Mild	Normal	False	Yes
Sunny	Mild	Normal	True	Yes
Overcast	Mild	High	True	Yes
Overcast	Hot	Normal	False	Yes
Rain	Mild	High	True	No

表6-2中共有14个样例，其中9个正例和5个负例。当前信息的熵计算如下：

$$\text{Entropy}(S) = -\left(\frac{9}{14}\log_2 \frac{9}{14} + \frac{5}{14}\log_2 \frac{5}{14}\right) = 0.940286$$

在决策树分类问题中，信息增益是在决策树中执行属性的划分前和划分后数据结果的差值，假设通过对属性 Outlook 加以分类，则如图6-4所示。

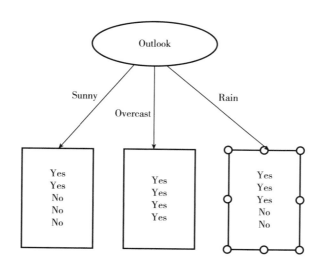

图6-4　利用属性 Outlook 分类

分类后，数据被细分为三个部分，而各个分支的信息熵算法如下：

$$Entropy(Sunny) = -\left(\frac{2}{5}\log_2\frac{2}{5} + \frac{2}{5}\log_2\frac{3}{5}\right) = 0.970951$$

$$Entropy(Overcast) = -\left(\frac{4}{4}\log_2\frac{4}{4} + 0\log_2 0\right) = 0$$

$$Entropy(Rain) = -\left(\frac{3}{5}\log_2\frac{3}{5} + \frac{2}{5}\log_2\frac{2}{5}\right) = 0.970951$$

由上可得，划分后的信息熵为：

$$Entropy(S \mid T) = \frac{5}{14}\times 0.970951 + \frac{4}{14}\times 0 + \frac{5}{14}\times 0.970951 = 0.693536$$

上式的 Entropy 值（$S \mid T$）表示在给定特征属性 T 的条件下样本的条件熵。最后，可以得出特征属性 T 带来的信息增益如下：

$$IG(T) = Entropy(S) - Entropy(S \mid T) = 0.24675$$

现在所得出信息增益的基本计算公式为：

$$IG(S \mid T) = Entropy(S) - \sum_{value(T)}\frac{|s_v|}{s}Entropy(S_v) \tag{6-3}$$

其中，S 是所有样本集，value（T）为各种属性 T 所有取值公式的总和，v 为 T 的另一种属性值，S_v 为 S 的所有特性 T 的取值为 v 的样本集，$|S_v|$ 是 S 的全部所含样本数。

在将决策树的每一条非叶子节点分类以前，要计算每一个属性所产生的信息增益，并选择最高信息增益的属性来分类，因为信息增益越大，分析样本的能力也就越强，更富有代表性，很显然这是一种由上往下的贪心策略。

四、C4.5 算法

ID3 算法也有一定缺点，在运算的时候，偏向于选择取值多的属性，所以，C4.5 算法通过信息增益率的方法来选取属性，这样就避免了上述问题。

C4.5 算法也属于决策树算法的一种，这是对 ID3 算法的改良，但由于 ID3 算法在对分裂条件的选取时采用的是最大信息增益，这也导致了偏向于选择数值较高的特征在某些情况下这并不是一个好的策略，因为取值最多的属性并不一定是最优的，也不一定是决定性属性。比如，唯一标识有的属性 product_ID，由于它每个值都有一个元组，对 product_ID 的划分就会出现元组总数的分区，而如果各个分区都是单纯的，则所划分的元组都属于同一个类，如果基于这个类对数据 D 划分的 Infor（D | product_ID）= 0，则 g（d | product_ID）值最大，因此选取 product_ID 作为分裂属性并不是一种很好的策略，对属性取值最多的属性也并不一定最优。C4.5 算法在构建决策树的同时，分类属性中选取的是有最大信息增益率的特征，即对信息增益规范化，能够在一定程度上避免由于特征值太分散而造成的误差。另外，ID3 算法形成的决策树，对于每个属性均为离散值

属性，如果是连续值属性需先离散化；而 C4.5 算法能够处理连续属性。

C4.5 算法过程如下：

（1）如果每个实例都是一个类，那么决策树就是一个单节点树，否则执行步骤（2）。

（2）从根节点开始选择最大信息增益率的特征进行分裂。

（3）以此类推，从上向下构建决策树，每次选择具有最大信息增益率的特征进行分裂，选过的特征后面就不能继续进行选择使用了。

（4）重复步骤（3），直到没有特征可以选择或者分裂后的所有元组属于同一类别时停止构建。

（5）决策树构建完成，进行预测。

C4.5 算法也可以处理连续属性。该算法按照连续属性值进行排列，然后用不同的值对数据集进行动态分类，将数据集分为两个部分：一部分高于某值，另一部分低于某值，再按照分类结果进行信息增益运算，最高的数值就成为了最后的划分。

假设属性 A 是连续值，必须确定 A 的最佳分裂点，其中分裂点是 A 上的阈值。

将 A 的取值按递增序排列，每对相邻值的中点被视为可能的分裂点，当 A 中存在 n 个取值时，就必须计算 n-1 个可能的划分。对 A 的所有可能分裂点，计算了信息增益，将具有信息增益最大的一个点选为 A 的分裂点 split_point，并形成了两条分支，分别相对于 A≤_point 和 A>split_point，而数据集 D 被分为两个分区，D_1 包含 D 中 A≤split_point 的类标签组成的子集，而 D_2 包括 A>split_point 元组。

【例6-3】如图 6-5 所示，以一个包括四个属性（天气、温度、湿度、风速）的数据集与执行活动与否为例来应用 C4.5 算法。

天气	温度	湿度	风速	活动
晴	炎热	高	弱	取消
晴	炎热	高	强	取消
阴	炎热	高	弱	进行
雨	适中	高	弱	进行
雨	寒冷	正常	弱	进行
雨	寒冷	正常	强	取消
阴	寒冷	正常	强	进行
晴	适中	高	弱	取消
晴	寒冷	正常	弱	进行
雨	适中	正常	弱	进行
晴	适中	正常	强	进行
阴	适中	高	强	进行
阴	炎热	正常	弱	进行
雨	适中	高	强	取消

天气	温度	湿度	风速	活动
晴	寒冷	正常	弱	进行
晴	适中	正常	强	进行
晴	炎热	高	弱	取消
晴	炎热	高	强	取消
晴	适中	高	弱	取消
阴	炎热	高	弱	进行
阴	寒冷	正常	强	进行
阴	适中	高	强	进行
阴	炎热	正常	弱	进行
雨	适中	高	弱	进行
雨	寒冷	正常	弱	进行
雨	适中	正常	弱	进行
雨	寒冷	正常	强	取消
雨	适中	高	强	取消

晴：

温度	湿度	风速	活动
寒冷	正常	弱	进行
适中	正常	强	进行
炎热	高	弱	取消
炎热	高	强	取消
适中	高	弱	取消

阴：

温度	湿度	风速	活动
炎热	高	弱	进行
寒冷	正常	强	进行
适中	高	强	进行
炎热	正常	弱	进行

雨：

温度	湿度	风速	活动
适中	高	弱	进行
寒冷	正常	弱	进行
适中	正常	弱	进行
寒冷	正常	强	取消
适中	高	强	取消

图 6-5　四个天气属性数据集与执行活动与否的关系

在图 6-5 中，属性集合为 A = {天气，温度，湿度，风速}，而类别标签则有两个，类别组合 L = {进行，取消}。

1. 计算类别信息熵

类别信息熵代表的是对每个数据中不同类别出现的不确定性之和。按照信息熵的理论，熵值越大，变数也越多，将问题弄清楚所花费的信息量也就越大。类别信息熵的表示方式如下：

$$\text{Info}(D) = -\frac{9}{14}\log_2\frac{9}{14} - \frac{5}{14}\log_2\frac{5}{14} = 0.940$$

2. 计算每个属性的信息熵

一个属性的信息熵等于一个条件熵，它所描述的是在某种属性的条件下，不同类别数据产生的不确定性之和。属性的信息熵越高，则说明了该属性中所有的样本类别都越不"纯"。四个属性的信息熵分别表现为：

$$\text{Info}(天气) = \frac{5}{14}\times\left(-\frac{2}{5}\log_2\frac{2}{5} - \frac{3}{5}\log_2\frac{3}{5}\right) + \frac{4}{14}\times\left(-\frac{4}{4}\log_2\frac{4}{4}\right) + \frac{5}{14}\times\left(-\frac{3}{5}\log_2\frac{3}{5} - \frac{2}{5}\log_2\frac{2}{5}\right) = 0.694$$

$$\text{Info}(温度) = \frac{4}{14}\times\left(-\frac{2}{4}\log_2\frac{2}{4} - \frac{2}{4}\log_2\frac{2}{4}\right) + \frac{6}{14}\times\left(-\frac{4}{6}\log_2\frac{4}{6} - \frac{2}{6}\log_2\frac{2}{6}\right) + \frac{4}{14}\times\left(-\frac{3}{4}\log_2\frac{2}{4} - \frac{1}{4}\log_2\frac{1}{4}\right) = 0.911$$

$$\text{Info}(湿度) = \frac{7}{14}\times\left(-\frac{3}{7}\log_2\frac{3}{7} - \frac{4}{7}\log_2\frac{4}{7}\right) + \frac{7}{14}\times\left(-\frac{6}{7}\log_2\frac{6}{7} - \frac{1}{7}\log_2\frac{1}{7}\right) = 0.789$$

$$\text{Info}(风速) = \frac{6}{14}\times\left(-\frac{3}{6}\log_2\frac{3}{6} - \frac{3}{6}\log_2\frac{3}{6}\right) + \frac{8}{14}\times\left(-\frac{6}{8}\log_2\frac{6}{8} - \frac{2}{8}\log_2\frac{2}{8}\right) = 0.892$$

3. 计算信息增益

信息增益=熵-条件信息熵，在此处即为类别信息熵-属性信息熵，它代表的是信息不确定性降低的程度。假设某个属性的信息增益越大，那么说明用这种属性进行样本分类就能够较好地降低分类后样本的不确定性。当然，通过选取该属性也能够更快地实现特征分类目标。信息增益就是 ID3 算法的特征选择指标。

四个属性的信息增益分别计算如下：

Gain(天气) = Info(D) - Info(天气) = 0.940 - 0.694 = 0.246

Gain(温度) = Info(D) - Info(温度) = 0.940 - 0.911 = 0.029

Gain(湿度) = Info(D) - Info(湿度) = 0.940 - 0.789 = 0.151

Gain(风速) = Info(D) - Info(风速) = 0.940 - 0.892 = 0.048

可以假定如果所有属性中的每个类别都只有一个样本，那么这样的属性信息熵就等于零，只根据信息增益的就无法筛选出有效分类特征。为此，C4.5 算法选择了使用信息增益率对 ID3 算法加以完善。

4. 计算属性分裂信息度量

用分裂信息度量来考虑某种属性分裂时分支的数量信息和尺寸信息，把这些信息叫作属性的内在信息。信息增益率＝信息增益/内在信息，它可以使属性的重要性因为内在信息的增加而降低（如果说这个属性自身不确定性就很大，那就越不偏向于选取它），这可以算是对单纯用信息增益进行补充。分别计算属性分裂信息度量如下：

$$H(天气) = -\frac{5}{14}\log_2\frac{5}{14} - \frac{5}{14}\log_2\frac{5}{14} - \frac{4}{14}\log_2\frac{4}{14} = 1.577$$

$$H(温度) = -\frac{4}{14}\log_2\frac{4}{14} - \frac{6}{14}\log_2\frac{6}{14} - \frac{4}{14}\log_2\frac{4}{14} = 1.556$$

$$H(湿度) = -\frac{7}{14}\log_2\frac{7}{14} - \frac{7}{14}\log_2\frac{7}{14} = 1.0$$

$$H(风速) = -\frac{6}{14}\log_2\frac{6}{14} - \frac{8}{14}\log_2\frac{8}{14} = 0.985$$

5. 计算信息增益率

对各属性计算信息增益率如下：

IGR(天气) = Gain(天气)/H(天气) = 0.246/1.577 = 0.155

IGR(温度) = Gain(温度)/H(温度) = 0.029/1.556 = 0.0186

IGR(湿度) = Gain(湿度)/H(湿度) = 0.151/1.0 = 0.151

IGR(风速) = Gain(风速)/H(风速) = 0.048/0.985 = 0.048

天气的信息增益率最高时，选择天气的分裂属性。在分裂完后，天气为"阴"的条件下，类别是"纯"的，所以把它定义为叶子节点，选择不"纯"的节点继续分裂，如图 6-6 所示。

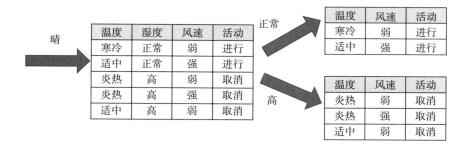

图 6-6 分裂显示

在子节点中重复（1）～（5）的步骤。至此，在上述这个数集上 C4.5 算法的所有计算步骤就实现了，一棵树也就建立起来了。C4.5 算法流程总结如下：

while（当前节点"不纯"）

（1）计算当前节点的类别信息熵 Info（D）（以类别取值计算）。

（2）计算当前节点各个属性的信息熵 Info（Ai）（以属性取值下的类别取值计算）。

（3）计算各个属性的信息增益 Gain（Ai）= Info（D）−Info（Ai）。

（4）计算各个属性的分类信息度量 H（Ai）（以属性取值计算）。

（5）计算各个属性的信息增益率 IGR（Ai）= Gain（Ai）/H（Ai）。

end while

当前节点设置为叶子节点。

第三节　支持向量机

一、支持向量机的概念

支持向量机（Support Vector Machine，SVM），它是监督学习算法中的一种，用于解决数据挖掘或模式识别领域中数据分类问题。这是一个二分类模型，其基本模型定义为特征空间上的间隔较大的线性划分器，其主要学习策略便是将间隔最大化，最终可以转换为一个对凸二次规划问题的求解。

支持向量机 SVM 是从线性可分状态下的最优分类面提出的。被称为最优分类，就是要求分类线不仅可以将两类样本无错误的分隔开，保证两类样本间间隔最大，前者是使经验风险最小化，而经过以后的研究可以发现，使划分间隔最大化其实是要求置信范围最小。发展到多维空间，最佳的分类线将变成最优分类面。

支持向量机是利用分类间隔的思路来训练的，这主要依赖于对各种数据的预处理，即可以在更多维度的空间表现原始状态。采用适当的方法选择了某个足够高维的非线性映射 $\varphi(x)$，它们作为二分类的原始数据就可以通过某个超平面来区分了。

如图 6-7 所示，空心点和实心点分别代表了两个不同的类，H 是把两类没有错误的样本分隔开的分类面，同时，它也是一个最优的分类面。原因就如同前面所提到的，当以 H 作为分类面时，分类间距最大，偏差也最少。而在它们的中间距离 margin 也正是两类样本间的分类间隔。因此，支持向量机把数据从原始空间映射到高维空间时的主要目的正是寻找一个最优的分类面，从而使分类间隔 margin 最大化。而对于一些定义最优分类超平面的训练样本，即图 6-7 中穿过的空心点和实心点，正是支持向量机理论中所谓的支持向量。显而易见，所谓支持向量实际上是最难被分类的一类向量。但是，如果从另一种视角出发，它同样也是对处理分类任务来说最有实用价值的模型。

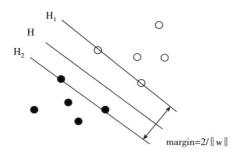

图 6-7 支持向量机分类

支持向量机的基本思想可总结为：先利用非线性变换将输入空间变换到一个高维空间，然后再从这个新空间里求取最优线性分类面，而这种非线性变换是通过定义适当的内积函数来实现的。支持向量机可以求得的分类函数形式上类似于一个神经网络，其输出为若干个中间层节点的线性组合，而每一个中间层节点对应于输入样本与一个支持向量的内积，所以它又称为支持向量网络，如图 6-8 所示。

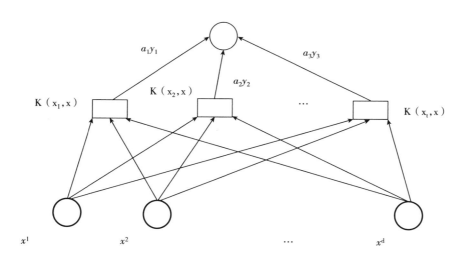

图 6-8 支持向量网络

一般支持向量机可以分为线性可分支持向量机（Support Vector Machine in Linearly Separable Case）、线性支持向量机（Linear Support Vector Machine）以及非线性支持向量机（Non-linear Support Vector Machine）三种从简至繁的模型，分别处理在训练中的三种不同情况，如图 6-9 所示。当训练数据线性可分时，训练一个线性可分的支持向量机，也称硬间隔支持向量机；当训练数据接近线性可分时，利用软间隔最大化训练一个线性支持向量机；当训练数据线性不可分时，则只能利用核技巧与软间隔最大化学习非线性支持向量机。

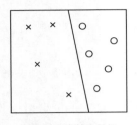　　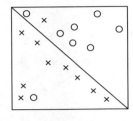　　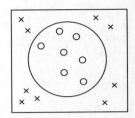

线性可分支持向量机　　　　　线性支持向量机　　　　　非线性支持向量机

图 6-9　三类支持向量机

二、支持向量机模型

支持向量机原来是在研究线性可分问题的过程中引入的。在此处介绍线性 SVM 的基本原则：不失一般性，假设容量为 n 的训练样本集 $\{(x_i, y_i), i=1, 2, \cdots, n\}$ 有两种类型的构成，若 x 属于第一种，则记 y=1；若 x 属于第二种，则计 y=-1。关于向量机的主要理论有以下三方面：①最大化间距；②核函数；③对偶理论。

1. 线性可分

在二维空间上，如果两类点之间被同一根线完全分开就叫作线性可分，如图 6-10 所示。

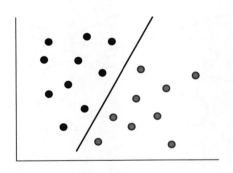

图 6-10　线性分类

严格的数学定义是：D_0 和 D_1 都是 n 维欧氏空间结构中的两个点集。假设具有 n 维向量 w 和实数 b，所以对每个处于 D_0 的点 x_i 都有 $wx_i+b>0$，而对每个处于 D_1 的点 x_j 有 $wx_j+b<0$，则称 D_0 与 D_1 线性可分。

2. 最大间隔超平面

将二维延伸到多维空间中时，把 D_0 与 D_1 完全正确地区分开时 $w^Tx+b=0$，就形成了一个超平面。

为使这个超平面更具有鲁棒性，通常会去寻找最优超平面，以最大间隔把两类分开的超平面，就叫作最大间隔超平面。该最大间隔超平面具备将两类样本分别分割在该超平面的两侧，两侧距离超平面最近的样本点到超平面上的距离也被最大化了。

3. 支持向量

数据中相距超平面最近的一点，这种点就称为支持向量，如图 6-11 所示。

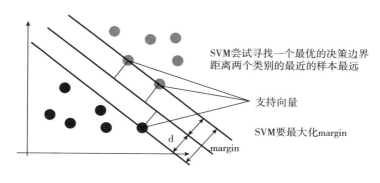

图 6-11 支持向量机分类

4. SVM 最优化问题

SVM 最想实现的目标是找出各类样本点与超平面之间的最远距离，即找出最大间隔超平面。任意超平面都可以用下列的线性方程式来描述：

$$w^T x + b = 0 \tag{6-4}$$

二维空间点（x，y）到直线 $Ax + By + C = 0$ 的间距方程是：

$$D_1 = \frac{|Ax + By + C|}{\sqrt{A^2 + B^2}} \tag{6-5}$$

延伸到 n 维空间后，点 $x = (x_1, x_2 \cdots, x_n)$ 到直线 $w^T x + b = 0$ 的距离为：

$$D_2 = \frac{|w^T x_i + b|}{\|w\|} \tag{6-6}$$

其中，$\|w\| = \sqrt{w_1^2 + w_2^2 + \cdots + w_n^2}$

如图 6-12 所示，根据支持向量的定义我们知道，支持向量到超平面的距离为 d，其他点到超平面的距离大于 d。

于是我们有这样的一个公式：

$$\begin{cases} \dfrac{w^T x_i + b}{\|w\|} \geq d, y_i = 1 \\[3mm] \dfrac{w^T x_i + b}{\|w\|} \leq -d, y_i = -1 \end{cases} \tag{6-7}$$

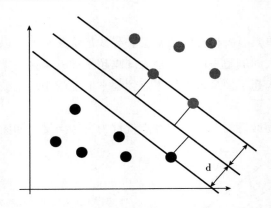

图 6-12 支持向量机距离 d 标注图

稍作转化可以得到：

$$\begin{cases} \dfrac{w^T x_i + b}{\|w\| d} \geq 1, y_i = 1 \\ \dfrac{w^T x_i + b}{\|w\| d} \leq -1, y_i = -1 \end{cases} \qquad (6\text{-}8)$$

$\|w\| d$ 是正数，暂且令它为 1（之所以令它为 1，是为了方便推导和优化，且这样做对目标函数的优化没有影响），故：

$$\begin{cases} w^T x_i + b \geq 1, y_i = 1 \\ w^T x_i + b \leq -1, y_i = -1 \end{cases} \qquad (6\text{-}9)$$

将两个方程合并，可以简写为：

$$y_i(w^T x_i + b) \geq 1 \qquad (6\text{-}10)$$

至此就可以得到最大间隔超平面的上下两个超平面，如图 6-13 所示。

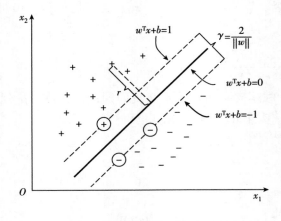

图 6-13 支持向量机平面标注图

此处，可知平面 $w^T x_i + b = 1$ 和 $w^T x_i + b = -1$ 即在该分类问题可归类到线性规划问题。

边界超平面 $w^T x_i + b = 1$ 到原点的距离为 $\dfrac{|b-1|}{\|w\|}$，而边界超平面 $w^T x_i + b = -1$ 到原点的距离

为 $\dfrac{|+b+1|}{\|w\|}$。所以，这两个边界超平面的距离是 $\dfrac{2}{\|w\|}$。但必须记住，这两个边界超平面

都是平行的。而按照 SVM 的基本思路，最优超平面便是将两个边界平面的距离最大化，

即最大化 $\dfrac{2}{\|w\|}$，也就是最小化其倒数，即：

$$\min: \frac{1}{2}\|w\| = \frac{1}{2}\sqrt{w^T w} \tag{6-11}$$

为此可以得到如下目标规划问题：

$$\min: \frac{1}{2}\|w\| = \frac{1}{2}\sqrt{w^T w} \tag{6-12}$$

$$\text{s. t. } y_i(w^T x_i + b) \geqslant 1, \quad i = 1, 2, \cdots, n$$

到这里之后，就能够非常明确地看出，这是一个凸优化问题，更具体来说，就是一个二阶优化问题——目标函数是二阶的，约束条件是线性的。通过为每个约束条件都增加一个 Lagrange Multiplier（拉格朗日乘值）α，就能够把约束条件融入目标函数中。该问题的拉格朗日表示式为：

$$L(w, b, \alpha) = \frac{1}{2}\|w\|^2 - \sum_{i=1}^{n} a_i(y_i(w^T + b) - 1), \text{ s. t. } a_i \geqslant 0 \tag{6-13}$$

然后根据拉格朗日对偶理论将其转化为对偶问题：

$$\begin{cases} \max: L(\alpha) = \sum_{i=1}^{n} a_i - \frac{1}{2}\sum_{i=1}^{n}\sum_{i=1}^{n} a_i a_j y_i y_j (x_i^T x_j) \\ \text{s. t. } \sum_{i=1}^{n} a_i y_i = 0, \ a_i \geqslant 0 \end{cases} \tag{6-14}$$

这个问题可以用二次规划方法求解。设求解所得的最优解为 $a^* = [a_1^*, a_2^*, \cdots, a_n^*]$，则可以得到最优的 w^* 和 b^* 为：

$$\begin{cases} w^* = \sum_{i=1}^{n} a_i^* x_i y_i \\ b^* = -\frac{1}{2}w^*(x_r + x_s) \end{cases} \tag{6-15}$$

同时，x_r 和 x_s 可以为两个类别中任意一对支持向量。

最终得到的最优分类函数为：

$$f(x) = sgn\left[\sum_{i=0}^{n} a_i^* y_i(x^T x_i) + b^* \right] \tag{6-16}$$

假设某个数据空间是非线性且可分的，某个支持向量机可以透过在非线性映射中

$\phi: R^n \rightarrow F$ 将数据映射到某个其他特征空间 F，然后在 F 中执行上述线性算法。这只需计算点积 $\phi(x)^T \phi(x)$ 即可完成映射。在文献中，这一函数称为核函数（Kernel），用 $K(x, y) = \phi(x)^T \phi(x)$ 表示。

【例 6-4】 手写体数据识别。

在这个例子中，将通过一个向量法分类器对 Scikit-learn 的手写体和图像数据集进行处理。邮政系统每日都要接收大批邮件，其中关键的一环就是对邮件中的接收人邮编加以鉴别和定位，从而判断邮件的投递位置。最初这种工作是依靠人力进行的，后来试图让机器取代人力。因为大部分的邮编都是手写数字，而且形状不同，所以没有系统制定的方法能够很好地进行鉴别和排序。有一些科学研究结果表明，使用向量法能够在手写体数字图件的分类功能中体现良好的性能。本书以 88 张灰度图片，通过像素数据构成 641 维的特征向量，具体数字 0~9 作为标签训练模型。手写体数据识别解题过程如表 6-3 所示。

表 6-3　手写体数据识别解题过程

导入数据
首先从 sklearn. datasets 里导入手写体数字加载器，并通过数据加载器获得手写体数字的数码图像数据，将其储存在 digits 变量中，查看数据规模和特征维度。
分割训练测试数据
将数据集分割为训练集与测试集，其中测试集占 25%，训练集占 75%，这里可使用 sklearn. cross_valiation 里的 train_test_split 模块来分割数据。
数据标准化，训练模型，预测
性能评估

源代码如下：

```
#从 sklearn. datasets 里导入手写体数字加载器
from sklearn. datasets import load_digits
#从通过数据加载器获得手写体数字的数码图像数据并储存在 digits 变量中
digits = load_digits()
#检视数据规模和特征维度
digits. data. shape
#从 sklearn. cross_validation 中导入 train_test_split 用于数据分割
from sklearn. model_selection import train_test_split
#随机选取 25%的数据作为测试样本，其余 75%的数据作为训练样本。其中 test_size 是样本占比，
#如果是整数的话就是样本的数量；random_state 是随机数的种子，不同的种子会造成不同的随机采样结果，相同的
种子采样结果相同。
X_train, X_test, y_train, y_test = train_test_split( digits. data, digits. target, test_size = 0. 25, random_state = 33)
#从 sklearn. preprocessing 里导入数据标准化模块
from sklearn. preprocessing import StandardScaler
#从 sklearn. svm 里导入基于线性假设的支持向量机分类器 LinearSVC
from sklearn. svm import LinearSVC
#从仍然需要对训练和测试的特征数据进行标准化
ss = StandardScaler()
```

```
X_train = ss. fit_transform( X_train)
X_test = ss. transform( X_test)
#初始化线性假设的支持向量机分类器 LinearSVC
lsvc = LinearSVC( max_iter = 10000)
#进行模型训练
lsvc. fit( X_train, y_train)
#利用训练好的模型对测试样本的数字类别进行预测,预测结果储存在变量 y_predict 中
y_predict = lsvc. predict( X_test)
#使用模型自带的评估函数 score 进行准确性测评
print( 'The Accuracy of Linear SVC is', lsvc. score( X_test, y_test) )
#使用 sklearn. metrics 里面的 classification_report 模块对预测结果做更加详细的分析
from sklearn. metrics import classification_report
print( classification_report( y_test, y_predict, target_names = digits. target_names. astype( str) ) )
```

从结果上看，precision、recall 和 f1-score 的平均值都达到了 95%，再结合准确性可知，支持向量机分类模型的确能提供比较高的手写体数字识别性能。

注：精确率、召回比率和 F1 指数都是应用于二分类任务，其中编号的 0 ~ 9 十个数据就表示着我们分类指标中的十个类型，所以统计这三种数据的办法就是，当检验某一个类型之后，再把其余九种作为下一个类（阴性/负样本），如此总共完成十次二分类任务即可。

三、支持向量机的优缺点

支持向量机的训练结果是支持向量，支持向量在支持向量机分类决策时起到决定性作用。支持向量机的目标是对特征空间划分得到最优超平面，其方法核心是最大化分类边界。支持向量机方法的理论基础是非线性映射，支持向量机利用内积核函数代替向高维空间的非线性映射。支持向量机是一种有坚实理论基础的新颖的适用小样本学习方法。它基本上不涉及概率测度及大数定律等，也简化了通常的分类和回归等问题。支持向量机的最终决策函数只由少数的支持向量所确定，计算的复杂性取决于支持向量的数目，而不是样本空间的维数，这在某种意义上避免了"维数灾难"。少数支持向量决定了最终结果，这不但可以帮助抓住关键样本、"剔除"大量冗余样本，还注定了该算法不但简单，而且具有较好的"鲁棒性"。支持向量机学习问题可以表示为凸优化问题，因此可以利用已知的有效算法发现目标函数的全局最小值。而其他分类方法（如基于规则的分类器和人工神经网络）都采用一种基于贪心学习的策略来搜索假设空间，这种方法一般只能获得局部最优解支持向量机，通过最大化决策边界的边缘来控制模型的能力。尽管如此，用户必须提供其他参数，如使用核函数类型和引入松弛变量等。支持向量机在小样本训练集上能够得到比其他算法好很多的结果。支持向量机优化目标是结构化风险最小，而不是经验风险最小，避免了过拟合问题，通过 margin 的概念，得到对数据分布的结构化描述，减少了对数据规模和数据分布的要求，有优秀的泛化能力。

1. 优点

（1）支持向量机有严格的数学理论支持，可解释性强，不依赖统计方法，因此简化了一般性的分类与回归问题。

（2）支持向量机能找出对任务至关重要的关键样本（即支持向量）。

（3）支持向量机采用核技巧之后，就能够完成非线性分类/回归任务。

（4）由于支持向量机的最终决策函数仅由个别的支持向量所确定，所以计算的复杂性主要是决定于支持向量的个数，而并非样本空间的维数，这就从某种意义上防止了"维数灾难"。

2. 缺点

（1）支持向量机的训练持续时间过长。在选择 SMO 算法中，因为每次训练都必须选择一个参数，所以时间复杂度就是 $O（N^2）$，其中 N 是训练样本的总数量。

（2）当采用核技巧时，如果需要存储核矩阵，则空间复杂度为 $O（N^2）$。

（3）支持向量机模型预测时，预测时间和支持向量的个数成正比。在支持向量的规模很大时，预测的难度很大。

所以，支持向量机目前只能满足小数量样本的任务，不能满足百万乃至数亿样本的任务。

第四节　KNN 算法

一、KNN 算法的工作原理与特点

KNN 算法是一个监督学习算法，通过计算新数据与训练数据特征值之间的距离，然后选取与 k（k≥1）个距离最近的数据执行分类判别（投票法）或回归。只要 k = 1，新数据就可以直接划分给其近邻的类。KNN 算法目前的主要应用领域有文本分析、聚类分析、预测数据分析、模型辨识、图形信息处理等。

1. KNN 算法的工作原理

训练数据中的各个数据均存在标记（分类信息），在输入新样本后，可以把新样本的每个特征和样本集数据对应的特征加以对比，然后算法提取样本集特征中最相似数据的分类信息。通常，只选取样本集数据中与前 k 个最相似的数据。最后，选取前 k 个最相似数据中出现频次最高的分类。

2. 代码实现思路

代码实现思路如下：

（1）计算新样本点与训练数据点的距离。

（2）将距离按照递增的顺序排序。

（3）选取距离最小的 k 个点。

（4）确定前 k 个点所在类别出现的频率。

（5）将距离按照递增的顺序排序。

3. KNN 算法的优缺点

KNN 算法的优缺点如下：

（1）优点。①理论成熟，思路简洁，既可以拿来做分类又可以拿来作回归。②可用于非线性分类。③训练的时间复杂度一般较支持向量机等的算法小，大约为 O（n）。④与朴素贝叶斯等的算法相比，对数据没有假设，而且精度高，对异常点不敏感。⑤由于 KNN 算法一般是靠周围有限的邻近样本，而并非用判别类域的方法来判断所属类别，所以针对类域的交叉或重叠较多的待分样本集而言，KNN 算法比其他分析方法更加适用。⑥该算法比较适合于样本容量比较大的类域的自动分类，但对于样本容量比较小的类域通过该算法更容易造成误分。

（2）缺点。①计算工作量很大，尤其是特征数相当多的时候。②样本不平衡的时候，对稀有类别的预测准确率较低。③对于 KD 树、球树之类的模型建立需要大量的内存。④使用懒散学习方法，基本上不学习，导致预测的效率远比逻辑回归类的算法低。⑤相比决策树模型，KNN 模型可解释性不强。

二、快速找到最优 k 值的实用策略

KNN 算法中关于 k 值的选取应遵循以下原则：

（1）若 k 值较小，则模型复杂度也较大，更容易出现过拟合，学习的预测误差也增加，且预测结果相对于近邻的样本点更加敏感。

（2）k 值较大，能够减小学习的预测误差，但由于学习的近似误差也会增加，因此相距输入样本较远的训练样本也会对预测结果产生影响，从而使预测结果出现误差，因此 k 值增加，模型的复杂度会下降。

（3）在现实应用中，k 值通常为比较小的值，因此使用交叉验证法来确定最优的 k 值。

KNN 算法中有一个超参数 k，k 值的确定对 KNN 算法的预测结果产生了关键性的影响。接着，再讨论一下 k 值大小对计算结果的影响和在通常情形下怎样选取 k 值。

如果 k 值较小，则相当于以较小的领域内训练样本对实例做出预测，算法的近似误差（Approximate Error）就会比较小，因此只能输入和实际相似的训练样本，才会对预测结果起作用。

不过，KNN 算法还是存在着明显的不足之处：KNN 算法的预测误差比较大，而且预测结果对近邻点非常敏感，也就是说，一旦近邻点变成了噪声点时，预测结果就会错误。因此，k 值过小易引起 KNN 算法的过拟合。

同理，当 k 值较大时，相距较远的训练样本就会对实例的预测结果产生影响。这时，模型相对比较鲁棒，并没有因为某个噪声点而对最后的预测结果造成干扰。不过弊端却非常突出：由于算法的近邻误差可能较大，即使相距很远的点（与预测实例不相似）也可能同样对最后预测结果造成干扰，从而导致最后预期结果出现很大误差，此时模型就会出现欠拟合现象。

所以，在实际工作实践中，会通过交叉验证的方法提取 k 值。经过上面研究可以得知，由于一般 k 值选的比较小，所以可以在小范围内选择 k 值，并将测试集中准确率最高的那个值设定为 KNN 算法超参数 k。

【例 6-5】约会网站用户匹配分类。

约会网站使用 k-近邻算法，以便更好地帮助用户将匹配对象划分到确切的分类中。已知对象分类有三种：用户不喜欢的人、对用户吸引力一般的人、对用户极具吸引力的人。

现有的数据文本文件为"datingTestSet2. txt"，每个样本数据都占据了一列，总计约一千行。数据中主要包括如下三项数据：每年取得的飞行常客里程数据、玩视频网络游戏的所耗费时间比率，以及每天食用的冰淇淋公升数。约会网站用户匹配分类解题过程如表 6-4 所示。

表 6-4　约会网站用户匹配分类解题过程

```
import numpy as np
#将待处理的数据格式处理之后,输出为训练样本矩阵与类标签向量
def file2matrix(filename):
    fr=open(filename)
    #读取文件所有行
    arrayOLines=fr.readlines()
    numberOfLines=len(arrayOLines)
    #创建一个所需要的训练样本矩阵,其 shape 为(文件所有行,3)
    returnMat=np.zeros((numberOfLines,3))
    #创建一个类标签向量
    classLabelVector=[]
    index=0
    for line in arrayOLines:
        #strip()用于移除字符串中头尾指定的字符(默认为空格或换行符)或字符序列
        line=line.strip()
        #按指定字符'\t'对字符串进行切片
        listFormLine=line.split('\t')
        returnMat[index,:]=listFormLine[0:3]
        classLabelVector.append(int(listFormLine[-1]))
        index+=1
    return returnMat,classLabelVector
#归一化特征值
def autoNorm(dataset):
    #参数 0 使得函数可以从列中选取最小值
```

```
    minVals = dataset. min(0)
    maxVals = dataset. max(0)
    ranges = maxVals−minVals
    normDataSet = np. zeros(np. shape(dataset))
    normDataSet = dataset−np. tile(minVals,(dataset. shape[0],1))
    normDataSet = normDataSet/np. tile(ranges,(dataset. shape[0],1))
    return normDataSet,ranges,minVals
def classify0(inx,dataset,labels,k):
    datasize = dataset. shape[0]
    diffMat = np. tile(inx,(datasize,1))−dataset
    sqDiffMat = diffMat * * 2
    #axis = 1 代表横轴,即列表每行求和
    sqDistance = sqDiffMat. sum(axis = 1)
    distance = sqDistance * * 0. 5
    #. argsort()返回列表值从小到大的索引值
    sortedDistIndicies = distance. argsort()
    classCount = {}
    for i in range(k):
        voteIlabel = labels[sortedDistIndicies[i]]
        classCount[voteIlabel] = classCount. get(voteIlabel,0)+1
    #items()返回字典的元组列表,逆序 = 降序;sorted()函数返回的是列表副本,sort()是对自己的操作,无返回值
    sortedClassCount = sorted(classCount. items(),key = lambda x:x[1],reverse = True)
    return sortedClassCount[0][0]
```

第五节　朴素贝叶斯

一、朴素贝叶斯分类算法运行原理分析

朴素贝叶斯分类器,其实也是根据人类经验对分类算法的改进。它以一种更精确的度量来进行分类,主要采用的方法为后验概率。本节从与决策树的比较入手,介绍了先验概率与后验概率之间的联系,并详细讲解了朴素贝叶斯计算的基本流程。

1. 与决策树的比较

前面已经学习了经典的决策树算法,现在已经知道了决策树的基本特征就是会一直沿着特征进行切分,而随着层次递进,这个划分也会更加详细。相对于传统决策树,贝叶斯分类器是一个在概率框架内进行实时决策的基本方法,这也和现在的经验观念比较相符。而贝叶斯分类器的基本原理也比较简单,只是通过概率来决定把哪一个体分到哪一种类中。

应该如此认识贝叶斯分类器:西瓜藤新鲜的瓜甜的概率为 0.6,所以如果只观察西瓜

藤，就可能把西瓜藤上的瓜判断为甜瓜。所以，还应该引入第二种特征——西瓜纹路，假如西瓜纹路完整的瓜甜的概率为 0.7，那此时要算出瓜藤新鲜且纹路完整的瓜甜的概率，为 0.8，这样在同时观察西瓜纹路和瓜藤两种特征时，就能够大概率地确定西瓜是不是很甜。

相对于传统决策树，把瓜藤新鲜的瓜甜的概率直接转化成瓜藤新鲜的就可以判断为甜瓜，贝叶斯算法则增加了这种概率性的容错度，使结论更为精确、可信。但是，贝叶斯分类器对数据具有比决策树更多的要求，它需要一种更加易于理解以及各个层次间相似性更低的模型。

贝叶斯统计中有两个基本概念，分别是先验分布和后验分布。

（1）先验分布。先验分布是总体概率分布参数 θ 的一种概率分布。贝叶斯学派的基本思想主张在有关总体分布参数 θ 的任何统计推断问题中，除使用样本所给出的数据之外，还应当使用一个先验分布，这是做出统计推断所不能缺乏的一种要素。该学派主张先验分布不必有客观的依据，可以部分地甚至全部地依靠主观观念。

（2）后验分布。后验分布依据样本分布和未知参数的先验分布，运用概率论中求条件概率分布的方法，即可得出在样本分布已知下，未知参数的条件分布。由于这种分布是在抽样之后才进行的，所以叫作后验分布。贝叶斯推断方法的关键是，所有推断都需要并且只需要依据后验分布，而没有必要涉及样本分布。

2. 贝叶斯公式

贝叶斯公式如下：

$$P(A \cap B) = P(A) \times P(B \mid A) = P(B) \times P(A \mid B) \tag{6-17}$$

$$P(A \mid B) = P(B \mid A) \times P(A) / P(B) \tag{6-18}$$

其中：

（1）P（A）是 A 的先验概率或边缘概率，称为"先验"。

（2）P（A｜B）为已知在 B 发生后 A 的条件概率，也称为 A 的后验概率。

（3）P（B｜A）是已知 A 发生后 B 的条件概率，也称作 B 的后验概率，在这里称为似然度。

（4）P（B）是 B 的先验概率或边缘概率，这里称作标准化常量。

（5）P（B｜A）/P（B）称作标准似然度。

P（AB）随着 P（A）和 P（B｜A）的增长而增长，随着 P（B）的增长而减少，即如果 B 独立于 A 时被观察到的可能性越大，那么 B 对 A 的支持度越小。

可见，先验概率、后验概率和似然概率关系较为密切。值得注意的是，A 和 B 的顺序和这个先验后验是有关系的。A 和 B 如果反了，先验与后验也需要反过来。

比如，在桌上如果有一个饼和一桶醋，假设你吃了一个饼后是有酸味的，那么你发现饼中加了醋的概率有多大？关于这个问题，在吃起来是酸味的条件下饼里放了醋的概率，也就是后验概率。饼在加了醋的前提下吃起来是酸的概率就是似然函数概率，饼中加了醋的概率和吃起来是酸的概率，就是先验概率。

综上所述，A 事件是导致的结果，B 事件是导致的原因之一。这里如果我们吃到的饼是酸的，则是各种原因的结果，而饼里面放了醋则是导致这个 A 结果的诸多原因之一（还可能有其他原因，如饼变质发酸了）。

　　贝叶斯公式为运用收集来的数据对原有判断标准做出有效调整。在抽样之前，主体对某种假定会有一个判定（先验概率）。对于先验概率的分布，通常应依靠主体的实际经验评估确认（当无其他信息时，通常假定各先验概率相等），但更复杂精密的可通过包含最大熵技术或边际分布密度及其相互信息原理等方法来评估先验概率分布。

　　贝叶斯分类器的分类原理是利用各个类别的先验概率，再利用贝叶斯公式及独立性假设计算出属性的类别概率以及对象的后验概率，即该对象属于某一类的概率，选择具有最大后验概率的类作为该对象所属的类别。其优缺点如下：

　　（1）优点。①数学基础坚实，分类效率稳定，容易解释。②所要计算的参数都很小，对缺失值也不太敏感。③无须复杂的迭代式求解框架，适合于规模庞大的数据集。

　　（2）缺点。①属性间的独立性假设一般不成立（可选择用聚类算法先将关联性较大的属性加以聚类）。②需要了解先验概率，分类决策存在错误率。

　　3. 朴素贝叶斯分类算法

　　如表 6-5 所示，以此表数据来了解一个朴素贝叶斯的分类器并确定 x =（2，S）^{T} 的 w 类标记 y，表格中以 X$^{(1)}$、X$^{(2)}$ 为特征，取值的集合分别为 A =（1，2，3），A2 =（S，M，L），Y 为标记，Y ∈ C =（-1，1）。

表 6-5　学习朴素贝叶斯分类器数据

	1	2	3	4	5	6	7	8	9	10	11	12	13	14	15
X$^{(1)}$	1	1	1	1	1	2	2	2	2	2	3	3	3	3	3
X$^{(2)}$	S	M	M	S	S	S	M	M	L	L	L	M	M	L	L
Y	-1	-1	1	1	-1	-1	-1	1	1	1	1	1	1	1	-1

　　此时我们对于给定的 x =（2，S）^{T} 可以进行如下计算：

$$P(Y=1)P(X^{(1)}=2 \mid Y=1)P(X^{(2)}=S \mid Y=1) = \frac{9}{15} \cdot \frac{3}{9} \cdot \frac{1}{9} = \frac{1}{45}$$

$$P(Y=-1)P(X^{(1)}=2 \mid Y=-1)P(X^{(2)}=S \mid Y=-1) = \frac{6}{15} \cdot \frac{2}{6} \cdot \frac{3}{6} = \frac{1}{15}$$

　　可见 P(Y=-1)时，其后验概率更大一些，因此，Y=-1。

　　通过以上的实例，将会看到朴素贝叶斯算法其实只是一个常规做法。拉普拉斯也曾说过，"概率论就是将人们的知识使用数学公式表达出来"。下面，来看看最完整的朴素贝叶斯分类算法的数学表达式。

　　输入：训练数 $T=\{(x_1，y_1)，(x_2，y_2)，\cdots，(x_N，y_N)\}$，其 $x_i=(x_i^{(1)}，x_i^{(2)}，\cdots，x_i^{(n)})^T$，$x_i^{(j)}$ 是第 i 个样本的第 j 个特征，$x_i^{(j)} \in \{\alpha_{j1}，\alpha_{j2}，\cdots，\alpha_j s_j\}$，$\alpha_{jl}$ 是第 j 个特征可能

取的第 l 个值，$j=1$，2，$\cdots$，n；$l=1$，2，$\cdots$，n；$y \in \{c_1, c_2, \cdots, c_x\}$，测试实例 x。

输出：测试实例 x 的分类。

（1）计算先验概率及条件概率：

$$P(Y=C_k) = \frac{\sum_{i=1}^{n} I(y_i = C_k)}{N}，k=1，2，\cdots，K \tag{6-19}$$

$$p(X^{(j)} = a_{jl} | Y = c_k) = \frac{\sum_{i=1}^{n} I(X^{(j)} = a_{jl}，y_i = c_k)}{\sum_{i=1}^{n} I(y_i = c_k)}，j=1，2，\cdots，n；l=1，2，\cdots，s；k=$$
$$1，2，\cdots，K \tag{6-20}$$

（2）对于给定的实例 $x=(x^{(1)}，x^{(2)}，\cdots，x^{(n)})^T$，计算：

$$P(Y=c_k) \prod_{j=1}^{n} P(X^{(j)} = X^{(j)} | Y = c_k)，k=1，2，\cdots，K \tag{6-21}$$

（3）确定实例 x 的类：

$$y = \arg\max_{c_k} \prod_{j=1}^{n} P(X^{(j)} = X^{(j)} | Y = c_k) \tag{6-22}$$

二、贝叶斯网络

贝叶斯网络（Bayesian Network），又称信度网络，是 Bayes 算法的延伸，是目前不明确定知识表达与推理领域最有效的理念模型之一。自 1988 年由 Pearl 提出后，一直变成了近几年来科学研究的热门话题。一个贝叶斯网络就是一张有向无环图（Directed Acyclic Graph，DAG），由代表变量的节点和连接这些节点的有向边构成。节点代表随机变量，节点之间的有向边表明了节点之间的互相联系（由父节点指定其子节点）。用条件概率表示关系的强度，而无父节点的用先验概率进行信息表达。节点变量也可以是一个概念的抽象，包括测试数据、观察现象、建议咨询等。应用于表达和分析具有不确定性和概率性的问题，应用于有条件地依赖多种控制因素的决策行为，可以从不充分、不准确或不明确的数据或资料中做出推理。

贝叶斯网络的有向无环图中连接两节点的箭头，代表两个随机变量之间存在因果关系，或非条件下独立。若设节点 E 直接到节点 H，即 E→H，则可以用从 E 指向 H 的箭头形成节点 E 至节点 H 的有向弧（E，H），权值（即连线强度）用条件概率 P（H｜E）来描述，如图 6-14 所示。

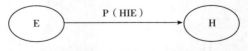

图 6-14　节点 E 影响到 H 的有向图

简言之，将一个研究系统中所涉及的随机变量，按照是否条件独立描绘到同一个有向图上，便构成了贝叶斯网络。贝叶斯网络主要是用于表示随机变量间的条件依赖，用圈代表随机变量，用箭头代表条件依赖。

设 $G=(I, E)$ 表示为一张有向无环图，其中 I 代表图像中全部的节点的集合体，E 代表有向连接段的集合体，且令 $X=(x_i)(i \in I)$ 表示为由其有向无环图上的某一节点 i 所表达的全部随机变量，则如果节点与 X 的组合概率可描述为：

$$P(x) = \prod_{i \in I} P(x_i | x_{p_a^{(i)}}) \tag{6-23}$$

那么 X 称为相对于一有向无环图 G 的贝叶斯网络，其中，$p_a^{(i)}$ 表示节点 i 的"因"，即 $p_a^{(i)}$ 是 i 的父节点。另外，对于任意的随机变量，其联合概率可由各自的局部条件概率分布相乘而得出：

$$P(x_1, x_2, \cdots, x_k) = P(x_k | x_1, x_2, \cdots, x_{k-1}) \cdots P(x_2 | x_1) P(x_1)$$

一个简单的贝叶斯网络如图 6-15 所示。

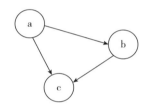

图 6-15　简单的贝叶斯网络

从图 6-15 中可以看出，a 导致 b，a 和 b 导致 c，因此有：

$$P(a, b, c) = P(c | a, b) P(b | a) P(a) \tag{6-24}$$

三、贝叶斯决策理论

1. 贝叶斯决策理论定义

贝叶斯决策理论（Bayesian Decision Theory）是在不完整信息下，对部分未知的状况用主观概率预测，其次运用贝叶斯公式对发生概率加以调整，最后利用期望值和修正概率作出最优决策。贝叶斯决策属风险型决策，决策者虽然无法控制客观条件的变动，但却能了解其变动的可能状况和各状况的分布概率，并利用期望值即未来可能发生的平均状况作为决策准则。贝叶斯决策理论方法是统计决策模型中的一种基本方法，其基本思想包括：

（1）已知类条件概率密度参数表达式和先验概率。

（2）利用贝叶斯公式转换成后验概率。

（3）根据后验概率大小进行决策分类。

2. 贝叶斯决策理论分析

对贝叶斯决策理论的分析如下：

（1）假设已经知道了被分类类别概率分布的形式和已标记类别的训练样本集，那么就只需在训练样本集中来计算概率分布的参数。在实际环境中有时会发生这个情形，如在已知正态分布时，通过标注好类别的数据来估算参数，常用的是极大似然率和贝叶斯参数估计法。

（2）假设还不了解其他关于被分类类别概率分布的知识，但知道了已经标记类别的训练样本集和判别式函数的表现形式，那么就必须在训练样本集中来计算判别式函数的参数。但在实际中有时会发生这个情况，比如已知判别式函数是线性或二阶的，就需要通过训练样本来计算判断式的参数，最常用的方法是线性判别式和神经网络。

（3）假设并不了解其他关于被分类类别概率分布的知识，也不了解判别式函数的具体形式，只有已经标记类别的训练样本集，那么就必须在训练样本集中来计算概率分布函数的参数。在实际中常出现这些情况，例如先要计算是什么分布，然后估算参数。最常用的方法是非参数估计。

（4）只有没有标记类别的训练样本集合，这也是经常出现的情况。必须对训练样本的集合加以归类，以便计算这些概率分布的参数。

（5）如果已知被分类类别的概率分布，那么，不需要训练样本集合，利用贝叶斯决策理论就可以设计最优分类器。但是，在现实中从没有出现过这种情况。这里是贝叶斯决策理论常用的地方。

如果假定将通过由特征向量 X 所给出的证据来分类某个物体，那么所做出分类的准则又是什么？decide W_j，if($P(W_j|X)>P(W_i|X))(i\neq j)$，应用贝叶斯展开后可得：$P(X|W_j)P(W_j)>P(X|W_i)P(W_i)$ 即或然率 $P(X|W_j)/P(X|W_i)>P(W_i)/P(W_j)$，决策规则就是似然率测试规则。

综上所述，对一个给定问题，如果使用似然率的决策规则可以获得最小的错误概率。这种错误概率叫作贝叶斯错误率，且是在分类器上能够获得的最佳结果。因此，最小化错误概率的主要决策规则就是最大化后验概率判据。

3. 贝叶斯决策理论决策判据

贝叶斯决策判据既充分考虑了各种参考总体出现的概率大小，也充分考虑了因误判导致的损失程度，判断能力强。贝叶斯方法更适合于以下场景：

（1）样本（子样）的数量（容量）不充分大，因而大子样统计理论不适宜的场合。

（2）实验具有继承性，反映到统计学中是要提供在实验以前已有先验信息的场合。以这种方式来分类时需要注意两点：

第一，要决策分类的参考总体的类别数是固定的。比如两类参考总体（正常状态 D_1 和异常状态 D_2），或 L 类参考总体 D_1，D_2，…，D_L（如良好、满意、可以、不满意、不允许等）。

第二，各参考总体的概率分布都是已知的，则每一类参考总体出现的先验概率 $P(D_1)$ 以及各类概率密度函数 $P(X/D_i)$ 是已知的。显然，$0 \leqslant P(D_i) \leqslant 1$，（$i=1, 2, \cdots,$ L），$\Sigma P(D_i)=1$。

对于两类故障诊断问题，就相当于在判断以前先得知了正常状况下 D_1 的概率 $P(D_1)$ 和非正常状况下 D_2 的概率 $P(D_2)$，它们是由先验知识决定的状况先验概率。假如不做更进一步的详细观察，仅根据先验概率去做决定，那么就应给出下列的决策准则：若 $P(D_1) > P(D_2)$，则做出状况属于 D_1 类的决策；若相反，则做出状况属于 D_2 类的决定。也因此，假设某装置在 365 天中，有故障是罕见的，无故障则是经常的，有故障的概率就远远低于无故障的概率。所以，只要无非常显著的非正常状态，就应该确认其无故障。显然，这样做对于某一实际的待测状态根本达不到状态检测的目的，这也就是只利用先验概率所提供的分类信息太少了。因此，我们就必须对系统状态进行状态检测，并分析所观测到的信息。

4. 最小错误率贝叶斯决策与最小风险贝叶斯决策

贝叶斯决策的基本理论依据为贝叶斯公式，由总体密度 $P(B)$、先验概率 $P(A)$ 和类条件概率 $P(B|A)$ 计算出后验概率 $P(A|B)$，判决遵从最大后验概率。这种仅按照后验概率做决策的方法叫作最小错误概率贝叶斯决策，因为理论上这种决策的平均错误率是最低的。另一种方式是考虑决策风险，加入了损失函数，称为最小风险贝叶斯决策。

（1）最小错误率贝叶斯决策。在一般的模式识别问题中，总要减少分类的错误，以寻求最小的错误率，因此也就求解了一种决策规则，使得：

$$\min P(e) = \int P(e|x)p(x)dx \qquad (6-25)$$

这就是最小错误率贝叶斯决策。式（6-25）中，$P(e|x) \geqslant 0$，$p(x) \geqslant 0$ 对于所有的 x 都成立，因此 $\min P(e)$ 等同于对所有的 x 最小化 $P(e|x)$，使后验概率 $P(w_i|x)$ 最大化。根据贝叶斯公式得：

$$P(w_i|x) = \frac{p(x|w_i)P(w_i)}{\sum_{j=1}^{k} p(x|w_j)P(w_j)}, \quad i=1, 2, \cdots, k \qquad (6-26)$$

式（6-26）中，对每个类别，分母都是一样的，所以在决策时只需要比较分子，即如果：

$$P(x|w_i)P(w_i) = \max_{j=1}^{k} P(w_j|x)P(w_j) \qquad (6-27)$$

则 $x \in w_i$。

先验概率 $P(w_i)$ 和类条件概率密度 $p(x|w_i)$ 是可知的，概率密度 $p(x|w_i)$ 反映了在 w_i 类中观察到特征值 x 的相对概率。

【例 6-6】假设某人所检测的细胞是正常细胞的概率 $w_1=0.9$，癌细胞的概率 $w_2=$

0.1。现在对于一组待研究的细胞，其特征的观察值为 x，且从类条件概率密度曲线上分别查得：$p(x|w_1)=0.2$，$p(x|w_2)=0.4$。现在必须对这种细胞做出判断，确定是正常细胞还是癌细胞。根据贝叶斯公式，分别计算出 w_1 和 w_2 的后验概率如下：

$$P(w_1|x)=\frac{p(x|w_1)P(w_1)}{\sum_{j=1}^{k}p(x|w_j)P(w_j)}=\frac{0.2\times0.9}{0.2\times0.9+0.4\times0.1}=0.818$$

$$p(w_2|x)=1-P(w_1|x)=0.182$$

因此，$P(w_1|x)>P(w_2|x)$，所以更合理的决策是将 x 归类为 w_1，即正常细胞。综上所述，如果贝叶斯决策理论是把待分类物 x 归类为最大后验概率的那一种，即：如果 $P(w_i|x)=\max_{j=1,2,\cdots,c,}P(w_j|x)$，则 $x\in w_i$。

等价于如果 $p(x|w_i)P(w_i)=\max_{j=1}^{k}P(w_i|x)P(w_i)$，则 $x\in w_i$。

（2）最小风险贝叶斯决策。在决策过程中，不仅关注决策的准确与否，有时世界关注错误的决策所造成的损失。比如在确定细胞是不是癌细胞的决策时，如果将正常细胞判断为癌细胞，可能会加重患者的负担和无谓的治疗，而如果将癌细胞判断为正常细胞，则将可能造成患者错失了治疗。上述两种形式的决策错误所造成的代价是不同的。对各种错误导致损失不等的一个最优决策，称为最小风险贝叶斯决策。假定对实际状态为 w_j 的向量 x 进行决策 a_i 所造成的损失如下：$\lambda(a_i,w_j)$，$i=1,2,\cdots,k$，$j=1,2,\cdots,c$。

这个函数称为损失函数，通常它可以用表格的形式给出，叫作决策表。需要知道，最小风险贝叶斯决策中的决策表是需要人为确定的，决策表的不同会导致决策结果的不同，因此在实际应用中，需要认真分析所研究问题的内在特点和分类目的，与应用领域的专家共同设计出适当的决策表，才能保证模式识别发挥有效的作用。对于一个实际问题，样本 x，最小风险贝叶斯决策的计算步骤如下：

1）利用贝叶斯公式计算后验概率（其中要求先验概率和类条件概率已知）：

$$P(w_j|x)=\frac{p(x|w_j)P(w_j)}{\sum_{i=1}^{c}P(x|w_i)P(w_i)}\ ,\ j=1,2,\cdots,c \tag{6-28}$$

2）利用决策表，计算条件风险如下：

$$R(\alpha_i|x)=\sum_{j=1}^{c}\lambda(\alpha_i|w_j)P(w_j|x),\ i=1,2,\cdots,k \tag{6-29}$$

3）选择风险最小的决策，即：

$$\alpha=\mathrm{argmin}_{i=1,2,\cdots,k}R(a_i|x) \tag{6-30}$$

【例6-7】判断是否为癌细胞？状态一为正常细胞，状态二为癌细胞，假设：$P(w_1)=0.9$，$P(w_2)=0.1$；$p(x|w_1)=0.2$，$p(x|w_2)=0.4$；$\lambda_{11}=0$，$\lambda_{12}=6$；$\lambda_{21}=1$，$\lambda_{22}=0$。计算得到后验概率为：$p(w_1|x)=0.818$，$p(w_2|x)=0.182$。

计算条件风险如下：

$$R(\alpha_1 | x) = \sum_{j=1}^{2} \lambda_{1j} P(w_j | x) = \lambda_{12} p(w_2 | x) = 1.092$$

$$R(\alpha_2 | x) = \sum_{i=1}^{2} \lambda_{2j} P(w_j | x) = \lambda_{21} p(w_1 | x) = 0.818$$

因为 $R(\alpha_1 | x) > R(\alpha_2 | x)$，因此可以判断一类的风险更大，若按照最小风险决策，则将其区分为二类，即癌细胞。

综上所述，由于对两个类错误带来的损失的理解差异，由此产生了不同的决策。当对不同类判决的错误概率相同时，最小风险贝叶斯决策就可以转化成最小错率贝叶斯决策。因此，最小错误率贝叶斯决策可以被看作是最小风险贝叶斯决策的一种特例。

第六节　随机森林

一、算法的原理

随机树林是一种可以通过多棵树对样本进行训练和预测的一种分类器。第一步，通过随机的方式生成一种由多棵决策树所构成的森林，此随机森林中的每一棵决策树相互之间都是毫无关联的。在随机森林生成以后，一旦有新的样本要加入此随机森林，就让树林中的每一棵决策树各自进行判断（投票）此样本应当归属于哪一类（根据分类算法），进而再根据票数多少，判断该样本归属于票数多的那一类。

随机森林分类算法有以下优点：

（1）能够生成高精度的分类器。

（2）随机性的引入，导致随机森林并不轻易过拟合。

（3）随机性的引入，使随机森林具备了很好的抗噪声能力。

（4）可以处理很高维度的数据，而且不用进行特征选择。

（5）既可处理离散型数据，又可处理连续型数据，因此数据集无须标准化。

（6）训练效率较高，能够得到变量重要性排序。

（7）容易实现并行化。

（8）它计算各例中的亲进度，对于数据挖掘、侦测离群点和资料视觉化非常有用。

二、算法的流程

1. 样本集的选择

采用有放回样本抽样办法，在原始的数据集中构造子数据集，就数据量来讲，子数据集与原始数据集是一样的。无论是在不同子数据集或者同一子数据集，其中的元素都是可能重复的。比如，采用有放回抽样的方法，每轮在原始样本集上抽取 N 个样品，得到一个大小为 N 的训练集。假设是 k 轮的抽取，则各轮所抽取的训练集分别是 T_1，T_2，$\cdots$，T_k。在原始样本集的抽取过程中，可能有被反复抽取的样本，也可能有连一次都没被抽到的样本。随机抽样的目的是得到不同的训练集，从而训练出不同的决策树。

2. 决策树的生成

假定特征空间中共有 D 个特征，那么在每轮生成决策树的过程中，在 D 个特征中随机选择其中的 d 个特征（d<D）构成了一种新的特征集，通过新的特征集来生成一棵新决策树。经 k 轮，即得到了 k 棵决策树。在生成 k 棵决策树的过程中，无论是在训练集的选择还是特征的选择上，它都是高度随机的。所以，k 棵决策树相互之间是独立的。在样本抽取与特征选择过程中的高度随机性，使随机森林不容易过拟合，并有很大的抗噪性，提升系统的多样性，从而提升分类性能。

3. 模型的组合

由于所生成的 k 棵决策树之间都是独立的，且每个决策树的重要性都相当，因此将其组合时就不必考虑其中的权值。关于分类问题，最后的分类结果由全部的决策树投票所决定，以得票数最高的那棵决策树作为预测结果。而关于回归问题，则采用全部决策后得出的平均数，来成为最终输出结果。

4. 模型的验证

模型的验证需要验证集，但在这里并不需要专门额外的获取验证集，而只需在原始数据集中选取还未被使用过的数据即可。

在从原始样本中选择训练集时，存在部分样本一次都没被选中过，因此在进行特征选择训练时，就可能出现部分特征未被采用的情形，仅需把这部分特征未被采用的数据拿来验证最终的训练模型即可。

【例 6-8】判断顾客信用等级。

以银行客户的信息为数据，用随机森林算法判断顾客的信用等级。判断顾客信用等级解题过程如表 6-6 所示。

表 6-6 判断顾客信用等级解题过程

```
from__future__import division, print_function
import numpy as np
import pandas as pd
from sklearn. model_selection import train_test_split
from sklearn. ensemble import RandomForestClassifier
import matplotlib. pyplot as plt
#打印直方图
def draw_hist( myList, Title, Xlabel, Ylabel) :
    rects = plt. bar( range( len( myList) ), myList, color = 'rgby')
    YmaxLen = 10 * * ( len( str( max( myList) ) ) -1)
```

续表

```
        print(YmaxLen)
        ymax = (int(max(myList)/YmaxLen)+1) * YmaxLen
        plt.ylim(ymax = ymax, ymin = 0)
        plt.xlabel(Xlabel)  #X 轴标签
        plt.ylabel(Ylabel)  #Y 轴标签
        plt.title(Title)
        plt.rcParams['font.sans-serif'] = ['SimHei']  #解决中文显示
        plt.rcParams['axes.unicode_minus'] = False  #解决符号无法显示
        for rect in rects:
            height = rect.get_height()
        plt.text(rect.get_x()+rect.get_width()/2, height, str(height), ha = 'center', va = 'bottom')
        plt.show()
# read data from comma-delimited text file… create DataFrame object
data1 = pd.read_csv(r'D:\client2.csv', sep = ',')
data11 = data1.loc[:,['客户号','性别','年龄','婚姻状态','户籍','教育程度','居住类型','职业类别','工作年限','
个人收入','车辆情况','信用等级']]
data2 = pd.read_csv(r'D:\桌面\案例\costhis.csv', sep = ',')
print(data11)
data22 = data2.loc[:,['客户号','日均消费金额','日均次数','单笔消费最小金额','单笔消费最大金额']]
data = pd.merge(data22,data11,how = 'left',on = '客户号')
data.信用等级[data.信用等级 == 'A-优质客户'] = 1
data.信用等级[data.信用等级 == 'B-良好客户'] = 2
data.信用等级[data.信用等级 == 'C-普通客户'] = 3
data.信用等级[data.信用等级 == 'D-风险客户'] = 4
data['信用等级'] = data['信用等级'].astype(int)
print(data)
#random.shuffle(data)
datay = data['信用等级']
dataname = ['性别','婚姻状态','户籍','教育程度','居住类型','职业类别','车辆情况','年龄','个人收入','日均消
费金额','日均次数','单笔消费最小金额','单笔消费最大金额']
datax = pd.get_dummies(data[dataname])
print(datay)
#划分训练集合测试集
X_train, X_test, y_train, y_test = train_test_split(datax, datay, test_size = 0.30, random_state = 1)
rf = RandomForestClassifier(n_estimators = 100, oob_score = True, random_state = 10)

rf.fit(X_train, y_train)              #进行模型的训练
#这里使用了默认的参数设置
y_pred = rf.predict(X_test)
X_pred = rf.predict(X_train)
#confmat = pd.crosstab(y_train, X_pred)
confmat = pd.crosstab(y_test, y_pred)
print(confmat)
precision = rf.score(X_test, y_test)
print('模型预测准确率:%.3f'% (precision))
```
结果如下:

混淆矩阵为

col_0	1	2	3	4
信用等级				
1	123	4	0	0
2	6	315	14	0
3	0	28	570	20
4	0	0	35	672

模型预测准确率：0.940。

结论：由此可见随机森林的准确性较高。

三、随机森林分类的核心源代码

随机森林分类的核心源代码（Python 语言）与决策树分类大体一致，下面仅做了利用随机森林进行分类的简单实现，代码如下：

```
import pandas as pd
from sklearn. model_selection import train_test_split
from sklearn. feature_extraction importDictVectorizer
from sklearn. metrics import classification_report
from sklearn. ensemble import RandomForestClassifier
titanic = pd. read_csv( ′http://biostat. mc. vanderbilt. edu/wiki/pub/Main/
DataSets/titanic. txt′)
#选取一些特征作为我们划分的依据
x = titanic[ [ ′pclass′, ′age′, ′sex′] ]
y = titanic[ ′survived′]
#填充缺失值
x[ ′age′]. fillna( x[ ′age′]. mean( ) , inplace = True)
x_train, x_test, y_train, y_test = train_test_split( x, y, test_size = 0. 25)
dt = DictVectorizer( sparse = False)
print( x_train. to_dict( orient = ″record″) )
x_train = dt. fit_transform( x_train. to_dict( orient = ″record″) )
x_test = dt. fit_transform( x_test. to_dict( orient = ″record″) )
#使用随机森林
rfc = RandomForestClassifier( )
rfc. fit( x_train, y_train)
rfc_y_predict = rfc. predict( x_test)
print( rfc. score( x_test, y_test) )
print( classification_report( y_test, rfc_y_predict, target_names = [ ″died″, ″survived″] ) )
```

第七节　神经网络

一、概念

1943 年，美国心理医生 McCulloch 和计算机数学家 Pitts 共同参考了生物神经元的构造，并提出了抽象的神经元模型 MP。在下文中，将根据具体情况阐述神经元模型。

人工神经网络（Artificial Neural Network，ANN）又称神经网络（Neural Network，NN），是一个模仿生物神经网络的构造与功能的教学模型或计算模型。神经网络由大规模的人工神经元相互连接进行计算。一般情形下，人工神经网络能在外界信息的基础上改善内部结构，是一个自适应系统。现代的神经网络是一个非线性统计性数据建模工具，可用来对输入与输出之间错综复杂的关联关系加以建模，并用于探索复杂数据的模式。

神经网络的一个基本运算模块，由大量的节点（或称"神经元"）和它们之间的连接所组成。每个节点代表一个特定的输出函数，叫作激励函数或激活函数（Activation Function）。任何两个节点之间的连接都代表一个对通过这个连接信号的加权值，叫作权重，它等同于人脑神经网络的记忆。网络系统的输出一般依据网络的连接方式、权重值和激励函数的不同而不同。

人工神经网络的设计思想是受有机体（人或其他动物）中枢神经系统的机能启发而形成的。人工神经网络通常都是采用一种基于数学统计模型的学习方法进行优化，所以人工神经网络也是数学统计方法的一个具体运用，由于利用统计学的标准数学方法，就能获得用函数来表示的局部结构空间。另外，在人工智能领域的人工感知方面，利用数学统计学的方法就可能来处理人工感知领域的决策难题（也就是说利用统计学的方法，人工神经网络就能近似人那样具有简单的决策能力和判断能力），这个方法相比于真正的逻辑学推导演算更有优越性。

二、神经网络模型

1. 神经元模型

神经元模型是指一种涉及输入、输出和运算等各种功能的系统模型。输入能够类比为神经元的树突，而输出则能够类似为神经元的轴突，计算也得以类似为细胞核（见图 6-16）。一个典型的神经元模型包含 3 个输入、1 个输出，以及 2 个计算功能（见图 6-17）。

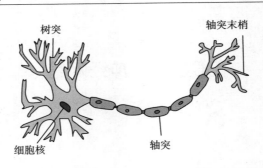

图 6-16 人脑神经网络

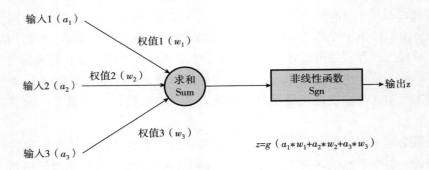

$$z=g（a_1*w_1+a_2*w_2+a_3*w_3）$$

图 6-17 神经元模型

可见，z 是对输入的所有权值的线性加权与另一个参数 g 相乘的值。在 MP 模型里，参数 g 即是 Sgn 函数，同时也是取符号参数。该函数在输入值大于 0 时，输出为 1，否则输出为 0。

以下对神经元模型的图做出了部分扩充。我们能够把 Sum 函数和 Sgn 函数结合在某个圆环内，表示神经元的结构。再将输入 a 和输出 z 都写在连线的左上方，以便于后边有更繁复的线路。在结尾表示，每个神经元都可能提出几个能够表示输出的多向箭镞，其值也是相同的，如图 6-18 所示。

神经元也可作为一种运算和存储单元。运算是指神经元对其输入完成运算功能。而存储则是指神经元会暂存计算，并传递到下一级。

在使用神经元构成网络系统之后，表示网络系统中的某些神经元时，更多地会用单元（unit）来表示。另外，由于神经网络的表现形式是一个有向图，有时候还可以用节点（node）来表示相同的意义。

神经元模型的使用可以这样理解：

有一组数据，称为样本。样本有四个属性，其中三个属性已知，一个属性未知。需要做的就是利用三种已知属性来预测未知属性。

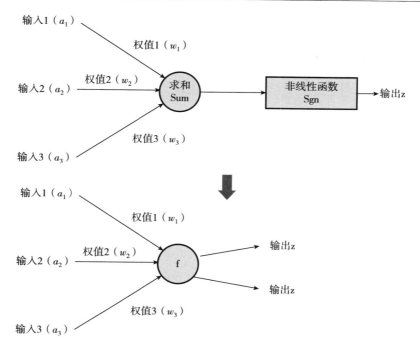

图 6-18 神经元模型

具体方法便是根据神经元的公式来运算。三个已知属性的值是 a_1、a_2、a_3，未知属性的值是 z。z 都可以根据公式计算出来。

已知的属性称为特征，未知的属性称为目标。假设特征与目标之间确实是线性关系，并且已经得到表示这个关系的权值 w_1、w_2、w_3。那么，就可以通过神经元模型预测新样本的目标。

2. 激励函数

激活函数是在神经元中，对输入的 input 进行加权，通过求和后被应用于一个函数，这个函数便是激活函数：Activation Function，如图 6-19 所示。

如果不使用激活函数，每一级输出都只是承载着上一级输入函数的线性变换，尽管神经网络有很多层，输出都始终是输入的线性组合。一旦应用的话，通过激活函数可以为神经元注入一个非线性的参数，使神经网络可以接近为一个非线性函数，如此的神经网络才可以运用在非线性模型上。最常见的激活函数包括 Sigmoid 函数、Tanh 函数、Relu 函数。

（1）Sigmoid 函数：

$$f(z)=\frac{1}{1+\exp(-z)} \tag{6-31}$$

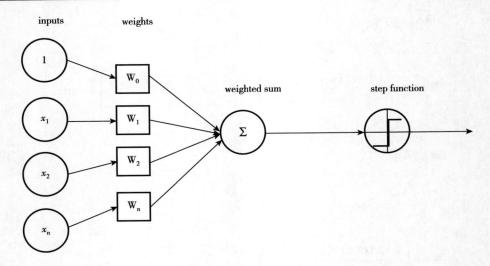

图 6-19　激活函数

Sigmoid 函数也叫 Logistic 函数，用于隐藏层的输出，输出在（0，1）之间，它可以将一个实数映射到（0，1）的范围内，可以用来做二分类。适用于在特征相差比较复杂，或者差异还没有非常大的地方，效果很好（见图 6-20）。

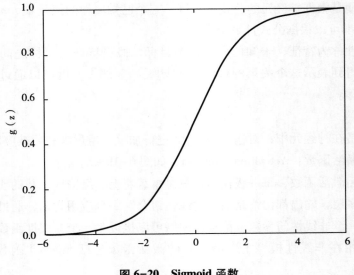

图 6-20　Sigmoid 函数

Sigmoid 函数的缺点：①激活函数的计算工作量较大，在反向传递求误差梯度时，求导涉及到除法。②在反向传播时，很容易发生梯度弥散消失的情形，因此无法进行深度神经网络的训练。

（2）Tanh 函数：

$$f(z) = tanh(z)\frac{e^z - e^{-z}}{e^z + e^{-z}} \tag{6-32}$$

Tanh 曲线又叫作双切正切曲线，取值区域都是［-1，1］，所以 Tanh 在特征差异明显的时候效果会更好，在循环过程中，会进一步增加特征效应，与 Sigmoid 函数相比，因为 Tanh 是 0 均值的，所以在实际中，Tanh 比 Sigmoid 函数更好（见图 6-21）。

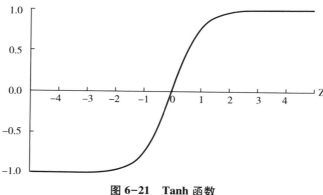

图 6-21 Tanh 函数

（3）Relu 函数：

$$\phi(x) = \max(0, x) \tag{6-33}$$

从图 6-22 可以看到，当输入信息<0 时，输出都是 0；当输入信息>0 时，则输出等于输入。

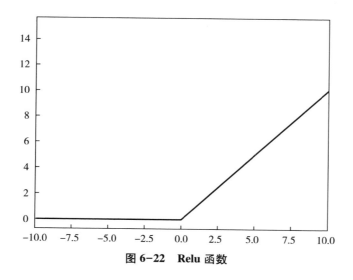

图 6-22 Relu 函数

Relu 函数的优点：通过 Relu 函数所获得的 SGD 的收敛速率会比 Tanh/Sigmoid 函数快许多。

Relu 函数的缺点：在训练的时候比较脆弱，很容易就无反应了，比如，有特别大的梯度流过某个 Relu 神经元，在更新了参数之后，该神经元就不会对其他数据有激活现象了，所以该神经元的梯度就一直只会变成 0 了。如果 Learning Rate 很大，那么很有可能网络中 40% 的神经元都无反应了。

三、三种常见的神经网络

1. 单层神经网络（感知器）

1958 年，计算科学家 Rosenblatt 提出了由两层神经元组成的神经网络，超名为"感知器"（Perceptron）（有的文献翻译成"感知机"，下文统一用"感知器"来指代）。

感知器也是当时第一个可学习的人工神经网络。Rosenblatt 现场展示了其学习识别简单图像的过程，在当时的社会造成了轰动。

人们以为找到了人工智能的奥秘，因此不少专家学者和研究单位也开始投身到人工神经网络的研发中。美国军方也大力资助了神经网络的研发工作，并认为神经网络比原子弹工程更重要。这一时期直到 1969 年才结束，因此这个时代也可视为发展神经网络的第一个阶段。神经网络发展如图 6-23 所示。

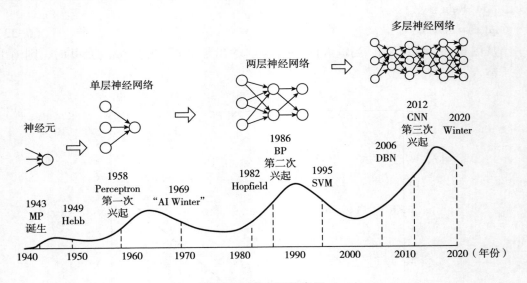

图 6-23 神经网络发展

资料来源：搜狐网。

在原来 MP 模型的输入部分增加神经元节点，标记其为输入单元。其余的不变，所以便得到了图 6-24。由此，可以把权值 w_1，w_2，w_3 画在连接线的中间。

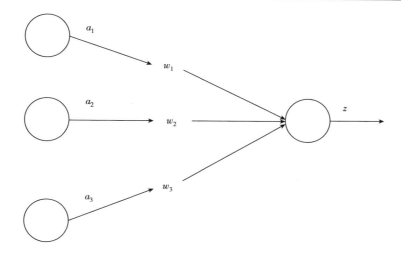

图 6-24 单层神经网络

在感知器中，有两个层级，它们是输入层和输出层。输入层里的输入单元只负责传输数据，不做运算。输出层里的输出单元则必须对当前层的输入执行运算。

通常将所有进行运算的层面都叫作计算层，并把具有单一计算层的网络称为单层神经网络。有一部分文献里会根据网络所包含的层数来定名，比如将感知器叫作两层神经网络。

假如要预测的目标不再是一个值，而是一个向量，例如 [2, 3]，那么可以在输出层再增加一个输出单元。

图 6-25 展示了具有两个输出单元的单层神经网络，及其输出单元 z_1 的计算公式。

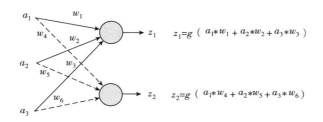

图 6-25 单层神经网络

可以看出，在 z_2 的计算中除三个新的权值 w_4、w_5、w_6 外，其余都和 z_1 值是相同的。目前的表达公式中有一个让人不满意的地方就是：由于 w_4、w_5、w_6 都是后来加的，所以很难表达出与原来 w_1、w_2、w_3 之间的联系。因此，可以使用二维的下标，用 $w_{x,y}$ 来表达一个权值，下标中的 x 代表后一层神经元的序号，而 y 代表前一层神经元的序号

（序号的排列从上到下）。

例如，$w_{1,2}$ 代表后一层的首个神经元和前一层的第二神经元的连线的权值。单层神经网络的输出值计算如图 6-26 所示。

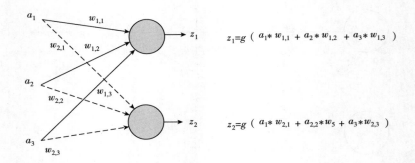

$$z_1=g\left(a_1*w_{1,1}+a_2*w_{1,2}+a_3*w_{1,3}\right)$$

$$z_2=g\left(a_1*w_{2,1}+a_{2,2}*w_5+a_3*w_{2,3}\right)$$

图 6-26　单层神经网络的输出值计算

图 6-26 中的两个公式其实就是线性代数方程式。因此，可以用矩阵乘法来表示这两个公式。

比如，输入的变量为 $[Z_1,\ Z_2]^T$（代表由 a_1、a_2、a_3 组成的列向量），用向量 a 来表示。方程的左边是 $[Z_1,\ Z_2]^T$，用向量 z 来表示。系数则是矩阵 W（2 行 3 列的矩阵，排列形式与公式中的一样）。于是，输出公式可以改写成：$g(W*a)=z$。

这个公式就是神经网络中从前一层计算后一层的矩阵运算。

2. 两层神经网络（多层感知器）

两层神经网络除包括一个输入层和一个输出层外，还增加了一个中间层。此时，中间层与输出层之间都是计算层。假设扩展上节的单层神经网络，在右边的新加一个层次（只包含一个节点）。

现在，当权值矩阵扩大到了两个，可以用上标来划分各个层次间的变量。

例如，$a_x^{(y)}$ 代表第 y 层的第 x 个节点。z_1、z_2 变成了 $a_1^{(2)}$、$a_2^{(2)}$。图 6-27 给出了 $a_1^{(2)}$、$a_2^{(2)}$ 的计算公式。

计算最终输出 z 的方式是利用了中间层的 $a_1^{(2)}$、$a_2^{(2)}$ 和第二个权值矩阵运算得出的，结果如图 6-28 所示。

假如预测目标是一个向量，则和前面类似，只需在输出层上再添加节点。

使用向量和矩阵来表示层次中的变量。$a^{(1)}$、$a^{(2)}$、z 是网络中传输的向量数据，$w^{(1)}$ 和 $w^{(2)}$ 是网络的矩阵参数，如图 6-29 所示。

通过矩阵运算来表达整个计算公式如下：

$$g(w^{(1)}*a^{(2)})=a^{(2)} \tag{6-34}$$

$$g(w^{(2)}*a^{(2)})=z \tag{6-35}$$

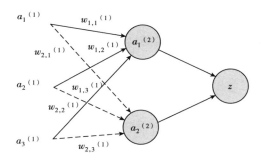

$$a_1{}^{(2)} = g\left(a_1{}^{(1)} * w_{1,1}{}^{(1)} + a_2{}^{(1)} * w_{1,2}{}^{(1)} + a_3{}^{(1)} * w_{1,3}{}^{(1)}\right)$$

$$a_2{}^{(2)} = g\left(a_1{}^{(1)} * w_{2,1}{}^{(1)} + a_2{}^{(1)} * w_{2,2}{}^{(1)} + a_3{}^{(1)} * w_{2,3}{}^{(1)}\right)$$

图 6-27 两层神经网络的输出值计算

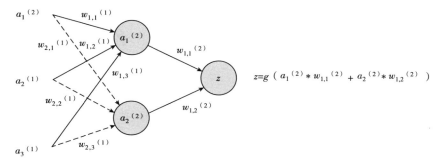

$$z = g\left(a_1{}^{(2)} * w_{1,1}{}^{(2)} + a_2{}^{(2)} * w_{1,2}{}^{(2)}\right)$$

图 6-28 两层神经网络的输出值计算

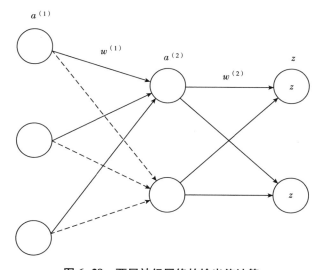

图 6-29 两层神经网络的输出值计算

由此可见，通过矩阵算法来表示是非常简单的，但同时又没有受节点数量增多的影响（无论有多少节点参与运算，乘法两端都只有一个变量）。因此，在神经网络的教程中大量采用了矩阵运算来描述。

必须指出的是，到目前为止，在对神经网络的结构图的研究中，并不会提及偏置节点（Bias Unit）。而实际上，这种节点也是默认存在的。它实质上是一种只具有存储特性，但存储值却始终是一的单元。在神经网络的各个层次中，除输出层外，都可能存在着这样一种偏置单元。正如线性回归模型和逻辑回归模型中的情况那样。

偏置单元与后一层的每个节点都有关系，如果所假设的参数值为向量 b，则称为偏置，如图 6-30 所示。

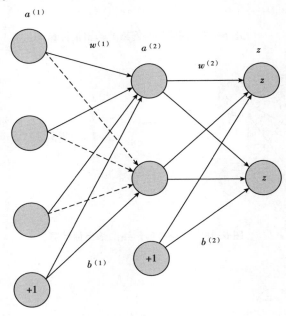

图 6-30　考虑偏置节点两层神经网络的输出值计算

应该发现，偏置节点很好确认，是因为它缺少了输入（前一级中缺少了箭头指定它）。一般情况下，不会明确画出偏置节点。

当考虑了偏置以后的一个神经网络的矩阵运算如下：

$$g(w^{(1)} * a^{(1)} + b^{(1)}) = a^{(2)} \tag{6-36}$$

$$g(w^{(2)} * a^{(2)} + b^{(2)}) = z \tag{6-37}$$

必须指出的是，在两层神经网络中，将不再采用 Sgn 函数当作函数 g，转而采用平滑函数 Sigmoid 当作函数 g。可以将函数 g 也叫作激活函数（Active Function）。

其实，神经网络实质上是利用参数和激活函数，来拟合特征与目标间的真实函数联系。初学者也许觉得画神经网络的基本结构图，就是可以用来在编程中实现简单的圆圈和直线，但是在设计一个神经网络的过程中，并没有"线"这个对象，也没有"单元"这个对象。所以，实现一个神经网络最需要的就是线性代数库。

3. 多层神经网络（深度学习）

可以延续两层神经网络的形式，来构造一个多层的神经网络。

通过两层神经网络的输出层之后，不断添加层级。将原有输出层变成中间层，再将重新添入的层级变成新的输出层。据此，即可得出图6-31。

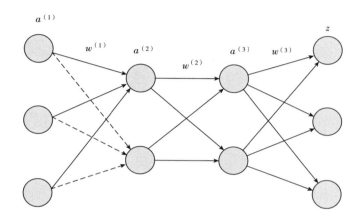

图6-31 多层神经网络

按照这样的方法继续添加，将能够获得更多层的多层神经网络。公式推理其实与两层神经网络差不多，用矩阵计算的话也只需再加个公式。

在已知输入 $a^{(1)}$，参数 $w^{(1)}$、$w^{(2)}$、$w^{(3)}$ 的情况下，输出 z 的推导公式如下：

$$g(w^{(1)} * a^{(1)}) = a^{(2)} \tag{6-38}$$

$$g(w^{(2)} * a^{(2)}) = a^{(3)} \tag{6-39}$$

$$g(w^{(3)} * a^{(3)}) = a^{(4)} \tag{6-40}$$

多层神经网络中，输出也是按一层一层的方式来运算。从最外围的层开始，在计算出每个单元的数值之后，再继续算更深一层。只有在当前层每个单元的所有数值都运算出来之后，才会算下一层。所以将这种过程称为"正向传播"。

接下来讨论一下在多层神经网络中的参数。

从图6-32中可以看出 $w^{(1)}$ 中有6个参数，$w^{(2)}$ 中有4个参数，$w^{(3)}$ 中有6个参数，所以整个神经网络中的参数有16个（这里我们不考虑偏置节点，下同）。

假设，可以将中间层的节点数做一个调整。第一个中间层将变为三个单元，第二个中间层将变为四个单元。

通过处理之后，这个网络的参数就变成了33个（见图6-33）。

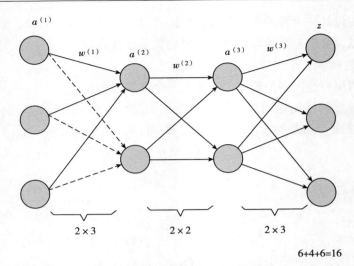

图 6-32　多层神经网络的参数个数

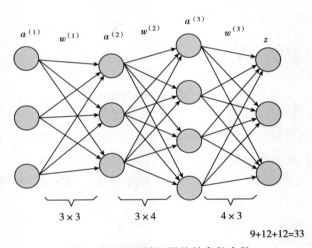

图 6-33　多层神经网络的参数个数

　　尽管层数保持不变，但第二个神经网络的参数个数是第一个神经网络的两倍多，并因此提供了良好的表示（Representation）功能。表示功能也是多层神经网络的一项重要性质，下文将进行说明（见图 6-34）。

　　在参数一致的情况下，可以获得一个"更深"的网络。

　　在图 6-34 中，尽管参数数量依旧为 33，但是却有 4 个中间层，是原来层数的两倍。这就意味着一样的参数数量，可以用更深的层次去描述。与两层的神经网络不同。多层神经网络中的层数扩大了许多，从而具有了更广泛的表示功能，以及更强的函数模拟能力。

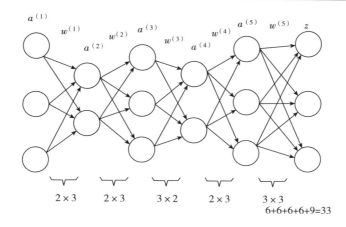

2×3　　2×3　　3×2　　2×3　　3×3

6+6+6+6+9=33

图6-34　多层神经网络的参数个数

第八节　分类性能评价

一、混淆矩阵

1. 混淆矩阵的定义

混淆矩阵（Confusion Matrix）是衡量模型结果的指标，是模型评估的一部分。另外，混淆矩阵也多用来确定分类器（Classifier）的好坏，适合于分类的数据模型，如分类树（Classification Tree）、逻辑回归（Logistic Regression）、线性判别分析（Linear Discriminant Analysis）等分析方法。混淆矩阵实质上只是一种矩阵，也可以理解成是一个表格。以分类模型中最基本的二分类为例，针对这个情况，模型最终必须确定分类的结果为0或者1，或者说是Positive或Negative。

经过大量数据的收集，就可能直观了解在真实情况下，什么样的数据结果是Positive，什么样的数据结果是Negative。另外，还能通过用样本数据跑出分类模型的数据结果，得以了解模型认为这些数据什么是Positive，什么是Negative。

因此，就能得到这样四个基础指标，称它们是一级指标：

（1）真实值是Positive，模型认为是Positive的数量（True Positive=TP）。

（2）真实值是Positive，模型认为是Negative的数量（False Negative=FN）。

（3）真实值是Negative，模型认为是Positive的数量（False Positive=FP）。

（4）真实值是Negative，模型认为是Negative的数量（True Negative=TN）。

当这四种指标同时出现在表6-7中，就可以得出如下矩阵，人们称其为混淆矩阵。

表6-7 混淆矩阵

混淆矩阵		真实值	
		Positive	Negative
预测值	Positive	TP	FP
	Negative	FN	TN

2. 混淆矩阵的指标

预测性分类模型，必然是期望越准越好。所以，如果对应值在混淆矩阵上，那就必然是希望 TP 与 TN 的数量大，而 FP 与 FN 的数量小。于是当获得了模型的混淆矩阵后，就只需再看有哪些观测值在第二、第四象限中的适当地方，而它们的数目越多越好；反之，在第一、第三象限相应区域产生的观测值就一定要越少越好。不过，在混淆矩阵里面计算的都是小数量，所以有时面对大量的信息时，只凭计算数量很难判断模型的好坏。所以，混淆矩阵可以从最基本的计算结果上又延伸了以下四个指标，称其为二级指标：

（1）准确率（Accuracy）。

（2）精确率（Precision）。

（3）灵敏度（Sensitivity）。

（4）特异度（Specificity）。

通过表6-8的四个二级指标，就能够把混淆矩阵中数量的结果转换为 0-1 区间的比率，以便进行标准化的衡量。

表6-8 分类评价指标

	公式	意义
准确率 ACC	$\text{Accuracy} = \dfrac{TP+TN}{TP+TN+FP+FN}$	分类模型所有判断正确的结果占总观测值的比重
精确率 PPV	$\text{Precision} = \dfrac{TP}{TP+FP}$	在模型预测是 Positive 的所有结果中，模型预测对的比重
灵敏度 TPR	$\text{Sensitivity} = \text{Recall} = \dfrac{TP}{TP+FN}$	在真实值是 Positive 的所有结果中，模型预测对的比重
特异度 TNR	$\text{Specificity} = \dfrac{TN}{TN+FP}$	在真实值是 Negative 的所有结果中，模型预测对的比重

在这四个指标的基础上再进行拓展，会产生一个三级指标 F1 来对 Precision 和 Recall 进行整体评价：

$$F1 = \frac{2 \times P \times R}{P+R} \qquad\qquad (6-41)$$

人们当然期望检索结果（分类结果）的 Precision 越高越好，并且 Recall 也越高越好，但实际上这两者在有些情形下是冲突的。比如在极端情形下，只检索出了一个结果，且是正确的（分类后的正确实例只有一个，且该实例原本就是正实例），那么 Precision 就是 100%，但是 Recall 就会很低；而假如把所有结果都返回（所有的结论都被分类为正实例），那么 Recall 就是 100%，但 Precision 就会很低。所以在不同的情形下，必须要确定是 Precision 会比较高还是 Recall 会比较高。如若要进行实验研究，也应该描绘 Precision-Recall 曲线来辅助研究。

二、PR 曲线

要知道，分类模型的最后输出通常是一种概率值，因此通常要求将概率值转化为更具体的类别，对于二分类而言，设置一个阈值（Threshold），超过此阈值判别为正类，反之为负类。

以上的评价指标（Accuracy、Precision、Recall）都是根据某个特定阈值而言的，所以当不同模型取不同阈值时，应怎样更全面地评估各个模型？Precision Recall 曲线如图 6-35 所示。

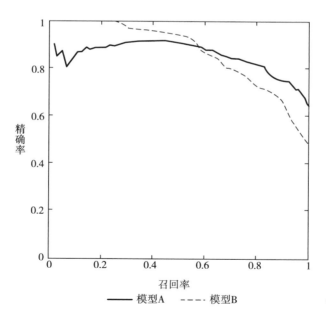

图 6-35　PR 曲线

PR 曲线的横轴是召回率，纵轴是精确率。对于一个模型来说，其 PR 曲线上的一个点代表着在某一阈值下，模型将大于该阈值的结果判定为正样本，小于该阈值的结果判定为负样本，此时返回结果对应一对召回率和精确率，作为 PR 坐标系上的一个坐标。整条 PR 曲线是通过将阈值从高到低移动而生成的。

图 6-35 是两个模型的 PR 曲线，但很显然 PR 曲线越接近图右上角（1，1）的模型效果越好。对于实际情况，必须针对各种决策条件综合评估各种模型的优劣。

三、ROC 曲线

在介绍 ROC 曲线之前，需要明确以下几个概念：

（1）真正类率（True Positive Rate，TPR），又称 Sensitivity，刻画的是被分类器正确分类的正实例占全部正实例的比例。

$$TPR = \frac{TP}{TP+FN} \tag{6-42}$$

（2）负正类率（False Positive Rate，FPR），又称 1-specificity，代表的是被分类器误认为正类的负实例占所有负实例的比例。

$$FDR = \frac{FP}{FP+TN} \tag{6-43}$$

（3）真负类率（True Negative Rate，TNR），又称 specificity，刻画的是被分类器正确分类的负实例与所有负实例的比例。

$$TNR = 1-FPR = \frac{TN}{FP+TN} \tag{6-44}$$

1. ROC 曲线

ROC 的全称是 Receiver Operating Characteristic，其最主要的分析工具是一个绘制在二维平面上的曲线——ROC Curve。平面的横坐标是 False Positive Rate（FPR），纵坐标是 True Positive Rate（TPR）。对于某个分类器来说，可以通过它在测试数据中的表现得到一种 TPR 或 FPR 点对。这样一来，该分类器就能够映射成 ROC 平面中的一个点。而根据该分类器在分类时所用的阈值，便能够得出一条经过（0，0）和（1，1）的曲线，这便是该分类器的 ROC 曲线。通常情况下，这些曲线都必须位于（0，0）和（1，1）连接的上方。因为由（0，0）和（1，1）条连接线组成的 ROC 曲线事实上表示的是一个随机分类器。所以假如很不巧，找到了一个处在该线下方的分类器时，最简单的补救方法便是将全部的预测结果反向，即假设分类器的输出结果为正类，则最终分类的结果为负类，如若相反，则为正类。的确，用 ROC Curve 来描述分类器的 performance 非常简单且好用。但是，始终期待能找到一种数据标准来衡量分类器的优劣。所以，Area Under ROC Curve（AUC）就产生了。顾名思义，AUC 的数值是指位于 Roc Curve 下的局部区域的面积大小。一般来说，AUC 的数值都位于 0.5~1.0，而较大的 AUC 值代表着较好的 performance。

如图 6-36 所示，A、B、C 三个模型所对应的 ROC 曲线相交的交点，且 AUC 值也是不相等的，此时明显地更接近于（0，1）（0，1）（0，1）点的 A 型的分类表现将更佳。

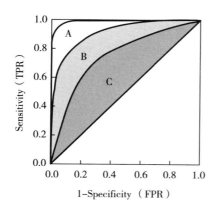 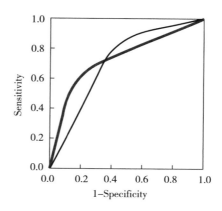

图 6-36 ROC 曲线

2. AUC 值

AUC 值即 ROC 曲线所涵盖的区域面积，AUC 值越大，分类器分类效果就越好。不同 AUC 值的 ROC 曲线，如图 6-37 所示。

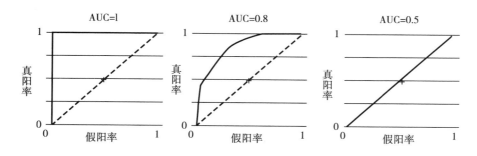

图 6-37 不同 AUC 值的 ROC 曲线

（1）AUC＝1，一种完美分类器，在使用了这种预测模型后，不管设定了什么阈值都可以得到完美预测。绝大多数预测的情况，不存在完美分类器。

（2）0.5＜AUC＜1，优于随机预测。这种分类器（模型）妥善设置阈值的话，就有了预测价值。

（3）AUC＝0.5，与随机预测值相似（如丢铜板），但模型较缺乏预测价值。

（4）AUC＜0.5，比随机预测的低；但如果一直逆预测而行，就优于随机猜测。

假定分类器的输出值是样本属于正类的 socre（置信度），则 AUC 的物理含义为任取一对（正、负）样本，正样本的 score 大于负样本的 score 的概率。

AUC 有以下三种计算方式：

（1）如果 AUC 面积是在 ROC 曲线下的内积，那可以通过算面积即得。面积是一个个较小的梯形面积之和，计算结果的准确度和阈值的精确度密切相关。

（2）基于 AUC 的物理含义，可以统计正样本 score 多于负样本的 score 的概率。选取 N * M（N 为正样本数，M 为负样本数）个二元组，比较 score，最后得出 AUC。时间复杂度为 O（N * M）。

（3）与第二种方法相似，直接计算正样本 score 大于负样本 score 的概率。首先把所有样本按照 score 排序，依次用 rank 表示，如最大 score 的样本，rank＝n（n＝N+M），其次为 n-1。那么对于正样本中 rank 最大的样本（rank_max），有 M-1 个比其 score 小的正样本，那么就有（rank_max-1）-（M-1）个负样本比其 score 小。最后我们得到正样本大于负样本的概率为：

$$P = \frac{\sum\limits_{\text{所有正样本}} rank - \frac{M(M+1)}{2}}{M \times N} \tag{6-45}$$

时间复杂度为 O（N+M）。

第九节　应用案例

分类性能评价案例

1. 模型说明

以银行客户信息的数据为例，采用支持向量机以及随机森林来继续帮助银行建立信用卡欺诈判别模型，并且采用 ROC、F1 以及 AUC 曲线判断模型的优劣。

2. 补充介绍

为处理数据的非平衡问题，2002 年 Chawla 发明了 SMOTE 算法，即合成的少数过采样算法，这是基于随机过采样算法的另一个优化算法。该算法是目前分析非平衡信息的常用方法，并得到科学界与工业界的广泛认可，下面将简要说明该算法的理论来源。

SMOTE 计算的基本思路是对少数分类样本加以分类与建模，并把人工建模的新样本纳入统计集中，从而使原始样本中的分类信息不再缺失。该算法的仿真过程中引入了 KNN 技术，模拟产生新数据的过程包括：采用最邻近方法，可以求出所有少数类样本的 K 个近邻；在 K 个近邻中，随机选取了 N 个数据作为随机的线性插值；构造新的少数类样本；将新样本和原有数据综合，形成全新的训练集。

3. 数据说明

银行客户信息如表 6-9 所示。

表 6-9　银行客户信息

客户号	卡类别	币种代码	额度	日均消费金额	日均次数	单笔消费最小金额	单笔消费最大金额	个人收入连续	是否存在欺诈
1E+12	普卡	CNY	10000	764	6	45.3	1127.2	54000	0
1E+12	普卡	CNY	10000	797	2	48	1303	56000	0
1E+12	普卡	CNY	10000	106	4	6.6	129.9	22297	0
1E+12	普卡	CNY	10000	800	2	48	1308	56000	0
1E+12	普卡	CNY	10000	968	4	58.7	2411.9	67400	0
1E+12	普卡	CNY	10000	101	3	5	102	19360	0
1E+12	普卡	CNY	10000	106	4	6.7	130.2	22599	0
1E+12	普卡	CNY	10000	800	2	48.1	1315.3	56000	0
1E+12	普卡	CNY	10000	366	3	26.7	634.7	39198	0
1E+12	普卡	CNY	10000	107	2	6.9	131.5	22975	0
1E+12	普卡	CNY	10000	1705	3	90	10613.7	150000	1
1E+12	普卡	CNY	10000	967	2	58.6	2403.3	67400	0
1E+12	普卡	CNY	10000	967	2	58.6	2390.5	67400	0
1E+12	普卡	CNY	10000	107	2	6.9	131.8	22975	0
1E+12	普卡	CNY	10000	107	5	7	134.1	23000	0
1E+12	普卡	CNY	10000	800	3	48.1	1319.8	56000	0
1E+12	普卡	CNY	10000	1169	6	70.8	4906	78400	0
1E+12	普卡	CNY	10000	1166	4	70.7	4884.9	78160	0
1E+12	普卡	CNY	10000	1154	2	70.5	4814.1	78000	0
1E+12	普卡	CNY	10000	101	1	5	102.1	19360	0
1E+12	普卡	CNY	10000	107	7	7	134.1	23000	0
1E+12	普卡	CNY	10000	373	1	27.3	660	39364	0
1E+12	普卡	CNY	10000	974	4	59.4	2484.7	67648	0
1E+12	普卡	CNY	10000	845	5	50	1541.6	59625	0
1E+12	普卡	CNY	10000	920	7	54.8	2042.7	64100	0
1E+12	普卡	CNY	10000	101	1	5	104.8	20322	0
1E+12	普卡	CNY	10000	930	2	55.7	2129.4	65400	0
1E+12	普卡	CNY	10000	108	4	7.3	140	23420	0

客户号	卡类别	币种代码	额度	日均消费金额	日均次数	单笔消费最小金额	单笔消费最大金额	个人收入连续	是否存在欺诈
1E+12	普卡	CNY	10000	847	8	50	1546.7	59685	0
1E+12	普卡	CNY	10000	972	2	59.3	2475.6	67648	0
1E+12	普卡	CNY	10000	848	1	50	1546.9	59685	0
1E+12	普卡	CNY	10000	848	2	50	1549	59685	0
1E+12	普卡	CNY	10000	970	2	59.2	2465.4	67500	0

4. 代码实现

```python
from __future__ import division, print_function
import numpy as np
import pandas as pd
import seaborn as sns
from sklearn.preprocessing import MinMaxScaler, StandardScaler
from sklearn.metrics import roc_curve, auc   ###计算 roc 和 auc
from sklearn.model_selection import train_test_split
from sklearn.svm import LinearSVC
from sklearn.svm import SVC
from sklearn.linear_model import LogisticRegression
from sklearn.ensemble import RandomForestClassifier
from sklearn.ensemble import GradientBoostingClassifier
from sklearn.metrics import accuracy_score, precision_score, recall_score, f1_score
from sklearn.metrics import classification_report
import matplotlib.pyplot as plt
import matplotlib as mpl
from imblearn.over_sampling import SMOTE
#from imblearn.combine import SMOTEENN
from sklearn.metrics import confusion_matrix
#打印直方图
def draw_hist(myList, Title, Xlabel, Ylabel):
    rects = plt.bar(range(len(myList)), myList, color='gr')
    index = [0, 1]
    YmaxLen = 10 ** (len(str(max(HisData))) - 1)
    ymax = (int(max(HisData) / YmaxLen) + 1) * YmaxLen
    plt.ylim(ymax=ymax, ymin=0)
    plt.xticks(index, name_list)
    plt.xlabel(Xlabel) #X 轴标签
    plt.ylabel(Ylabel) #Y 轴标签
    plt.title(Title)
    plt.rcParams['font.sans-serif'] = ['SimHei'] #解决中文显示
    plt.rcParams['axes.unicode_minus'] = False   #解决符号无法显示
    for rect in rects:
```

```
            height = rect. get_height( )
            plt. text( rect. get_x( )+rect. get_width( )/2, height, str( height ), ha='center', va='bottom')
        plt. show( )
#打印混淆矩阵
def plot_confusion_matrix( cm, title='Confusion Matrix', cmap=plt. cm. Blues ) :
        plt. imshow( cm, interpolation='nearest', cmap=cmap, alpha=0. 3 )
        plt. title( title, fontsize=16)
        plt. colorbar( )
        xlocations = np. array( range( len( labels ) ) )
        plt. xticks( xlocations, labels, rotation=90)
        plt. yticks( xlocations, labels)
        plt. ylabel( 'True label', fontsize=14)
        plt. xlabel( 'Predicted label', fontsize=14)
# read data from comma−delimited text file… create DataFrame object
def loaddata( tempfile, sampletype) :
        tempdata = pd. read_csv( tempfile, sep=',')
        data = tempdata. loc[ :,['日均消费金额','日均次数','单笔消费最大金额','个人收入','额度','是否欺诈']]
        tempx = data. loc[ :,['日均消费金额','日均次数','单笔消费最大金额','个人收入','额度']]
        tempy = data['是否欺诈']
        plt. figure( )
        plt. rcParams[ 'font. sans-serif'] = [ 'SimHei']#解决中文显示
        plt. rcParams[ 'axes. unicode_minus'] = False    #解决符号无法显示
        sns. countplot( data. 是否欺诈)
        plt. xlabel( 'Label', size=10)
        plt. xticks( size=10)
        plt. show( )
        if sampletype == 'under-sampling':
            df1 = data[ data[ "是否欺诈"] ==1]#正样本部分
            df0 = data[ data[ "是否欺诈"] ==0]#负样本部分
            k = df1. shape[ 0]/df0. shape[ 0]
            df2 = df0. sample( frac=k)
            #将下采样后的正样本与负样本进行组合
            df_new = pd. concat( [ df1, df2] )
            tempx = df_new. loc[ :,['日均消费金额','日均次数','单笔消费最大金额','个人收入','额度']]
            tempy = df_new['是否欺诈']
elif sampletype == 'SMOTE':
            over_samples = SMOTE( random_state=1, k_neighbors=5)
            tempx, tempy = over_samples. fit_sample( tempx, tempy)
        return( data, tempx, tempy)
data, tempx, tempy = loaddata( 'D:\costhis. csv','')
#数据标准化
xstd_scale = StandardScaler( )
tempx = xstd_scale. fit_transform( tempx)
#划分训练集,测试集
x_train, x_test, y_train, y_test = train_test_split ( tempx, tempy, test_size=0. 10, random_state=1 )
#tempmode = SVC( kernel="linear")
#tempmode = LinearSVC( penalty='l2', tol=0. 0001, C=20000. 0, dual=False )
#tempmode = LogisticRegression( )
```

```python
#tempmode = GradientBoostingClassifier(random_state = 20)
#调权重就是调整模型中正负样本在模型表现中的表决权重,以此来平衡样本绝对量的不平衡。
#比如正负样本绝对量的比值为1∶10,为了抵消这种量级上的不平衡,我们在模型中可以给予模型正负样本10∶1
的表决权重,也就是10个正样本的表决相当于1个负样本的表决。
tempmode = RandomForestClassifier(n_estimators = 100, oob_score = True, random_state = 10, class_weight = "balanced") #
权重法
#tempmode = RandomForestClassifier(n_estimators = 100, oob_score = True, random_state = 10)
#进行模型的训练
tempmode. fit(x_train, y_train)
y_pred = tempmode. predict(x_test)
x_pred = tempmode. predict(x_train)
confmat = confusion_matrix(y_test, y_pred)
print(confmat)
labels = ['0', '1']          #打印模型混淆矩阵
tick_marks = np. array(range(len(labels))) + 0. 5
np. set_printoptions(precision = 2)
cm_normalized = confmat. astype('float')/confmat. sum(axis = 1)[:, np. newaxis]
#print(cm_normalized)
plt. figure(figsize = (6, 4), dpi = 120)
ind_array = np. arange(len(labels))
x, y = np. meshgrid(ind_array, ind_array)
Sumyb = 0
TPreyb = 0
for x_val, y_val in zip(x. flatten(), y. flatten()):
    d = confmat[y_val][x_val]
    plt. text(x_val, y_val, "%d" % (d,), color = 'red', fontsize = 14, va = 'center', ha = 'center')
# offset the tick
plt. gca(). set_xticks(tick_marks, minor = True)
plt. gca(). set_yticks(tick_marks, minor = True)
plt. gca(). xaxis. set_ticks_position('none')
plt. gca(). yaxis. set_ticks_position('none')
plt. grid(True, which = 'minor', linestyle = '-')
plt. gcf(). subplots_adjust(bottom = 0. 15)
plot_confusion_matrix(confmat, title = 'Normalized confusion matrix')
plt. show()
#召回率、准确率、F1
print('accuracy:%. 3f' %accuracy_score(y_true = y_test, y_pred = y_pred))
print('precision:%. 3f' %precision_score(y_true = y_test, y_pred = y_pred))
print('recall:%. 3f' %recall_score(y_true = y_test, y_pred = y_pred))
print('F1:%. 3f' %f1_score(y_true = y_test, y_pred = y_pred))
target_names = ['class 0', 'class 1']
print(classification_report(y_test, y_pred, target_names = target_names))
#Compute ROC curve and ROC area for each class(测试集)
Test_fpr, Test_tpr, threshold = roc_curve(y_test, y_pred) ###计算真正率和假正率
Train_fpr, Train_tpr, threshold = roc_curve(y_train, x_pred) ###计算真正率和假正率
Test_roc_auc = auc(Test_fpr, Test_tpr) ###计算 auc 的值
Train_roc_auc = auc(Train_fpr, Train_tpr) ###计算 auc 的值
plt. figure()
```

```
lw = 2
plt. figure(figsize = (10,10))
plt. plot(Test_fpr,Test_tpr, color = 'darkorange',
        lw=lw, label = 'ROC curve (area=%0.2f)' % Test_roc_auc) ###假正率为横坐标,真正率为纵坐标做曲线
plt. plot(Train_fpr,Train_tpr, color = 'red',
        lw=lw, label = 'ROC curve (area=%0.2f)' % Train_roc_auc) ###假正率为横坐标,真正率为纵坐标做曲线
plt. plot([0, 1], [0, 1], color = 'navy', lw=lw, linestyle = '--')
plt. xlim([0.0, 1.0])
plt. ylim([0.0, 1.05])
plt. xlabel('False Positive Rate',fontsize = 20)
plt. ylabel('True Positive Rate',fontsize = 20)
plt. title('Mode ROC curve',fontsize = 20)
plt. legend(loc = "lower right",fontsize = 20)
plt. show()
#打印特征重要性评分
importances = tempmode. feature_importances_
indices = np. argsort(importances)[::-1]
feat_labels = ['日均消费金额','日均次数','单笔消费最大金额','个人收入','额度']
for f in range(x_train. shape[1]):
        intk = indices[f]
        print(f+1, feat_labels[intk], importances[intk])
#日均次数对是否欺诈的影响分析
name_list = [u'正常客户', '欺诈客户']
HisData = []
for x in range(2):
        a = sum(data. 日均次数[data. 是否欺诈 == x])
        b = len(data. 日均次数[data. 是否欺诈 == x])
        HisData. append(int(a/b))
print(HisData)
draw_hist(HisData,u'日均次数与客户类型的关系',u'客户类型',u'日均次数')     # 直方图展
#单笔消费最大金额对是否欺诈的影响分析
name_list = [u'正常客户', '欺诈客户']
HisData = []
for x in range(2):
        a = sum(data. 单笔消费最大金额[data. 是否欺诈 == x])
        b = len(data. 单笔消费最大金额[data. 是否欺诈 == x])
        HisData. append(int(a/b))
print(HisData)
draw_hist(HisData,u'单笔消费最大金额与客户类型的关系',u'客户类型',u'单笔消费最大金额')     # 直方图展
#日均消费金额对是否欺诈的影响分析
name_list = [u'正常客户', '欺诈客户']
HisData = []
for x in range(2):
        a = sum(data. 日均消费金额[data. 是否欺诈 == x])
        b = len(data. 日均消费金额[data. 是否欺诈 == x])
        HisData. append(int(a/b))
print(HisData)
draw_hist(HisData,u'日均消费金额与客户类型的关系',u'客户类型',u'日均消费金额')     # 直方图展
```

```
#SVM 模型,分析影响位置空间分析
from sklearn import svm
X = data. loc[ : ,['日均次数','日均消费金额']]
y = data['是否欺诈']
over_samples = SMOTE( random_state = 1 , k_neighbors = 5 )
over_samples_X , over_samples_y = over_samples. fit_resample( X , y )
x_train , x_test , y_train , y_test = train_test_split ( over_samples_X , over_samples_y , test_size = 0. 30 , random_state = 1 )
clf = svm. SVC( C = 10000 , kernel = 'rbf' , gamma = 0. 00001 , decision_function_shape = 'ovo' )
clf. fit( x_train , y_train )
y_pred = clf. predict( x_test )
confmat = confusion_matrix( y_test , y_pred )


x1_min, x1_max = over_samples_X. iloc[ : , 0]. min( ) , over_samples_X. iloc[ : , 0]. max( )    # 第 0 列的范围
x2_min, x2_max = over_samples_X. iloc[ : , 1]. min( ) , over_samples_X. iloc[ : , 1]. max( )    # 第 1 列的范围
x1, x2 = np. mgrid[ x1_min:x1_max:200j, x2_min:x2_max:200j]    # 生成网格采样点
grid_test = np. stack( ( x1. flat, x2. flat) , axis = 1)    # 测试点
grid_hat = clf. predict( grid_test)          # 预测分类值
grid_hat = grid_hat. reshape( x1. shape)      # 使之与输入的形状相同
cm_light = mpl. colors. ListedColormap( [ '#A0FFA0' , '#FFA0A0' ] )
cm_dark = mpl. colors. ListedColormap( [ 'g' , 'r' ] )
alpha = 0. 5
plt. pcolormesh( x1, x2, grid_hat, cmap = cm_light) # 预测值的显示
#plt. plot( over_samples_X[ : , 0] , over_samples_X[ : , 1] , 'o' , alpha = alpha, color = 'blue' , markeredgecolor = 'k' )
plt. scatter( over_samples_X. iloc[ : , 0] , over_samples_X. iloc[ : , 1] , c = np. squeeze( over_samples_y) , edgecolors = 'k' ,
s = 50, cmap = cm_dark)            # 样本
#plt. scatter( x_test[ : , 0] , x_test[ : , 1] , s = 200, facecolors = 'none' , zorder = 10)    # 圈中测试集样本
plt. xlabel( u'日均次数' , fontsize = 13)
plt. ylabel( u'日均消费金额' , fontsize = 13)
plt. xlim( x1_min, x1_max)
plt. ylim( x2_min, x2_max)
plt. title( u'信用卡是否欺诈二特征分类' , fontsize = 15)
# plt. grid( )
plt. show( )
```

5. 结果分析

随机森林模型如图 6-38 所示。

随机森林模型结果:

accuracy:0. 978

precision:0. 647

recall:0. 611

F1:0. 629

ROC 模型结果如图 6-39 所示:

accuracy:0. 879

precision:0. 884

recall：0.863

F1：0.873

由此可见，随机森林比 ROC 的效果更好。

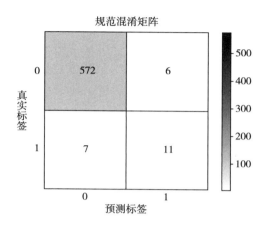

图 6-38　随机森林模型

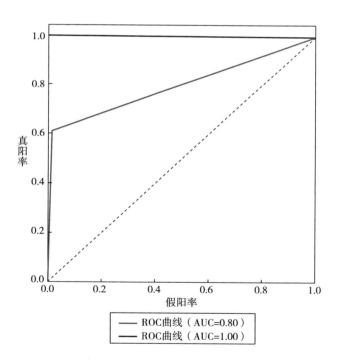

图 6-39　ROC 曲线

本章小结

分类是数据挖掘的重要方法之一，到目前为止，有许多采用不同思路和技术方法的分类算法，分类算法的实际运用已经日趋完善。但事实也证明了没有一种分类方法对所有的数据类型来说都优于其他分类算法，而是每个相对较好的分类算法都有其自己的应用环境。而上面所简单说明的几种最主要的分类算法也各有不同的优势。

本章介绍的几种分类方法都是最为常用的分类方法，对于每种方法，可研究的内容很复杂，这里介绍的都是最基础和最典型的应用，建议读者先了解这些方法的基本形式，随着应用的深入，再逐渐拓展自己感兴趣的方法。这里介绍的这些方法，虽然都是比较简单的形式，但在实践中却是最为实用的技术，在实践中不是方法越复杂越好，而是越简单越稳定、越容易解释越好。比如 SM 算法，虽然高次核函数可以极大提高训练数据的分类正确率，但对新数据的适用能力还没有线性 SVM 强。

在选用方法时不仅兼顾准确性，而且往往还兼顾其他特性，例如计算速度，包括建立模型和利用模型进行分类的时间；鲁棒性模型对数据含有空缺值数据正确预测的能力；可伸缩性，对信息量较大的数据集，有效构建模型的能力；模型表述的简洁性和可解释力，模型越易诠释，则越受欢迎。

思考练习题

一、思考题

1. SVM 为什么采用间隔最大化?

2. 朴素贝叶斯对异常值敏不敏感?

二、简答题

1. 简述 ID3、C4.5 和 CART 三种决策树的区别。

算法	支持模型	树结构	特征选择	连续值处理	缺失值处理	剪枝
ID3	分类	多叉树	信息增益	不支持	不支持	不支持

算法	支持模型	树结构	特征选择	连续值处理	缺失值处理	剪枝
C4.5	分类	多叉树	信息增益比	支持	支持	支持
CART	分类，回归	二叉树	基尼系数，均方差	支持	支持	支持

2. 决策树和条件概率分布有什么关系？

3. ELU 激活函数相对于 Relu 激活函数有哪些优势？

参考文献

［1］Zhang X，Chan F，Mahadevan S．Explainable Machine Learning in Image Classification Models：An Uncertainty Quantification Perspective［J］．Knowledge-Based Systems，2022（243）：108418.

［2］高阳，廖家平，吴伟．基于决策树的 ID3 算法与 C4.5 算法［J］．湖北工业大学学报，2011，26（2）：3-6.

［3］韩敏，李秋锐．基于 KNN 算法的垃圾邮件过滤方法分析［J］．计算机光盘软件与应用，2012（7）：179-180.

［4］贺鸣，孙建军，成颖．基于朴素贝叶斯的文本分类研究综述［J］．情报科学，2016，34（7）：8.

［5］焦李成．神经网络系统理论［M］．西安：西安电子科技大学出版社，1990.

［6］李建民，张钹，林福宗．支持向量机的训练算法［J］．清华大学学报（自然科学版），2003，43（1）：5-8.

［7］李强．创建决策树算法的比较研究——ID3，C4.5，C5.0 算法的比较［J］．甘肃科学学报，2006，12（4）：85-87.

［8］李晓黎，刘继敏，史忠植．基于支持向量机与无监督聚类相结合的中文网页分类器［J］．计算机学报，2001，24（1）：62-68.

［9］刘慧．决策树 ID3 算法的应用［J］．科技信息（学术研究），2008（32）：191.

［10］慕春棣，戴剑彬，叶俊．用于数据挖掘的贝叶斯网络［J］．软件学报，2000，11（5）：660-666.

［11］邵福波，董玉林，胡运红．支持向量机理论发展与应用综述［J］．泰山学院学报，2013（6）：78-81.

［12］申明尧，韩萌，杜诗语，等．数据流决策树集成分类算法综述［J］．计算机

应用与软件, 2022 (9): 39.

[13] 王春峰, 万海晖, 张维. 基于神经网络技术的商业银行信用风险评估 [J]. 系统工程理论与实践, 1999, 19 (9): 24-33.

[14] 王煜, 张明, 王正欧, 等. 用于文本分类的改进 KNN 算法 [J]. 计算机工程与应用, 2007, 43 (13): 159-166.

[15] 杨帆, 林琛, 周绮凤, 等. 基于随机森林的潜在 k 近邻算法及其在基因表达数据分类中的应用 [J]. 系统工程理论与实践, 2012, 32 (4): 815-825.

[16] 姚登举, 杨静, 詹晓娟. 基于随机森林的特征选择算法 [J]. 吉林大学学报 (工学版), 2014 (1): 137-141.

[17] 于晓虹, 楼文高. 基于随机森林的 P2P 网贷信用风险评价、预警与实证研究 [J]. 金融理论与实践, 2016 (2): 53-58.

[18] 于营, 杨婷婷, 杨博雄. 混淆矩阵分类性能评价及 Python 实现 [J]. 现代计算机, 2021 (20): 70-75.

[19] 张驰, 郭媛, 黎明. 人工神经网络模型发展及应用综述 [J]. 计算机工程与应用, 2021 (6): 57-69.

[20] 庄镇泉, 王东生. 神经网络与神经计算机: 第二讲 神经网络的学习算法 [J]. 电子技术应用, 1990 (5): 38-41.

第七章　聚类分析与模型

聚类起源于生物分类学，但在中国古代的分类学中，人们大多通过经验和知识来进行划分，而很少使用数理工具做出定量的划分。伴随着人类科技的进步，对数据分析的需求也越来越高，并且人们有时单靠经验和知识还无法准确地做出数据分析，所以人类社会逐渐地将数理教育工具引入系统分类学中，进而产生了数据分析，后来人们又把多元分析的技术引入数值分类学中产生了聚类分析法，在实践中系统聚类方法往往为分类技术服务，也就是要利用系统聚类分析法来确定新事物的合适类型，而后再运用分类技术对新的样本加以划分。

聚类方法已经有了广阔的应用领域，涉及模型辨识、信息发掘、图像处理和技术分析等方面。作为一种数据挖掘的方法，聚类方法可以作为独立的方法来掌握数据分布的状态，从各个簇的特点中，并针对特定的某些簇做更深入的研究，而且聚类分析方法也能够用作一些算法的预测量，提高分析效率。

第一节　聚类分析概述

一、聚类分析定义

聚类是统计学中的概念，现在是计算机学习中无监督学习的一部分，主要被运用于数据挖掘、统计分析等方面的研究，更具体的话可以用一个词总结——物以类聚。如果将人与其他动物放到一起对比，就能够比较容易地发现某些判断特征，例如肢体、嘴、眼睛、皮毛等，并按照判断指标间的差异与大小来区分。

从概念上来说，把所有物理类型或抽象对象的集合体都由同样的对象构成的各个类型或簇的过程就被叫作聚类。由聚类而形成的簇是一个数据对象的集合体，这些对象与同一簇中的对象相似度较高，与其他簇中的对象相似度则较低。

相似性一般是通过描述事物的特性值来测量的，距离也是最常使用的测量方法，而分析物体聚类的过程也叫作聚类分析，简称群析，也是分析物体（样本或目标）分类过程中的一个统计分析手段。

簇（Clust）的原意就是"一群""一组"，即一种扇区（一种磁道能够分裂成多少个尺寸相同的圆弧，叫扇区）的含义。因为扇区的单位太小，所以把它捆在一块，形成一种更大的单位更便于实行活动管理工作。簇的尺寸一般是能够改变的，是由控制系统在称为"（高级）格式化"时规范的，所以管理工作方式也就比较灵活多样。通俗来讲，文件就好像是一个家庭，数据都是人，簇就是一系列的单元套房，基站扇区就是构成这个单元套房的一个个规模相当的房间。单个家庭只能居住在一间或多套的单体住房内，而单个住房无法同时住进两个家庭的组合。

聚类分析也与为其他的对象分类的方法有关。因此，聚类分析可以视为一种分类，并以类（簇）标号创建对象的标志，但是，也可以从其中得出这种标号。相比之下，分类又称监督分类（Supervised Classification），即使用由类标号可知的对象进行的建模，对新的、无标志的对象给出类标号。因此，有时候称聚类分析为非监督分类（Unsupervised Classification）。

聚类和分类的区别：

1. 类别是否预先定义是最直观的区别

算法书上往往这样解释二者的区别：分类是把某个对象划分到某个具体的已经定义的类别当中，而聚类是把一些对象按照具体特征组织到若干个类别里。虽然都是把某个对象划分到某个类别中，但是分类的类别是已经预定义的，而聚类操作时，某个对象所属的类别却不是预定义的。所以，对象所属类别是否为事先，是二者的最直观的区别。而这个区别，仅仅是从算法实现流程来看的。

2. 二者解决的具体问题不一样

分类算法的基本功能是做预测。我们已知某个实体的具体特征，然后想判断这个实体具体属于哪一类，或者根据一些已知条件来估计感兴趣的参数。例如，我们知道一个人的存款数额约为 10000 元，这个人还没结婚，而且只有一辆车，没有稳定住所，那么就可以预测并判断这个人是不是涉及信息诈骗。这是最常见的方法问题，预测的结果是离散的。当预测结果是连续时，分析方法可能退化为计量经济学最常用的回归模型。分类算法的基本任务是找到新的方法、新的数据，和数据挖掘分析的基本任务是相同的。

聚类算法的功能是降维。假如待分析的对象很多，我们需要归类、化简，从而提高数据分析的效率，这时就用到了聚类的算法。一些高度智能的搜索引擎，可以对返回的信息按照与文本的相似性加以聚类，将相同的结果聚在一起，用户就会更容易发现其所需要的信息。聚类算法也可以达到减少被研究问题的复杂程度的效果，如降维，100 个类型的研究问题就能够转换为 10 个对象类型的研究问题。但聚类的主要目标并非发现新数据，而只是化简研究问题，因此聚类算法并不能直接处理数据挖掘的过程，而更多算是信息预处理的方法。

3. 有监督和无监督

分类是有监督的算法，而聚类是无监督的算法。有监督的算法并不是实时的，需要给定一些数据对模型进行训练，有了模型就能预测。把新的待估计的对象套进模型，就得到了分类结果。而聚类算法是实时的，换句话说，就是一次性给定统计指标，根据对象与对象之间的相关性把对象分为若干类。在分类算法中，对象所属的类别取决于训练出来的模型，间接地取决于训练集中的数据。而在聚类算法中，对象所属的类别则取决于待分析的其他数据对象。

4. 数据处理的顺序不同

在分类算法中，待分类的信息是一个一个整理的，分类的过程，就像是给信息贴标签的过程。在聚类算法中，把待分类的信息同时处理，待信息过来，再同时分成几个小堆。所以，数据分类算法与数据聚类算法的主要不同点就在于有效性问题。在已有数据模型的情况下，数据分类的效果通常比数据聚类的效果要好，因为每次只有一个数据对象需要分析，但就聚类算法而言，如果每次增加一个新的数据对象，分类数据就很有可能出现变化，所以就很有必要再次对已有的待分类数据对象进行分析处理。

5. 典型的分类算法与聚类算法

经典的分类算法主要有决策树、神经网络、支持向量机、Logistic 回归分析以及核估计等。聚类的主要方法有基于链接关系的聚类算法、基于中心度的聚类算法、基于统计分布的聚类算法以及基于密度的聚类算法等。

此外，尽管数据分割和划分有时也用作聚类的同义词，但这些术语通常用来表示传统的聚类分析之外的方法。例如，术语分类一般用与将图形分为子图有关的方法，与聚类并无太大联系。分割法通常利用最简单的技术将数据分类。因此，图像可以按照像素亮度或色彩划分，人也可以按照他们的收入划分。尽管如此，关于图像划分、图像分割以及市场细分方面的很多工作，都和聚类性分析相关。

二、聚类分析的应用场景

聚类的应用范围非常广泛，作为数据挖掘中的一种主要方式，其主要功能就是发现大数据中的一些更深层次的信息，从而总结出每一个对象的重要特征，又或者将注意力放在某一种特殊的类型上，以做深入的研究分类，具体来说，聚类有以下几方面的典型应用：

1. 客户细分

消费了相同类型的产品或服务之后，不同的客户具有不同的消费行为特征，正是通过深入研究这种特征，公司才能制定出差异化的销售组合，以便得到最大的顾客剩余利益，这就是对客户细分的主要目的。

常见的客户划分方式大致有三种：一是经验定义，即决策者通过经验对客户进行类型界定；二是传统统计法，即通过客户属性数据的简单计算来界定客户类型；三是非传统统计法，即采用人工智能技术的非数值分析。聚类分析方法则兼具后两种分析方法的特点。

2. 销售片区划分

营销片区的确定与片区经理的任用在公司的整体营销中都起着关键的作用，只有合理地把公司所占有的市场归为若干个大的片区，才能更加有效地制定适合片区特点的营销策略与方针，从而任用合适的片区经理。市场聚类分析法在这个环节中的运用，可通过以下实例加以解释。例如，某企业在国内有近 20 个子市场，而各个市场在人口数量、人均可支配收入、当地的社会消费品零售额、该企业中某种产品的销售额等因素上都有不同的市场评价指标值。上述变量也是判断客户需求量的重要因素，将上述变量视为聚类变量，根据管理者的主观想法以及相关统计分析软件给出的客观指标，接下来就应该根据不同的片区制定适当的计划与对策，以及聘请合适的片区经理了。

3. 聚类分析在企业机会分析中的运用

企业在制定营销策略时，分清在某一个领域内哪些企业是直接竞争对手，哪些企业是间接竞争对手是十分关键的一个环节。为了处理好上述情况，企业首先就应该利用市场研究，得到竞争对手在产品领域内的首次提及知名度、提示前知名度和提示后知名度的指数值，把其视为聚类分析的主要数据，这样就能够把公司按自己的主要产品或品牌归类。而通过归类的结果，我们就能够得到下列信息：公司的主要产品或品牌与哪些竞争者已经建立了直接的竞争关系。而通常所聚类的属于相同类型的主要产品和品牌，便是所分析公司的直接竞争者。因此，企业制定策略时，应该更多地采用"红海战略"。通过归类后，根据每一个公司或品牌的多种不同特性，可看出这些特性组合目前尚不能渗透到公司的品牌中，以便找到公司在市场上的先机，为公司制定合理的"蓝海战略"提供重要的信息。

三、聚类方法的分类

聚类问题的研究，一直有很长的发展历程。目前，为解决各应用领域的聚类分析法应用问题，已给出的聚类算法有近百种。按照聚类分析法基本原理，可把聚类算法细分成如下几类：划分聚类、层次聚类、基于密度的聚类、基于网络的聚类，以及基于模式的聚类。

另外，实践中应用较多的还有 K-means 算法（基于距离）、EM 算法（基于密度）、DBSCAN 算法（基于密度）、层次聚类（基于距离）、高斯混合聚类（基于密度）等常用的方法。

第二节　聚类分析的距离和相似性

在研究聚类前，我们必须了解不同类的度量方法。虽然分类的形式多种多样，但总的来说，最常见的测度方式主要有两类，即距离与相似系数。距离用来测量样本间的相似性，相似系数则用来衡量变量间的差异。

1. 距离

设 X_1，X_2，…，X_n 为取自总体 p 上的所有样品，记第 i 个样品为 $X_i = (x_1, x_2, …, x_{ip})$ $(i = 1, 2, …, n)$。聚类分析中常用的距离有以下几种：

（1）闵可夫斯基（Minkowski）距离。

第 i 个样品 X_i 和第 j 个样品 X_j 之间的闵可夫斯基距离（也称"明氏距离"）的确定方式如下：

$$d_{ij}(q) = \Big[\sum_{k=1}^{p} \big| x_{ik} - x_{jk} \big|^q \Big]^{1/q}, \quad i = 1, 2, …, n; j = 1, 2, …, n \tag{7-1}$$

其中，q 为正整数。

特别地，当 $q = 1$ 时，$d_{ij}(1) = \sum_{k=1}^{p} \big| x_{ik} - x_{jk} \big|$ 称为绝对值距离。

当 $q = 2$ 时，$d_{ij}(2) = \Big| \sum_{k=1}^{p} (x_{ik} - x_{jk})^2 \Big|^{1/2}$ 称为欧氏距离；

当 $q \rightarrow \infty$ 时，$d_{ij}(\infty) = \max_{1 \leq k \leq p} \big| x_{ik} - x_{jk} \big|$ 称为切比雪夫距离。

值得注意的是，当各变量的单位数不同或测定值范围差异较大时，就不应该直接使用闵可夫斯基距离，而应该事先对各变量的观测数值做标准化处理。

（2）兰氏（Lance and Williams）距离。

当 $x_{ik} > 0$ $(i = 1, 2, …, n; j = 1, 2, …, p)$ 时，在第 i 个样品 X_i 与第 j 个样品 X_j 间的兰氏长度约为：

$$d_{ik}(L) = \sum_{k=1}^{p} \frac{\big| x_{ik} - x_{jk} \big|}{x_{ij} + x_{jk}}, \quad i = 1, 2, …, n; j = 1, 2, …, n \tag{7-2}$$

兰氏距离和各因子的单位大小没关系，它对大的异常数值并不灵敏，故适合于高度偏科的数据。

（3）马哈拉诺比斯（Mahalanobis）距离。

第 i 个样品 X_i 和第 j 个样品 X_j 之间的马哈拉诺比斯距离（简称"马氏距离"）定义为：

$$d_{ij}^* = \Big[\frac{1}{p^2} \sum_{k=1}^{p} \sum_{i=1}^{p} (x_{ik} - x_{jk})(x_{il} - x_{jl}) r_{kl} \Big]^{1/2}, \quad i = 1, 2, …, n; j = 1, 2, …, n \tag{7-3}$$

其中，r_{kl} 为变量 x_k 与变量 x_l 之间的相关系数。

2. 相似系数

常用的相似系数有两种度量方法：

（1）夹角余弦。变量 X_i 与 X_j 的夹角余弦定义为：

$$C_{ij}(1) = \frac{\sum\limits_{k=1}^{n} x_{ki} x_{kj}}{\left[\left(\sum\limits_{k=1}^{n} x_{ki}^2 \right) \left(\sum\limits_{k=1}^{n} x_{kj}^2 \right) \right]^{1/2}}, \quad i=1, 2, \cdots, p; \; j=1, 2, \cdots, p \tag{7-4}$$

它是变量 x_i 的观测值向量和变量 x_j 的观测值向量间夹角的余弦。

（2）相关系数。变量 X_i 与 X_j 的相关系数定义为：

$$C_{ij}(2) = \frac{\sum\limits_{k=1}^{n} (x_{ki} - \overline{x_i})(x_{kj} - \overline{x_j})}{\sqrt{\left[\sum\limits_{k=1}^{n} (x_{ki} - \overline{x_i})^2 \right] \left[\sum\limits_{k=1}^{n} (x_{kj} - \overline{x_j})^2 \right]}}, \quad i=1, 2, \cdots, p; \; j=1, 2, \cdots, p$$

$$\tag{7-5}$$

其中，$\overline{x_i} = \dfrac{1}{n} \sum\limits_{k=1}^{n} x_{ki}$，$\overline{x_j} = \dfrac{1}{n} \sum\limits_{k=1}^{n} x_{kj}$，$i=1, 2, \cdots, p$；$j=1, 2, \cdots, p$

由相似系数还可定义变量间距离，如：

$$d_{ij} = 1 - C_{ij}, \quad i=1, 2, \cdots, p; \; j=1, 2, \cdots, p \tag{7-6}$$

第三节　K-means 算法

K-均值聚类方式是最经典的划分聚类分割方式。分类技术的基本思路是给定一组有 N 个元组和记录的数据集合，分裂法中就构成了 K 个分类，而每一种分类就表示了一种聚类，K<N。并且这种 K 分类必须符合以下要求：

（1）每一分组都包括一条数据信息；

（2）每一条数据信息记录具有并且只包括单个分组；针对给定的 K 值，算法先提供了一种最初始的分类方式，之后采用重复迭代的方式修改分类方法，使每一次修改后的分类方法均比前一次好，而其所谓最好的准则便是：距离相同小组中的记载越近越好（经过收敛，重复迭代至组内数据结果基本无差别），而距离各个小组中的记载则越远越佳。

一、K-means 特点

（1）由于在 K-means 算法中 K 是预先给出的，所以这个 K 取值的选定率是很难估计的。

（2）在 K-means 方法中，我们必须通过初始聚类中心来定义一个原始分类，进而对原始分类加以调整。

（3）K-means 算法必须持续地完成数据分类处理，并计算调整出新的聚类中心，所以在信息量特别大时，计算的耗时和费用也是相当高的。

（4）K-means 算法对一些离散点和初始 K 值敏感，不同的距离初始值对同样的数据样本可能会得到不同的结果。

二、K-means 的原理及步骤

K-means 算法的基本工作原理：先简单地在各种数据集上选择 K 个点，每一个点初始地代表了各个簇的聚类中心，接着计算剩余各个样本到聚类中心之间的平均距离，把它赋予最近的簇，接着再次计算每一组簇的平均值，整套步骤连续反复，只要其他两个调整并未明显地改变，就表示数据聚集产生的新簇也已开始收敛了。该算法的另一大优点就是在每次迭代中，都要检查对各个样品的分类结果是不是准确。一旦不准确，就调整，当所有样品调整之后，再重新改变聚类中心，接着开始下一次迭代。这个步骤将持续重复直至符合某个终止条件，终止条件可能是下列中的任何一项：

（1）没有数据，可以重新分配到不同的聚类。

（2）聚类中心不再发生变化。

（3）误差平方和局部最小。

算法步骤：

输入：聚类个数 k，以及包含 n 个数据对象的数据库。

输出：满足方差最小标准的 k 个聚类。

处理流程：

（1）从 n 个数据对象中任意选择 k 个对象作为初始聚类中心；

（2）根据每个聚类对象的均值计算每个对象与这些中心对象的距离，并根据最小距离重新对相应对象进行划分；

（3）重新计算每个（有变化）聚类的均值（中心对象）；

（4）循环步骤（2）～（3）直到每个聚类不再发生变化为止。

K-means 算法接受输入量 K；然后将 n 个数据对象划分为 k 个聚类以使所获得的聚类满足：同一聚类中的对象相似度较高而不同聚类中的对象相似度较低。聚类相似度是利用各聚类中对象的均值所获得的一个"中心对象"（引力中心）来进行计算的。

K-means 算法的特点——采用两阶段反复循环过程算法结束的条件是不再有数据元素被重新分配。

$$E = \sum_{j=1}^{k} \sum_{x_i \in \omega_j} \| x_j - m_j \|^2 \qquad (7-7)$$

K-means 算法是很经典的一个距离的聚类算法，采用距离当作相似之处的评判指标，即表示若两种对象相距越近，其相似度就越大。该计算主张簇必须是由间距相同的对象构成，所以必须将获得紧凑而自由的簇视为最终目标。

K-means 采用的启发式方式很简单，用图 7-1 就可以形象地描述。

图 7-1 中（a）代表了最早期的数据集，假设 k=2。在图 7-1（b）中，我们先随机选取了两种 k 类型所对应的类别质心，如图中的三角质心和矩形质心，然后再依次求样本中每个点到这两种质心之间的间距，并标记每个样本的类型为与该样本中相距最小

的质心的类型，如图 7-1（c）所示，通过估算样本和三角质心与矩形质心的距离，我们得到了所有样本点的第一轮迭代后的类别。此时，我们可以对一个当前标志为三角和矩形的点依次求其新的质心，如图 7-1（d）所示，新的三角质心和矩形质心的定位都早已出现了变化。图 7-1（e）和图 7-1（f）复制着我们刚才在图 7-1（c）和图 7-1（d）的步骤，将每个点的类型都标注为距最近的质心的类型和求新的质心。最终我们得到的两个类别如图 7-1（f）所示。

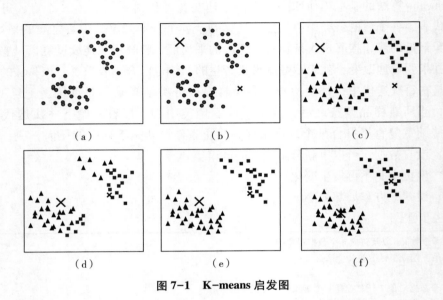

图 7-1　K-means 启发图

【例 7-1】使用 K-means 算法对图 7-2 进行聚类分析。

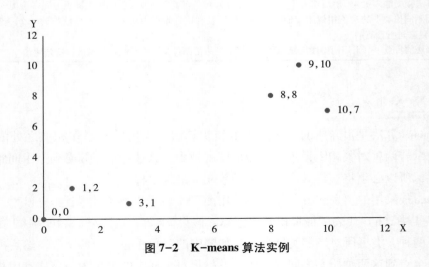

图 7-2　K-means 算法实例

如图 7-2 所示，坐标系中有 6 个点，其坐标如表 7-1 所示。

表 7-1　各点坐标

点	X	Y
P1	0	0
P2	1	2
P3	3	1
P4	8	8
P5	9	10
P6	10	7

（1）我们分两组，令 $K=2$，我们随机选择两个点：P1 和 P2。

（2）通过勾股定理计算剩余点分别到这两个点的距离，如表 7-2 所示。

表 7-2　剩余点到两点的距离

点	P1	P2
P3	3.16	2.24
P4	11.30	9.22
P5	13.50	11.30
P6	11.20	10.30

（3）第一次分组后结果：组 A：P1；组 B：P2、P3、P4、P5、P6。

（4）分别计算 A 组和 B 组的质心：

A 组质心为：P1=(0，0)；

B 组新的质心坐标为：Px=[（1+3+8+9+10）/5，（2+1+8+10+7）/5]=(6.2，5.6)。

（5）计算每个点到质心的距离，如表 7-3 所示。

表 7-3　每个点到质心的距离

点	P1	Px
P2	2.24	6.32
P3	3.16	5.60
P4	11.30	3.00
P5	13.50	5.21
P6	11.2	4.04

（6）第二次分组结果：组 A：P1、P2、P3；组 B：P4、P5、P6。

（7）计算质心：$Px_1 = (1.33, 1)$；$Px_2 = (9, 8.33)$。

（8）再次计算每个点到质心的距离，如表 7-4 所示。

表 7-4　每点到新质心距离

点	Px_1	Px_2
P1	1.4	12
P2	0.6	10
P3	1.4	9.5
P4	47	1.1
P5	70	1.7
P6	56	1.7

（9）第三次分组结果：组 A：P1、P2、P3；组 B：P4、P5、P6。

可以发现，第三次分组结果和第二次分组结果一致，说明已经收敛，聚类结束。

三、K-means 缺点改进

由 K-means 聚类算法的原理可知，K-means 在正式聚类之前首先需要完成的就是初始化 K 个簇中心。也正因如此，使 K-means 聚类算法存在着一个巨大的缺陷——收敛情况严重依赖于簇中心的初始化状况。试想一下，如果在初始化过程中很不巧地将 K 个（或大多数）簇中心都初始化到了同一个簇中，那么在这种情况下 K-means 聚类算法很大程度上都不会收敛到全局最小值。也就是说，当簇中心初始化的位置不得当时，聚类结果将会出现严重的错误。

原始 K-means 算法在最开始时随机选择数据的 K 个点为聚类中心，然后 K-means 根据下面的思路选择了 K 个聚类中心：假定已经选择了第 n 个的聚类中心（0<n<K），那么当选择了第 n+1 个的聚类中心之后，距离当前第 n 个的聚类中心较远的点就会有很大的概率被选择为第 n+1 个的聚类中心。

第四节　EM 算法

EM（Expectation Maximum）算法也称期望最大化算法，曾被列入"数据挖掘十大算法"中，由此可见 EM 计算在机械学习和数据分析发掘中的深远影响。EM 计算是最常用的隐变量统计方式，在机械教学中有非常广泛的应用，比如常被用来了解高斯混合模型（Gaussian Mixture Model，GMM）中的参数、隐式马尔科夫方法（HMM）、LDA 主题模式中的变分推理等。因此，下文将对 EM 算法的基本原理做详细的总结。

一、EM 算法简介

EM 算法是一种迭代优化策略，由于它的计算方法中每一次迭代都分两步，其中一个为期望步（E 步），另一个为极大步（M 步），所以算法被称为 EM 算法（Expectation Maximization Algorithm）。EM 算法受到缺失思想影响，最初是为了解决数据缺失情况下的参数估计问题，其思路为首先通过已经进行的观测数据，估算出模型参数的取值；其次根据前一个估算出的基本参数值计算缺失信息的位置；再次按照估算出的缺失信息和已经检测出来的信息重复再对基本参数值加以估算；最后不断迭代，直到结束一次收敛，迭代完成。

二、EM 算法步骤

在此通过分析以下例子来了解 EM 算法的步骤。

例如，目前有 100 个男生和 100 个女生的身高数据，但是我们不知道这 200 个数据中哪些是男生的身高数据，哪些是女生的身高数据，即抽取得到的每个样本都不知道是从哪个分布中抽取的。这时，对于每个样本就有两个未知量需要估计：

（1）这个身高数据是来自男生数据集合还是来自女生数据集合？

（2）男生、女生身高数据集的正态分布的参数分别是多少？

解答以上问题的基本步骤如下：

（1）初始化参数为：先建立男生身高的正态分布的参数关系，如平均数 = 1.65，方差 = 0.15。

（2）计算每一人更可能属于男生分布，还是女生分布。

（3）通过分为男生的 n 个来再次估算男生年龄分布的参数（最大似然估计），将女生分布也依照同样的方法再次估算出来，更新分布。

（4）这时两个分布的概率也变了，然后重复步骤（1）~（3），直到参数不发生变化为止。

通过一系列推导，EM 算法步骤如下：

输入：观测到的数据为 $x = (x_1, x_2, \cdots, x_n)$，联合分布方式为 $p(x, z; \theta)$，条件分布为 $p(z \mid x, \theta)$ 的最大迭代次数 J。

算法步骤：

（1）随机初始化模型参数 θ 的初值 θ_0。

（2）$j = 1, 2, \cdots, J$，开始 EM 算法迭代。

E 步：计算联合分布的条件概率期望。

$$Q_i(z_i) = p(z_i \mid x_i, \theta_j) \tag{7-8}$$

$$l(\theta, \theta_j) = \sum_{i=1}^{n} \sum_{z_i} Q_i(z_i) \log \frac{p(x_i, z_i; \theta)}{Q_i(z_i)} \tag{7-9}$$

M 步：极大化 l（θ，θ_j）得到 θ_{j+1}：$\theta_{j+1} = arg \max l$（$\theta$，$\theta_j$）。

如果 θ_{j+1} 已经收敛，则算法结束，否则继续 E 步和 M 步进行迭代。

输出：模型参数 θ。

三、EM 算法的特点

上面介绍的传统 EM 算法对初始值较敏感，聚类结果随不同的初始值而波动较大。总的来说，EM 算法收敛的优劣很大程度上取决于其初始参数。

EM 算法是迭代求解最大值的算法，同时算法在每一步迭代时分为 E 步和 M 步，一轮轮迭代更新隐含数据和模型分布参数，直到收敛，即得到我们需要的模型参数。

一个最直接理解 EM 算法思想的方法就是 K-means 算法。当 K-means 聚类时，各个聚类群的质心为隐含数据。我们将会通过 K 个初始化工作执行，即 EM 算法的 E 步，获得距离各个样品最近的质心，并将样本聚类到最近的这些质心上，即 EM 算法的 M 步。接着再重复 E 步和 M 步，直至质心不再改变即可，这就实现了 K-means 聚类。当然 K-means 算法是比较简单的，高斯混合模型（GMM）也是 EM 算法的一个应用。

第五节　DBSCAN 算法

一、DBSCN 算法的由来

基于距离的聚类算法的聚类结构通常为球形的簇，但当大数据集中的聚类结果是非球形时，基于距离的聚类算法的聚类结果并不好。与基于距离的聚类算法不同的是，基于密度的聚类算法能够找到任何类型的信息聚集区。在基于密度的聚类算法中，能够从信息集中找到与低密度区分开的高密度区域，把信息划分出来的高密度区域视为一种单独的类别。

DBSCAN（Density—Based Spatial Clustering of Application with Noise）计算是一项经典的基于密度的聚类方式，其把簇定义为所有密度相连的节点的最大集合，从而可以将所有拥有足够密度的区域划分为簇，从而能够在有噪声的空间数据集上找到任何形状的簇。

二、DBSCN 算法的基本概念

DBSCAN 算法中的两种主要参数 Eps 和 MinPtS，Eps 为定义密度点的邻域半径，而

MinPts 为定义核心点时的阈值。

在 DBSCAN 技术上将数据点细分成如下三类：

1. 核心点

假设一个对象在其半径范围 Eps 内存在着超过 MinPts 数目的点，以该对象为核心点。

2. 边界点

假设某个区域在其半径中 Eps 内含有点的数量小于 MinPts，但是如果这个区域落在一个点的邻域中，则该对象为边界点。

3. 噪声点

如果一个对象既不是核心点也不是边界点，则该对象为噪声点。

通俗地讲，核心点对应稠密区域内部的点，边界点对应稠密区域边缘的点，而噪声点对应稀疏区域中的点。

进一步而言，DBSCAN 算法还涉及以下概念：

（1）Eps 邻域：简单来讲，就是与点的距离小于等于 Eps 的所有点的集合。

（2）直接密度可达：假设据点 p 位于核心节点 q 的 Eps 邻域中，则称数据对象 p 自计算对象 q 开始是直接密度可达的。

（3）信息对象密度可达：假设具有信息对象链，是有关 Eps 和 MinPts 直接密度可达的，即数据对象是有关 Eps 和 MinPts 密度可达的。

（4）密度相连：对于对象 p 和对象 q，如果存在核心对象样本 o，使数据对象 p 和对象 q 均从 o 密度可达，则称 p 和 q 密度相连。显然，密度相连具有对称性。

（5）密度聚类簇：将一个核心点和与其密度可达的所有实体组成了一个密度聚类簇。

从图 7-3 中很容易理解上述定义，实心的点都是核心对象，因为 MinPts = 5。空心的样本是非核心对象。每个中心目标密度直达的数据都在以实心核心目标为中心的超球体内，一旦不在超球内，则不能密度直达。图中用箭头连接起来的核心物体，构成了严密可达的样本序列。在密度可达的样本序列的邻域内，全部的样品之间都是密度相连。

三、DBSCAN 算法描述

DBSCAN 理论中簇的概念很简单，根据密度可达理论得出的最大密度所组成的样本集合，即是最终聚类的一个簇。

DBSCAN 算法的簇里可能存在着一个或多个核心点。假设有一个核心点，那么簇里所有其他的非核心节点样本就位于该核心点的 Eps 邻域内。假设存在着几个核心点，那么簇里的任何一个核心点的 Eps 邻域中都必须存在着一个其他的核心点，否则这两个核心点都无法密度可达。这个核心点的 Eps 邻域里，所有样本的集构成了 DBSCAN 聚类群。对 DBSCAN 算法的说明如下：

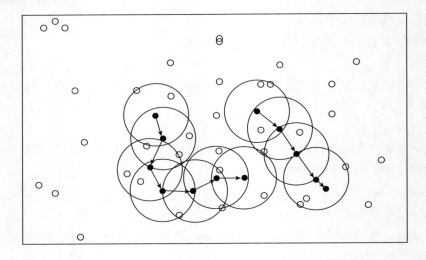

图 7-3　DBSCAN 理解

输入：数据集，邻域半径 Eps 及其邻域中的元素数量阈值 MinPts。

输出：密度联通簇。

处理流程如下：

（1）从数据集中任意选取一个数据对象点 p。

（2）假设对于参数群 Eps 和 MinPts，其选择的数据对象点 p 是核心节点，那么寻找每个从 p 密度可达的数据对象节点，可以建立一个簇。

（3）假设所选择的数据对象点 p 为边缘点，则选择另一数据对象点。

（4）重复步骤（2）、步骤（3），直到所有点被处理为止。

DBSCAN 算法的计算复杂程度是 $O(n2)$，n 表示计算对象的个数。

【例 7-2】使用 DBSCAN 算法对下列数据进行聚类分析。

下面给出一个样本数据集，表 7-5 是对其实施 DBSCAN 算法进行聚类的过程。

$$
\begin{array}{rr}
1.658985 & 4.285136 \\
-3.453687 & 3.424321 \\
4.838138 & -1.151539 \\
-5.379713 & -3.362104 \\
0.972564 & 2.924086 \\
-3.567919 & 1.531611 \\
0.450614 & -3.302219 \\
-3.487105 & -1.724432 \\
2.668759 & 1.594842 \\
-3.156485 & 3.191137
\end{array}
$$

3. 165506	−3. 999838
−2. 786837	−3. 099354
4. 208187	2. 984927
−2. 123337	2. 943366
0. 704199	−0. 479481
−0. 392370	−3. 963704
2. 831667	1. 574018
−0. 790153	3. 343144
2. 943496	−3. 357075
−3. 195883	−2. 283926
2. 336445	2. 875106
−1. 786345	2. 554248
2. 190101	−1. 906020
−3. 403367	−2. 778288
1. 778124	3. 880832
−1. 688346	2. 230267
2. 592976	−2. 054368
−4. 007257	−3. 207066
2. 257734	3. 387564

表 7-5　DBSCAN 解题过程

```python
import matplotlib. pyplot as plt
minPts = 5    #最小个数
epsilon = 1. 0   #半径
color = ['red', 'black', 'blue', 'orange']
visited = []
C = []    #保存最终的聚类结果
noise = []    #噪声点
x = []
y = []
data = open('D:\桌面\dataset. txt')
for line in data. readlines():
    x. append(float(line. strip(). split('\t')[0]))
    y. append(float(line. strip(). split('\t')[1]))
for i in range(len(x)):      #初始化标记数组
    visited. append(False)
def judge():         #判断是否还存在核心点未被标记
    for i in range(len(x)):
        if visited[i]:
            continue
        cnt, lis = countObject(x, y, i)
```

```
            if cnt>=minPts:
                return True
        return False
def select():       #选择一个没被标记的点
        for i in range(len(visited)):
            if not visited[i]:
                return i
        return-1
def countObject(x, y, p):   #计算点 p 邻域内点的个数
        cnt=0
        lis=[]
        for i in range(len(x)):
            if i==p:
                continue
            if (x[i]-x[p]) ** 2+(y[i]-y[p]) ** 2 <=epsilon ** 2:
                cnt+=1
                lis.append(i)
        return cnt, lis
def check(c):
        for i in c:
            if visited[i]:
                continue
            cnt, lis=countObject(x,y, i)
            if cnt>=minPts:
                return True
        return False
def dbscan():
        while judge():      #判断是否还存在核心点未被标记
            p=select()   #选择一个没被访问的点
            visited[p]=True
            cnt, lis=countObject(x, y, p)
            if cnt>=minPts:
                c=[]
                c.append(p)
                for i in lis:
                    c.append(i)
                while(check(c)): #至少有一个点没被访问且该点领域内至少 MinPts 个点
                    for i in c:
                        if not visited[i]:
                            visited[i]=True
                            cnt1, lis1=countObject(x, y, i)
                            if cnt>=minPts:
                                for j in lis1:
                                    c.append(j)
                C.append(c)
        for i in range(len(visited)):
            if not visited[i]:
```

```
            noise. append（i）
        return C
if__name__ == '__main__'：
    cluster＝dbscan（）
    X＝［ ］
    Y＝［ ］
    for i in noise：
        X. append（x［i］）
        Y. append（y［i］）
    plt. scatter（X，Y，c='m'，marker='D'）    # 噪声点
    plt. legend（［'noise'］）
    for i in range（len（cluster））：
        X＝［ ］
        Y＝［ ］
        for j in cluster［i］：
            X. append（x［j］）
            Y. append（y［j］）
        plt. scatter（X，Y，c=color［i］，alpha=1，s=50）
        plt. title（'DBSCAN'）
    plt. show（）
```

四、DBSCAN 算法的优缺点

与传统的 K-means 算法一样，DBSCAN 算法并不要求输入簇数 K，而是能够找到任何形式的聚类簇，同时，也在聚类时能够找到异常点。

DBSCAN 算法的优点如下：

（1）尽管能够对任何形式的稠密数集合实现聚类，但类似于 K-means 的聚类算法通常仅应用于凸数据集。

（2）能在聚类的同时发现异常点，相对比较集中的异常点不灵敏。

（3）虽然聚类分析法结果并没有偏移，但类似于 K-means 的聚类算法的初始值对聚类分析法结果有较大的影响。

DBSCAN 算法的缺点如下：

（1）当样本集的密度差不均匀、聚类间距差较大等时，聚类质量较差，这时 DB-SCAN 方法普遍不适用。

（2）当样本数量集较大时，聚类收敛的持续时间也较长，此时可对搜索最近邻时建立的 KD 树或球数进行大规模控制。

（3）调整参数比较繁杂，通常要求选择间距阈值 Eps，或者邻域样本的间距阈值 MinPts 等联合调参，不同的参数组合对最后的聚类效果有很大影响。

（4）由于在整个数据集中仅使用了一个参数，所以一旦数据集出现不同密度的子簇或嵌套簇，DBSCAN 算法就不能处理。为解决这种问题，有人提供了 OPTICS 算法。

（5）虽然 DBSCAN 技术能够过滤噪声点，但同时也有不足之处，导致了它不宜用于特定场合，比如对网络安全领域中的恶意攻击的判断。

第六节　层次聚类

一、理论基础

层次聚类的算法，是利用把信息整理为若干个组并建立一条与其相关的子树来对数据集进行聚类的。而根据层次是由自上而下或自下而上构成的，层次聚类算法也可进一步分为集中的和离散的两种聚类算法。在一个完整的层次聚类中，无法对已完成的层次聚类进行合并或分析等调整，这在一定程度上影响了层次聚类的质量。尽管这样，层次聚类方法中并没有采用准则函数，这导致了对数据结构的假设更小，使得层级方法的通用性更强。在应用过程中一般存在两类层次聚类方法：

1. 凝聚的层次聚类

这是一个自下而上的层次聚类策略，它的基本方法是先把数据集的所有元素都视为一个簇，随后合并一些原子簇，使之成为一个更大的簇，直至所有的元素都处于某一个簇内，或是一个终结的事件产生。大部分凝聚的层次聚类都是同一的，因此对于簇间相似性的概念或许会存在一些差异。

2. 分裂的层次聚类

和凝聚的分层聚类分析法不同，分裂的层次聚类是基于一种自上而下的策略。先把数据集中的所有对象都置于一个簇中，接着再对其进行逐渐的细化，让它形成更小的簇，直至每一个对象都自己建立了某个簇或者触发了某个终结条件，比如满足了两个簇之间的距离达到一个特定的阈值，又如满足了设定的某个期望的簇的数量。

层次聚类常通过树形图表示簇和子群间的联系、簇聚集或分离的顺序。对于二维点的组合，层次聚类也可通过嵌套簇图表达。图 7-4 展示了四个二维点组合的嵌套过程。

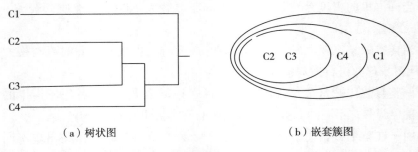

（a）树状图　　　　　　　　　　　　　（b）嵌套簇图

图 7-4　树状图和嵌套簇图显示四个点的层次聚类

二、算法步骤

图 7-5 是一种分裂的层次系统聚类方法 DIANA 和一种聚类的层次系统聚类方法 AGENES 在一组包括了五种元素的大统计集合体 {A，B，C，D，E} 上的过程。

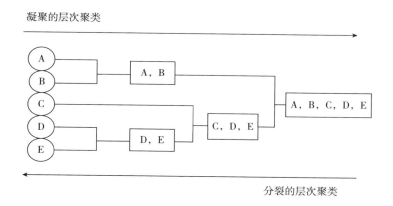

图 7-5　凝聚的层次聚类和分裂的层次聚类处理过程

DANA：开始时，DANA 把每个样本点都归入一个簇，之后再按照一个一定的原则进行逐渐分裂，比如在图 7-5 中，因为样本点 A 和样本点 B 为簇 {A，B，C，D，E} 中和其他样本点相距最远的两个，所以就把样本点 A 和样本点 B 划分为一个簇，将剩余的样本点 C、样本点 D、样本点 E 划分为另一簇。如簇图中样本点 B 与样本点 A 的欧几里得距离为 2，与样本点 C 的欧几里得距离为 4。

因为 distance（A，B）<distance（C，B），那么将样本点 B 划入含有样本点 A 的簇中。

DANA 的核心步骤是：根据设定的一类簇数 K，先选择样本点集合 D，再输出 K 个类簇集合，具体方法是先把 D 中的所有样本点对归入同一类簇，再从一类簇中寻找相距最远的样本点对，以这个样本点对为代表，把原类簇中的所有样本点对再次分属到新的类簇，直到满足 K 个类簇数。

AGNES：在起始阶段，如果 AGNES 先把这些元素看作一个簇，再根据某一个规则把这些簇逐步地合并，如在图 7-5 中，簇 A 和簇 B 的欧几里得距离是簇 A 和其他所有的簇中距离最近的，那么我们就可以指出簇 A 和簇 B 都是相似的、可以合并的。这是一个单链接的方法，即任何一个群都可以由群内其他任何的对象代表，而两个不同簇之间的相似程度则由它们之间长度最接近的两个对象的相似程度决定。聚类的合并过程重复地进行，直到所有其他的对象都融合组成一个簇。

AGNES 的核心过程和 DANA 相同：首先设定目标类簇数 K，其次输入样本点集 D，最后输出 K 个类簇集合。具体方法为先把 D 中的每个样本点都作为其类簇，再寻找两种不同分类簇并且距离最近的样本点进行比对，最后找出两种类簇并加以合并，直到满足 K 个类簇数。

三、聚类之间距离的度量方式

1. 最短距离法

最短距离的定义簇间的距离是基于不同簇的两个最近点间的长度，如图 7-6 所示。

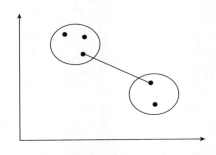

图 7-6　最短距离法

$$D_{pq} = \min_{x_i \in C_p, x_j \in C_q} d_{ij} \tag{7-10}$$

其中，C_i 表示簇，d_{ij} 表示点 x_i 与 x_j 之间的距离，D_{pq} 表示簇 C_{pi} 与簇 C_{qi} 之间的距离。

当两个簇合并为一个簇时，则要计算新簇与其他簇之间的距离，重复上述计算过程找到距离最近的另一个簇，采用最短距离聚类的步骤为：

（1）设定点与点之间的距离度量（如曼哈顿距离等），求任意两点间的距离，并得出距离矩阵，记作 D_0，将每个点视作一个簇，则 $D_{pq} = d_{pq}$。

（2）寻找在 D_0 上的所有非对脚线最小元素，并设为 D_{pq}，将 C_p 与 C_q 结合使之形成一个新的簇，记作 C_r，则 $C_r = \{C_p, C_q\}$。

（3）计算新簇与其他簇之间的距离，得到新的距离矩阵 D_1。

（4）对 D_1 重复步骤（2）、步骤（3）得到 D_2，重复这些步骤直到所有的点都合并为一个簇或者满足某个终结条件为止。

如果在某一 D_k 内的非对脚线最小元素不止一种，那么就可同时对这些非对脚线的最小元素加以合并，或选择其中一个非对脚线最小元素进行合并。

2. 最长距离法

最远距离的定义簇间的距离，是指在两个不同簇间两个最远点间的距离，如图 7-7 所示。

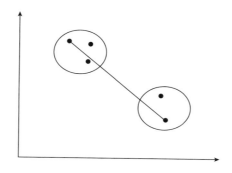

图 7-7　最长距离法

$$D_{pq} = \max_{x_i \in C_p, x_j \in C_q} d_{ij} \qquad\qquad (7-11)$$

最长距离法的合并过程与最短距离法类似，在此不再详述。

3. 中间距离法

在中间距离法中，簇和簇间的距离既非最长距离也非最短时间，所定义的距离在二者之间。若 C_p 与 C_q 合并为 C_r，此时需计算 C_r 与 C_k 之间的距离，设 $D_{kq} > D_{kp}$，则按最小距离计算时，$D_{kr} = D_{kp}$，同理按最长距离计算时，$D_{kr} = D_{kq}$。此时 D_{kr}、D_{kq}、D_{kp} 组成一个三角形，D_{kr} 处于后两者之间，D_{kr} 为中线时将其视作中间距离，则有：

$$D_{kr}^2 = \frac{1}{2}D_{kp}^2 + \frac{1}{2}D_{kq}^2 - \frac{1}{4}D_{pq}^2 \qquad\qquad (7-12)$$

这种簇之间距离的度量方法便是中间距离度量法。

4. 重心法

重心法定义簇之间的距离使用两个不同簇之间重心的距离，如图 7-8 所示。

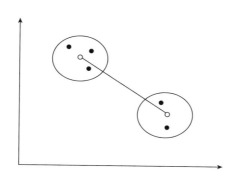

图 7-8　重心法

设 C_p 与 C_q 的重心分别为 x_p 与 x_q，它们之间的距离为 $D_{pq} = d_{x_p, x_q}$，某一步中已将 C_p 与 C_q 合并为 C_r，点集数量为 n_p、n_q，则 $n_r = n_p + n_q$，此时需计算 C_r 与 C_k 之间的距离。

设簇 C_k 的重心为 x_k，采用欧氏距离计算其距离，则有：

$$D_{kr}^2 = \frac{n_p}{n_r}D_{kp}^2 + \frac{n_q}{n_r}D_{kq}^2 - \frac{n_p+n_q}{n_r^2}D_{pq}^2 \tag{7-13}$$

显然，当 $n_p = n_q$ 时，就是中间距离法当 $\beta = \frac{1}{4}$ 时的情况。

5. 类平均法

类平均法界定了两簇相互之间的一段距离，使用距离系数平方为两簇元素两两相互的平均值平方距离：

$$D_{pq}^2 = \frac{1}{n_p n_q} \sum_{x_i \in C_p, \ x_j \in C_q} d_{ij}^2 \tag{7-14}$$

某一步中已将 C_p 与 C_q 合并为 C_r，则 C_r 与 C_k 之间的距离为：

$$D_{kr}^2 = \frac{n_p}{n_r}D_{kp}^2 + \frac{n_q}{n_r}D_{kq}^2 \tag{7-15}$$

四、层次聚类的优点与缺点

在所有分裂的层次聚类和凝聚的层次系统聚类的方法中，都必须通过用户给出的期望最终聚类分析法的单个数量与阈值来作为聚类分析的终止条件，但当遇到比较复杂的数据集时，终止条件与阈值很难来提前判定。

分层聚类的算法实现简便，但是合并或分离点无法选取的现象却屡见不鲜，而这种问题是非常关键的，因为如果两种类型完成了合并或分离，之后的聚类分析的过程就可以在新产生的簇上进行，以及进行分析的簇无法撤销，两聚类间就无法互换数据，这也就造成了如果层次聚类的算法在某一过程中不能选取适当的合并或分裂决策，最后的聚类结果就发生了质量不高的现象。层次或聚类的模型并不具有很好的可伸缩性，因此将它们合并或分裂的决策都必须通过分析和预测产生大量的子对象或簇。

由于层次聚类算法中必须用到距离矩阵，使它的时间和空间复杂度都非常高，为 $O(n^2)$，几乎无法在相当复杂的代数集上使用。层次聚类算法中只处理满足于某静态模型的簇，而忽视了各个簇之间的数据信息，并且忽视了簇之间的互联性（簇间距离较近资料对的大小）和近似度（簇间对资料对的接近度）。

第七节　高斯混合聚类

一、理论基础

在各种聚类计算中，K-means 是比较简单的一类方法，其核心是把数据分为几个堆，每堆为一个类，其中每堆都有一个聚类中心，所计算的数据即为这 k 个聚类的中心，而这个核心是这个类中全部数的均值，每堆中所有的时至类的聚类中心，均小于一个其他类的聚类中心。分类的主要方法是将所有未知数据对这 k 个聚类中心加以比较，是哪个聚类中心则归到哪一类。

本节我们所要讲述的是另一种与 K-means 十分相似的方法——高斯混合聚类法（Gaussian Mixture Model，GMM），而二者的不同之处仅是因为相对 GMM 方法而言，引入了概率这一属性。高斯混合聚类算法也属于概率建模，所谓概率建模，指的是建模的表现形式都是基于 $P(Y|X)$ 的，在这一种算法的运算过程中，通过使用未知数据 X 即可得出对 Y 取值的一种概率分布，也即在训练之后模型所得的输出结果并非某个具体的数值，而是某个数值的概率。关于聚类问题，概率即是把目标点归入各个簇的可能性，因此我们可以选择概率最高的那个类为判决对象属于一种软分类。而非概率模式，即是由我们构建的某个决策函数 $y=f(x)$，输入 X 可以投影得出唯一的某个 Y 值，即判定结论属于硬分类。回到高斯混合聚类，其计算的步骤便是先训练出若干个概率分布，而称为混合高斯模型就是指对样品的概率密度分布加以估算，其计算的模式便是几个高斯模型加权之和，而各个高斯模型就代表着一个簇。对样品中的数据分别在几个高斯模型上投影，就会分别得出在不同簇上的概率，进而选择概率最高的簇为其聚类的判决结果。

对于人们来说，解决大多数问题时常会使用的都是属于软分类的方法。比如，在大街上迎面走来一个人，你既感觉像是自己的一个亲人，也感觉像是一个老同学，只是就长相上来说比较不易区别，如果用软分类的方法来看，是亲人的概率为 49%，是老同学的概率为 51%，都处于一个比较容易混淆的范围内，这时就应该通过其他方式加以区别，比如身高、胖瘦等。但如果是用硬分类，其所判决的结果原则之间是一个老同学，因为缺乏了"像"这个概念，所以并不便于多模型的融合。

二、算法步骤

从中心极限定理的思想上来看，将混合模式确定为高斯的是较为合适的，当然也可能按照实验数据确定为任意分布的 Mixture Model，但是确定为高斯的在统计上也有某些便利之处。另外，在理论上也可以考虑通过增加 Model 的数量，让 GMM 接近的概率分布
混合高斯模式的描述为：

$$p(x) = \sum_{k=1}^{k} \pi_k p(x|k) \tag{7-16}$$

其中，k 为模型的个数，π_k 为第 k 个高斯的权重，$p(x|k)$ 则是第 k 个高斯的概率密度函数，其平均数为 μ_k，差为 σ_k。对概率密度的主要计算是求出 π_k、μ_k 与 σ_k 中各个变量的平均数值。在求出了 $p(x|k)$ 的表达式之后，结果将分别代表样本 X 中属于不同类型的概率。

在做参数估计时，经常使用的方法是最大似然法。最大似然法是使样本点在所估算的概率密度函数上的概率值最大化。因为概率值一般都很小，N 很大时这个联乘的计算结果也相当小，易产生浮点数下溢。于是人们常常取 log，并把目标写为：

$$\max \sum_{i=1}^{N} \log p(x_i) \tag{7-17}$$

其完整形式则为：

$$\max \sum_{i=1}^{N} \log \left\{ \sum_{k=1}^{k} \pi_k N(x_i \mid \mu_k, \sigma_k) \right\} \tag{7-18}$$

用来做参数估计时，通常都是通过对所求的变量加以求导得出极值，而在式（7-18）中，log 函数中也有求和，如果直接用求导的方式完成估计方程组将会使其变得非常复杂，因此通常不考虑直接用该方式解决（没有闭合解）。可以选择的求解方法为 EM 算法——将问题求解过程分为两步：

第一步是先假定已经了解所有高斯模型的参数，然后初始化一个，或者根据上一个选代结果，去计算每一个高斯模型的权值。

第二步是根据估计的权值去定义高斯模式的参数。反复这两个过程，直到波动很小，或近似到极值。必须注意的是，在这里是个极值而非最值，所以函数的最大值才会让 EM 算法的局部最优。具体表达为：

（1）对第 i 个样本 x_i 而言，它的第 k 次 Model 发生的概率是：

$$\overline{\omega}_i(k) = \frac{\pi_k N(x_i \mid \mu_k, \sigma_k)}{\sum_{j=1}^{k} \pi_j N(x_i \mid \mu_j, \sigma_j)} \tag{7-19}$$

在此过程中，假设所有高斯模型的参数为已知的，或由上一个迭代而得的，或由初始值决定的。

（2）得到每个点的 $\overline{\omega}_i(k)$ 后，对于样本 x_i，它的 $\overline{\omega}_i(k) \, x_i$ 值是由第 k 个高斯模型产生的。换言之，第 k 个高斯模型产生了 $\overline{\omega}_i(k) \, x_i \, (i = 1, 2, \cdots, N)$。这样在第 k 个高斯模型进行参数估计时，便可以使用 $\overline{\omega}_i(k) \, x_i \, (i = 1, 2, \cdots, N)$ 去进行参数估计。和前面一样使用最大似然法进行估计：

$$\mu_k = \frac{1}{N} \sum_{i=1}^{N} \overline{\omega}_i(k) x_i \tag{7-20}$$

$$\sigma_k = \frac{1}{N} \sum_{i=1}^{N} \overline{\omega}_i(k)(x_i - \mu_k)(x_i - \mu_k)^T \tag{7-21}$$

$$N_k = \sum_{i=1}^{N} \overline{\omega}_i(k) \tag{7-22}$$

（3）重复以上步骤直到算法收敛。

三、高斯混合聚类特点

GMM 的好处是投影后样本点并没有获得某个确定的分类标记，而是获得了每一个种类的概率，这是非常重要的一点。GMM 对每一步的迭代计算工作量很大，大于 K-means。GMM 的求解方式通常是基于 EM 算法，所以可能会陷入局部极值，这与计算公式的选择是密切相关的，因此 GMM 不仅可以用在聚类上，也可以用在概率密度的估计中。

第八节　SOM 智能聚类算法

SOM 是一个基于神经网络观点的聚类与数据可视化技术。虽然 SOM 来自神经网络概念，但它易于描述为一个基于原型的聚类的变形，和其他基于质心的聚类一样，SOM 的主要任务是识别质心的集合，然后把数据集的每个对象都指定为一个与这些对象最佳近似的质心。而根据神经网络的概念，每个动量中心系都和一个神经元密切相关。与增量 K 均值一样，每次处理一个数据对象并更新质心。和 K 平均数有所不同，SOM 给出质心地形顺序，并变更了附近的质心。在此处，SOM 并不记载目标的当前簇隶属状态：它并不像 K 平均数，但只要向目标移动簇，它就变更了簇质心。当然，旧的簇质心也可以是新的簇质心的近邻，它们也可以因之改变。进一步处理节点，直至超过了某种预先选择的限度，或者说质心变小之后。SOM 最终的输出是一种已经确定的所有质心的集合，而各个簇都由最靠近某种特定质心的点构成。

一、SOM 智能聚类算法的原理

SOM 人工神经网络，是指一个能够在一维或二维的处理单元数组上，产生大量输入数据的特性拓扑分布。计算机网络模仿了真人大脑神经网自组装与特征投射的特点。该系统主要由进入层和输入输出层构成，其间对进入层的神经元数量的选择按进入网络的向量个数而定，进入层神经元通常是一维矩阵，直接接受系统的输入输出信息，而输入输出层则是将所有神经元按特定的方法排列成一组二维节点矩阵。输入层的神经元和输出层的神经元之间根据权值相互连接到了一块儿，在网络接收到外界的输入信息之后，进入层或输出层中的某些神经元便会兴奋起来。

二、SOM 智能聚类算法的步骤与优缺点

SOM 方法的重要特点，在于它赋予了质心（神经元）一种地形（空间）组织。在

SOM 中的质心都具有预先确定好的地形序关系，这也是与任何基于原型的聚类方法的根本区别。在训练的过程中，SOM 通过对每个数据点更新最近的质心，以及该地形序下更邻近的质心。以这种方法，对任何给定的数据集，通过 SOM 可以形成一种更加有序的质心集合。也因此，在 SOM 系统中互相接近的能量核心系与相互远离的质心更加密切。基于这种约束，可以认为二维点 SOM 质心在一个尽可能好地拟合 n 维数据的二维曲面上。SOM 质心也可以看作关于数据点的非线性回归的结果。SOM 算法的步骤如下：①初始化质心。②选择下一个对象。③确定该对象最近的质心。④更新该质心和附近的质心，即在一个邻域内的质心。⑤重复步骤②~④直到质心改变不多或超过某个阈值。⑥指派每个对象到最近的质心。

初始化有很多方式：①取一个分量后，在统计上观察到的值域中随意地选取质心的分量值。虽然这种方式很有效，但是效果不一定是最佳的，尤其是为了快速收敛时。②在数据中随意地选取初始动量中心系。选择对象：因为计算可能经过若干步骤的收敛，每个数据中可以有多个，尤其是对象较少时。但是若对象较多，则并非必须用到每个实例。

优点：它可以把邻近关系建立在簇质心之上，从而，邻近的簇之间和非邻近的簇之间可以相互关联。这些特点都有助于对聚类结果的解释和可视化。缺点：①必须选择函数、邻域参数、网格种类和质心个数。②一个 SOM 群往往并不针对某个自然群，但可能存在自然群的合并和分裂。因此，正如其他基于原型的聚类技术那样，在自然群的尺寸、形状和密度上不一致时，SOM 群倾向于分裂或合并它们。③没有明确的目标函数，这可以使比较不同的 SOM 聚类的结构很复杂。④不保证总是收敛，尽管实际中它经常收敛。

三、SOM 智能聚类算法的学习过程

SOM 智能聚类方法把系统信息转化为离散的低维信息，并且可以描述在局部域和系统中的活动点。这样初始化的过程就结束了，接着是竞争、合作和学习这三种重要的学习阶段。

竞争过程（Competitive Process），在 SOM 中，竞争层的各个神经元依据输入的 N 维的数据模式（x）和权重范围在 [0，1] 之间的连接强度（w），以正规化的任意值来初始化。在学习过程中，会计算输入模式 x 所有神经元的权重 w 间的距离。当距离最小时，该神经元成为胜者，这就是竞争的过程。

协作过程（Cooperation Process）是仅竞争过程的胜者与其邻近的神经元，对提供的输入数据进行学习。为了对相似的特征在竞争阶层中更敏感地形成地图，胜者神经元依据固定的函数来决定邻近的神经元，同时此神经元的相应权重也会得到更新。Kohonen 网络的哲学就是"胜者独占"（Winner Take All），即只有胜者才有输出，只有胜者才能够更新权重 w。

适应过程（Adaptation Process），该过程适应激活函数，使获胜者神经元和邻近神经元对特定输入值更敏感，同时更新相应的权重。通过此过程，与胜者神经元邻近的神经元将会比远离的神经元更加适应。适应程度用学习率来控制，学习率随着学习的时间而衰减，其对 SOM 的收敛速度起到减缓的作用。

第九节　聚类算法评价指标

一、调整兰德指数

$$RI = \frac{a+b}{C_{n_{samples}}^2} \tag{7-23}$$

（1）a：实际类别中属于同一类，预测类别中也属于同一类的样本对数。

（2）b：实际类别中不属于同一类，预测类别中也不属于同一类的样本对数。

（3）$C_{n_{samples}}^2$：数据中可以组合的总对数。

RI 的取值范围为 [0，1]，值越大意味着聚类效果与真实情况越吻合。

二、互信息评分

互信息（Mutual Information，MI）可以被用来衡量两个数据分布的吻合程度。若 U 与 V 是对 N 个标签的分配情况，则这两种分布的熵为：

$$H(U) = -\sum_i P(i)\log(P(i)) \tag{7-24}$$

$$H(V) = -\sum_j P'(j)\log(P'(j)) \tag{7-25}$$

其中，U 为样本实际类别的分配情况，V 为样本聚类之后的标签预测情况。$P(i) = \frac{|U_i|}{N}$，用类别 i 在训练集中的占比来估计。$P'(j) = \frac{|V_j|}{N}$，簇 j 在训练集中所占的比例。

$$MI(U, V) = \sum \sum P(i, j)\log\left[\frac{P(i, j)}{P(i)P'(j)}\right] \tag{7-26}$$

其中 $P(i, j) = \frac{|U_i \cap V_j|}{N}$，来自类别 i 被分配到簇 j 在训练集中所占的比例。

$$NMI(U, V) = \frac{MI(U, V)}{\sqrt{H(U)H(V)}} \tag{7-27}$$

$$AMI = \frac{MI(U, V)}{\max[H(U), H(V)] - E|MI|} \tag{7-28}$$

用互信息来衡量实际类别与预测类别之间的吻合程度，*NMI* 是对 *MI* 进行的标准化，*AMI* 的处理则与 *ARI* 相同，以使随机聚类的评分接近 0。*NMI* 的取值范围是 [0，1]，*AMI* 的取值范围是 [−1，1]，值越大意味着聚类的结果与真实情况越吻合。

三、同质性、完整性以及调和平均

同质性（Homogeneity）：每个结果簇中只包含单个类别（实际类别）成员。

$$Homogeneity = 1 - \frac{H(C \mid K)}{H(C)} \tag{7-29}$$

$$H(C \mid K) = - \sum_{C=1}^{|C|} \sum_{K=1}^{|K|} \frac{n_{c,k}}{n} \times \log\left(\frac{n_{c,k}}{n_k}\right) \tag{7-30}$$

$$H(C) = - \sum_{C=1}^{|C|} \frac{n_c}{n} \times \log\left(\frac{n_c}{n}\right) \tag{7-31}$$

其中，n_k 是簇 k 包含的样本数目，n_c 是类别 C 包含的样本数目，$n_{c,k}$ 是来自类别 C 却被分配到簇 k 的样本的数目。

四、Fowlkes−Mallows 评分

精准度和召回率的几何平均数：

$$FMI = \frac{TP}{\sqrt{(TP+FP)(TP+FN)}} \tag{7-32}$$

TP：在实际类别中属于同一类，在预测类别中也属于同一类的样本对数。

FP：在实际类别中属于同一类，在预测类别中不属于同一类的样本对数。

FN：在实际类别中不属于同一类，在预测类别中属于同一类的样本对数。

五、轮廓系数

$$S = \frac{b-a}{\max(a, b)} \tag{7-33}$$

a：某样本和同类型中其他样本的平均距离。

b：某样本与不同类别中距离最近的样本的平均距离。

以上是单个样本的轮廓系数（Silhouette Coefficient）。对整个数据集合体来说，它的轮廓系数必须等于整个样本轮廓系数的平均值。轮廓系数的范围为 [−1，1]，同类别样本距离相距越近且不同类型样本距离越远，则分数越高。

第十节 应用案例

案例名称：K-means 聚类分析

1. 模型说明

K-means 中心思想：先设定常数 K，以常数 K 表示最终的聚类类别数，首先随机选择初始点作为质心，其次通过测量每一样本的质心间的最相似点（这里为欧氏长度），将数据点归到最近似的类中，再次测量各个类的质心（即为类核心），反复如此循环，直到质心不再变化为止，最后决定出各个数据所属的类型和各个类的质心。

2. 代码实现

```python
import random
import matplotlib. pyplot as plt
random_x = [ random. randint( 0,500) for_in range( 200) ]
random_y = [ random. randint( 0,500) for_in range( 200) ]
random_poinsts = [ ( x, y) for x, y in zip( random_x, random_y) ]
def generate_random_point( min_, max_) :
    return random. randint( min_, max_) , random. randint( min_, max_)
k1,k2,k3 = generate_random_point( 0,500) , generate_random_point( 0,500) , generate_random_point( -100,100)
plt. scatter( k1[ 0] , k1[ 1] , color = 'red' , s = 100)
plt. scatter( k2[ 0] , k2[ 1] , color = 'blue' , s = 100)
plt. scatter( k3[ 0] , k3[ 1] , color = 'green' , s = 100)
plt. scatter( random_x, random_y)
import numpy as np
def dis( p1,p2) :    #这里的 p1,p2 是一个列表[ number1,number2]   距离计算
    return np. sqrt( ( p1[ 0] -p2[ 0] ) * * 2+( p1[ 1] -p2[ 1] ) * * 2)
random_poinsts = [ ( x, y) for x, y in zip( random_x, random_y) ]#将 100 个随机点塞进列表
groups = [ [ ] , [ ] , [ ] ]    #100 个点分成三类
for p in random_poinsts：#k1,k2,k3 是随机生成的三个点
    distances = [ dis( p,k) for k in [ k1,k2,k3] ]
    min_index = np. argmin( distances) #取距离最近质心的下标
    groups[ min_index] . append( p)
groups
previous_kernels = [ k1,k2,k3]
circle_number = 10
for n in range( circle_number) :
    plt. close( ) #将之前生成的图片关闭
    kernel_colors = [ 'red' , 'yellow' , 'green' ]
    new_kernels = [ ]
```

```
    plt. scatter(previous_kernels[0][0],previous_kernels[0][1],color=kernel_colors[0],s=200)
    plt. scatter(previous_kernels[1][0],previous_kernels[1][1],color=kernel_colors[1],s=200)
    plt. scatter(previous_kernels[2][0],previous_kernels[2][1],color=kernel_colors[2],s=200)
    groups=[[],[],[]]  #100个点分成三类
    for p in random_poinsts:#k1,k2,k3是随机生成的三个点
        distances=[dis(p,k) for k in previous_kernels]
        min_index=np. argmin(distances)#取距离最近质心的下标
        groups[min_index]. append(p)
    print('第｛｝次'. format(n+1))
    for i,g in enumerate(groups):
        g_x=[_x for_x,_y in g]
        g_y=[_y for_x,_y in g]
        n_k_x,n_k_y=np. mean(g_x),np. mean(g_y)
        new_kernels. append([n_k_x,n_k_y])
        print('三个点之前的质心和现在的质心距离:｛｝'. format(dis(previous_kernels[i],[n_k_x,n_k_y])))
        plt. scatter(g_x,g_y,color=kernel_colors[i])
        plt. scatter(n_k_x,n_k_y,color=kernel_colors[i],alpha=0. 5,s=200)
    previous_kernels=new_kernels
```

3. 结果分析

（1）第1次。

三个点以前的质心与现在的质心距离：115. 7155180817698

三个点以前的质心与现在的质心距离：78. 73303531911388

三个点以前的质心与现在的质心距离：204. 36702010414987

（2）第2次。

三个点以前的质心与现在的质心距离：30. 139705879872515

三个点以前的质心与现在的质心距离：32. 312407551629406

三个点以前的质心与现在的质心距离：56. 406599918826274

（3）第3次。

三个点以前的质心与现在的质心距离：19. 0201120767215

三个点以前的质心与现在的质心距离：11. 494943802081233

三个点以前的质心与现在的质心距离：19. 999256404921756

（4）第4次。

三个点以前的质心与现在的质心位置：17. 45463030260617

三个点以前的质心与现在的质心位置：9. 050634056036182

三个点以前的质心与现在的质心距离：11. 017999280715209

（5）第5次。

三个点以前的质心与现在的质心距离：7. 874909321423499

三个点以前的质心与现在的质心距离：3. 8298687668771523

三个点以前的质心与现在的质心位置：11. 035540945173583

（6）第 6 次。

三个点以前的质心与现在的质心距离：10. 004769909191522

三个点以前的质心与现在的质心距离：6. 976734786996226

三个点以前的质心与现在的质心距离：8. 894765149443108

（7）第 7 次。

三个点以前的质心与现在的质心距离：2. 5216911342702297

三个点以前的质心与现在的质心距离：4. 832955747814203

三个点以前的质心与现在的质心距离：3. 9668168953375114

（8）第 8 次。

三个点以前的质心与现在的质心距离：0. 0

三个点以前的质心与现在的质心距离：2. 1214218532019213

三个点以前的质心与现在的质心位置：2. 3337986446016337

（9）第 9 次。

三个点以前的质心与现在的质心距离：0. 0

三个点以前的质心与现在的质心距离：2. 7649510917660844

三个点以前的质心与现在的质心位置：2. 9927813690516016

（10）第 10 次。

三个点以前的质心与现在的质心位置：0. 0

三个点以前的质心与现在的质心距离：0. 0

三个点以前的质心与现在的质心位置：0. 0

结论：这里总共设置了 10 次迭代，可以看到在迭代到第 10 次的时候找到了最优的质点，如图 7-9 所示。

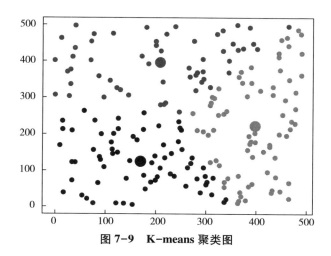

图 7-9　K-means 聚类图

本章小结

本章主要介绍了一些常用的聚类方法，对于聚类问题来说，首先要确定各种聚类方法适合使用的场景，通常情况下聚类是服务于分类的，主要是评估分成几类较为合适，此外，聚类对于研究问题的层级结构是非常有帮助，也是最有效的方法。

关于系统聚类方法的选取，一般要考虑以下原则来衡量聚类分析法效率的优劣：①可以处理不同种类的数据；②可以应用于大量数据集；③可以发现各种类型的聚类；④使其对知识的需求减至最低；⑤可以应付脏数据；⑥对数据顺序的差异并不敏感；⑦可以同时处理多个类型的数据；⑧模型可解释、可利用。

回顾这些聚类方法，其中 K-means 和层次聚类这两种方法的适用性最强，其应用也最广泛。所以，当不确定该使用哪种聚类方法来对数据集进行处理时，可以优先考虑这两种方法，首先使用层次聚类方法来大致确定问题的层级关系，其次使用 K-means 方法直接进行聚类，还可以结合轮廓图的方法直接使用 K-means 方法进行聚类。

思考练习题

一、思考题

1. 聚类与分类有什么区别？
2. EM 算法是否一定收敛？如果 EM 算法收敛，能否保证收敛到全局最大值？

二、简答题

1. 层次聚类包括哪几种聚类方式？
2. 最短距离法与最长距离法之间有什么区别？
3. 论述层次聚类的优缺点。
4. 试述 DBSCAN 算法处理流程。
5. 在 DBSCAN 算法中数据点可分为哪些类型？

参考文献

［1］Chen X，Yang Y．Cutoff for Exact Recovery of Gaussian Mixture Models ［J］．IEEE Transactions on Information Theory，2021（99）：1.

［2］Cs A，Lr A．Automatic Selection of Clustering Algorithms Using Supervised Graph Embedding ［J］．Information Sciences，2021（577）：824-851.

［3］Kawtar S，Damien J，Roger G，et al．A Data Mining Approach for Improved Interpretation of ERT Inverted Sections Using the DBSCAN Clustering Algorithm ［J］．Geophysical Journal International，2021，215（2）：1304-1318.

［4］Klutchnikoff N，Poterie A，L Rouvière．Statistical Analysis of a Hierarchical Clustering Algorithm with Outliers ［J］．Journal of Multivariate Analysis，2022（192）：105075.

［5］Liu T，Li X，Tan L，et al．An Incremental-learning Model-based Multiobjective Estimation of Distribution Algorithm ［J］．Information Sciences，2021（1）：20.

［6］Ros F，Guillaume S，Riad R，et al．Detection of Natural Clusters Via S-DBSCAN a Self-tuning Version of DBSCAN ［J］．Knowledge-based Systems，2022（6）：241.

［7］曹凯迪，徐挺玉，刘云，等．聚类分析综述 ［J］．智慧健康，2016（10）：50-53.

［8］陈克寒，韩盼盼，吴健．基于用户聚类的异构社交网络推荐算法 ［J］．计算机学报，2013，36（2）：349-359.

［9］陈万振，张予瑶，苏一丹，等．贝叶斯正则化的 SOM 聚类算法 ［J］．计算机工程与设计，2017，38（1）：127-131.

［10］陈小辉，奚庆港．基于 DBSCAN 的自适应聚类算法的研究与实现 ［J］．淮阴师范学院学报（自然科学版），2021，20（3）：228-234.

［11］董文静．K-means 算法综述 ［J］．信息与电脑，2021，33（11）：76-78.

［12］韩建彬．大数据分析与数理统计的比较 ［J］．信息与电脑（理论版），2018（5）：134-137.

［13］韩秋明，李微，等．数据挖掘技术应用实例 ［M］．北京：机械工业出版社，2009.

［14］胡媛媛，徐东胜．极大似然参数估计法文献综述 ［J］．管理观察，2017（6）：123-127.

［15］［加］Jiawei Han，等．数据挖掘概念与技术 ［M］．范明，等译．北京：北京机械工业出版社，2012.

[16] 焦李成，刘芳，等．智能数据挖掘与知识发现 [M]．西安：西安电子科技大学出版社，2006.

[17] 雷恒林，古兰拜尔·吐尔洪，买日旦·吾守尔，等．新奇检测综述 [J]．计算机工程与应用，2021，57（5）：47-55.

[18] 李涛，王建东，叶飞跃，等．一种基于用户聚类的协同过滤推荐算法 [J]．系统工程与电子技术，2007，29（7）：1178-1182.

[19] 刘二侠．改进高斯混合模型的运动目标检测算法 [J]．现代电子技术，2021，44（1）：64-68.

[20] 刘建国，周涛，汪秉宏．个性化推荐系统的研究进展 [J]．自然科学进展，2009，19（1）：1-15.

[21]［美］Panning Tan，等．数据挖掘导论 [M]．范明，等译．北京：人民邮电出版社，2014.

第八章　预测分析与模型

　　预测是为了适应社会市场经济的发展与科学管理的要求而逐渐形成、发展起来的，预测成为一门社会科学与实际活动已有数千年的历史。而预测学真正作为一个自成体系的独特的学问，仅仅是数十年的故事。尤其是在第二次世界大战之后，随着科学技术和全球经济实现了史无前例的高速发展，影响社会经济现象的不确定因素明显增多，包括政治危机、经济风险、能源危机等。正是所有的这些不确定因素，提高了人类在心理上认识和把握世界未来的重要性和迫切性。同时人类也越来越意识到科技预言的重要意义，这也将成为预言学科进一步深入发展的重要驱动力。

　　就预测学而言，它是关于预测技术的一个领域和概念，预测技术是通过科学的判断和计算手段，对未来情况的各种变动现象进行预先推断的一门科学技术。预测方法主要是通过研究社会发展现象的背景和事实，并结合大量的社会历史资源，通过一系列相互结合的方式，来发现客观事物的发展变化的规律性，从而说明事件相互之间的关系、未来发展的方式和结果等。

　　预测的方式也有许多，上述介绍的回归方式、分类方法等均可用于进行研究和预测，而预测方式中也有一些相对独特的方式，包括灰色预测和马尔科夫预测等。所以本章将介绍关于预测的理论、方法及应用案例。

第一节　预测分析概述

一、预测的概念

　　预测是指通过客观事实的发展与变化，对某个对象的未来趋势或状况进行科学的推测和评估，即预言对象是按照过去或者现在预测未来。

　　预测的要素包括：预测者、预测对象、信息内容、预测方式和技术及其预测结果。上述要素间的互相关联组成了预测科学的基础架构。此基础结构是怎样运动、演变和发展的，并按照怎样的程序可以得出科学的预期结论，这便是预测的基础程序。

二、预测的基本原理

1. 系统性原理

系统性原理是指预测过程应当以系统的观念为指引，并通过系统分析的方式实现所预期的系统目标。具体有以下要求：

（1）通过对预测过程的分析，找出制约其行为的因素和问题，形成符合实际的逻辑模式和数学模型。

（2）根据对预期目标管理体系的分析，系统地找出预期主要问题，从而确立预期的目标管理体系。

（3）经过对预期目标的分析，合理地选用预期手段，再经过不同预期手段的结合应用，使预期尽可能地符合实际。

（4）通过对预测方法的分析，根据预测方法的特征进行估计分析，以及对估计方法加以检验和跟踪分析，对经验判断的实施做出有效的结果。

2. 连贯性原理

连贯性原理是指事情的未来发展必然是按照某种规律性展开的，在其过程中，这个规律性贯穿始终，不应该受到破坏，它的未来发展趋势也与其过去和现在的发展趋势没有根本的差别。即通过探究实验对象的过去与现在，根据其惯性，预测其未来状况。应注意以下问题：

（1）连贯性的产生必须有足够长期的社会历史背景，且历史发展数据所表明的社会发展趋势也存在着规律性。

（2）影响预测环境变化规律产生的客观条件应当维持在适当的变化幅度内，否则该变化规律的产生将因环境改变而暂停，造成连贯性丧失。

3. 类推原理

类推原理是指通过找出和研究类似事件的原理，通过已有的某事件的历史变动特性，推测具备类似特征的预测事物的未来情况。具体要求为：

事物变动具有某种结构，用数学方法加以建模，可以通过所确定的模型类比现在，从而预见未来。两个事物间的发展变化有相似性，不然就无法类比。

4. 相关性原理

相关性理论是指所涉及的对象与其关联事件之间的关联性，通过有关事件性质的推论预测对象的未来状态。

根据先导事件与预测事件之间的关联情况，相关关系可分成同步相关和异步相关两种。因此，冷饮产品的销量与天气的变动、运动服装的销量与气候季节的变动有关；而基本建设投入则与国民经济发展的步伐、高利息率的价格和房地产业的兴衰为异步相关。

5. 概率推断原理

概率推断原理是指当被推断的结论能以很大的概率发生时，即认为该结论成立。在预测中，可首先通过概率统计方法求出随机事件发生不同状况的概率，进而通过概率推算原理去预测对象的未来状况。

三、常用的预测方法

预测方法有很多，可以分为定性预测方法和定量预测方法，其中定性预测方法包括专家会议法、主观概率法、领先指标法。定量预测方法包括时间序列分析和因果关系分析，时间序列分析包括移动平均、指数平滑、Box-Jenkins法，因果关系分析包括回归方法、计量经济模型、神经网络预测法、灰色预测及马尔科夫预测。

定性预测方法是指预测者根据历史与现实的观察资料，依赖个人或集体的经验与智慧，对未来的发展状态和变化趋势做出判断的预测方法。定性预测的优点在于：注重事物发展在性质方面的预测，具有较大的灵活性，易于充分发挥人的主观能动作用，且简单迅速、省时省费用。定性预测的缺点是：易受主观因素的影响，比较注重人的经验和主观判断能力，从而易受人的知识、经验和能力的多少或大小的束缚和限制，尤其是缺乏对事物发展做数量上的精确描述。

定量预测方法是依据调查研究所得的数据资料，运用统计方法和数学模型，近似地揭示预测对象及其影响因素的数量变动关系，建立对应的预测模型，据此对预测目标做出定量测算的预测方法。通常有时间序列分析预测法和因果关系分析预测法。定量预测的优点是：注重事物发展在数量方面的分析，重视对事物发展变化的程度做数量上的描述，更多地依据历史统计资料，较少受主观因素的影响。定量预测的缺点是：比较机械，不易处理有较大波动的资料，更难以应对事物预测的变化。

从数据挖掘角度，我们用的方法显然是属于定量分析方法。定量分析方法中又分为时间序列分析和因果关系分析两类方法，关于时间序列和因果关系分析方法中，回归方法和神经网络方法已在之前的章节中介绍过，计量经济模型是依据模型进行预测，这里不再探讨，所以本章随后将重点介绍灰色预测和马尔科夫预测这两种方法。

第二节 灰色预测

一、灰色预测的定义

灰色预测法是指一类针对具有不确定变量的系统（灰色系统）进行预测的技术。灰色系统，是指介于黑色体系与白色体系中间的一个系统。

白色信息系统是指一个信息系统的内在特性是充分已知的，或系统的内部信息是完整充分的。而所谓黑色信息系统，是指一个系统的内部信息对外部人来说是一无所知的，但可以利用它和外部因素的联系来进行观察研究。在灰色系统内的部分信息是可知的，而另外一些信息内容则是未知的，信息系统内部各因素之间存在着不明确的关联。

灰色预测法通过识别系统要素间变化的相似性以及不同状态，并通过相关研究方法，对原始数据的产生与处理找出系统中变化的基本规律，进而产生带有较强规律的数据序列，构建了相应的微分方程模式，并以此预测事物在未来的发展方向与未来状态。

二、灰色预测的类型

灰色估计是指利用灰度模型 GM（1，1）来进行定量分析，一般包括下列四种：

1. 灰色时间序列预测

根据等时间差距所观察得到的反映预期对象特性的各种信息（如生产、销售、人口总量、储蓄总量、利息等）建立灰色预测模式，预计未来某一时期内的特征量以及实现某特征量的时间。

2. 畸变预测（灾变预测）

通过模型检测异常值发生的时间，可以预知异常值什么时间发生在指定的时区内。

3. 系统预测

对系统的特征指标可以建立一个互为关系的灰色预测理论模式，在预测系统总体变动的同时，也预测了系统中多个变量之间的互相协调关系的变动。

4. 拓扑预测（波形预测）

将原始资料做成时间曲线，再从曲线上按定值找出该定值所出现的每个时间点，并以该定值为框架构造时间点数列，进而形成模型估计该定值下所出现的时间点。通过灰色模型预测实物未来变动的轨迹。

上述灰色预测方法都具有运算方便、允许少量数据预测、可检验性的特点。对时间序列短、统计数据量小、信息不完全系统的数据分析和建模都有良好效果。

三、预备知识

1. 生成数

生成数包括累加生成数（AGO）与累减生成数（IAGO）。

（1）累加生成数。AGO 是指一次的累加生成。记原始序列为：

$$X^{(0)} = \{x^{(0)}(1), x^{(0)}(2), \cdots, x^{(0)}(n)\} \tag{8-1}$$

对 $X^{(0)}$ 进行一次累加生成，得到生成序列为：

$$X^{(1)} = \{x^{(1)}(1), x^{(1)}(2), \cdots, x^{(1)}(n)\} \tag{8-2}$$

公式中，上标"（0）"表示原始序列，上标"（1）"则表示一次累加生成序列。其中：

$$x^{(1)}(k) = \sum_{i=1}^{k} x^{(0)}(i) \qquad (8-3)$$

（2）累减生成数。IAGO 是累加生成的逆运算，记原始序列为：

$$X^{(1)} = \{x^{(1)}(1)，x^{(1)}(2)，\cdots，x^{(1)}(n)\} \qquad (8-4)$$

对 $X^{(1)}$ 做一次累减生成，则得到生成序列：

$$X^{(0)} = \{x^{(0)}(1)，x^{(0)}(2)，\cdots，x^{(0)}(n)\} \qquad (8-5)$$

其中：

$$x^{(0)}(k) = x^{(1)}(k) - x^{(1)}(k-1) \qquad (8-6)$$

累加生成之间与累减生成之间的关系如下：

$$(X)^{(0)} \xrightarrow{AGO} (X)^{(1)} \xrightarrow{IAGO} (X)^{(0)} \qquad (8-7)$$

2. 关联度

量化两组事件之间的关联度有不同的指标，包含相关系数和近似比例等，其中指数是以数理统计理论为依据，要求相应的样本数量和要求样本满足相应的概率分布。

在客观世界中，有很多因素间的关联都是灰色的，分不清哪些因素相互密切联系，哪些不互相紧密联系，从而就无法找到重要问题和特征。灰色因素关联分析的主要目的就是定性地表示诸因素间的联系程度，以便找到灰色系统中的特征。因素关联分析也是灰色系统分析与预测方法的基石。

关联分析是一个相对性的排序方法，来源简单直观。如图 8-1 所示，A、B、C、D 四条时间序列，如果曲线 A 与曲线 B 相对平行，我们就觉得 A 与 B 的关联性程度最大；如果曲线 C 与曲线 A 随时刻变动的方式不相同，我们就觉得 A 与曲线 C 的关联性程度最小；如果曲线 A 与曲线 D 相差较大，我们就觉得二者的关联性程度最小。

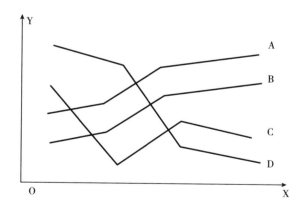

图 8-1 时间序列的几何关联性

将曲线 A 与曲线 B、曲线 C、曲线 D 的相关程度分别记为 r_{AB}，r_{AC}，r_{AD}，则它们之间有下列排序关系：r_{AB}，r_{AC}，r_{AD}，相应的序列 $\{r_{AB}，r_{AC}，r_{AD}\}$ 称为关联序列。

由此可见，关联分析实质上是一条曲线的几何形态的关系比较，即几何形态的相似、发展趋势的相似，联系意义更大；反之亦然。关联度方法是研究系统内各要素相关问题的手段。

计算关联度需先计算关联系数。

（1）关联系数的计算。

设 $\hat{X}^{(0)}(k) = \{\hat{X}^{(0)}(1)，\hat{X}^{(0)}(2)，\cdots，\hat{X}^{(0)}(n)\}$ 为参考序列，

$X^{(0)}(k) = \{X^{(0)}(1)，X^{(0)}(2)，\cdots，X^{(0)}(n)\}$ 为比较序列。

则关联系数定义为：

$$\eta(k) = \frac{\text{minmin}\,|\hat{X}^{(0)}(k) - X^{(0)}(k)| + \rho\,\text{maxmax}\,|\hat{X}^{(0)}(k) - X^{(0)}(k)|}{|\hat{X}^{(0)}(k) - X^{(0)}(k)| + \rho\,\text{maxmax}\,|\hat{X}^{(0)}(k) - X^{(0)}(k)|} \tag{8-8}$$

其中：

① $|\hat{X}^{(0)}(k) - X^{(0)}(k)|$ 为第 k 个点 $\hat{X}^{(0)}(k)$ 与 $X^{(0)}(k)$ 的绝对误差。

② $\text{minmin}\,|\hat{X}^{(0)}(k) - X^{(0)}(k)|$ 为两级最小差。

③ $\text{maxmax}\,|\hat{X}^{(0)}(k) - X^{(0)}(k)|$ 为两级最大差。

④ ρ 为分辨率，$0 < \rho < 1$，一般取 $\rho = 0.5$。

⑤对于数据不一致，且初始值也不同的数列，在求相关系数时应先进行系统初始化，使这个数列中所有的数据分别除以第一个数据。

灰色关联系数是小于或等于 1 的正数，该系数越接近于 1，说明两个序列的关联性越大。根据经验，当 $\rho = 0.5$ 时，比较序列与参考序列的关联度大于 0.6，认为其关联度显著。

（2）关联度。$\gamma = \dfrac{1}{n}\displaystyle\sum_{k=1}^{n}\eta(k)$ 为 $\hat{X}^{(0)}(k)$ 与 $X^{(0)}(k)$ 的关联度。

四、灰色模型 GM（n，h）

灰色预测是以灰色模型为基础，灰色模型 GM（n，h）是微分方程模型，可用于描述对象做长期、连续、动态的反应。其中，n 代表微分方程式的阶数，h 代表微分方程式的变化数目。在诸多的灰色模式中，以灰色系统中单序列一阶线性微分方程模型 GM（1，1）最为常见。以下简要地说明一下 GM（1，1）模式。

设有原始数据列 $X^{(0)} = (x^{(0)}(1)，x^{(0)}(2)，\cdots，x^{(0)}(n))$，$n$ 为数据个数，则可以根据以下步骤来建立 GM（1，1）模型：

步骤一，与原有统计累加以便减弱随机数据序列的波动性与随机性，从而获得新数据序列：

$$X^{(1)} = (x^{(1)}(1)，x^{(1)}(2)，\cdots，x^{(1)}(n)) \tag{8-9}$$

其中，$x^{(1)}(k)$ 中各数据表示对前几项数据的相加，即：

$$x^{(1)}(k) = \sum_{i=1}^{k} x^{(0)}(i), \quad k=1, 2, 3, \cdots, n \tag{8-10}$$

步骤二，令 $Z^{(1)}$ 为 $X^{(1)}$ 的紧邻均值生成序列：

$$Z^{(1)} = (z^{(1)}(1), z^{(1)}(2), \cdots, z^{(1)}(n)) \tag{8-11}$$

其中，$z^{(1)}(k) = 0.5x^{(1)}(k) + 0.5x^{(1)}(k-1)$

步骤三，建立 GM（1，1）的灰微分方程为：

$$x^{(0)}(k) + az^{(1)}(k) = b \tag{8-12}$$

灰微分方程的白化方程为：

$$\frac{dx^{(1)}(t)}{dt} + ax^{(1)}(t) = b \tag{8-13}$$

其中，a 为发展灰数，b 为内生控制灰数。

步骤四，模型求解：构造矩阵 B 与向量 Y：

$$B = \begin{bmatrix} -z^{(1)}(2) & 1 \\ -z^{(1)}(3) & 1 \\ \vdots & \vdots \\ -z^{(1)}(n) & 1 \end{bmatrix} \quad Y = \begin{bmatrix} x^{(0)}(2) \\ x^{(0)}(3) \\ \vdots \\ x^{(0)}(n) \end{bmatrix} \tag{8-14}$$

步骤五，设 $\hat{a}$ 为待估参数向量，即：

$$\hat{a} = [ab]^T = (B^T B)^{-1} B^T Y \tag{8-15}$$

步骤六，求解白化方程，可得到灰色预测的离散时间响应函数：

$$\hat{x}^{(1)}(t) = \left(x^{(1)}(0) - \frac{b}{a} \right) e^{-ak} + \frac{b}{a} \tag{8-16}$$

那么相应的时间响应序列为：

$$\hat{x}^{(1)}(k+1) = \left(x^{(1)}(0) - \frac{b}{a} \right) e^{-ak} + \frac{b}{a} \tag{8-17}$$

取 $x^{(1)}(0) = x^{(0)}(1)$，则所得的累加预测值为：

$$\hat{x}^{(1)}(k+1) = \left(x^{(0)}(1) - \frac{b}{a} \right) e^{-ak} + \frac{b}{a}, \quad k=1, \cdots, n-1 \tag{8-18}$$

将预测值还原为：

$$\begin{aligned}
\hat{x}^{(0)}(k+1) &= \hat{x}^{(1)}(k+1) - \hat{x}^{(1)}(k) \\
&= \left(x^{(0)}(1) - \frac{b}{a} \right) \left(e^{-ak} - e^{-a(k-1)} \right) \\
&= \left(x^{(0)}(1) - \frac{b}{a} \right) (1 - e^a) e^{-ak}
\end{aligned} \tag{8-19}$$

有关建模的问题说明如下：

（1）若数据经过预处理，则还需要经过相应变换才能得到实际预测值。

（2）原始序列 $X^{(0)}$ 中的信息并不一定要完全用来模拟，而是根据原始数据的大小取舍差异，便可得模型差异，如 a 与 b 的差异。

（3）数据的取舍应保证建模序列等时距、相连，不得有跳跃出现。

（4）一般建模数据序列营房由最新的数据及其相邻数据构成，当再出现新数据时，可采用两种方法处理：一是将新信息加入原始序列中，重估参数；二是去掉原始序列中最老的一个数据，再加上最新的数据，所形成的序列和原序列维数相等，然后重估参数。

五、GM（1，1）模型检验

GM（1，1）模型可以使用残差检验、关联度检验、后验差检验三种方法。下面分别介绍这三种检验方法。

1. 残差检验

所谓残差检验，是指对模型值和实际数值之间的残差进行逐点检验。先按模型计算 $\hat{x}^{(1)}(i+1)$，将 $\hat{x}^{(1)}(i+1)$ 累减成 $\hat{x}^{(0)}(i)$，最后再计算原始序列 $X^{(0)} = \{x^{(0)}(i)，i=1，2，\cdots，n\}$ 与 $\hat{X}^{(0)} = \{\hat{x}^{(0)}(i)，i=1，2，\cdots，n\}$ 的绝对残差序列为 $\Delta^{(0)} = \{\Delta^{(0)}(i)，i=1，2，\cdots，n\}$，其中 $\Delta^{(0)}(i) = |x^{(0)}(i)-\hat{x}^{(0)}(i)|$，以及相对残差序列 $\Phi = \{\varphi_i，i=1，2，\cdots n\}$，其中 $\varphi_i = \dfrac{\Delta^{(0)}(i)}{x^{(0)}(i)}$。并计算平均相对残差 $\overline{\Phi} = \dfrac{1}{n}\sum\limits_{i=1}^{n}\varphi_i$。

给定 α，当 $\overline{\Phi}<\alpha$ 且 $\varphi_n<\alpha$ 成立时，其模型为残差合格模型。一般 α 取 0.01、0.05、0.10 所对应的模型分别为优、合格、勉强合格。

2. 关联度检验

所谓关联度检验，是指对模型系列曲线与模型系列曲线之间的近似关系进行检测。按照前文提及的关系度方法，求出 $\hat{X}^{(0)}$ 与原初数列 $X^{(0)}$ 之间的相关比率，进而求出相关度。

（1）定义关联系数。

$$\eta(t) = \frac{\min \Delta^{(0)}(t)+\rho\max \Delta^{(0)}(t)}{\Delta^{(0)}(t)+\rho\max \Delta^{(0)}(t)} \tag{8-20}$$

其中：①$\Delta^{(0)}(t)$ 为第 t 个点 $X^{(0)}$ 与 $\hat{X}^{(0)}$ 的绝对误差；②ρ 为分辨率，$0<\rho<1$，一般取 $\rho=0.5$；③对单位不一致，且初始值也不同的数列，在求相关系数时应先进行初始化，然后将该数列中所有的结果都除以这个结果。

（2）定义关联度 $r = \dfrac{1}{n}\sum\limits_{i=1}^{n}\eta(t)$，称为 $X^{(0)}$ 与 $\hat{X}^{(0)}$ 的关联度。根据上述方法算出 $\hat{X}^{(0)}(k)$ 与 $X^{(0)}(k)$ 的关联系数，然后计算出关联度。根据经验，当 $\rho=0.5$ 时，关联度大于 0.6 时便满足检验标准。

3. 后验差检验

所谓后验差检验，是指对残差分布的统计特性进行检验。

（1）计算出原始序列的平均值：

$$\overline{x}^{(0)} = \frac{1}{n} \sum_{i=1}^{n} x^{(0)}(i) \tag{8-21}$$

（2）计算原始序列 $X^{(0)}$ 的标准差：

$$S_1 = \sqrt{\left[\frac{\sum_{i=1}^{n} \left[x^{(0)}(i) - \overline{x}^{(0)} \right]^2}{n-1} \right]} \tag{8-22}$$

（3）计算残差的标准差：

$$\overline{\Delta} = \frac{1}{n} \sum_{i=1}^{n} \Delta^{(0)}(i) \tag{8-23}$$

（4）计算残差的均方差：

$$S_2 = \sqrt{\left[\frac{\sum_{i=1}^{n} \left[\Delta^{(0)}(i) - \overline{\Delta}^{(0)} \right]^2}{n-1} \right]} \tag{8-24}$$

（5）计算方差比 C：

$$C = \frac{S_2}{S_1} \tag{8-25}$$

（6）计算小残差概率：

$$p = P\{ |\Delta^{(0)}(i) - \overline{\Delta}^{(0)}| < 0.6745 S_1 \} \tag{8-26}$$

令 $S_0 = 0.6745 S_1$，$\varepsilon_i = |\Delta^{(0)}(i) - \overline{\Delta}^{(0)}|$，即 $p = P\{\varepsilon_i < S_0\}$。

对于给定的 $C_0 > 0$，当 $C < C_0$ 时，则称模型为均方差比合格模型。对于给定的 $p_0 > 0$，当 $p > p_0$ 时，其模型即为小残差概率合格模型。

表 8-1 为灰色评估模型精度。

表 8-1　评估模型精度

残差 $\overline{\Phi}, \varphi_n$	关联度 r	方差比 C	小残差概率 p	模型精度
<0.01	<0.90	<0.35	>0.95	优（Ⅰ级）
<0.05	<0.80	<0.5	<0.80	合格（Ⅱ级）
<0.10	<0.70	<0.65	<0.70	勉强合格（Ⅲ级）
>0.20	<0.60	>0.80	<0.60	不合格（Ⅳ级）

六、GM（1，1）模型的适用范围

GM（1，1）模型的白化微分方程为：

$$\frac{\mathrm{d}x^{(1)}(t)}{\mathrm{d}t} + ax^{(1)}(t) = b \tag{8-27}$$

其中 a 为发展系数。可证，当 GM（1，1）的发展系数 $|a| \geq 2$ 时，GM（1，1）模型毫无意义。

一般当 $|a| < 2$ 时，GM（1，1）模型有意义。不过，由于 a 的各种取值，估计结果可能会略有不同。通过数值分析，有如下结论：

（1）当 $-a \leq 0.3$ 时，GM（1，1）的 1 步预测精度在 98% 以上，2 步和 5 步预测精度均在 97% 以上，可进行中长期预测。

（2）当 $0.3 \leq -a \leq 0.5$ 时，GM（1，1）的 1 步和 2 步预测精度均在 90% 以上，10 步预测精度也高于 80%，可进行短期预测，中长期预测慎用。

（3）当 $0.5 \leq -a \leq 0.8$ 时，GM（1，1）用作短期预测应十分慎重。

（4）当 $0.8 \leq -a \leq 1$ 时，GM（1，1）的 1 步预测精度已低于 70%，应使用残差修正模型。

（5）当 $-a > 1$ 时，不宜使用 GM（1，1）模型。

若要充分考虑到上述多种原因的相互联系与影响，此时我们就不妨构建 GM（1，n）模型，GM（1，n）模型能仿真复杂系统演变的动态过程，不仅吸引了原有的灰色模型的建立，同时形成了许多经过改进的灰色模型，从而极大地提高了预测准确度。

七、GM（1，1）模型的优缺点

1. GM（1，1）模型的优点

GM（1，1）预测模型在实际运算过程中主要是采用矩阵方式，它和 MATLAB 的组合克服了它在实际运算上的困难，用 MATLAB 语言编写的灰色预测过程简洁实用，易于运行，且估计的准确率也较好。

2. GM（1，1）模型的缺点

该模型是指采用曲线拟合和灰色系统方法对我国的经济增长情况进行预测的模型，所以它对历史数据有很大的依赖性，并且 GM（1，1）的模型没有考虑各个要素的影响关系。因此，如果误差偏大，特别是在对长期预测，比如对我国人口总数变动的数据做长期预测之后，往往误差偏大，甚至脱离实际，下面我们就来探讨 GM（1，1）预测的适用性。

八、GM（1，1）模型应用举例

某公司根据 2015~2020 年的产品销售额（见表 8-2），试构建 GM（1，1）预测模型，并预测 2021 年的产品销售额。

原始数据为：

$X^{(0)}$ = （2.67，3.13，3.25，3.36，3.56，3.72）

表 8-2　某公司 2015~2020 年产品销售额

年份	2015	2016	2017	2018	2019	2020
销售额（亿元）	2.67	3.13	3.25	3.36	3.56	3.72

1. 累加原始数据，得到新数据序列

$$X^{(1)} = (2.67, 5.80, 9.05, 12.41, 15.97, 19.69)$$

2. 构建数据矩阵 B 和数据向量 Y

$$B = \begin{bmatrix} -\dfrac{1}{2}[x^{(1)}(1)+x^{(1)}(2)] & 1 \\[2mm] -\dfrac{1}{2}[x^{(1)}(2)+x^{(1)}(3)] & 1 \\[2mm] -\dfrac{1}{2}[x^{(1)}(3)+x^{(1)}(4)] & 1 \\[2mm] -\dfrac{1}{2}[x^{(1)}(4)+x^{(1)}(5)] & 1 \\[2mm] -\dfrac{1}{2}[x^{(1)}(5)+x^{(1)}(6)] & 1 \end{bmatrix} = \begin{bmatrix} -4.235 & 1 \\ -7.425 & 1 \\ -10.73 & 1 \\ -14.19 & 1 \\ -17.83 & 1 \end{bmatrix} \tag{8-28}$$

$$Y = \begin{bmatrix} x^{(0)}(2) \\ x^{(0)}(3) \\ x^{(0)}(4) \\ x^{(0)}(5) \\ x^{(0)}(6) \end{bmatrix} = \begin{bmatrix} 3.13 \\ 3.25 \\ 3.36 \\ 3.56 \\ 3.72 \end{bmatrix} \tag{8-29}$$

3. 计算 $\hat{\alpha}$

$$B^T B = \begin{bmatrix} 707.46375 & -54.41 \\ -54.41 & 5 \end{bmatrix} \tag{8-30}$$

$$(B^T B)^{-1} = \begin{bmatrix} 0.008667 & 0.094319 \\ 0.094319 & 1.226382 \end{bmatrix} \tag{8-31}$$

$$\hat{\alpha} = (B^T B)^{-1} B^T Y = \begin{bmatrix} -0.043876 \\ 2.925663 \end{bmatrix} \tag{8-32}$$

即得 $a = -0.043879$，$b = 2.925663$

4. 得出预测模型

$$\frac{\mathrm{d}x^{(1)}(t)}{\mathrm{d}t} - 0.043879 x^{(1)}(t) = 2.925663 \tag{8-33}$$

$$\hat{x}^{(1)}(k+1) = \left(x^{(0)}(1) - \frac{b}{a}\right) e^{-ak} + \frac{b}{a} = 69.3457 e^{0.043879k} - 66.6757 \tag{8-34}$$

5. 进行残差检验

（1）累减生成 $\hat{X}^{(0)}$ 序列为：

$$\hat{X}^{(0)} = \{2.67,\ 3.11,\ 3.25,\ 3.40,\ 3.54,\ 3.71\}$$

原始数列为：

$$X^{(0)} = \{2.67,\ 3.31,\ 3.25,\ 3.36,\ 3.56,\ 3.72\}$$

（2）计算绝对残差：

$$\Delta^{(0)} = \{0,\ 0.02,\ 0,\ 0.04,\ 0.02,\ 0.01\}$$

相对残差序列：

$$\Phi = \{0,\ 0.64\%,\ 0,\ 1.19\%,\ 0.56\%,\ 0.27\%\}$$

平均相对残差 $\overline{\Phi} = 0.0043 < 0.01$，而 $\varphi_6 = 0.0027 < 0.01$，模型精确度高。

6. 进行关联度检验

（1）计算序列 $X^{(0)}$ 与 $\hat{X}^{(0)}$ 的绝对残差序列 $\Delta^{(0)}$：

$$\Delta^{(0)} = \{0,\ 0.02,\ 0,\ 0.04,\ 0.02,\ 0.01\}$$

$$\min\{\Delta^{(0)}(k)\} = \min\{0,\ 0.02,\ 0,\ 0.04,\ 0.02,\ 0.01\} = 0$$

$$\max\{\Delta^{(0)}(k)\} = \min\{0,\ 0.02,\ 0,\ 0.04,\ 0.02,\ 0.01\} = 0.04$$

（2）计算关联系数。因为只有两个序列（一个为参考序列，另一个为被比较序列），所以不再寻找第二级最小差和最大差，由

$$\eta(t) = \frac{\min \Delta^{(0)}(t) + \rho \max \Delta^{(0)}(t)}{\Delta^{(0)}(t) + \rho \max \Delta^{(0)}(t)},\ t = 1,\ \cdots,\ 6;\ \rho = 0.5 \tag{8-35}$$

求得 $\eta(1) = 1$，$\eta(2) = 0.5$，$\eta(3) = 1$，$\eta(4) = 0.33$，$\eta(5) = 0.5$，$\eta(6) = 0.67$

（3）计算关联度：

$$r = \frac{1}{6} \sum_{t=1}^{6} \eta(t) = 0.67 \tag{8-36}$$

$r = 0.67$ 是满足 $\rho = 0.5$ 时的检验标准的。

7. 进行后验差检验

（1）计算出原始序列的平均值：

$$\overline{x}^{(0)} = \frac{1}{6}(2.67 + 3.31 + 3.25 + 3.36 + 3.56 + 3.72) = 3.28$$

（2）计算原始序列 $X^{(0)}$ 的标准差：

$$S_1 = \sqrt{\frac{\sum_{i=1}^{6}\left[x^{(0)}(i) - \overline{x}^{(0)}\right]^2}{6-1}} = 0.3671 \tag{8-37}$$

（3）计算残差的标准差：

$$\overline{\Delta} = \frac{1}{6} \sum_{i=1}^{6} \Delta^{(0)}(i) = 0.015 \tag{8-38}$$

（4）计算残差的均方差：

$$S_2 = \sqrt{\left[\frac{\sum\limits_{i=1}^{6}\left[\Delta^{(0)}(i) - \overline{\Delta}^{(0)}\right]^2}{6-1}\right]} = 0.0152 \tag{8-39}$$

（5）计算方差比 C：

$$C = \frac{S_2}{S_1} = \frac{0.0152}{0.3617} = 0.0414 \tag{8-40}$$

（6）计算小残差概率：

$$S_{(0)} = 0.6745 \times 0.3671 = 0.2746$$

由 $\varepsilon_i = \left|\Delta^{(0)}(i) - \overline{\Delta}^{(0)}\right|$ 求得 $\varepsilon_1 = 0.15$，$\varepsilon_2 = 0.005$，$\varepsilon_3 = 0.015$，$\varepsilon_4 = 0.025$，$\varepsilon_5 = 0.005$，$\varepsilon_6 = 0.005$。所有 ε_i 都小于 $S_{(0)}$，故小残差概率 $p = P\{\varepsilon_i < S_0\} = 1 > 0.95$，同时 $C = 0.0414 < 0.35$，故模型 $\hat{x}^{(1)}(k+1) = 69.3457e^{0.043879k} - 66.6757$ 合格。

8. 预测

当 $k = 7$ 时，$x^{(0)}(8) = x^{(1)}(8) - x^{(1)}(7) = 3.875626$。即 2021 年的产品销售额预测值约为 3.88 亿元。

第三节　马尔科夫预测

一、马尔科夫预测原理

马尔科夫过程是具有马尔科夫性质的离散随机过程。我们都知道，事物总是随着时间而发展的，因此事物与时间之间有一定的变换关系。在通常状态下，事件未来的发展情况不仅要看到事件现在的状况，还要看到事件过去的状况。安德烈·马尔科夫指出，还存在另一种状况我们要知道事件在未来的发生状况，只需要了解事件现在的状况，这和事件在过去的状况无直接关系。马尔科夫阶段的概念，在近代物理、生命科学、控制技术、工业经济、信息管理和数学计算理论等领域中都得到了广泛应用。在此过程中，在给定的当前信息或知识时，过去对于预测未来是无关的。

马尔科夫分析的研究经过了长期的完善、创新和拓展，许多有关书籍的出版和问世为马尔科夫分析的形成和它在技术、生产、管理方面的运用提供了思想依据。具体而言，主要有这样一些主要的发展时期。1907 年前后，安德烈·马尔科夫发现了许多带有特定相依性质的随机变量，后来称为马尔科夫链。1923 年维纳首先提出了布朗运动的数学概念（后来也称计算机数学上的布朗运动为维纳过程），而这些运动迄今仍是主要的研究内容。尽管这样，关于随机过程一般概念的讨论却一般认为起步于 20 世纪 30

年代。1931 年，柯尔莫哥洛夫提出了《概率论的分析方式》；三年后，辛钦提出了《稳定过程的理论》。这两篇重要文章为马尔科夫理论和平稳运动提供了理论依据。之后，莱维出版了有关布朗运动和可加理论的两本书，其中蕴含着深刻的概率理论。1953 年，J. L. 杜布的著作《随意过程论》问世，其具体且严谨地介绍了随机过程的基本理论知识。1951 年，伊藤清创立了基于布朗运动的随意微分方程的基础理论，为深入研究马尔科夫流程开拓了崭新的道路。20 世纪 60 年代，法国学派基于马尔科夫过程和位势理论中的一些思想与结果，在相当大的程度上发展了随机过程的一般理论，包括截口定理与过程的投影理论等。

下面介绍马尔科夫的定义：

设 $\{X_t，t \in T\}$ 为随机过程，但若对任意正整数 n 及 $t_1 < t_2 < \cdots < t_n$，有：

$$P\{X_{t_1} = x_1，\cdots，X_{t_{n-1}} = x_{n-1}\} > 0 \tag{8-41}$$

且条件分布：

$$P\{X_{t_n} \leqslant x_n \mid X_{t_1} = x_1，\cdots，X_{t_{n-1}} = x_{n-1}\} = P\{X_{t_n} \leqslant x_n \mid x_{t_{n-1}} = x_{n-1}\} \tag{8-42}$$

则称 $\{X_t，t \in T\}$ 为马尔科夫过程。

二、预备知识

1. 转移概率

应用马尔科夫预测法，转移就离不开转移概率与转移概率矩阵。事物形态的转化，也就是事物形态的转移，而物质形态的转移则是随机的。因此，如果本月的产品是热销的，下月是继续热销还是滞销，企业是不能决定的，是完全随机的。但因为事件的转移也是随机的，所以就需要用概率大小来说明事件发生转移的概率大小了，即事件转移概率。

2. 转移概率矩阵

所谓矩阵，是由许多个数所构成的一个数表。这些数就是叫作矩阵的元素。矩阵的描述方式通常是用括号把矩阵中的所有成分括出来，以说明它们都是一个集合。如 A 就是一个矩阵。

$$A = \begin{bmatrix} a_{11} & a_{12} & \cdots & a_{1n} \\ a_{21} & a_{22} & \cdots & a_{2n} \\ \vdots & \vdots & \ddots & \vdots \\ a_{m1} & a_{m2} & \cdots & a_{mn} \end{bmatrix} \tag{8-43}$$

这是一个由 m 行 n 列的数构成的矩阵，代表了位于矩阵中第 i 行和第 j 列交叉点上的所有元素，矩阵中的行号和列数可能相同，也可能不同。当它们都相同时，矩阵只是一种方阵。

由所有转移概率值构成的矩阵称为转移概率矩阵。也就是说，组成转移概率矩阵的元素是一个个的转移概率。

$$R = \begin{bmatrix} P_{11} & P_{12} & \cdots & P_{1n} \\ P_{21} & P_{22} & \cdots & P_{2n} \\ \vdots & \vdots & \vdots & \vdots \\ P_{m1} & P_{m2} & \cdots & P_{mn} \end{bmatrix} \qquad (8\text{-}44)$$

转移概率矩阵有以下特征：

（1） $0 \leqslant P_{ij} \leqslant 1$。

（2） $\sum\limits_{j=1}^{n} P_{ij} = 1$，即矩阵中每一行转移概率之和等于 1。

三、马尔科夫过程的特性

马尔科夫理论是一个重要的随机理论，它假设过程能够分成几个类型的阶段，研究物体在不同的阶段间随机移动。假设研究目标随时间的改变都是离散的，就叫作马尔科夫链。关于马尔科夫链有一个基本模型，这个模式中包括了关联空间的划分、状态转移概率矩阵以及状态区间的分解。

马尔科夫过程由于其独有的特点，使在分析过去和未来相关性不强的事物中显得非常简洁，很容易掌握。可以说，马尔科夫过程的基本特征是马尔科夫理论的核心内容，也是其运作的基本法则。因此，马尔科夫过程具有以下特征：

1. 马尔科夫性

预测 x_{n+1} 时刻状态仅与随机变量当前的状态 X_n 有关，与前期状态无关，$n+1$ 时刻的状态的条件概率只依存当前时刻 n 的状态。这种特性称为马尔科夫性，也称为无后效性。以一个通俗实例说明：水池里有三片荷叶和一只青蛙，假设青蛙只在荷叶上跳来跳去。如果现在的青蛙在原荷叶 A 上，则在下一时间的青蛙是从原荷叶 A 上跳跃，还是跑到原荷叶 B 上，抑或荷叶 C 上。而青蛙到底位于什么状态上，只与当前状况相关，而与以前处在哪一种荷叶上并无关联。

2. 遍历性和平稳性

设齐次马尔科夫链 $\{X_n, n \geqslant 1\}$ 的状态空间为 $E = (a_1, a_2, \cdots, a_N)$，若对所有的 i, j 属于 E，存在不依赖 i 的常数 π_j，则其转移概率 $P_{ij}^{(n)}$ 在 n 趋于 ∞ 的极限，则：

$$\lim_{n \to \infty} P_{ij}^{(n)} = \pi_j, \quad i, j \in E \qquad (8\text{-}45)$$

其相应的转移矩阵有：

$$P_{ij}^{(n)} = \begin{bmatrix} P_{11} & P_{12} & \cdots & P_{1n} \\ P_{21} & P_{22} & \cdots & P_{2n} \\ \vdots & \vdots & \vdots & \vdots \\ P_{n1} & P_{n2} & \cdots & P_{nn} \end{bmatrix} \qquad (8\text{-}46)$$

$$P_{ij}^{(n)} = \begin{bmatrix} P_{11} & P_{12} & \cdots & P_{1n} \\ P_{21} & P_{22} & \cdots & P_{2n} \\ \vdots & \vdots & \vdots & \vdots \\ P_{n1} & P_{n2} & \cdots & P_{nn} \end{bmatrix} \xrightarrow{n \to \infty} \begin{bmatrix} \pi_1 & \pi_2 & \cdots & \pi_n \\ \pi_1 & \pi_2 & \cdots & \pi_n \\ \vdots & \vdots & \vdots & \vdots \\ \pi_1 & \pi_2 & \cdots & \pi_n \end{bmatrix} \quad (8\text{-}47)$$

则称齐次马尔科夫链存在普遍性，并称 π_j 为状态 j 的稳态概率。

齐次马尔科夫链的平稳分布的严格数学定义：设 $\{X_n, n \geq 1\}$ 是一个齐次马尔科夫链，存在实数集合 $\{\gamma_j, j \in E\}$，且满足：

（1）$\gamma_j \geq 0, j \in E$。

（2）$\sum\limits_{j \in E} r_j = 1$。

（3）$r_j = \sum\limits_{i \in E} r_i P_{ij}, j \in E$。

若称 $\{X_n, n \geq 1\}$ 为平稳齐次马尔科夫链，则 $\{\gamma_j, j \in E\}$ 是该过程的一个平稳分布。

四、马尔科夫预测的应用

1. 对市场占有率的预测

在市场经济条件下，企业为了生存发展，就必须知道自身在同产业中所处的战略地位或状态，这就必须通过市场预测。市场预测的方法众多，其中一种方法是对市场占有率的预测，就可以使用马尔科夫链进行市场预测，方法如下：

（1）确定的目标要符合马尔科夫链进行市场预测的要求，例如：

①市场的发展状况只与当前的环境相关；

②没有新的竞争者加入，也没有老的竞争者退出；

③顾客总量保持不变；

④市场在各个产品中间流通的可能性维持不变，可以使用马尔科夫预测法对市场占有率做出预估。

（2）用马尔科夫链来进行预测。（以具体例子说明应用）设 n 个品牌商品的当期市场份额（初始）如下：

$$S^{(0)} = (x_1, x_2, \cdots, x_n) \quad (8\text{-}48)$$

设 n 个品牌商品的状态转移矩阵如下：

$$P = \begin{bmatrix} P_{11} & P_{12} & \cdots & P_{1n} \\ P_{21} & P_{22} & \cdots & P_{2n} \\ \vdots & \vdots & \vdots & \vdots \\ P_{n1} & P_{n2} & \cdots & P_{nn} \end{bmatrix} \quad (8\text{-}49)$$

则下期的市场占有率为：

$$S^{(1)} = S^{(0)} \times P$$
$$S^{(2)} = S^{(1)} \times P$$
$$S^{(n)} = S^{(n-1)} \times P \tag{8-50}$$

2. 期望利润率预测

期望利润率预测是指产品在市场上销量状况可能出现变化时产生的利润的转变预测。在这些情形下，销售状态的改变可视作马尔科夫链。

设销售状态转移矩阵为：

$$P = \begin{bmatrix} P_{11} & P_{12} \\ P_{21} & P_{22} \end{bmatrix} \tag{8-51}$$

其中：P_{11}——畅销→畅销的概率；

P_{12}——畅销→滞销的概率；

P_{21}——滞销→畅销的概率；

P_{22}——滞销→滞销的概率。

同理，也可以设定一种随销售状况变动而改变的收益矩阵，R 的正负根据在实际变化过程中产生的收益或损失决定：盈利时，r>0；亏损时，r<0。

$$R = \begin{bmatrix} r_{11} & r_{12} \\ r_{21} & r_{22} \end{bmatrix} \tag{8-52}$$

则 P 和 R 形成了一个有利润的马尔科夫链，若已知销售状态转移矩阵和利润矩阵，就可对未来的利润进行预测。经过一步转移，求期望利润的公式如下：

$$L_i^{(1)} = r_{i1} P_{i1} + r_{i2} P_{i2} = \sum_{j=1}^{2} r_{ij} P_{ij} \tag{8-53}$$

i＝1，2（i＝1 表示商品处于畅销状态，i＝2 表示商品处于滞销状态）。$L^{(1)}$ 表示经过一步转移，L 表示期望利润。

经二步转移后的期望利润公式如下：

$$L_i^{(2)} = (r_{i1} + L_1^{(1)}) P_{i1} + (r_{i2} + L_2^{(1)}) P_{i2} = \sum_{j=1}^{2} (r_{ij} + L_j^{(1)}) P_{ij} \tag{8-54}$$

依次类推，经 n 步转移后的目标利润公式为：

$$L_i^{(n)} = (r_{ij} + L_1^{(n-1)}) P_{i1} + (r_{i2} + L_2^{(n-1)}) P_{i2} = \sum (r_{ij} + L_j^{(n-1)}) P_{ij} \tag{8-55}$$

五、市场占有率的预测实例

现代社会环境复杂多变，一个企业在激烈的市场竞争条件下，想要发展与成长就需要对其产品进行市场预测，以降低其参与市场竞争的盲目性，从而增强科学性。但是，企业对某商品的质量要求也受到了许多方面的制约，主要特点就是其产品在贸易行业中所处的状态。这些状况的产生是一种随机过程，存在随机性。因此，运用随机过程中的马尔科夫模型来研究生产和市场中的产品情况，加强市场预测，以便科学合理地规划产品，减少盲目性，从而增强公司的市场竞争力和产品竞争力。

现在，我们要预测 A、B、C 三个厂商所提供的某种抗病毒药在未来的市场占有情况。

第一步，做好市场调查。主要调查以下两件事：

（1）目前的市场状况。如果总计 1000 家客户（购买力相应的诊所、药店等）中，买 A、B、C 三药厂的各有 400 家、300 家、300 家，那么 A、B、C 三药厂目前的市场占有比例顺序为：40%、30%、30%。

（2）查清使用对象的流动情况。流动情况的调查可通过发放信息调查表来了解顾客以往的资料或购买意愿，也可以从下一时期的订购单中得知，如表 8-3 所示。

表 8-3　顾客订货情况　　　　　　　　　　　　　　　　　　单位：家

	A	B	C	合计
A	160	120	120	400
B	180	90	30	300
C	180	30	90	300
合计	520	240	240	1000

第二步，建立数学模型。

假设在未来的持续时间里，顾客在同一间隔时段的流动概率并不会随时期的差异而改变，以季度为模型的步长（即转移一步所需的持续时间），那么通过表 8-3，我们便可得出模型的转移概率矩阵：

$$P = \begin{bmatrix} P_{11} & P_{12} & P_{13} \\ P_{21} & P_{22} & P_{23} \\ P_{31} & P_{32} & P_{33} \end{bmatrix} = \begin{bmatrix} \dfrac{160}{400} & \dfrac{120}{400} & \dfrac{120}{400} \\ \dfrac{180}{300} & \dfrac{90}{300} & \dfrac{30}{300} \\ \dfrac{180}{300} & \dfrac{30}{300} & \dfrac{90}{300} \end{bmatrix} = \begin{bmatrix} 0.4 & 0.3 & 0.3 \\ 0.6 & 0.3 & 0.1 \\ 0.6 & 0.1 & 0.3 \end{bmatrix} \tag{8-56}$$

矩阵中的第一行（0.4，0.3，0.3）表示目前去 A 厂的客户下季度有 40% 仍买 A 厂的药，转为买 B 厂和 C 厂的各有 30%。同样，第 2 行、第 3 行则依次表示目前是 B 厂和 C 厂的客户在下季度的流向。

由 P 我们可以计算任意的 k 步转移矩阵，如三步转移矩阵：

$$P^{(3)} = P^3 = \begin{bmatrix} 0.4 & 0.3 & 0.3 \\ 0.6 & 0.3 & 0.1 \\ 0.6 & 0.1 & 0.3 \end{bmatrix}^3 = \begin{bmatrix} 0.496 & 0.252 & 0.252 \\ 0.504 & 0.252 & 0.244 \\ 0.504 & 0.244 & 0.252 \end{bmatrix} \tag{8-57}$$

通过这个矩阵的各行，得知三个季度以后各厂家顾客的流动情况。如由第二行（0.504，0.252，0.244）可知，B 厂的客户三个季度后有 50.4% 转向买 A 厂的药，25.2% 仍买 B 厂的药，24.4% 转向买 C 厂的药。

在分析市场占有率流程中占有率的大部分随机因素时，我们可以发现这一流程中包含了调节、反馈以及反复变化，这和马尔科夫链的过度类状态之间存在着相似性，从而可以把占有率流程看作是一种随机性马尔科夫过程，即市场从某个时间 t 到下个时间的位置变化都是随机发生的。当群体数量较大而扩散时间为 t 的单位中选取较大者时，就可以假设群体数量的变动在时间上是连续的，即可形成一种较简单的模型理论。

经过对相关统计的分析，依据随机变量市场占有率数据，对 $[0, \infty]$ 进行适当划分，计算得出转移概率 P_{ij}，通过 $P_{ij} = P(X_1 = j | X_0 = i)$，可以得到 $P = (P_{ij}, i, j \in E)$，然后计算 $P(m) = (P_{ij}^{(m)}, i, j \in E)$。由此可构建市场占有率预测模型，即 m 阶的马尔科夫链 $\{I_m: n \geq 0\}$ 的转移矩阵：

$$P^{(m)} = \begin{bmatrix} P_{11} & P_{12} & \cdots & P_{1N} \\ P_{21} & P_{22} & \cdots & P_{2N} \\ \vdots & \vdots & \vdots & \vdots \\ P_{N1} & P_{N2} & \cdots & P_{NN} \end{bmatrix}^m = P^m \tag{8-58}$$

得到了 m 阶的转移概率，就能够得到 m 个周期后的市场占有率的转移矩阵。

假设初始市场占有率为 $S^{(0)} = (P_1^{(0)}, P_2^{(0)}, \cdots, P_N^{(0)})$，则有 m 个周期之后的市场占有率为 $S^{(m)} = S^{(0)} \cdot P^m = S^{(m-1)} \cdot P$。

即得到：

$$S^{(m)} = S^{(m-1)} P = S^{(0)} P^m = (p_1^{(0)}, p_2^{(0)}, \cdots, p_n^{(0)}) \begin{bmatrix} P_{11} & P_{12} & \cdots & P_{1n} \\ P_{21} & P_{22} & \cdots & P_{2n} \\ \vdots & \vdots & \vdots & \vdots \\ P_{n1} & P_{n2} & \cdots & P_{nn} \end{bmatrix}^m \tag{8-59}$$

如果继续逐步求市场占有率，会发现当 m 大到一定的程度时，$S^{(m)}$ 将不会有多少改变，即有稳定的市场占有率，设其稳定值为 $S = (p_1, p_2, \cdots, p_n)$，且满足 $p_1 + p_2 + \cdots + p_n = 1$。

一旦市场的客户流动趋势一直保持下去，那么市场在一段时间后的占有率就会达到一定的均衡情况，即客户的活动并没有改变整个市场的占有率，并且这个市场占有率也和初始分布无关。根据实际意义，我们也可近似地看待产品的市场占有率，并得出以下计算方式：

$$\begin{cases} S = SP \\ \sum_{i=0}^{n} P_k = 1 \end{cases} \tag{8-60}$$

一般 N 个状态后的稳定市场占有率（稳态概率）$S=（p_1，p_2，\cdots，p_N）$ 可通过解方程组

$$
\begin{cases}
(p_1，p_2，\cdots，p_n)=(p_1，p_2，\cdots，p_n)\begin{bmatrix} P_{11} & P_{12} & \cdots & P_{1n} \\ P_{21} & P_{22} & \cdots & P_{2n} \\ \vdots & \vdots & \vdots & \vdots \\ P_{n1} & P_{n2} & \cdots & P_{nn} \end{bmatrix} \\
\displaystyle\sum_{k=1}^{n} p_k = 1
\end{cases}
\tag{8-61}
$$

求得最终稳态时的市场占有率 P。

设 $S^{(k)}=(p_1^{(k)}，p_2^{(k)}，p_3^{(k)})$ 表示预测对象 k 季度以后的市场占有率，初始分布则为 $S^{(0)}=(p_1^{(0)}，p_2^{(0)}，p_3^{(0)})$，市场占有率的预测模型为：

$$
S^{(k)}=S^{(0)} \cdot P^k=S^{(k-1)} \cdot P
\tag{8-62}
$$

现在，由第一步，我们有 $S^{(0)}=（0.4，0.3，0.3）$，由此，我们可预测任意时期 A、B、C 三个厂家的市场占有率。三个季度以后的预测值为：

$$
S^{(3)}=(p_1^{(3)}，p_2^{(3)}，p_3^{(3)})=S^{(0)} \cdot P^3=(0.4，0.3，0.3)\begin{bmatrix} 0.496 & 0.252 & 0.252 \\ 0.504 & 0.252 & 0.244 \\ 0.504 & 0.244 & 0.252 \end{bmatrix}
$$

$$
=（0.5008，0.2496，0.2496）
\tag{8-63}
$$

大致上，A 厂市场占有率为 50.08%，B 厂、C 厂各占有约 1/4。以此类推便能获得以后任意一个季度的市场占有率，最后获得一个相对稳定的市场占有率。

当市场出现平衡状态时，可得方程如下：

$$
(p_1，p_2，p_3)=(p_1，p_2，p_3)\begin{bmatrix} 0.4 & 0.3 & 0.3 \\ 0.6 & 0.3 & 0.1 \\ 0.6 & 0.1 & 0.3 \end{bmatrix}
\tag{8-64}
$$

由此可得：

$$
\begin{cases}
p_1=0.4p_1+0.6p_2+0.6p_3 \\
p_2=0.3p_1+0.3p_2+0.1p_3 \\
p_3=0.3p_1+0.1p_2+0.3p_3
\end{cases}
\tag{8-65}
$$

经过整理，加上条件 $p_1+p_2+p_3=1$，可以得到：

$$
\begin{cases}
-0.6p_1+0.6p_2+0.6p_3=0 \\
0.3p_1-0.7p_2+0.1p_3=0 \\
0.3p_1+0.1p_2-0.7p_3=0 \\
p_1+p_2+p_3=1
\end{cases}
\tag{8-66}
$$

上述方程式为三次变量四个方程式的方程式组，若前三种方程式组中有两个是单独

的，随便去掉一组，则在其余的前三种方程式组中，都可以求出唯一解：$p_1 = 0.5$，$p_2 = 0.25$，$p_3 = 0.25$。这就是 A、B、C 三个厂的最终市场占有率。

马尔科夫分析法是关于随机事件变化的一类分析方法。市场产品供应的变动也往往受各种不稳定因素的干扰而具有随机性，但如果其无"后效性"，可采用马尔科夫分析法对市场未来的供应变化做出市场趋势研究，以提高市场占有率的方法预测市场占有率也是可以作为决策依据的，企业也应依据预测结果采用各种方法赢得市场。

六、期望利润率的预测实例

经市场调查某商品销路变化状态有畅销→滞销、滞销→畅销、连续畅销和连续滞销，四种状态转移表及其利润表见表 8-4 和表 8-5。

表 8-4　状态转移表

	畅销 1	滞销 2
畅销 1	0.5	0.5
滞销 2	0.4	0.6

表 8-5　利润表

	畅销 1	滞销 2
畅销 1	5（百万元）	1（百万元）
滞销 2	1（百万元）	-1（百万元）

由表 8-4 可知：产品连续畅销的概率为 50%；畅销→滞销的概率也为 50%；滞销→畅销的概率为 40%；连续滞销的概率为 60%。

由表 8-5 可知：连续畅销能获利 500 万元；畅销→滞销或滞销→畅销均能获利 100 万元；连续滞销要亏损 100 万元。

预测：当月产品处于畅销、滞销时，下两个月的期望利润各为多少？

第一步，由表 8-4 和表 8-5 可得销售状态的转移矩阵和利润矩阵分别为：

$$P = \begin{bmatrix} P_{11} & P_{12} \\ P_{21} & P_{22} \end{bmatrix} = \begin{bmatrix} 0.5 & 0.5 \\ 0.4 & 0.6 \end{bmatrix}$$

$$R = \begin{bmatrix} r_{11} & r_{12} \\ r_{21} & r_{22} \end{bmatrix} = \begin{bmatrix} 5 & 1 \\ 1 & -1 \end{bmatrix}$$

第二步，计算经过一步转移的期望利润：

$$L_1^{(1)} = r_{11}P_{11} + r_{12}P_{12} = 5×0.5 + 1×0.5 = 3$$

$$L_2^{(1)} = r_{21}P_{21} + r_{22}P_{22} = 1×0.4 + (-1)×0.6 = -0.2$$

即当本月处于畅销时，下一个月可期望获得利润为 300 万元，而当本月处于滞销时，下一个月的预测亏损为 20 万元。

第三步，计算经过二步转移的期望利润：

$$L_1^{(2)} = (r_{11} + L_1^{(1)})P_{11} + (r_{12} + L_2^{(1)})P_{12}$$
$$= (5+3)×0.5 + [1+(-0.2)]×0.5$$
$$= 4.4$$

$$L_2^{(2)} = (r_{21} + L_1^{(1)})P_{21} + (r_{22} + L_2^{(1)})P_{22}$$
$$= (1+3)×0.4 + [(-1)+(-0.2)]×0.6$$
$$= 0.88$$

即当本月处于畅销状态时，预计两个月后可期望获得利润 440 万元。当处于滞销时，则预计两个月后可期望获得利润 88 万元。

第四节　预测分析的准确度评价及影响因素

预测的精度是指预测模型拟合的优劣度，即根据预测模型所产生的模拟值与历史实际值拟合程度的优劣。

在讨论模型的精度时，通常对整个样本外的区间进行预测，然后将其实际值进行比较，把它们的差异用某种方法加总。常用均方误差（MSE）、绝对平均误差（MAE）和相对平均误差（MAPE）的绝对值来度量，其公式如下：

$$MSE = \frac{1}{N} \sum_{i=1}^{N} (y_i - \hat{y}_i)^2 \tag{8-67}$$

$$MAE = \frac{1}{N} \sum_{i=1}^{N} |y_i - \hat{y}_i| \tag{8-68}$$

$$MAPE = \frac{1}{N} \sum_{i=1}^{N} \left| \frac{y_i - \hat{y}_i}{y_i} \right| \tag{8-69}$$

通常情况下，均方误差（MSE）比绝对平均误差（MAE）或相对平均误差绝对值能更好地衡量预测的精确度。

预测不可避免地会产生预测偏差。在预测过程中，有很多因素都可能对预测准确度产生影响，主要的因素有：

1. 影响预测对象的偶然因素

影响预测对象发展变化的因素有起决定作用的必然因素，反映预测对象的发展变化规律，这是事先可以测定的。还有事先不能测定的突然发生的偶然因素，比如自然灾害、政治事件、政策转变等，就是这些偶然因素使预测值产生随机的波动，甚至使预测值产生发展方向或速度上的变化，形成预测误差。这种偶然因素是影响预测准确度的主要因素。

2. 资料的限制

预测是指依靠过去和现在的资料来认识预测对象的特点和变化规律。一旦没有资料或者资料不全面、不系统、不精确，就无法准确判定危害预测对象的主要原因，就无法合理地构建预测模式求预测值和调整预测值，也就无法获得正确的预测结果。因此，应尽量收集与预测对象有关的各种资料，保证资料齐全、准确，努力减少由于资料原因而引起的预测误差。

3. 方法不恰当

在整个预测流程中，会包含不同的方法。比如，获取资讯的方法、处理与分析资讯的方法、估计的方法、构建模型的方法、评估模型的方法、调整预期结果的方法等。因为所采用的方法不同，其预测值、误差范围也就有所不同。所以，在预测之前要对将选择的方法的基本原理、特点、假定前提、范围和运用要求等加以全面认识，并按照预测对象的具体特点，选用出最合适的方案。

4. 预测者的分析判断能力

在预测过程中，探索预测对象的变化规律、研究影响预测结果的主要因素、预测中随机因子的相互作用、信息的取舍和收集、选用预测工具、评价预测模型，以及分析预测结论、调整预测值和预测模型等，均有赖于预测者的分析判断能力。分析判断准确与否，直接影响着预测的准确性，所以预测者必须对所有需要预测的方面都有充分的认识，对预测理论与方法也应熟练掌握，要能全面分析各方面的影响因素，对预测的各个阶段、过程进行深入研究，具有客观正确的判断能力。这就是对降低预见错误、提升预测准确率具有至关重要影响的原因。

能把握、处理好以上几个影响预测准确度的因素，就能大大提高预测的准确度。

第五节　应用案例

案例名称：灰色预测

某市 2012~2016 年各项指标相关统计数据如表 8-6 所示。

表 8-6　某市 2012~2016 年各项指标数据

年份	第一产业 GDP（亿元）	第三产业 GDP（亿元）	居民消费价格指数
2012	195.59	2279.99	102.8
2013	217.76	2548.71	102.7
2014	214.55	3054.85	100.7
2015	220.20	3424.29	99.8
2016	232.01	3827.36	100.3

1. 数据说明

用灰色预测方法预测 2017~2021 年各项指标的数据。且已知实际的预测数据如表 8-7 所示，将预测数据与实际数据进行比较。

表 8-7　预测数据

年份	第一产业 GDP（亿元）	第三产业 GDP（亿元）	居民消费价格指数
2017	281.12	4592.65	101.6
2018	258.82	5165.43	102.1
2019	279.13	5874.62	102.9
2020	312.75	6379.37	102.1
2021	308.82	6794.26	102.8

2. 代码实现

```
import numpy as np
import matplotlib. pyplot as plt
import math
#解决图标题中文乱码问题
import matplotlib as mpl
mpl. rcParams['font. sans-serif'] = ['SimHei']    #指定默认字体
mpl. rcParams['axes. unicode_minus'] = False    #解决保存图像是负号'-'显示为方块的问题
#原数据
data = np. array([[195.59,102.8,2279.99],[217.76,102.7,2548.71],[214.55,100.7,3054.85],[220.20,99.8,
3424.29],[232.01,100.3,3827.36]])
#要预测数据的真实值
data_T = np. array([[281.12,101.6,4592.65],[258.82,102.1,5165.43],[279.13,102.9,5874.62],[312.75,
102.1,6379.37],[308.82,102.8,6794.26]])
#累加数据
```

```
data1 = np. cumsum( data. T, 1)
print( data1)
[ m, n] = data1. shape #得到行数和列数 m = 3, n = 5
#对这三列分别进行预测
X = [ i for i in range( 2012, 2017)] #已知年份数据
X = np. array( X)
X_p = [ i for i in range( 2017, 2022)] #预测年份数据
X_p = np. array( X_p)
X_sta = X[ 0] - 1 #最开始参考数据
#求解未知数
for j in range( 3):
    B = np. zeros(( n - 1, 2))
    for i in range( n - 1):
        B[ i, 0] = -1/2 * ( data1[ j, i] + data1[ j, i + 1])
        B[ i, 1] = 1
    Y = data. T[ j, 1:5]
    a_u = np. dot( np. dot( np. linalg. inv( np. dot( B. T, B)), B. T), Y. T)
#    print( a_u)
    #进行数据预测
    a = a_u[ 0]
    u = a_u[ 1]
    T = [ i for i in range( 2012, 2022)]
    T = np. array( T)
    data_p = ( data1[ 0, j] - u/a) * np. exp( -a * ( T - X_sta - 1)) + u/a #累加数据
#    print( data_p)
    data_p1 = data_p
    data_p1[ 1:len( data_p)] = data_p1[ 1:len( data_p)] - data_p1[ 0:len( data_p) - 1]
#    print( data_p1)
    title_str = [ '第一产业 GDP 预测', '居民消费价格指数预测', '第三产业 GDP 预测']
    plt. subplot( 221 + j)
    data_n = data_p1
    plt. scatter( range( 2012, 2017), data[ :, j])
  plt. plot( range( 2012, 2017), data_n[ X - X_sta])
    plt. scatter( range( 2017, 2022), data_T[ :, j])
    plt.  plot( range( 2017, 2022), data_n[ X_p - X_sta - 1])
#    plt. title( title_str[ j])
    plt. legend( [ '实际原数据', '拟合数据', '预测参考数据', '预测数据'])
    y_n = data_n[ X_p - X_sta - 1]. T
    y = data_T[ :, j]
    wucha = sum( abs( y_n - y)/y)/len( y)
    titlestr1 = [ title_str[ j], '预测相对误差:', wucha]
    plt. title( titlestr1)
    plt. show( )
```

3. 结果分析

从图 8-2 中可以看出，第一产业 GDP 预测相对误差为 0. 14907708115791635，居民

消费价格指数预测相对误差为 0.07226696563961851，第三产业 GDP 预测相对误差为 0.08870897223558649。图中显示，三者中居民消费价格指数预测数据离散程度最低，预测相对误差最小，第一产业预测数据离散程度最大，预测相对误差最大。

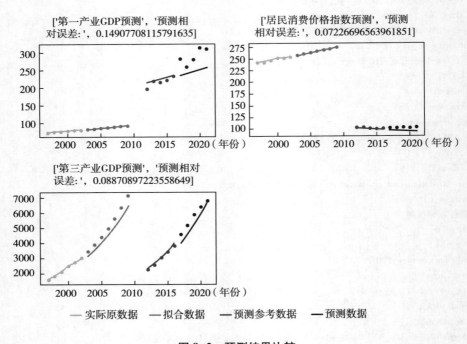

图 8-2　预测结果比较

本章小结

本章介绍了预测的基本理论和方法，着重介绍了灰色预测和马尔科夫预测两种预测方法。

灰色预测是灰色系统理论的重要组成部分，它利用连续的灰色微分模型，对系统的发展变化进行全面的观察分析，并做出长期预测。灰色系统理论认为，灰色系统的行为现象尽管是朦胧的，数据是杂乱的，但是是有序的，是有整体功能的，因而对变化过程可做科学的预测。在灰色理论中，用来发掘这些规律的适当方式是数据生成，将杂乱的原始数据整理成规律性较强的生成数列，再通过一系列运算，就可以建立灰色理论中一阶单变量微分方程的模型即 GM（1，1）模型，该模型是灰色系统中最简单的情况，也是适应性最好的模型，所以在实际应用中，如果需要用到灰色预测方法，可以首先考虑这种简单又有效的方法。

马尔科夫方法是研究随机事件变化的一个方法，它假设系统可分为几个类型的状况，研究对象在不同的状态之间随机游动。如果研究对象随时间的变化是离散的，称之为马尔科夫链。马尔科夫链是一种基本模型，这种模型主要联系空间的分类、状态转移概率矩阵、状态空间的分解、平稳分布等。所以，马尔科夫方法适合于带有状态转移特征的预测。

不同的预测方法具有不同的预测能力，适用于不同的情况，同一种情况也可以运用不同的预测方法。因此选择合适的预测方法是很有必要的。选择预测方法的原则如下：

（1）根据预测目标的要求选择预测方法。

（2）根据预测对象资料的特征和变化规律选用预测方法。例如，从预测对象的历史数据所反映的规律是直线趋势，则选用直线趋势的预测方法，统计资料齐全用定量预测法，否则采用定性预测法。

（3）根据预测结果的准确程度选择预测方法。预测误差越小，则预测准确程度越高，越好。有的预测方法对预测现象的发展趋势比较准确，有的预测方法对预测现象发展变化的转折点比较准确。

（4）从经济、时间与适用性的视角，选择预测方法。有时希望所选择的预测方法花费少、不占用很多时间，而且是适用的，不需要进行大量运算或运用复杂的数学公式。

当然，在选择预测方法时，要根据实际情况，对以上几个原则综合考虑，例如，对不重要的项目做短期预测，应强调节省费用、预测快，对准确度不做高要求来选择预测方法。而对于重要的预测项目，强调预测准确度要高，宁肯多花钱，多用些时间，用复杂的数学公式，以便选择合适的预测方法。

思考练习题

一、思考题

1. 什么是预测？预测的基本要素包括哪些方面？
2. 预测的基本原理是什么？
3. 预测准确度的影响因素有哪些？

二、简答题

1. 简述定性预测方法的定义以及该方法的优缺点。

2. 简述定量预测方法的定义以及该方法的优缺点。

3. 某开发区 2020 年四个季度的用电量如表 8-8 所示。

表 8-8　某开发区 2020 年四个季度的用电量

	第一季度	第二季度	第三季度	第四季度
序号	1	2	3	4
实际用电量	19.67	18.22	18.56	19.22

试用灰色预测模式进行预测，并完成模型精度的后验差检验和预期结果的相对误差检测。

4. 设某市场销售甲、乙、丙三种品牌的同类型产品，购买该产品的顾客变动情况如下：以前购买甲品牌产品的消费者，在下一季度中有 15% 转向购买乙品牌产品，10% 转向购买丙品牌产品。原购买乙品牌产品的顾客，有 30% 转向购买甲品牌，同时有 10% 转向购买丙品牌。原购买丙品牌的顾客中有 5% 转向购买甲品牌，同时有 15% 转向购买乙品牌。问经营甲种商品的厂家，在当前的市场经济条件下如何才能增加商品的销量？

5. 经市场调查某产品销路变化状态有畅销→滞销、滞销→畅销、连续畅销和连续滞销，四种状态转移表及其利润表如表 8-9 和表 8-10 所示。

表 8-9　状态转移表

	畅销 1	滞销 2
畅销 1	0.6	0.4
滞销 2	0.3	0.7

表 8-10　利润表

	畅销 1	滞销 2
畅销 1	5（万元）	3（万元）
滞销 2	2（万元）	−1（万元）

预测：若当月处于畅销、滞销时，下两个月的期望利润各为多少？

参考文献

[1]　Gbadago M . A Unified Framework for the Mathematical Modelling, Predictive Anal-

ysis，and Optimization of Reaction Systems Using Computational Fluid Dynamics，Deep Neural Network and Genetic Algorithm：A Case of Butadiene Synthesis［J］．Chemical Engineering Journal，2021，409（1）：1-24.

［2］Geisser S．Predictive Analysis［R］．American Cancer Society，2014.

［3］Pope E，Stephenson D B，Jackson D R．An Adaptive Markov Chain Approach for Probabilistic Forecasting of Categorical Events［J］．Monthly Weather Review，2020（9）：148.

［4］Wang M，Wang W，Wu L．Application of a New Grey Multivariate Forecasting Model in the Forecasting of Energy Consumption in 7 Regions of China［J］．Energy，2022（15）：243.

［5］［美］Wai-Ki Ching，Ximin Huang，Michael K. Ng，Tak-Kuen Siu. 马尔科夫链：模型、算法与应用［M］．陈曦，译．北京：清华大学出版社，2017.

［6］李华，胡奇英．预测与决策教程［M］．北京：机械工业出版社，2019.

［7］李惠，曾波，苟小义，白云．基于统一灰色生成算子的三参数离散灰色预测模型及其应用［J］．运筹与管理，2022，31（7）：119-123.

［8］李宁，衷璐洁，高楷．基于灰色马尔科夫预测的移动多路传输调度算法［J］．计算机工程，2021，47（3）：218-226.

［9］刘震．多变量灰色关联模型及其应用研究［M］．上海：东方出版中心，2020.

［10］席裕庚．预测控制［M］．北京：国防工业出版社，2013.

［11］谢贤芬，王斌会．Excel 在经济管理数据分析中的应用［M］．广州：暨南大学出版社，2015.

［12］徐辉，等．管理运筹学（第3版）［M］．上海：同济大学出版社，2020.

［13］杨鑫刚．运筹学实验指导及 MATLAB 程序设计［M］．北京：北京理工大学出版社，2020.

［14］曾波，李树良，孟伟．灰色预测理论及其应用［M］．北京：科学出版社，2020.

［15］张国政，申君歌．基于多周期时间序列的灰色预测模型及其应用［J］．统计与决策，2021，37（9）：14-19.

［16］朱建平．经济预测与决策［M］．厦门：厦门大学出版社，2019.

［17］邹国焱，魏勇．广义离散灰色预测模型及其应用［J］．系统工程理论与实践，2020，40（3）：736-747.

第九章　异常点分析与模型

第一节　异常点分析概述

一、异常点分析的定义

异常点是在指数值中，偏离数值一般水平的极端大值和极端小值，也被称为歧异值、野值。异常点可划分为三种类型：全局异常点、条件异常点、集体异常点。其中全局异常点是指给定数据集中，显著偏离数据集其余对象的数据，一般能够直观地看到。条件异常点是指在特定情境下，显著偏离其他对象的数据，即若换到别的场景，该点可能就不是异常点。例如，28℃的气温，在海南的冬季并不是异常点，但在北京的冬季就是明显的异常点。集体异常点是指数据集的一个子集作为整体显著偏离整个数据集。例如，犯罪团伙、传销团伙，这些人形成一个小组织，该组织中人的行为模式明显与社会上一般人的行为模式不同，这些人就可以看作集体异常点（见图9-1）。

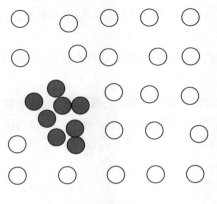

图 9-1　集体异常点

产生异常点的主要原因：第一，可能是计算和操作的错误所致，如测量、输入错误，或系统运行错误，例如，某人的岁数是 999 岁，很显然就是失败操作造成的异常点；第二，可能是由信息自身的可变性或弹性所致，即被研究对象本身由于受各种偶然或非正常的原因影响而造成异常点的出现，如地震导致死亡人数剧增、新政策出台导致股票突涨等。

对于统计分析人员来说，异常点的出现显然会影响模型的拟合精度，甚至会得到不真实的信息，因此，异常点往往被分析人员看作是一个"坏值"。然而，"一个人的噪声也许是其他的信号"，也就是说，从信息获取的角度来看，异常点反而提供了很重要的信息，换句话说，这些异常点也许正是用户感兴趣的数据。在一部分应用领域，发现异常点是很多工作的根本和基础，异常点可以提供一个全新的角度，比如在欺诈检测领域，那些与正常数据行为不一致的异常点，往往预示着欺诈行为。

异常点分析就是通过多种检测方法找出其行为不同于预期对象的数据点的过程，即发现数据集中异常的少量的异常点。异常点的检测是数据挖掘的核心问题之一，数据的不断增长及物联网设备的普及，使我们重新思考处理异常点的方式。异常点分析只能为用户提供可疑的数据，并不能找出这些点离群的原因，或者说并不能确定这些点是真正的异常点，需要用户根据实际场景再去判断这些点是否真的异常点。在做异常点分析时，由于异常点的数量非常少，且大多数是正常样本，异常点只是小概率事件，而且部分异常点的特征表现得极为不集中，即异常种类非常多，形态千奇百怪。针对这些情况，用数量有限的异常点样本训练或有监督模型学习就很难从中学到有效的规律，再加上由于人们无法预先了解什么样的点是异常点，所以这种异常数据往往是比较难获取的，因此异常点分析是一种无监督学习的算法。

在进行异常点分析的过程中，可能会遇到一些困难：

第一，从时间序列样本中发现异常点一般相对困难，因为这些异常点可能会隐含于时间趋势、季节性因素或其他变化中。

第二，如果数据是非数值类的，在数据分析流程中必须多加思考，包括对数据的预处理等。

第三，针对多维数据，异常点的异常特性可以是多维度的组合，但并非简单维度所能表达的。因此，在异常点分析的过程中，需要注意以下问题：

（1）异常点的属性个数。有时异常点的定义是由几个属性共同决定的，比如一个人的身高和体重，160 厘米的身高和 75 公斤的体重单独看都在身高和体重的正常范围内，但是如果一起看，这个身高体重的组合就可能是异常点了。针对这种情况不能根据单一属性去判断一个点是不是异常点。

（2）全局观点和局部观点。一个对象可能相对于所有对象看上去离群，但相对于它的局部近邻则不算是异常点，即这些异常点是相对的，在一个群体里的异常点到另一个群体里就不是异常点，如 185 厘米的身高在体操运动员中是异常点，在篮球运动员中就不是了。

（3）点的离散程度。某些技术方法只报告对象是不是异常点，并不能反映对象的离群程度，但针对一些情况，异常点分析需要同时汇报点的离散程度，如化验血液中微量元素的含量是否在正常范围内，除关注超出和低于正常范围的指标以外，还会去看到底超出或者低了多少。

（4）异常点的数量及时效性。正常点的数量应该多于非正常点的数量，非正常点的数量在大数据集中所占的比重并不大。如果发现找到了很多异常点，那么可能就需要检查一下区分异常点和正常点的阈值设置是否合理。

二、异常点分析的分类

在统计上，异常点并不构成一个系统的主要数据点，因为异常点和其他系统良好的点不同，其数值也和其他点的数值差别甚大。因此，在数据［20，24，22，19，29，29876，18，40］中能够很明显地发现最大异常数据是 29876。所以如果观测值只有一个数字而且是一维的，可以很简单地找到该群观测值的异常点，但是如果我们有成百上千个观测值的多维数据，我们就需要更先进的技术才能探测这些数据。目前国内外已经提出了大量的异常点检测算法，可大致分为以下几类：

1. 基于统计的异常点检测算法

基于统计的异常点检验技术假定样本空间的全部信息满足某种分布式的数据模型，对信息集合建立一种概率统计模式（如正态、泊松、二项式分布等，它们的基本参数由统计分析求得），随后再通过样本的不协调和校验确定异常点，不平衡校验程序中要求样本空间信息集合的全部统计知识、分布的统计知识及其所期望的异常点数量。

2. 基于距离的异常点检测算法

基于距离的异常点检测也叫基于近邻的异常点检测，此时异常点就是远离大部分对象的点，即与数据集中的大多数对象的距离都大于某个阈值的点。

3. 基于密度的异常点检测算法

基于密度的异常点检测方法的核心原理是可以在低密度区找到离群值，假定非离群值出现在密集邻域中，将样本点的密度与样本点的邻居的密度进行比较。

4. 基于聚类的异常点检测算法

基于聚类的技术通常依赖于使用聚类算法来描述数据的行为。该类计算采用对待检测数据信息聚集类，把不隶属于其他集群的统计对象以及比其他集群少得多的数据点集群，判断为数据信息聚集的异常点。

除了以上介绍的四种异常点检测方法，还有诸多类型的检测算法，如基于关联的算法、基于神经网络的算法、基于遗传算法的算法等，本书主要介绍上述提到的四类异常点检测方法。

三、异常点分析的应用场景

异常点检测技术在许多领域中都有非常普遍的运用，如金融诈骗监测、互联网入侵监测、农业生态系统检测、医疗卫生辅助设备检测、受损农产品识别、气象检测等。而在研究生态系统方面，异常点分析也有助于研究人员解释自然灾害的相似性，以及研究这些自然灾害出现的根源；在辅助医学方面，异常点检测能够帮助医生判断患者的状态。

1. 网络入侵检测

网络入侵检测，是指对潜在的或预谋的未经授权的使用信息系统、使用数据，以及使系统不安全、不稳定甚至根本不能使用的检查和监控措施，是对网络安全系统的一个积极主动的防范措施，主要通过从计算机与互联网上的几个关键点获取数据，并做出相应判断。目前，一般所使用的检测方法主要包括误用检测与异常检测等，误用检测将根据客户端的系统行为与特征数据库的各种攻击方法进行对比，以判断是否进行攻击；异常检测通过操作系统或客户端的非正常情况，利用计算机设备的非正常状况等检测攻击情况。显然异常点检测主要用于互联网攻击的异常检测。

在现代互联网侵入检测中，基于网络上大量的互联网技术侵入也已非常常见，而一般互联网网络进攻也都遵循着类似的模式，如渗透网络攻击或数据库系统注入等企图让被攻击者电脑的系统崩溃甚至数据库遭破坏。虽然也有部分入侵类型无法检测，例如无法获取被攻击者电脑的网站访问信息等，但许多网络攻击仍旧可以通过非常昂贵的监控软件以及网站的异常波动来确定目标，而异常点检测算法则利用机器学习攻击模式的训练数据，从而能够更迅速有效地对攻击行为做出检测。

2. 金融欺诈检测

金融欺诈行为也可能以其他形式出现，其所包含的交易活动通常带有非正常或非公平贸易的性质，或者因为缺少与实体企业经营活动一致的资本运动规则，而具有异于一般性普通客户和账户所具有的投资行为特性，并因此呈现各种异常的特征和特点。在金融欺诈检测中，由于违法者获得银行卡后，其刷卡行为通常与之前银行卡所有者的消费习惯有所不同，则银行可能通过研究盗贼的消费习惯并寻找其相对罕见的刷卡行为进行异常点检查，以此协助窃取者降低风险。

3. 社交网络应用

近年来，随着自媒体行业的兴起，社交平台的信息迭代速度加快，社交媒体不仅为人们提供了一个传递信息的平台，还造成了新闻的冗余，受众难以判断新闻的真假。虚假新闻的传播对于整个社会都具有负面的影响，因此识别虚假新闻也至关重要，而虚假新闻报道可以被视为离群值，通过异常点检测的方法帮助受众筛掉无价值的假新闻。

4. 异常客户行为分析

顾客行为数据分析是客户关系管理的主要研究内容之一，通过各种有关顾客的资讯与数据分析来掌握顾客需求，分析顾客特点，评定顾客价格，进而为顾客提出适当的销售战略和资源配置规划。顾客异常行为分析，就是从顾客购物记录中运用异常点检验方式对顾客购物行为进行检验，以寻找其异常的变化点，并剖析形成异常变化的因素，从而采取相应的销售对策。

第二节　基于统计的异常点分析

一、理论基础

基于统计方法的异常点检测技术是最普遍的异常点探测技术之一，自20世纪80年代以来，异常检测问题已经在世界统计范围内进行了深入探索，人们通常利用某个数据的分布对数据节点进行建模。

此类异常点分析方法的基本思想简单直接。在正态分布中（见图9-2），满足正态分布的对象（值）发生在分布尾部的概率极小。如在均值一个标准差范围外的数据出现的概率为34%，而出现在均值两个标准差范围之外的概率就降到了5%，三个标准差之外的概率降到了0.3%。一个正态分布的结果，距离均值大于四个标准差的值存在的概率就是万分之一。也就是说，出现概率如此之小的这些数据点一旦出现，就很可能是异常的。假设我们的数据符合正态分布，那么只要看每一个数据点出现的概率，如果出现了离均值很远的数据点，那么它很有可能就是异常点。

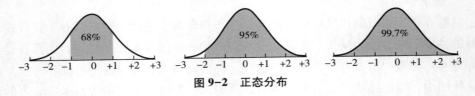

图9-2　正态分布

基于统计的异常点检测假定所有数据对象符合某个分布或数据模型，而不遵守该模型的数据是异常点，采用不和谐校验识别异常点。需要事先知道数据集的统计分布、分布参数（如均值、方差）及期望异常点的数目和异常点类型。

不和谐校验是指检验对象的数量 F 值是否显著的大（或小），假设在一个数据点上的一个统计变量相对于数据分布的显著性概率足够小，则可以判断这个数据点是不和谐的。不和谐校验要检验的两种假定：工作假设和备择假定，其中工作假定 H 假设了 n 个样品的所有计算集都来自一个初始的分配模式 F。不和谐校验是观察数据中的分配 F 值是否显著的大（或小），假设在一个样本点的某些统计量相应的数据分布的显著性概率足够小，就假设在这个样本点是不平衡的，工作假定就被否定，此时备择假定被接受，认为该点是一个异常点。

二、基于统计的异常点分析介绍

异常检测的统计学方法可以划分为两个主要类型：参数方法和非参数方法。参数分析假设正常的数据对象被一种以 θ 为参数的函数分布所生成。该函数分布的概率密度函数 f（x，θ）可以说明对象 x 由该分布生成的可能性。该值越小，x 越可能为异常点。

1. 参数方法

（1）基于正态分布的一元异常点检测。基于正态分布的一元异常点分析假定样本满足所有平均数 μ 和标准差 σ 的正态分布，但通常平均 μ 和 σ 都是未知的，因此我们利用提供的信息学习正态分布的数据，并利用样本均值和数据之间的偏差来计算，从而把低概率的点识别为异常点。

假定数据集为 x_1，x_2，$\cdots$，x_n，数据集中的样本服从正态分布，即 $x_i \sim N（\mu，\sigma^2）$ 可以根据样本求出参数 μ 和 σ。

$$\mu = \frac{1}{n} \sum_{i=1}^{n} x_i \tag{9-1}$$

$$\sigma^2 = \frac{1}{n} \sum_{i=1}^{n} （x_i - \mu）^2 \tag{9-2}$$

在确定了数据的分布和分布参数后，通过不和谐校验来确定数据中的极端值点是不是异常点，在实际应用中通常使用以下过程来替代不和谐校验。

①取显著水平 α，通过查表得到 g_0 使：

$P（|x_i - \bar{x}| \geqslant g_0 s）= \alpha$

②若某一个数据值 x_i 满足 $|x_i - \bar{x}| \geqslant g_0 s$，则被认定为异常点。

③若有两个或两个以上异常点，每次将 $|x_i - \bar{x}|$ 最大的数据剔除，然后重新计算 $\bar{x}$，s，再寻找新的异常点，直到没有异常点为止。

（2）多元异常点检测。许多多元异常点检测方案都能够扩充以处理多元数据，其核心思想就是将多元异常点监测任务转换成单元异常点监测问题。例如，基于正态分布的一元异常在检测并扩充到多元情形时，就可得出每一维度的平均数和标准差。

在很多情形下可以假设数据分析是由正态分布形成的，但如果现实数据分析非常复杂，这个假设较为简单，也可能假设数据分析是被混合参数分布所形成的。

2. 非参数方法

在异常检测的非参数模型中，"正常数据"的类型是根据输入的数据学习，因此并没有假定一个先验。通常由于非参数法对结果有较小假定，所以在较多状态下也可应用，但在此处推荐应用直方图检查异常点。

直方图也是一个常被应用的非参数统计模型，通过直方图检查异常点的过程可以分为以下两步：

（1）构造直方图。使用输入数据（训练数据）构造一个直方图。该直方图可以是一元的，也可以是多元的（如果输入数据是多维的）。虽然非参数模型并不能假定为有先验的模型，但也的确需要直接给出数据，才能进行方法学习。因此，它还需要确定直方图的形式（等宽的或等深的）和一些基本参数（直方图中的箱数或各个箱的尺寸等）。与参数法不一样，这种方法也不能确定数据分布的形式。

（2）检测异常点。想要判断某个对象是不是异常点，可以根据直方图查看它。另一个很简便的方式是，如果某个对象在直方图的一个箱中，那么这个对象被视为正常，否则被看作是异常点。

使用直方图作为异常点检测的非参数模型的一个缺点是，很难选取一个理想的黑箱形状。假如箱的体积太小，那么很多常规物品就可能陷入空的或稀疏的箱内，从而被误认定为异常点。但是，假如箱的体积过大，那么异常点物品就可以进入一些较密集的箱内，从而"假扮"为常规的。

【例 9-1】假如儿童上学的具体年龄总体服从正态分布，所给的数据集是某地区随机选取的开始上学的 20 名儿童的年龄，利用基于统计学的异常点检测方法找出异常点，具体数据集如下：

{6，7，6，8，9，10，8，11，7，9，12，7，11，8，13，7，8，14，9，12}

（1）计算统计参数。样本均值 $\bar{x}=9.1$；样本标准差 $s=2.3$。

（2）取显著水平 $\alpha=0.05$，得到 $g_0=1.96$。若某一个数据值 x_i 满足 $|x_i-\bar{x}| \geqslant g_0 s$，则被认定为异常点。即凡是满足 $|x_i-9.1| \geqslant 1.96 * 2.3$ 的样本即可认为是异常点。

（3）经过计算，得出结论为：孩子上学年龄为 14 岁是异常点。

另外，可以直观地观察在我们的数据中是否有异常点的图，就是箱体图。在箱体图中，异常点是会独立在箱体和上下范围线之外的。在图 9-3 中，由于我们选择了 0.01 的显著水平，所以这里并没有异常点。

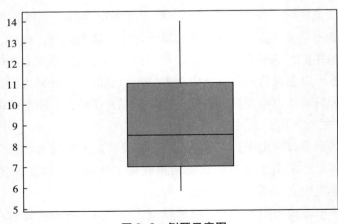

图 9-3 例题示意图

三、异常点分析的优点与缺点

基于统计的异常点分析方法有明显的优点和缺点。它的优点在于：

（1）建立在比较严格的统计理论和方法基础上，对于数据分布符合一定概率分布规律的数值型单维统计集来说比较有用。且当数据和检验的类型十分充分时，检验十分有效、易于实现。

（2）一旦建立模型，它们在数学上是可以接受的，并且具有快速的评估过程。

它的缺点在于：

（1）绝大多数检验都是关于单个属性的，而不适用于多维度空间，这是基于统计的异常点分析中最主要的一个缺陷。

（2）必须预先了解在样本空间中数据集的分布特性，但这些知识很可能在检测之前无法掌握，不能确保所有的异常点都被发现。

（3）面对维数增加的问题，统计技术采用了不同的方法，这导致处理时间增加以及数据分布的错误表述。

第三节　基于距离的异常点分析

一、理论基础

基于距离的异常点检测，又叫基于近邻的异常点检测，其思路是假设一个对象远离了大部分其他对象，所以该对象就是离群的。即异常点是离开了大部分对象的一个点，与对象集中的大部分对象差异都超过了一个阈值。

基于距离的异常点测量方法，最初是由 Knorr 和 NG 发明的，他们将数据集中看成是在高维空间中的一个点，而异常点则被定义为信息集与这些点间的相距都超过了一定阈值的一个点。他们还提出了根据间距的异常点的概念：假设在数据集合 S 中，pct 区域与目标 o 之间的间距等于 d_{min}，那么目标 o 就是某个连带参数 p 与 d 之间的基于间距的异常点，即 DB（pct, d_{min}）。

其实可以证明在一般情形下，假设对象 o 是通过采用基于统计的异常点检验方式而找到的异常点，则必然产生相应的 pct 和 d_{min}，从而使它变成了基于距离的异常点。基于距离的异常点概念涵盖和拓展了基于统计方法的思想，就算数据集不符合一个特殊分布模式，仍可有效发现异常点，在空间维度相当高的时候，计算的有效性也要比基于密度的方式高得多，基于密度的异常点检测方法会在后面介绍。

目前比较成熟的基于距离的异常点检测的算法有：

1. 基于索引的算法（Index-based）

给定的对象集，基于索引的计算可以通过多维搜索方式来寻找在各个对象的半径 d 区域内的所有邻居。假定 M 是异常点数据的 d 区域中的最大对象数量。假定对象 o 的 M+ 的邻居没有存在，M+1 个邻居被发现那么对象 o 就不是异常点。

2. 基于嵌套循环算法（Nested-loop）

基于嵌套循环算法的异常点检测，与基于索引结构的计算具有同样的运算复杂性，不过它避免了索引结构的重新构建，将内存的缓冲区空间分成两半，并将数据块集合分成若干个逻辑块，再经过精心挑选逻辑块，装入各个缓冲区的序列，可以提高效率。

3. 基于单元的算法（Cell-based）

基于单元的算法中，数据空间被划为边长等于 $d_{\min}/2\sqrt{k}$，每个单元有两个层围绕着它。第一层的厚度是一个单元，而第二层的厚度是 $2\sqrt{k}-1$。这种方法逐个单位地进行异常点计算，但不能逐一群体地进行计算。这种方法把对计算集的每一元素进行异常点信息的检查变为对每一单位的离群信息的检测，大大提高了计算的质量。

总之，基于距离的方法和基于统计的方法相比，不要求使用者具备其他方面的专业知识，和序列异常相比，从理论上比较简单。

二、基于距离的异常点分析介绍

基于距离的异常点分析一般有两种方法。

方法一：根据给定邻域半径，再依据点的邻域内含有的对象数量来判断异常点。当一个点的邻域内存在的数据小于全部数据集合的特定数量时，就标记其为异常点，也即把缺乏适当相邻的区域视为一个基于距离的异常点。

方法二：通过 k-最近邻距离的变化，来判断异常点。通过 k-最近邻的距离衡量某个对象有没有离开过该点，而该对象的离群程度由距离它的 k-最近邻的距离给出。

本书主要介绍基于 k-近邻的异常点检测。使用这类方法计算离群值一直是许多研究人员用来检测离群值的最流行的方法之一，与 k-近邻分类器不一样，这些方法主要用于检测局部异常值。

全局异常值：包括了整个数据集，基本假设是正常样本中只有一种正常的模式。

局部异常值：参考集仅包括数据集的子集，对正常数据没有任何假设。

离群因子可以通过从当前一个点至其 k-最近邻邻域覆盖范围内的任何一个点的间距的平均数来界定。离群因子越大，越可能是异常点。其公式定义为：

$$OF1(X,\ K)=\frac{\sum\limits_{y\in N(x,\ k)} distance(x,\ y)}{|\ N(x,\ k)\ |} \tag{9-3}$$

这里 $N(x,\ k)$ 是不包含 x 的 k-最近邻的集合，即 $N(x,\ k)=\{y\mid distance(x,\ y)\leqslant k\text{-}distance(x),\ y\neq x\}$，$|\ N(x,\ y)\ |$ 是该集合的大小。

使用基于 k-近邻异常点检测方法的计算流程为：

首先输入数据集 D 及最近邻个数 k 后，计算所有数据点两两之间的距离，其次确定每一个点的 k 个最近邻，最后计算这个点到这 k 个最近邻的距离的平均值，就得到了这个点的离群因子的值。算好了所有点的离群因子的值之后，对这些离群因子做一个降序排列，选取离群因子最大的那些点就是异常点。

有些时候，我们并不知道到底多大的离群因子才能认定这个点是异常点，因此也可以采用画图的方法。在对所有点的离群因子做降序排列之后，将这些离群因子的下降曲线画出来，当出现如图 9-4 中所示的在某个值之后离群因子急剧下降的这种图形时，选择这个下降之前的点作为异常点，下降之后的点就都是正常点。根据这种方法，可以看到图 9-4 中有两个点被判定为异常点。在数据中存在明显的异常点的情况下，都会出现图 9-4 中的这种急剧下降的情况，这时我们就可以用画图的方法来确定哪些是异常点，哪些是正常点。

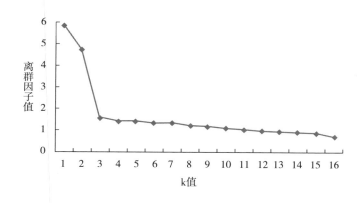

图 9-4 异常点的判断

DS 检测算法和 DB（p，d）异常点相似，DS 异常点也采用了类似的距离方法，即绝对距离或欧氏距离方法，不是直接通过 pct 和 d_{min} 方法来判断孤立点，而只是通过先测量数据对象间的距离，再测量每个数据和其他对象之间的距离之和。

假设 M 为使用者所期望的孤独点个数，其距离之和中最大的前 M 个对象即是要发现的孤独点，这就可以满足为用户设置参数 pct 和 d_{min} 的需求。

【例 9-2】 当 k=5 时，图 9-5 中哪个点具有最大的离群因子，B 的离群因子和 D 的离群因子哪个小？

直观来看，在这些数据点中，很明显 C 这个点是最离群的，它应该具有最大的离群因子。比较点 B 和点 D，点 B 是在一群或一簇点的边缘，而点 D 是在另外一簇点的附近，但是它明显是不属于这一簇点里的。所以单就我们的观察来说，应该是点 D 更离群一些。

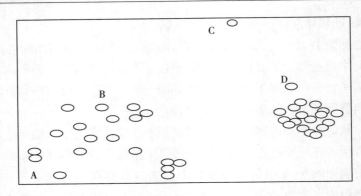

图 9-5 例题示意图

那么计算之后的结果呢？图 9-6 用灰度把每个点的离群因子的大小标了出来。颜色越黑，表明该点的离群因子越大。可以看到 C 点的离群因子是最大的，与猜测一致。B 点所在的这个簇中的所有点的离群因子都比较大，这是由于 B 点所在的簇是相对比较松散的，所以每个点之间的距离都不小，但是它们实际上都不是异常点。而 D 点尽管看上去很离群，但正因为它在另一个簇点的旁边，而且这个簇点也刚好分布得相当紧密，因此它与 D 点的距离也就并没有那么遥远，使 D 点的离群因子比 B 点所在的那一簇点的离群因子也要低。而这些实例也表明了在数据收集涉及不同密度的区域时，基于距离法的异常点检测技术并没有很好地确定异常点。

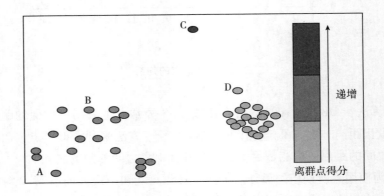

图 9-6 异常点得分

三、基于距离的异常点分析的优点与缺点

基于距离的异常点分析不要求使用者具备其他的专业知识，因此理论上很简单。它的优点主要在于：

（1）基于距离的异常点分析方法直截了当，易于理解，大多数不依赖于假定的分布拟合数据。

（2）在可伸缩性方面，在多维空间中的尺度更好，因为基于距离的异常点分析方法具有更稳健的理论基础。

（3）与基于统计的异常点分析方法相比，它们在计算上更高效。

（4）不要求人们对数据集中的有关数据充分熟悉，比如数据服从于哪种数据分布模式、数据类型特征等，而只是进行了相关的测量并对数据进行预处理之后才能够找到数据集中的异常点。

（5）从技术上能够处理任何层次、任意形式的信息，解决了基于数据的技术能够很好处理某种概率分布的数值型单变量信息集合的问题。

基于距离的方法是广泛采用的方法，因为它具有很强的理论基础和较高的计算效率。然而，它面临一些挑战。它的缺点在于：

（1）需要用户设定参数，但寻求这些函数的正确取值将需要反复试验，复杂性大，而且若数的范围异常大，运算复杂性大。

（2）如果数据分布并非完全均匀，基于距离的异常点分析就会遇到问题。

（3）测试结果对参数 k 的选取比较灵敏。

（4）不能区分强异常点和弱异常点。

第四节　基于密度的异常点分析

一、理论基础

当数据集具有多个分布或数据集由多个密度子集复合而成时，其是否离群并不单纯地在于其与周围信息的间隔程度，而是与邻域内的信息密度状况直接相关。这时就可以考虑用基于密度的异常点诊断方法。

基于统计方法和基于距离的异常点检测方式，对非均匀分布的数据集中并不能取得很好的检测效果，因为这两种方式都依赖于对给定数据集合的全局分布，但是数据通常也并非均匀分布的。基于密度的方法是在基于距离的方法上改进而来的，可以检查出通过距离测量所无法找到的局部异常点。

由于密度的分析方法一般是为了检测部分密度，因此采用各种密度估计方式来检测异常点。所谓密度是指任意一点与 p 点间距，等于给定半径范围 R 的邻域空间数据点的总数量。在基于距离的分析方法中，阈值是个稳定数，是全域性分析方法。但有的资料集数据分布并不一致，有的地区较为密集，有的地区则较为稀疏，这样就产生阈值而难以判断

（稠密的地区和稀疏的地区最好不用同一阈值）。因此，我们就必须通过样本点的部分密度数据信息去判断异常情况。基于密度的方法主要有 LOF、COF、ODIN、MDEF、INFLO、LoOP、LOCI、aLOCI 等。本节我们主要介绍 LOF，也就是局部离群因子的方法。

二、基于局部离群因子的异常点检测

LOF（Local Outlier Factor）是由 Breunig 等创立的一个局部离群因子的异常点检测算法。数据中每个对象的异常程度，可用局部离群因子 LOF 来反映。用 LOF，首先产生每个点的 k-邻域和 k 最近邻距离，并统计点到其中每个点的距离，进而再统计各个点的局部离群因子，从而可以通过局部离群因子发现局部的异常点。

Breuning 用局部离群因子（LOF）来描述点的封闭情况，而异常点则是存在着较高 LOF 的统计范围。这就是说，信息是否为异常点不仅取决于其与周边数据的距离大小，同时还与邻域内的密度情况相关。而基于密度的异常点检测也和根据邻近度的异常点检测相关，因此密度一般用邻近度定义。

先以视觉方式简单地认识一个属于 LOF 的异常点识别问题，如图 9-7 所示，对于关于点的集合 C_1 来说，集合间的整体位置、密度、分散程度等都基本相同，因此即可判断其属于同一个群。而对于关于点的集合 C_2 来说，也可看作是一个群。O_1 和 O_2 相对于其他点比较孤立，因此可以认为它们都是我们所要寻找的异常点或非异常点。而此时的难题就变成了，是否可以实现算法的通用性，可以实现对像 C_1 和 C_2 这种密度和离散程度差异很大的组合的异常点识别，在这个情形下 LOF 便能够达到这样的目的。

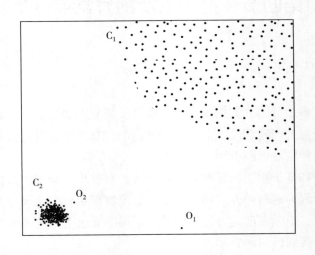

图 9-7 LOF 异常点识别

对 LOF 而言，一个最普遍的确定密度的方式为，确定密度是到 k 个最近邻的均匀间距的倒数。如该间距越小，则密度越高，反之亦然。某个对象的局部邻域密度定

义为：

$$density(x,\ k)=\left(\frac{\sum_{y\in N(x,\ k)}distance(x,\ y)}{\mid N(x,\ k)\mid}\right)^{-1} \qquad (9-4)$$

还有一个描述对象密度的方法为相对密度，其定义为：

$$relative\ density(x,\ k)=\frac{\sum_{y\in N(x,\ k)}density(y,\ k)/\mid N(X,\ K)\mid}{density(x,\ k)} \qquad (9-5)$$

其中，N（x，k）是不含有 x 的 k 个最近邻的集合体，｜N（x，k）｜是这个集的大小，y 则是它的某个最近邻。LOF 方法的核心思想是，利用比较对象本身的相对密度和它邻域中对象的平均密度来测量异常点，群的内部越是接近核心点的对象，相对密度就越是接近 1，而那些位于群边界或者外围的对象相对密度是最大的。而定义点的对象相对密度就是它的离群因子：

$$LOF(x,\ k)=relative\ density(x,\ k) \qquad (9-6)$$

具体的基于密度的异常点诊断步骤如下：

（1）给定义 k 的数值，即定义目标最近邻的个数。

（2）确定目标点 x 的 k 个最近邻 N（x，k）。

（3）使用目标点 x 的最近邻即 N（x，k），确定目标点 x 的密度 density（x，k）。

（4）根据点 x 的密度确定它的相对密度 Relative Density（x，k），并将其赋值给 LOF（x，k）。

（5）重复此过程直到找到所有点的相对密度。

（6）将所有点的 LOF（x，k）进行降序排列，最后确定所有异常点分数最高的若干个对象。除了 LOF 方法，我们再来了解一下其他几种基于 LOF 的异常点检测方法：

COF：LOF 的计算路径都是用的欧氏路径，这就是由于默认的数据为球状布局，而 COF 的局部密度则是通过最短路径计算得出的，这也称为链式距离。

INFLO：由于 LOF 很容易地把边界上的点都识别为异常，所以 INFLO 在求密度中，采用了 k 近邻点和反向近邻的组合，从而避免了 LOF 的这种错误。

LOOP：为在 LOF 中统计密度的公式加了平方根，即假定在近邻距离上的散布都满足正态分布。

基于密度的异常点挖掘一个重要的特征是提供了数据中异常点数目的客观测度，而且即使数据在不同密度区域也可以进行很好的分析。因此使用 LOF 可以探测到所有形式的异常点，包括那些不能被基于距离的、偏离的和统计的方法探测到的异常点。基于密度的方法也有一定的缺陷，和基于距离的方法类似，当数据集规模很大时，基于密度的方法计算复杂度会很高，LOF 算法还有可能忽视基于簇的异常点的存在。

【例 9-3】对给定的二维数据集合来说，表 9-1 定义了每个节点的相对位置，其可视化的形式如图 9-8 所示。各个对象间的距离通过曼哈顿距离进行运算。令 k = 2，计算点 A11、A15 的局部密度以及相对密度，判断哪个点更可能是异常点。点的坐标参数值如表 9-1 所示。

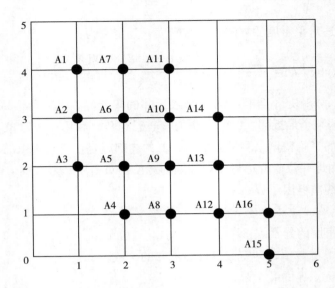

图 9-8　点分布图

表 9-1　点的坐标参数值

	A1	A2	A3	A4	A5	A6	A7	A8	A9	A10	A11	A12	A13	A14	A15	A16
x	1	1	1	2	2	2	2	3	3	3	3	4	4	4	5	5
y	2	3	4	1	2	3	4	1	2	3	4	1	2	3	0	1

对于该问题，使用 LOF 方法计算异常点的过程如下：

1. 对于点 A11，k-最近邻域包含两个对象

$N(A11, k) = \{A7, A10\} = 2$

$$density(A11, k) = \left(\frac{\sum_{y \in N(A11, k)} distance(A11, y)}{|N(A11, k)|} \right)^{-1} = \left(\frac{1+1}{2} \right)^{-1} = 1$$

$N(A10, k) = \{A11, A14, A9, A6\} = 4$

$$density(A10, k) = \left(\frac{\sum_{y \in N(A10, k)} distance(A10, y)}{|N(A10, k)|} \right)^{-1} = \left(\frac{1+1+1+1}{4} \right)^{-1} = 1$$

$N(A7, k) = \{A11, A6, A3\} = 3$

$$density(A7, k) = \left(\frac{\sum_{y \in N(A7, k)} distance(A7, y)}{|N(A7, k)|} \right)^{-1} = \left(\frac{1+1+1}{3} \right)^{-1} = 1$$

所以 $LOF(A11) = relative\ density(A11,\ k) = \dfrac{(1+1)/2}{1} = 1$

2. 对于点 A15，k-最近邻域包含两个对象

$N(A15,\ k) = \{A12,\ A16\} = 2$

$density(A15,\ k) = \left(\dfrac{\sum_{y \in N(A15,\ k)} distance(A15,\ y)}{|\ N(A15,\ k)\ |}\right)^{-1} = \left(\dfrac{2+1}{2}\right)^{-1} = \dfrac{2}{3}$

A12、A16 的密度均为 1

则 $LOF(A15) = relative\ density(A15,\ k) = \dfrac{(1+1)/2}{2/3} = 1.5$

所以相对于点 A11，点 A15 更可能是异常点，它的离群程度更高。

三、基于密度的异常点分析的优点与缺点

基于密度的异常点分析对于检测对象而言，技术提供了数据中异常点程度的量化尺度，即便给定的样本集合具有不同密度的差异，基于密度的异常点分析技术仍可以很有效地对数据集合进行分析。和基于距离的若干异常点检测方法相同，基于空间密度的异常点检测方法还必须满足 $O(m^2)$ 时间复杂度（m 为对象的个数），虽然对于那些维度低的数据集，使用专用的数据结构可以把其时间复杂度降低到 $O(mlogm)$。针对数据集，参数的选取也是很复杂的，尽管最标准的 LOF 方法采用了对不同 k 值的分析，进而得到最大异常点的得分方法来解决异常点问题，但还是必须选取这些数据的上下界，增加了运算的复杂性。

第五节　基于聚类的异常点检测

一、理论基础

聚类分析主要是为了找到与数据集强关联的对象组，而异常点诊断主要是为了找到不和其他对象组强关联的对象。所以，异常点检测与聚类分析法是两种相互对立的过程。在聚类分析法的结果中，如果一个簇的节点比较小，且其中心离其他簇比较远，那么以该簇中的节点为异常点的可能性也就比较大，所以从这种视角将聚类方法进行异常点检测，也是很自然的思路。

在以往的教学中，学生也掌握了一些聚类技术，比如 K-means、层次聚类等方法。它们都有一定的异常处理能力，但主要目标是产生聚类，即寻找性质相同或相近的记录并归为一类，这不同于异常点挖掘的目的和意义。基于聚类的异常点检测大致可以分为

两大类：

第一类，丢弃远离其他簇的小簇。一般来说，该步骤可简化为丢弃距离低于一个最小阈值的任何簇。这类方法能够和现有的其他簇类技术同时应用，不过要求最小簇大小以及小簇和另一个簇之间最大距离的阈值。而且，这类方法对于小簇个数的选取也高度灵活，使这些方法很难把特殊节点的得分附加在对象上。

第二类，基于对象原型的聚类方法，这种方式是用比较传统的方式，先聚类所有对象，然后再判断数据属于簇的类型程度（异常点得分）。在这种方式中，我们可以根据对象相距自己的簇中央的远近来判断所属簇的范围。特别地，若移除某个目标时引起了对象的明显改变，则可以把这个目标看作异常点。例如在 k 均值算法中，移除远离了相关簇中心的目标，可以很明显地提高对该群的平均误差平方和（SSE）。

对基于原型的聚类，判断类型属于簇的范围（异常点得分）主要有两种方式：一是直接测量对象到簇原形的位置，用其值作为该类型的异常点评分；二是考虑到簇有不同的密度，因此需要测量簇与原形的相对距离，相对长度为点到质心的总长度和簇内每个点到质心长度的中位数之比。

本节我们来学习了解几种常用的基于聚类的异常点检测方法。

二、基于系统聚类方法的异常点检测

使用聚类方法检测异常点的另一种系统的方式是先聚类所有的目标，进而评估目标属于簇（Cluster）的程度。针对基于原形的聚类分析法，可以用目标到它的簇中心的距离，来衡量目标归属于簇的程度。更普遍地，针对基于目标函数的聚类分析法技术中，可通过该目标函数来衡量目标归属于任何簇的程度，而基于聚类分析法的关于异常点的另一个概念则为：若某一个目标并不强归属于一个簇，则称该目标为一种具有系统聚类中的异常点。

定义：如果一个数据集 D 被聚类的算法划分为了 n 个簇 $C = \{C_1, C_2, \cdots, C_n\}$，对象 p 的离群因子（Outlier Factor）$OF3(p)$ 定义为其与所有簇间距离的加权平均值：

$$OF3(p) = \sum_{j=1}^{k} \frac{|C_j|}{|D|} \cdot d(p, C_j) \tag{9-7}$$

在此定义下，基于聚类的异常点检测步骤如下：

（1）对已选定的数据集合进行了一种聚类方法的运算，对数据采用聚类分析方法，可以得出数据集合的聚类结果 $C = \{C_1, C_2, \cdots, C_n\}$。

（2）计算数据集 D 内所有对象 p 的离群因子 $OF3(p)$。

（3）计算所有对象 p 的离群因子的平均值和标准差。

（4）设定阈值 β（$1 \leqslant \beta \leqslant 2$），若对象 p 的离群因子满足 $OF3(p) \geqslant$ 平均值+标准差，则该对象 p 可以判定为异常点。

三、基于多重聚类的局部异常点检测

1. 局部异常点检测算法 Ldof

这种方法给出了一种基于距离的局部离群因子 Ldof，可以通过这些离群因子来判断一个数据集合 p 或与其最近相邻的集合的偏离范围。Ldof（p）的绝对值越大，说明数据点 p 相于其邻域的偏离范围就越大，p 的离群度也越高。

设 N_p 为数据对象 p 的 k 最近邻点的集合（不包括对象 p），点 p 到 N_p 内所有数据的 KNN 距离的平均距离，记作 p 的平均距离 d_p，计算公式如下：

$$d_p = \frac{1}{k} \sum_{q \in N_p} dis(p, q) \tag{9-8}$$

其中 dis（p, q）为点 p 与点 q 之间的距离，且 dis（p, q）≥0。

在 p 的 KNN 距离内，距离 Np 内所有数据对象间的平均间距记作 Dp，计算公式如下：

$$D_p = \frac{1}{k(k-1) \sum\limits_{q, r \in N, q \neq r} dis(q, r)} \tag{9-9}$$

点 p 的局部距离离群因子与点 p 的 k 最近邻内部距离之比，记作 Ldof（p），计算公式如下：

$$ldof(p) = \frac{d_p}{D_p} \tag{9-10}$$

Ldof 引入的 top-n 离群检验方法，先统计全部数据的 Ldop 值，之后再按照 Ldof 值对全部结果进行排名，最后选取 Ldof 值最高的 n 个数据点为检验结果。这个 top-n 离群的计算方法，使 Ldop 算法不需要再建立局部离群度阈值。

Ldof 不仅可以有效地检测数据集中的全局异常点，还可以很好地检测数据集中包含的局部异常点。但是 Ldof 仍然存在明显的不足：首先，Ldof 计算中，因为必须计算每个数据中心的 Ldof 值，使其计算复杂性非常高。但是，计算集中的大部分都是正常点，特殊节点仅占很少比例。这也表明了在 Ldof 计算中，有着大量的无用（或无价值）于 Ldof 的运算。而这些无用的运算也直接增加了计算难度。除了时间复杂度，Ldof 还对最近邻参数 k 相当灵敏，而离群的准确度受 k 的限制也较大。

2. 基于 DBSCAN 聚类剪枝的局部异常点检测算法 Pldof

密集域中的数据集合称为簇，而不聚集在稀疏域的数据，将 DBSCAN 方法视为剪枝方法，既能够满足具有更复杂构造的统计集合，也能够达到降低局部离群因子统计数量的要求。

Pldof 算法分剪枝初选阶段和异常点精选阶段进行异常点的计算，其主要思想和执行步骤如下：

（1）使用 DBSCAN 算法对数据集进行聚类并且找到簇数据，然后将不可能是异常

点的簇进行剪枝，保剩余数据作为候选异常点集。

（2）对于异常点集中的所有数据对象，计算它们的局部离群因子 Ldof。

（3）若某数据的局部离群度属于 top-n，则将该数据对象视为异常点。

Pldof 的不足：Pldof 算法使用了 DBSCAN 方法的剪枝方法，它既能够适应复杂多变的大数据集，也能够解决 Ldof 的缺陷，不过它也产生了错剪群点的现象。

【例 9-4】 假设有一包含 12 个对象的二维数据集，经过聚类运算后得到的聚类结果是 $C = \{C_1, C_2, C_3\}$，簇 C_1 包含 7 个数据对象，且质心为 C_1（2，2）；簇 C_2 包含 3 个数据对象，其质心为 C_2（5，8）；簇 C_3 包含 2 个数据对象，其质心为 C_3（6，3）。

试使用基于系统聚类的异常点检测方法，计算点 A_1（1，1）与点 A_2（8，6）哪个更有可能成为异常点？

根据定义，对于点 A_1：

$$OF3(A_1) = \sum_{j=1}^{k} \frac{|C_j|}{|D|} \cdot d(A_1, C_j)$$

$$= \frac{7}{12}\sqrt{(2-1)^2+(2-1)^2} + \frac{3}{12}\sqrt{(5-1)^2+(8-1)^2} + \frac{2}{12}\sqrt{(6-1)^2+(3-1)^2}$$

$$\approx 3.738$$

对于点 A_2：

$$OF3(A_2) = \sum_{j=1}^{k} \frac{|C_j|}{|D|} \cdot d(A_2, C_j)$$

$$= \frac{7}{12}\sqrt{(2-8)^2+(2-6)^2} + \frac{3}{12}\sqrt{(5-8)^2+(8-6)^2} + \frac{2}{12}\sqrt{(6-8)^2+(3-6)^2}$$

$$\approx 5.708$$

所以，点 A_2 较之于 A_1 更可能成为异常点。

四、异常点检测的优点与缺点

采用聚类算法的异常点检测技术的特点一般都非常突出，优点是由于一些聚类算法（如 k 均值）的复杂度都是直线或近似直线的，所以采用这种方法的异常点检测技术可以说是高度可行的。另外，由于在聚类过程中，是对每个样本的聚类，所以也可以同时找到簇的异常点。缺点是所产生的异常点集以及对它的得分，可能取决于所使用的簇的数量。

基于聚类技术来发现异常点是高度可靠的，但是聚类算法所生成的簇的质量对该方法所生成的异常点的影响也相当重要，因此应该考虑到在基于聚类的异常点分析中，对象能否被看作是异常点主要取决于簇的数量（如 k 很大时的噪声簇）。

解决此类问题并不是一种很简单的思路，但我们可以用两个思路来处理这种情况：一个是对大簇的数量重复检测分析，另一个则是聚类后产生的小簇，此时如果出现了异常点，则它多半真的是一个异常点，但缺点是一组异常点可能形成小簇从而逃避检测。

第六节　其他异常点检测

一、基于关联的异常点检测

本书我们所阐述的经典异常点挖掘算法，一般情形下都可以应用于连续属性的数据集中，但却不宜应用于离散属性的数据集中，这也就是很难对所有的属性数据进行求和、求距等数值计算。为此，He 等（2014）提供了基于关联的方法，利用发现频繁项集来检验异常点。

其核心理念为：基于关联规则算法所得到的频繁模式虽然体现了信息集中的普遍规律，但不包括所有频繁模式或仅包括极少频繁模式数据的信息其实是异常点，换言之，频繁模式并不能包括在作为异常点的所有信息中。它定义了一种利用频繁模式度量离点偏差程度的频繁模式异常点因子（FPOF）：

$$FPOF(t) = \frac{\sum x \subseteq support}{FPS(D, \text{minispport})} \tag{9-11}$$

式（9-11）中，t 为数据集 D 中的一个数据对象，而 FPS（D, $minisupport$）表示数据集 D 中满足最小支持度的频繁模式集，并通过对频繁项集的挖掘和比较给出了检测异常点的新算法 $FindFPOF$。

基于关联的方法能对离散属性的数据集进行异常点挖掘，这一点使它成为了经典挖掘算法的最大优势，但同时该算法也存在着两个明显的缺点：

（1）当离散的属性数据量较小时，算法的准确度明显降低。

（2）频繁模式的挖掘是非常耗时的工作，频繁模式的保存也需要大量的存储空间。

二、基于粗糙集的异常点检测

基于粗糙集的异常点挖掘算法，对于异常点的判定则是借鉴了基于密度的异常点挖掘算法的思路，采用一个值作为异常点元素的孤立程度的度量值，而不再直接使用二分法确定异常点。基于粗糙集的异常点的定义主要包括：

对于任意集合 $C \in U$ 和 U 上一个等价关系的集合 $R = \{r_1, r_2, \cdots, r_n\}$，令 F 为集合 X 上关于 R 的所有极小异常集的集合。对任意对象 $o \in \bigcup_{f \in F} f$，若 ED_Object（o）$\geq \beta$，

则称对象 o 为 X 关于 R 的异常点。其中 ED_Object（o）为异常度，β 为参考阈值。

基于粗糙集的方法采用两步策略检测异常点：首先，在给出的数据集 x 中找出极小异常集。其次，在极小异常集中检测出 x 的异常点。因此，基于粗糙集的方法只需要判断极小异常集中的点是否为异常点。

粗糙集的方式一般只可应用于离散特征属性的数据集，而对于连续属性数据集必须采用离散化处理，这是由于粗糙集理论自身的局限性，而且对参考阈值的选择必须靠经验实现，也是一个有待解决的问题。

三、基于人工神经网络的异常点检测

通过计算人工智能的技术来实现异常点挖掘与检测已经是近年来异常点数据挖掘的主要研究重点之一。最经典的现代计算机方式包括使用神经网络的方式、遗传算法的方式，以及克隆选择的方式等。关于使用新一代计算机的方式，这里我们不再详述。

这些算法中，较为典型的人工神经网络的方法是由 Williams 等（2002）提出的 RNN 神经网络离样点挖掘算法，通过使用通用的统计数据集（一般较小）和专用的数据挖掘数据集（较大，并且通常都是现实的数据集）作为它的数据源，对 RNN 方法和经典的异常点挖掘算法进行比较，发现 RN 对大的数据集和小的数据集都非常适用，但当使用包含放射状的异常点（Radial Outlier）时，性能下降。

人工神经网络也可以对异常点进行发掘，但这种方法的主要问题在于之前必须先用没有发现异常点的训练样本对网络进行培训，之后才能用经过培训后的神经网络对异常点进行挖掘，而且对挖掘出的异常点的含义也无法理解。另外，由于受到神经网络泛化技术的影响，针对各种应用实践中所使用的网络智能也是该类实践的，而且迭代时间虽然是人为控制的，但却对培训成效起重要的作用，在实现质量控制和准确性等方面也有折中。

第七节　应用案例

案例名称：基于聚类的异常点分析数据说明

1. 数据说明
案例数据如表 9-2 所示。

表 9-2　案例数据

time	Value
2020/5/1	0.5874
2020/5/2	0.6356
2020/5/3	0.5906
2020/5/4	0.6
2020/5/5	0.6173
2020/5/6	0.6125
2020/5/7	0.6339
2020/5/8	0.5791
2020/5/9	0.6046
2020/5/10	0.6926
2020/5/11	0.607
2020/5/12	0.5922
2020/5/13	0.5469
2020/5/14	0.5551
2020/5/15	0.5698
2020/5/16	0.5412
2020/5/17	0.6389
2020/5/18	0.2658
2020/5/19	0.1698
2020/5/20	0.6789
2020/5/21	0.5879
2020/5/22	0.5698
2020/5/23	0.548
2020/5/24	0.6
2020/5/25	0.5
2020/5/26	0.89
2020/5/27	0.544
2020/5/28	0.6699
2020/5/29	0.5412
2020/5/30	0.325
2020/5/31	0.225

2. 代码实现

```
import numpy as np
import pandas as pd
from sklearn. cluster import KMeans
import matplotlib. pyplot as plt
#参数初始化
path = 'D:/桌面/数据 . xlsx'
data = pd. read_excel( path, index_col = 'time', engine = 'openpyxl')
data_str = 1. 0 * ( data−data. mean( ) )/data. std( )   #数据标准化
model = KMeans( n_clusters = 2, max_iter = 500)
```

```
model. fit( data_str)    #开始聚类
#标准化数据及其类别
r=pd. concat([data_str, pd. Series( model. labels_, index=data. index)], axis=1)    # 每个样本对应的类别
r. columns=list( data. columns) +[u'聚类类别']    # 重命名表头
print( r. columns)
norm=[]
for i in range(2):  # 逐一处理
    norm_tmp=r[['value']][r[u'聚类类别']==i]-model. cluster_centers_[i]
    norm_tmp=norm_tmp. apply( np. linalg. norm, axis=1)    # 求出绝对距离
    norm. append( norm_tmp/norm_tmp. median())    #求相对距离并添加
norm=pd. concat( norm)    #合并
threshold=norm. describe()['75%']+1. 5 * ( norm. describe()['75%']-norm. describe()['25%'])
print( threshold)
norm[ norm <=threshold]. plot( style='go')    # 正常点
out_points=norm[ norm>threshold]    #异常点
out_points. plot( style='ro')
for i in range( len( out_points)):  # 异常点做标记
    id=out_points. index[ i]
    n=out_points. iloc[ i]
    plt. annotate('(%s, %0. 2f)' % ( id, n), xy=( id, n), xytext=( id, n))
plt. rcParams['font. sans-serif']=['SimHei']    #用来正常显示中文标签
plt. rcParams['axes. unicode_minus']=False    #用来正常显示负号
plt. xlabel('时间')
plt. ylabel('相对距离')
plt. show()
```

3. 结果分析

经过以上程序运算，经过数据标准化并求出各个点的相对距离之后，得出结果如图 9-9 所示。我们可以发现数据中有两个点相对距离大于 4，分别为 2020-05-26 以及 2020-06-15 中的数据，则这两个点为我们得出的异常点。

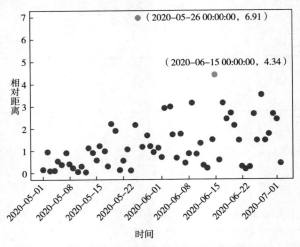

图 9-9　基于聚类的异常点分析图

本章小结

异常点检测是数据挖掘中重要的一部分，它的任务是发现与大部分其他对象显著不同的对象。本章中阐述了对现有异常点的一些常用的判别方法，一方面掌握了各类算法的思路和基本原理，另一方面通过对这些算法的特点、应用领域等进行剖析，可以了解各种算法处理不同问题时会怎样加以选择应用。另外，还利用实例提供异常点检测的各种使用方法，加深对异常点挖掘的理解。现如今，人们对各类算法不断加深研究与创新，在未来还会有更多的异常点检测技术被人们开发，异常点检测的技术也会在更多的领域被人们所应用。

思考练习题

一、思考题

1. 在进行异常点检测时，哪种情况适合使用基于密度的异常点检测方法？
2. 基于原形的聚类有几种主要方法？

二、简答题

1. 试计算【例9-3】中点 A3 的局部密度与相对密度。

2. 假设有一包含 8 个对象的二维数据集，经过聚类运算后得到的聚类结果是 $C = \{C1，C2\}$，簇 C1 包含 3 个数据对象，且质心为 C1（3，1）；簇 C2 包含 5 个数据对象，其质心为 C2（4，6）。

使用基于系统聚类的异常点检测方法，计算点 A1（1，0）与点 A2（3，5）哪个更有可能成为异常点？

参考文献

［1］Basu A，Chakraborty S，Ghosh A，et al. Robust Density Power Divergence Based Tests in Multivariate Analysis：A Comparative Overview of Different Approaches ［J］. Journal of Multivariate Analysis, 2022（188）：104846.

［2］Namrata V，Thierry B，Sajid J，et al. Robust Subspace Learning：Robust PCA，Robust Subspace Tracking，and Robust Subspace Recovery［J］. IEEE Signal Processing Magazine，2018，35（4）：32-55.

［3］Williams G，Baxter R，He H，et al. A Comparative Study of RNN for Outlier Detection in Data Mining［C］//IEEE International Conference on Data Mining. IEEE，2002.

［4］Xu He Fan，et al. Comparison of Discretization Approaches for Granular Association Rule Mining［J］. Canadian Journal of Electrical & Computer Engineering，2014，37（3）：157-167.

［5］［美］Panning Tan，等. 数据挖掘导论［M］. 范明，等译. 北京：人民邮电出版社，2014.

［6］范洁. 数据挖掘中离群点检测算法的研究［D］. 长沙：中南大学，2009.

［7］韩秋明，李微，等. 数据挖掘技术应用实例［M］. 北京：机械工业出版社，2009.

［8］黄剑柔，王茜，蔡星娟，等. 一种多目标自适应DBSCAN离群点检测算法［J］. 小型微型计算机系统，2022，43（4）：702-706.

［9］［加］Jiawei Han，等. 数据挖掘概念与技术［M］. 范明，等译. 北京：北京机械工业出版社，2012.

［10］姜元凯，郑洪源，丁秋林. 一种基于密度的不确定数据离群点检测算法［J］. 计算机科学，2015（4）：172-176.

［11］焦李成，刘芳，等. 智能数据挖掘与知识发现［M］. 西安：西安电子科技大学出版社，2006.

［12］梅林，张凤荔，高强. 离群点检测技术综述［J］. 计算机应用研究. 2020（12）：3521-3527.

［13］王思杰，唐雁. 改进的分类数据聚类中心初始化方法［J］. 计算机应用. 2018（S1）：73-76.

［14］杨志勇，江峰，于旭，等. 采用离群点检测技术的混合型数据聚类初始化方法［J］. 智能系统学报，2023，18（1）：56-65.

［15］张倩倩，于炯，李梓杨，等. 基于近邻传播的离群点检测算法［J］. 计算机应用研究，2021（6）：1662-1667.

第十章　文本分析模型

第一节　文本分析概述

在如今的信息社会，计算机已成为人们生活、工作中必不可少的一部分，而结构化数据与非结构化数据属于计算机大数据体系中的另外两类数据类型。结构化数据是指一种经过高度组合的整齐格式化的信息，如数字、符号等，主要利用关系式数据库进行资料保存与数据管理；非结构化数据，是指一些构成无序、结构不完备、不能预定义数据模型、不便于用二维逻辑描述的信息，如文档、资料、图片、音视频等。

大数据时代的到来使我们可以从如此大量的信息中获得知识，结构化数据和非结构化数据是信息分析师们可以做出大数据分析的主要基础，但由于非结构化数据仍然占有着信息世界中的大多数，在大数据时代来临以前，人们对非结构化数据的使用都是很低效的。因此，需要通过一些方法对非结构化数据进行分析，让数据充分发挥其应有的价值。

图片分析主要是对图像、视频等进行分类，在人脸识别门禁制度、自动驾车技术等方面应用广泛，同理，对文本的分析工作叫作文本分析，其研究重点聚焦在对文本的基本描述和特征项目的选择上，其描述文本的基本单元一般叫作文本特征或特性项目。文本分析是自然语言处理的一个小分支。在网络环境下，数量众多的个人、组织、公司以及各种组织形式的主体都深嵌在了网络世界，也因此在互联网世界中产生了大量的文字，如购物网站的用户评论、社交网站的用户互动、新闻网站发布的文章资讯等都是网络上可获取的文本数据，相较于图像、视频数据，大部分文本数据都易于获取，因此文本分析也能够解决更丰富的问题。

文字的任务在于传达一些概念、理念信息，将文字作为信息需要使计算机能够处理并加以分析，但显然计算机无法直接处理尚未进行加工的原始文字信息，所以必须破坏文字的直接可解释性，将文字转换为结构化的，能够被机器认识、使用的数据。文本分析是资料挖掘、信息检索中的一项基础性技术，是将从文字中提取出来的特征词，通过数字化来描述文字资料。文本分析的目标是：①原始文本数据化；②将量化后的文本知识化，利用文本数据进行因果推论。

文本分析所涵盖的领域也相当广泛，社会科学、管理、金融、市场营销等不同专业领域都能够运用文本分析的方式研究互联网上的海量文本，因此人们很有理由认为随着人工智能等研究领域的进展，文本分析方法也将朝着更加自动化、语义化的方向进一步发展，并在各个领域中产生更大的影响，使得文本资源得到充分地利用。

第二节　文本分析流程

完整的文本分析步骤如下：

（1）读取数据。在大数据分析过程中，文本分析所使用数据的数据量大，因此可能存储于不同的文件或计算机中，故首先需要对文本数据进行导入与整合。

（2）分词。中文中的句、词之间并没有明确的分割点，所以在对中文文本的研究中就需要使用模型的分词处理，英文是用空格分隔的语言，所以就要求用一个空格分割文本。如将"今天下雨了"分词得到"今天，下雨，了"，将"Today is rainy"分词得到"Today，is，rainy"。

（3）剔除符号和无意义的停用词。文本数据中存在大量的标点符号及无意义的词语，对分析结果作用很小，因此为了降低处理难度、缩短处理时间，需要对这些停用词进行剔除。如"的"、"了"、"哦"、"is"、"a"、"the"等。

（4）将字母变为小写并进行词干化。这一步骤主要是为了将同义、同主体的词语进行归并。如"中铁"、"中国铁建"、"中铁集团"都可以归并为"中铁"，英文文本分析如将"I"与"i"归并为"iam、is、are"归并为"be"。

（5）使用一定的编码方式构建文档词频矩阵。文档词频矩阵是指一个给定词在语料库中的出现频率，常用方法有词袋法、TF-IDF等。此步骤有助于分析语料库不同文档中词的出现情况。

目前，人们通常采用向量空间模型描述文本向量，若直接使用分词算法或词频统计方法得到的特征项来表示文本向量，向量的维度可能更大，这种未经过处理的文本向量会使得文本处理、分析的过程效率低下，且会影响算法的准确性。因此需要对文本向量做进一步的处理，在不影响原文含义的基础上找出最具代表性的文本特征，而后通过特征选择来进行降维。文本的特征项必须具备一定的特性：①能够标识文本内容；②具有将目标文本与其他文本相区分的能力；③数量不能过多；④特征项分离较容易实现。

中文文本中，可采用汉字、词汇、短语等作为文字的基本特征项。而相较于汉字，词汇的表达能力更强，相比于短语，词汇的分割难度也较小。目前大部分的中文文本分类都采用词作为特征项，作为对文本的中间描述形式，来进行文本与文本之间的相似度计算。最常用的特征选取方式有：①以映射或变换的方式将原有特性转化为较少的新特性；②从原始特征中，选取一些较有代表性的新特征；③根据专家的知识挑选最有影响的特征；④用数学的方法进行选取，找出最具分类信息的特征。

第三节 文本分析常用技术

一、拼写纠错

拼写纠错（Spelling Correction），又称拼写检查（Spelling Checker），通常被用于文字处理软件、输入法以及搜索引擎中，如图 10-1 和图 10-2 所示。

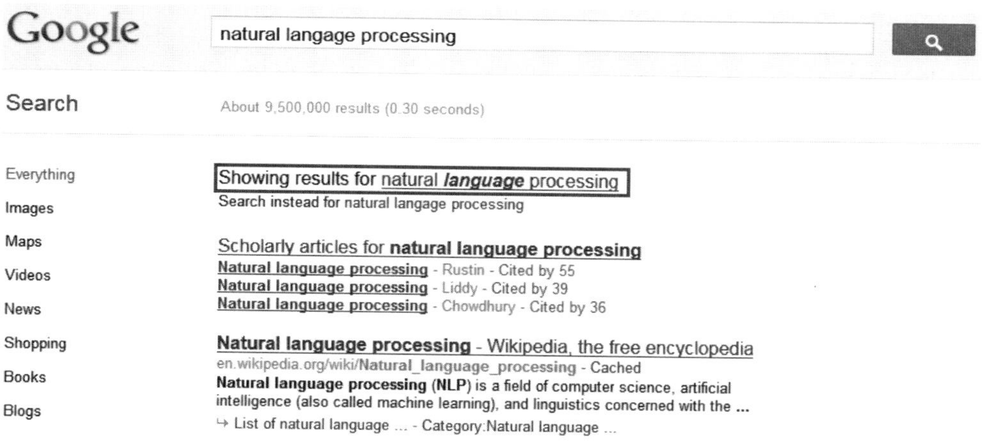

Google

natural langage processing

Search   About 9,500,000 results (0.30 seconds)

Everything
Images   Showing results for natural *language* processing
Maps   Search instead for natural langage processing
Videos   Scholarly articles for **natural language processing**
News   **Natural language processing** - Rustin - Cited by 55
            Natural language processing - Liddy - Cited by 39
Shopping   **Natural language processing** - Chowdhury - Cited by 36
Books   **Natural language processing** - Wikipedia, the free encyclopedia
Blogs   en.wikipedia.org/wiki/Natural_language_processing - Cached
            Natural language processing (NLP) is a field of computer science, artificial
            intelligence (also called machine learning), and linguistics concerned with the ...
            ↳ List of natural language ... - Category:Natural language ...

图 10-1 输入法拼写纠错

拼写纠错一般可以拆分成两个子任务：

Spelling Error Detection：按照错误类型不同，分为 Non-word Errors 和 Real-word Errors。

Spelling Error Correction：自动纠错，如把"hte"自动校正为"the"，或者给出一个最可能的拼写建议或者一个拼写建议列表。

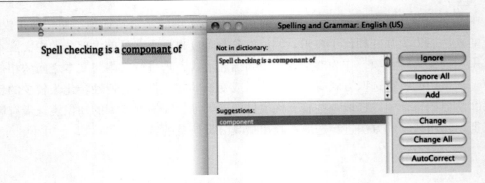

图 10-2　搜索引擎拼写纠错

1. Non-word 拼写错误

指那些拼写错误后的词本身就不正确，如错误地将"giraffe"写成"graffe"。

Spelling Error Detection：任何不被词典所包含的 word 均被当作 spelling error，识别准确率依赖词典的规模和质量。

Spelling Error Correction：查找词典中与 error 最近似的 word，常见的方法有 Shortest weighted edit distance 和 Highest noisy channel probability。

2. Real-word 拼写错误

指拼读出错之后的单词依然是正确的，如将"there"出错拼读为"three"（形近），将"peace"出错拼读为"piece"（同音），将"two"出错拼读为"too"（同音）。

Spelling Error Detection：每个 word 都作为 spelling error candidate。

Spelling Error Correction：从发音和拼写等角度，查找与 word 最近似的 words 集合作为拼写建议，常见的方法有 Highest noisy channel probability 和 Classifier。

3. 基于 Noisy Channel Model 的拼写纠错

Model 即噪声通道模式，也称为信源信道模式，这是一种普适性的模式，被广泛应用于语音识别、拼字法纠错、机器翻译、中文分词、词性标记、有声字转换等诸多领域。其外形非常简洁，如图 10-3 所示。

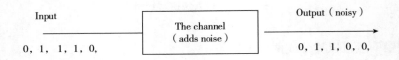

图 10-3　噪声信道模型

噪声信道试图通过带噪声的输出信号恢复输入信号，形式化定义为：

$$I = argmax P(I \mid O) = argmax \frac{P(O \mid I)P(I)}{P(O)} = argmax P(O \mid I)P(I) \tag{10-1}$$

应用于拼写纠错任务的流程如图 10-4 所示。

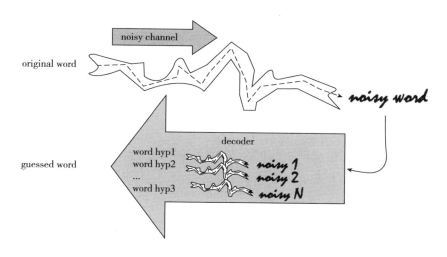

图 10-4　噪声信道模型的应用流程

Noisy word（即 Spelling error）被看作 original word 通过 noisy channel 转换得到，现在已知 noisy word（用 x 表示）如何求得最大可能的 original word（用 w 表示），公式如下：（对于特定的 x，$P（x）$ 不变）

$$w = argmax_{w \in V} P(w \mid x) = argmax_{w \in V} \frac{P(w \mid x) P(w)}{P(x)} = argmax_{w \in V} P(x \mid w) P(w) \quad （10-2）$$

其中，$P（w）$ 为先验概率，$P（x \mid w）$ 为转移概率，二者可以基于训练语料库建立语言模型和转移矩阵（又称 error model 或 channel model）得到。

二、分词

分词（word tokenization），又叫切词，即采用同一种方法把句子中的所有词汇识别并分离开，从而使文本由"字序列"的表示升级为"词序列"表达。分词是文本分类的第一步，不管何种语言的文本，只能对它加以分词方法处理，才能做进一步的文本分析。本节首先阐述中文文本分词技术的必要性与难点，其次对常见的分词方法和分词技巧加以说明。

1. 中文文本分词技术的必要性与难点

中文句子是以字所构成的连续字符串，以字当作最基本的文字单元，而相比于以空格为自然分界符号的英文，中文字词间缺乏明显的区分标志，所以中文分词是现代中文文本分类的关键。一方面，对中文来说，若不进行分词训练，则计算机将直接以最原始的汉字序列为基准加以学习、处理，但很显然每一个汉字在不同的词汇、语境中所表现的意思都不尽相同，例如"黄帝"和"黄色"中"黄"的含义显然不同，若模型在训练阶段没有见过"黄帝",将很有可能在预测的时候就把原句中所表现的含义曲解。另一方面,分词为模型提供了更直接的特征,使后期的工作更为高效,如推荐、情感分类等。

那么中文分词究竟难在哪里?本书将中文分词的难点总结为以下几点:

(1)歧义问题。虽然分词能够解决一字多义的困难,但是部分词的本身意义也会存在切分歧义的现象。由于中文的历史悠久,单字同样拥有丰富的潜在意义,且中文的词性与句法成分并不存在如英文那样明确的对应关系,因此不同的语境中人们对词的定义并不完全相同。

(2)未登录词问题。中文词典的词库是与时俱进的,例如一些网络词汇在十年前是没有的,因此分词器在未来也会遇到新的词汇,很容易因为未及时更新而出现切分错误。

(3)规范问题。因为词与词之间的歧义现象,同一文本可以被不同的语言学者分出不同的结果,因此中文的分词法并不能构成公认的分词法规范。

(4)计算问题。任何模型都需要考虑现实的可计算性和计算复杂性问题,如何高效地在一定时间内充分利用和表示分词所表示的语法、语义知识是中文分词必须考虑在内的现实问题。

2. 分词的方法

现有的分词方法可以分为基于字符串匹配的分词方法、基于统计的分词方法以及基于理解的分词方法。

(1)基于字符串匹配的分词方法。基于字符串匹配的方式也叫作机械分词法,这种技术主要根据字典的数据,结合相应的技术把待分词的文本和字典中的相关词条逐一对应,如果在字典中发现这个词则配对完成,否则做其他的处理。其优点是速度快、实现简单、效果尚可,但对歧义和未登录词处理效果不佳。

按照字符串所对应的分词法可分为正向搭配、逆向搭配和双向搭配;按照搭配的数量分为最大值搭配和最小值搭配。常见的采用字符串匹配的分词算法有正向最大匹配法、逆向最大匹配法、双向最大匹配法。

1)正向最大匹配法。正向最大匹配法的基本思路由左至右,选取待切分中的 m 个词符为对应词段(m 为词典中最长词条的长度),在检索词典后再加以配对,一旦配对成功,这些对应的词段将成为下一个词并切分出来;一旦配对不成功则把这些配对字段的最后一词去掉,而留下的字符串成为新的配对字段,然后重复上述流程,直到切分出全部词为止。

2)逆向最大匹配法。逆向最大匹配法的思路和正向最大匹配法大体一致,只是扫描方式改为了由右向左。在扫描文本后,按照字典中最长词条的长度由句尾开始向左截取字符串,再和字典中的关键词条相匹配,如果配对成功则把这个词段当作下一个词切分出;如果配对不成功则把该词段的最前一词剔除,进行重新配对并重复以上步骤。有试验证明，逆向最大匹配法的效率要高于正向最大匹配法。

以一个简短的实例来解释正向最大匹配法与逆向最大匹配法之间的差异。假如在词典中最大的词是"中华人民共和国"七个字，则最佳搭配起始字数为七，待分词文字为"我们在野生动物园玩"。按照正向最大匹配法从前往后取词，如果首次取"我们在野外行动"，扫描词典无此词，去掉"物"字继续与词典进行搭配，重复进行此步骤，最后的分词效果为"我们/在野/生动/物/园/玩"。按照逆向最大匹配法应从后往前取词，第一次取"在野生动物园玩"，扫描词典无此词，去掉"在"字继续与词典进行配对，重复进行此步骤，最后的分词效果为"我们/在/野生动物园/玩"。

3）双向最大匹配法。双向最大匹配法侧重于分词过程中的检错纠错，其基本思想是对于同一文本分别按照正向最大匹配法和逆向最大匹配法进行正向、逆向扫描和切分，将两种切分方法的结果进行比较，若两种方法的结果一致，则判定分词结果正确；若不一致，则判定存在切分歧义，需要采取一定技术对切分结果不一致的歧义句进行进一步处理以消解歧义。

（2）基于统计的分词方法。基于统计方法的分词法主要关注于文本本身的词项结构，其基本思想是字符串频数分析。在一种文本中，相近的汉字共同存在的数量越多就越有机会发展成为一种词汇，所以计算文本中相近的汉字共同存在的概率，有助于确定汉字发展成词汇的可能性。通过对同一词料中相近或共现的所有汉字的组合拼读结果进行统计，并统计文字中间组成联系的密集程度，当密集程度超过某一阈值时可判定为汉字组成了某个词。此分词法将同文中的所有相近汉字按某一长度组成串，在遍历每个字串组成后统计其产生的频率，产生的频率越高表明其成为固定匹配词的概率也越高，确定某一频率阈值，在达到阈值后再将该串分割为固定匹配词。这种方法的优点是不受待处理文本领域的限制，不需要专门的词典。

基于统计的分词方法采用的原理有互信息、N元统计模型、隐马尔科夫模型、条件随机场模型、最大熵模型等。

（3）基于理解的分词方法。此分词方法的特点是在划分的同时开展句法、语义分析，并运用句法数据和词语数据来消除歧义现象，以便达到识别词的效果。一般包含分词子系统、句法语义词系统、总控部分三个模块。在总控部分的配合下，分词方法子系统可获取大量关于文本的句法、语义信息并对分词歧义做出判别，通过让计算机模拟人对词语的理解达到辨识词语的效果。但显然，基于理解的分词方法需要大量的汉语认知数据，而对汉语的认识体系又比较笼统、烦琐，所以目前基于认知的分词方法系统还处在实验、发展阶段。

3. 常用中文分词工具

在人机自然交互中，熟练的中文分词计算能够获得优秀的自然语言处理结果，进而有助于计算机系统了解更繁杂的中文语句。下面介绍一些成熟的分词工具。

（1）Jieba。Jieba分词是一种Python中文分词工具组件，是目前国内应用人数最多的中文分词技术软件，拥有对中文资料进行分词、词性标记、搜索获取等功能，融合了基于规则和基于数据两种方式的分词，并拥有精确模式、全模式、搜索引擎模式三个分词模式（见表 10-1）。

表 10-1　Jieba 分词的三种模式

模式	含义
精确模式	试图将句子最精确地切开，适合文本分析
全模式	把句子中所有可成词的词语都扫描出来，速度快，但不能解决歧义
搜索引擎模式	在精确模式的基础上对长词再次切分，提高召回率

（2）SnowNLP。SnowNLP 是由一种用 Python 语言编写的文字类库，能够很简单地管理中文文本信息，主要包含中文分词、词性标记、文字分类、转换为拼音、繁简转换、文本关键词和文本内容的抽取、统计文本词频、文章分割、文字相似性统计等多项功能。其最大特点是容易上手，但不少功能比较简单，有待进一步完善。

（3）THULAC。THULAC 是一种由清华大学的自然语言处理中心及中国人文研究实验室联合开发并推出的一种中文字法分词工具包，具有传统中文分词的词性标记功能，同时具有计算能力好、精度高、效率快的优点。

三、停用词过滤与 Stemming

停用词是指在信息检索中为了节约空间或者提高检索效率，在处理文章前或者处理文章后都会自动过滤掉的一些字或词，而这种字或词就被叫作停用词，可以把停用词理解成价值比较小的特征。这些停用词是人工输入，不是自动产生的，生成后的停用词将产生一个停词表，如"的、是、啊"等词，但同时应该考虑实际的应用场景，若出现一种对文本分析作用不大、出现频率低的词汇，一般也会去掉，从而筛选出价值比较高的特征。

Stemmin 指在英文文本中进行复原或组合的方法，如用 went、go、going 把相同含义的单词，还原成某个新英文单词，会增加相应的效果。其实现过程必须先由语言学家去寻找规律，然后再由程序员进行开发。

四、关键词提取

关键词通常是指能够代表文章中心含义的词语，而关键字提取则是文字发掘学科的一大重要分支，是文字信息检索、文字对比、摘要生成、文章分析与聚类等文字发掘研究方面的基本工作。从算法的视角分析，关键字抽取算法主要分为无监督关键字提取方法和有监督关键字提取方法。

无监督关键字抽取方法不使用人工标记的语料，而是通过一些途径获取在文章中相对重要的词语作为文章关键字。该算法首先提取候选词，其次对所有候选词进行评分，得出在 TopK 中分值最大的候选词为文章关键字，再按照评分方法的差异将其分成三种：基于统计特征的关键字抽取方法，如 TF-IDF；基于词图模型的关键字提取方法，如加权 TextRank；基于主题模型的关键字抽取方法，如 LDA（见表 10-2）。

表 10-2　无监督关键词提取

模式	含义
基于统计特征	利用文档中词语的统计信息抽取文本关键词
基于词图模型	构建文本的语言网络图，在图上寻找有重要作用的词作为关键词
基于主题模型	利用主题模型中关于主题分布的性质进行提取

有监督关键词获取方法将关键词获取过程作为分类过程，通过训练来构建关键词分类器，对于一个新的文本，先抽取其所有候选词，再使用分类器对候选词进行分类，将标记为关键字的所有候选词都视为文本的关键字。

相比较而言，无监督关键词的分类方法对数据的要求低，而且方便；有监督关键词获取方法，则能够通过训练的多种数据确定对关键字的影响范围，且效率更高。而目前较为普遍的关键字获取方法一般都是采用无监督提取方法，包含 TF-IDF 算法、TextRank 算法，并且包含 LDA 的主题模型算法。

1. TF-IDF 算法

TF-IDF（Term Frequency-Inverse Document Frequency）是一种应用数据搜索和资料数据挖掘中的常见权重分析技术，用来评估某个字或词对某个文字集或文字语料库中的其中一份文件的重要程度。词语的重视会随其在数据库系统中经常出现的频次呈正比例上升，并会随其在数据库系统中经常出现的频次呈反比例降低。TF-IDF 权重的各种方式常常被互联网搜索引擎使用，以此进行论文与数据检索的关联能力的衡量。其主要思路为：如果一个关键词在一篇论文中出现多次，并且在其他论文里极少出现，就说明该关键词存在较高的类别划分能力。

（1）TF（Term Frequency）。TF 为词频，表示某词条在文本中出现的频率。显然该数值越大，该词越有可能是比较重要的词。w 是文本中的某一词条，其计算方式如下所示：

$$TF_w = \frac{w\ 在文本中的出现次数}{文本中的总词数} \tag{10-3}$$

（2）IDF（Inverse Document Frequency）。IDF 即逆向文本频率，是一种词汇普遍意义的测度，其主要体现为：如果涉及某一词汇的文本越少，IDF 值越大，就表示该词汇有较高的类别划分功能；如果某一类文档中包含词条 t 的文档数为 m，而其他类包含 t 的文档总数为 k，显然所有包含词条 t 的文档数为 n=m+k，m 越大，n 也越大，按照 IDF 公式得到的 IDF 值会较小，就说明该词条 t 类别区分能力不强。其计算方式如下所示：（若某一词语不在语料库中可能导致分母为 0，因此分母为 1+包含该词的文档数。）

$$IDF = \log \left(\frac{语料库的文档总数}{1+包含词\ w\ 的文档数} \right) \qquad (10\text{-}4)$$

因此，TF-IDF 实际上是 TF * IDF，它既考虑了某一特定文件内的高频率词语，又考虑了该词语在整个文件集合中的低频率词语，从而过滤掉常见的词语，保留重要的词语。假如一个文本的总词语数是 100 个，而词语"职务"出现了 3 次，那么"职务"一词在该文本中的词频 TF 为 3/100=0.03。若"职务"一词在 1000 份文件出现过，而文件总数是 10000000 份，IDF=log[10000000/（1+1000）]=4。最后的 TF-IDF 的分数为 0.12。

IDF 使用了文本逆频率 IDF 对 TF 值进行加权，权值最大的为关键词，而由于 IDF 的简单构造在很多时候无法有效反映关键词的重要性以及特征词的分布状况，因此 IDF 单纯地认为文字出现次数越少的关键词就越重要，但显然对一些文章来说这样的规则并不完全正确。因此，IDF 有时无法很好地实现调节权值的功能，尽管 TF-IDF 算法可以很简便快捷地完成，但其精确度并不是很高，仍有许多缺点：

1）如果不是考察特征词的位置因素对文本的区分度，词条经常出现在文档的不同地方时，对区分度的贡献程度也是不相同的。

2）按照传统 TF-IDF，往往一些生僻词的 IDF（反文档频率）会比较高，因此这些生僻词常会被误认为是文档关键词。

3）传统 TF-IDF 中的 IDF 部分只考虑了特征词与它出现的文本数之间的关系，而忽略了特征项在一个类别中不同的类别间的分布情况。

4）对于在文档中出现次数较少的重要人名、地名信息，提取效果往往不佳。

2. TextRank 算法

在介绍 TextRank 算法前，先来了解 PageRank 算法。PageRank 算法是由 Google 公司的两名创立者，借鉴学术界中通过发表文章的数量来衡量论文价值的通用办法，想到了网页的价值也可以通过这个办法来衡量，于是诞生了 PageRank 算法的核心思想。PageRank 算法简称网页排序、谷歌左侧排名，利用计算页面链接的数量与内容质量来粗略估算网站的价值，算法在诞生之初即广泛应用于谷歌的互联网搜索引擎中来对网站实行排名。其核心思想包括：

1）数量假设：一个网页被其他网页链接越多，说明这个网页越重要，即该网页的 PR 值（PageRank 值）会相对较多。

2）质量假设：如果一个 PR 值很高的网页链接另一个网页，那么被链接到的网页的 PR 值会相应提高。

如果网页 T 存在一个指向网页 A 的链接，则可以把 T 的一部分重要性赋予 A，这个重要性得分为：PR（T）/L（T），其中 PR（T）为网页 T 的 PageRank 值，L（T）为 T 的出链数，A 的 PageRank 值为一系列类似于 T 的页面重要性得分值的累加。据此定义页面 A 的 PR 值为：

$$S(V_i) = (1-d) + d * \sum_{j \in in(V_i)} \frac{1}{|Out(V_j)|} S(V_j) \tag{10-5}$$

其中，$S(V_i)$ 是某网页 i 的重要性（PR 值）；d 为阻尼系数，其意义是在任意时刻，用户到达某页面后继续向后浏览的概率，通常 $d = 0.85$；$in(V_i)$ 是整个互联网中所存在的指向网页 i 的链接的网页集合；$Out(V_j)$ 是网页 j 中存在的指向所有外部网页的链接的集合；$|Out(V_j)|$ 是该集合中元素的个数。

TextRank 算法是由 PageRank 算法改良而来，是一个基于图的用于关键字提取和对文档内容的排序算法。其不同之处在于：PageRank 算法依据页面间的链接关联构造网络系统，而 TextRank 算法则依据字词间的共现关联构造网络系统；PageRank 算法所建立的网络系统中的边是有向无权边，而 TextRank 算法所建立的网络系统中的边是无向有权边。

利用一篇文档内部的词语间的共现信息（语义）可以抽取关键词，它能够从一个给定的文本中提取出该文本的关键词、关键词组，并使用抽取式的自动文摘方法提取出该文本的关键句。用 PageRank 算法的思想解释该算法：

1）如果一个单词出现在很多单词后面，说明这个单词比较重要。

2）对于一个 TextRank 值很高的单词后面跟着的单词而言，其 TextRank 值会相应提高。

TextRank 算法主要包括关键词提取、关键短语提取、关键句提取。

（1）关键词提取。关键词选择是指在文章中确定几个可以说明文档意思的词语的方法。就关键词提取而言，用来构造顶点集的文字单元可能是句子中的一个或各个字，根据这些字母间的相互关联（比如，在一个框中同时出现）构建边。

（2）关键短语提取。关键词提取结束后，我们可以得到的 N 个关键词，在原始文本中相邻的关键词构成关键短语。

（3）关键句提取。句子提取任务主要针对的是自动摘要这个场景，将每一个句子作为一个顶点，根据两个句子之间的内容重复程度来计算它们之间的"相似度"，以这个相似度作为联系，由于不同句子之间相似度大小不一致，在这个场景下构建的是以相似度大小作为边权重的有权图。

该算法进行关键词提取的流程为：

1）把给定的文本 T 按照完整句子进行分割，即 $T = [S_1, S_2, \cdots, S_m]$。

2）对于每个句子，进行分词和词性标注处理，并过滤掉停用词，只保留指定词性的单词，如名词、动词、形容词，其中 $t_{i,j}$ 是保留后的候选关键词。$S_i = [t_{i,1}, t_{i,2}, \cdots, t_{i,n}]$。

3）构建候选关键词图 $G=(V, E)$，其中 V 为节点集，由步骤（2）生成的候选关键词组成，然后采用共现关系构造任意两点之间的边，两个节点之间存在的边仅当它们对应的词汇在长度为 K 的窗口中共现，K 表示窗口大小，即最多共现 K 个单词。

4）根据 TextRank 的公式，迭代传播各节点的权重，直至收敛，该算法的计算公式由 PageRank 算法引申而来。

$$WS(V_i) = (1-d) + d * \sum_{V_j \in in(V_i)} \frac{W}{|Out(V_j)|} S(V_j) \qquad (10-6)$$

5）对节点权重进行倒序排序，从而得到最重要的 T 个单词，作为候选关键词。

6）由 5）得到最重要的 T 个单词，在原始文本中进行标记，若形成相邻词组，则组合成多词关键词。

五、主题模型

在自然语言处理中，存在着一词多义和一义多词的问题，即"同义和多义"的现象。同义是指不同词汇在一定背景下有着相同的意思，如"我今天面试就是去打酱油"和"今天面试就是随便参与一下"；多义是指一个词汇在不同的背景下有着不同的意思，如"我今天面试就是去打酱油"和"中午吃饺子，下班先去打酱油"。因此我们需要根据词汇提取文本主题，建立起词与主题之间的联系，这样的词所组成的文档就能表示成为主题的向量。

本节介绍用于提取主题的文本分析方法，包括 LSA、PLSA 和 LDA。

1. LSA（Latent Semantic Analysis）

LSA 起初用于语义检索中，用以解决一词多义和一义多词的问题：

（1）一词多义：比如 bank 这个单词如果和 loans、rates 这些单词同时出现，bank 很可能表示金融机构的意思。可是如果 bank 这个单词和 fish 一起出现，那么很可能表示河岸的意思。

（2）一义多词：电脑和 PC 表示相同的含义，但单纯依靠检索词"电脑"来检索文档，可能无法检索到包含"PC"的文档。

LSA 为潜在语义分析，是由 Furnas 等（1988）提出来的一个全新的搜索与查询技术。这种模型与传统的向量空间模型（Vector Space Model）同样通过向量来描述名词和文字，并利用向量之间的关系来确定词语与文档之间的关系，不同的是，LSA 把词语和文档直接映射到了潜在语义空间，也因而去除掉了原来向量空间中的部分"噪声"，因而增加了信息检索的准确性。

LSA 的步骤如下：

1）分析文档集合，建立 Term-Document 矩阵。假设有 n 个文档，m 个词汇，设有矩阵 A（$m*n$），其中 $A_{i,j}$ 建立表示词 i 在文档 j 中的权重。A 的每一行对应一个词汇，每一列对应一个文档。

2）对 Term-Document 矩阵进行奇异值分解。将 A 分解为 T、S、D 三个矩阵相乘，其中 T 指词汇向量矩阵，行向量表示词，列向量表示主题；S 为一个对角阵，对角上的每个元素对应一个主题，其值表示对应主题的有效程度；D 为文档向量矩阵，行向量表示主题，列向量表示文档。

$$A = T * S * D \tag{10-7}$$

3）对 SVD 分解后的矩阵进行降维。

4）使用降维后的矩阵构建潜在语义空间。

LSA 的好处在于能够将原文的特征空间降维为一种低维语义空间，从而减少了一句多义或者一义多字的现象。其不足之处是由于每个文本特征矩阵维数都是特别大，所以在进行 SVD 分析上特别耗时。

2. PLSA 模型（Probabilistic Latent Semantic Analysis）

通过将词归纳为主题，LSA 模型可以将多个词义相同的词映射到相同主题上，从而解决了多词一义的问题，但这种方法并不能解决一词多义的问题。为解决这个问题，可以将概率模型应用于 LSA 模型，从而得到 PLSA 模型。

PLSA 模型可以从文档生成的角度来理解。PLSA 模型定义了 K 个主题和 V 个词，任何一篇文本都是由 K 个主题的多个混合而成，即每篇文章都可以看作是主题集合的一个概率分布，每个主题都是词集合上的一个概率分布，这意味着文本中的每个词都看作是由某一个主题以某种概率随机生成的。

举个通俗的例子来说明 PLSA 的过程。有 3 个主题，其概率分布分别是 ｛教育：0.5，经济：0.3，交通：0.2｝，每个主题对应多个词语，如教育主题下有词语大学、课程、教师，其概率分布为 ｛大学：0.5，课程：0.3，教师：0.2｝。从这个角度看，生成一篇文档可以看作是选主题和选词的两个随机过程，如先从主题分布 ｛教育：0.5，经济：0.3，交通：0.2｝ 中抽取出主题"教育"，再在该主题对应的词分布 ｛大学：0.5，课程：0.3，教师：0.2｝ 中抽取出词"大学"。经过不断地抽取、重复，产生了 N 个词，则生成一篇文本。

根据上述描述，PLSA 模型的文本—词项模型可描述如下：

（1）按照概率 $P(d_i)$ 选择一篇文本 d_i。

（2）选定文本 d_i 后，从主题分布 $P(Z_k|d_i)$ 选择一个隐含的主题类别 Z_k。

（3）选定主题 Z_k 后，从词分布 $P(W_i|Z_k)$ 中选择一个词 W_i。

因此，PLSA 的生成文件的全部流程都是确定文档生成主题，并确定主题生成词。反过来，如果文档已经出现，怎样通过文档倒推其主题？这种基于文档推测其隐含的主题的过程就是主题建模的目的：自动找到文档集中的主题。下面对这个过程加以介绍。

在现实中，文本 d 和单词 W 是可以被观察到的，但主题 Z 是隐藏的，因此需要根据大量已知的文本—词项概率 $P(W_i|Z_k)$ 训练出文本—主题概率 $P(Z_k|d_i)$ 和主

题—词项概率 $P(W_i \mid d_i)$，由上述过程已知，对于某个文本 d_i 而言，其包含某个词 W_i 的概率为：

$$P(W_i \mid d_j) = \sum_{k=1}^{K} P(W_i \mid Z_k)(Z_k \mid d_j) \tag{10-8}$$

故得到文本中包含某个词的生成概率为：

$$P(d_i, W_j) = P(d_i)P(W_j \mid d_i) = P(d_i) \sum_{k=1}^{K} P(W_j \mid Z_k)(Z_k \mid d_i) \tag{10-9}$$

由于 $P(d_i)$ 可事先计算求出，而 $P(W_i \mid Z_k)$ 和 $P(Z_k \mid d_i)$ 未知，所以 $\theta = (P(W_i \mid Z_k), P(Z_k \mid d_i))$ 就是我们要估计的参数，通俗地说，就是要最大化这个 θ。常用的参数估计方法有极大似然估计 MLE、最大后验证估计 MAP、贝叶斯估计等。因为该待估计的参数中含有隐变量 z，所以我们可以考虑 EM 算法求解该问题，在此不再赘述。

3. LDA 模型（Latent Dirichlet Allocation）

在 PLSA 模型的基础上加上贝叶斯框架即为 LDA 模型，为方便读者理解 PLSA 模型和 LDA 模型的区别，同样通过一个例子进行解释。如前所述，在 PLSA 模型中，选主题和选词都是两个随机的过程：先从主题分布 {教育：0.5，经济：0.3，交通：0.2} 中抽取出主题"教育"，再在该主题对应的词分布 {大学：0.5，课程：0.3，教师：0.2} 中抽取出"大学"；而在 LDA 模型中，选主题和选词同样是两个随机的过程。在文本生成后，两者都要根据文本去推断其主题分布和词语分布。

二者的区别在于：在 PLSA 中，主题分布和词分布是唯一确定的，能明确地指出主题分布是 {教育：0.5，经济：0.3，交通：0.2}，该主题下的词分布是 {大学：0.5，课程：0.3，教师：0.2}；LDA 模型中，主题分布和词分布不再确定不变，如主题分布可能是 {教育：0.5，经济：0.3，交通：0.2}，也可能是 {教育：0.8，经济：0.1，交通：0.1}。但再怎么变化，也依然服从一定的分布，即主题分布和词分布由狄利克雷先验随机确定。

六、词嵌入方法

前文我们介绍了文本特征提取法，它有两种十分关键的模型：词集模型和词袋模型，词袋模型是在词集模型的基础上扩大了频率的维度，即词集模型只关注有和没有，词袋模型还要关注有几个词语。

1. 词集模型

词集模型是词构成的集合，每个单词只出现一次，但不考虑词频。即某个词在文字中出现一遍与出现多次的特征处理是相同的。

2. 词袋模型

词袋模型把所有的词汇都放入一个口袋内，对每一个词汇都进行了计算，同时统计各个词汇出现的频次，不考虑词法和语序问题。词袋模型认为各个词汇都是相互独立的，在统计词汇的同时统计了各个词汇出现的频次，这就是说，词袋模型并不考察文章中词与词之间的上下文关联，只考察了每个词汇的相对权重，其权重与词汇在文章中出现的频次相关。但也由于它不考虑上下文关系，会导致文本丢失一部分文本的语义，若文本分析的目的是分类聚类，则词袋模型表现得很好。

在很多算法中，为了让词参加计算，需要将词转化为数值向量，One-hot 模型便是一个比较常用的文本特征提取的方法，又称为"独热编码"。下面举例说明 One-hot 模型。

假设有 4 个样本，每个样本有 3 个特征，特征 1 有 2 种可能的取值，特征 2 有 4 种可能的取值，特征 3 有 3 种可能的取值，样本特征如表 10-3 所示。

表 10-3 样本特征

	特征 1	特征 2	特征 3
例子 1	1	4	3
例子 2	2	3	2
例子 3	1	2	2
例子 4	2	1	1

表 10-3 用十进制数对每种特征进行编码，One-hot 模型将该整数值表示为二进制向量。每个样本中的每个特征只有 1 位处于状态 1，其他状态位都是 0。假如特征 3 有 3 种取值，或者有 3 种状态，那么就用 3 个状态位来表示，以保证每个样本中的每个特征只有 1 位处于状态 1，其他都是 0，则特征 3 的状态分别可以表示为：1->001，2->010，3->100。编码后的样本特征如表 10-4 所示。

表 10-4 编码后的样本特征

	特征 1	特征 2	特征 3
例子 1	01	1000	100
例子 2	10	0100	010
例子 3	01	0010	010
例子 4	10	0001	001

这样，4 个样本的特征向量就可以表示为：例子 1：[0, 1, 1, 0, 0, 0, 1, 0, 0]；例子 2：[1, 0, 0, 1, 0, 0, 0, 1, 0]；例子 3：[0, 1, 0, 0, 1, 0, 0, 1, 0]；例子 4：[1, 0, 0, 0, 0, 1, 0, 0, 1]。

尽管 One-hot 模型解决了分类器处理离散数据困难的问题，但在实际应用中这种方法有诸多不足，最显著的就是维度灾难。在实际应用中，字典往往是非常大的，那么每个词对应的向量的维度非常高。此外，每个词也不是孤立的，而是有的许多联系，但 One-hot 模型只是一个词袋模式，而没有考虑词和词间的顺序问题。词嵌入算法就能够克服这些困难，通过低维度、稠密、实值的词向量来描述每一个词语，并由此给出比词语更丰富的语义内涵，从而让计算词相关度变得可能。

词嵌入法，是使所有词汇在预定的向量空间中都表示为实值向量的一类技术。每个单词都被直接映射为一个向量，而这种向量能够使用神经网络中的方法来学习更新，所以这种技术基本都集中使用在深度学习领域中。其重点在于如何使用密集的分布式向量来描述每个词汇，和 One-hot 模型相比，使用词嵌入表示的单词向量通常有数十至数百个维度，极大地降低了运算量和存储量。词嵌入方法中应用最广泛的就是 Word2Vec。

Word2Vec，是由 Google 公司于 2013 年开源的一个将单词表示成实数值向量的高效方法，它采用了深度学习的理念，通过单一层神经网络将 One-hot 类型的词向量映射成分布式形式的词向量，同时使用了一些方法实现训练效率的提高。将对文字信息的处理简化为在 K 维向量空间中的词向量运算，其在矢量空间中的词相似度可用于表述在文本语义上的词相似度。由 Word2Vec 所产生的词向量空间可用于完成文本聚类、查找同义词、词性分析等任务，一方面可用作某些复杂神经网络模型的初始化，另一方面也可将词和词间的相似度作为某些模型的特征分析。

Word2Vec 实质上是一个降维操作，把 One-hot 形式的词向量转换为 Word2Vec 的形式，Word2Vec 开发工具基本上包含了跳字模式（Skip-gram）和连续词袋模式（Continuous Bag of Words，CBOW），还有两种高效训练的方式：负采样（Negative Sampling）和层序 softmax（Hierarchical Softmax），该算法流程为：

（1）把 One-hot 形式的词向量输入在单层神经网络上，则输入层的神经元节点数量应当与 One-hot 形式的词向量维数相应，例如某词相应的 One-hot 词向量为 ［0，1，1］，则输入层的神经元总量就应当为 3。

（2）通过神经网络映射层中的激活函数计算目标词与其他词汇的关联概率，在计算时使用负采样的方式提高其训练速度和正确率。

（3）使用随机梯度下降的优化算法计算损失。

（4）通过反向传播算法将神经元的各个权重和偏置进行更新。

两个模型的示意图如图 10-5 所示，CBOW 模型主要是通过一个单词前的 C 个单词以及其后 C 个相连接的词来测算下一个单词出现的概率；Skip-Gram 模型是指针对每一个单词计算其前后某几个词出现的概率。

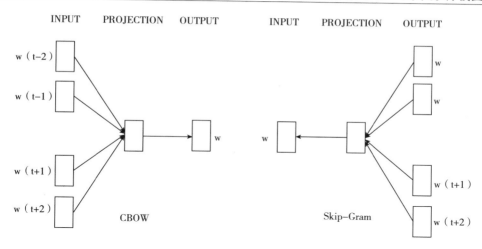

图 10-5 CBOW 模型与 Skip-Gram 模型

第四节 文本分析的应用

全球多达 80% 的大数据是非结构化的,写博客、微信聊天、咨询客服等过程产生的数据都属于非结构化数据。人类的自然语言十分复杂,存在"同义和多义"的现象,同义是指不同词汇在一定背景下有着相同的意思;多义是指一个词语在不同的背景下有着不同的意思。一句话又可以有隐喻、反语等不同含义,因此简单的数据分析模型无法应对这些复杂多样的变化,而文本分析模型的发展为非结构化数据进行大数据分析提供了可能性。接下来,本节将从文本分析的应用场景、发展方向以及发展过程中可能遇到的机会与挑战进行介绍。

一、文本分析的应用场景

1. 情感分析

基于大数据文本数据的"情感分析",是指对文本中情感的偏好和评论内容加以提炼的流程。它运用多样、海量的社会性媒介,借助于规模巨大的社交网络平衡语料和信息平衡语料的机器学习模型,可以识别出用户、网民对某物品的好恶倾向,使运营者更全面、更深入地了解用户的心声,从而了解消费者对商品的偏好态度,以及在消费者观点下的商品优缺点。以科学的方法解决文本,让企业通过这种非结构化信息去研究、剖析用户需求,了解消费者对商品的态度,用直观的形式理解消费者的心声,进而获得有效的政策保障,促进商品开发、企业运作和营销传播更适合用户的需要,在消费者心里形成良性的品牌形象，帮助企业发展。

情感分析具有广阔的应用前景，可以产生巨大的经济和社会效益。

情感分析包含情感基本单元抽取、情感分类、情感摘要和情感检索等多项研究任务。

情感基本信息单元提取是情感分析中最低层次的研究任务，它试图通过在情感文本中提取有含义的基本信息单元，进而把无结构的情感文本转换为计算机易于辨识和管理的结构化文字。情感基本单元能够为在情感分析上层的研究与应用提供理论基础。情感基本单元抽取主要包括观点持有者抽取、评价对象或属性词抽取、情感词抽取以及情感词的极性判定等。论点的持有人抽样任务是指抽取论点句中观点及评论的持有人，目前这种抽样任务主要面对的对象是新闻评论文本。评价对象抽取是抽取评论文本中情感表达所面向的对象。属性词的抽取和评价对象的抽取略有不同，属性词可能是显性的，也可能是隐性的，属性词对应的是一个词或是一组词，比如在酒店评论中，"服务"是一个属性，与"服务"相关的属性词有"服务员""态度""前台""服务生"等。情感词（评价词，极性词）指在情感词中具有情感倾向的词汇，是表现情感倾向性的重要部分。情感词的判定是给情感词打一个正负标签，比如，"好"对应+1，是个褒义词；"差"对应−1，是个贬义词。有时为了进一步区分情感强烈程度，还会采用带权重的极性打分。

2. 文本分类

文本分类，是指根据特定的分类框架或目标对文本类型进行自动排序与标记。人们可以通过一个对已进行标记的训练文本集合，得出文本类型与文本类型之间的关联模式，进而通过这种机器学习所得的关联模式对现有的训练文本类型做出分类评估，可广泛应用于行业的文本分析、海量信息分析、资讯分类、自动标签分析等工作场景。对网络服务提供者而言，垃圾邮件提高了业务管理、软件更新的成本；而对用户来说，垃圾信息正是病毒的入侵重点所在，而通过对文字识别方法的分析与挖掘就能够增强对文字识别的准确性，进而实现了过滤垃圾邮件的目标。

3. 知识管理

在网络飞速发展的今天，企业可以产生大量的文字信息，但在处理这种文字信息中，一个重要的困难便是不能迅速发现企业所需的资料，所以基于文字信息的知识管理软件可以对这些"信息过剩"的企业设计高效的解决方案。可将应用数学、图形学信息可视化技术等学科领域的知识与文本分析相结合，构建知识图谱、产品网络等呈现各类文本之间内在相关关系的图，使人们能够快速理解文本中的关键信息。

4. 风险管理与欺诈检测

不管在什么行业，风险分析欠缺都是造成损失的首要因素，在金融服务行业尤为明显。通过基于文本挖掘技术的风险与人力管理软件，可以进行更多来源的文本文档的完整管理，进而增强减少经营风险的能力。同时保险公司也可以使用文本数据分析技术，将文本数据分析结果和结构化数据相结合，以便避免诈骗和快速办理索赔服务。

5. 趋势预测

趋势预测能够通过对各应用领域的文档进行大数据分析，以便得到某些数据在特定历史时间内的状况，以及未来的趋势。有研究者通过分析已发表的权威性经济论文，预测出了每天的全美股票市场指数变化。在美国政府选举时期，Tumasjan 等（1988）通过挖掘和分析群众在 Twitter 上对各参选团体的评价，制定关于摇摆州（美国政府选举中的一种专有名词，指竞争各方势均力敌，都无明显优势的州）的特别推广政策，以便于增加己方的民意支持率。在 2011 年意大利国家代表制和 2012 年的美国总统竞选活动中，Ceron 等（2014）用情感数据测算出了国家领导选举的 Twitter 支持率，对选举预测具有重要意义。

6. 文本聚类

文本聚类是在预先确定主题类型的前提下，把文件内容集合分为若干个类型，相同类型内文件内容的相似度尽可能大，在不同类型内的相似度也尽量小。文本聚类可将搜索引擎的检索结果分割为若干个类别，从而缩小了用户的搜索范围，在一定程度上减少了用户所需浏览的结果总量。

二、文本分析的发展方向

1. 智能化理解

文本分析能够通过关键词提取等方式确定一段文字是关于什么信息的，然后进行量化，再进一步分析、挖掘，有助于发掘客户的特点并将其转换为结构化的数据输出到预测模型。

基于领域自适应的分析可以利用信息丰富的源域资源提升目标或模型的性能；社交网络的迅猛发展，产生了大量的用户交互数据，这些数据反映了用户的思想及社交关系。通过结合社交网络的关系分析技术，可以了解不同的社会群体的关注倾向；深度学习作为机器学习研究中的一个新领域，取得了很大的进展。该类方法将在自动提取特征、减少人工标记工作等方面做出巨大贡献。

2. 处理复杂文本

对于非结构化、半结构化的文本数据，其内容复杂、议题广泛，通过文本分析技术将多种数据源整合在一起并进行统一分析，从中获得深刻的见解。随着"互联网+"时代的到来，涌现出了大数据分析、特定主题数据挖掘、用户画像建模，以及多语言协作等诸多新兴的应用需求，也为文本数据分析领域提供了全新的方向机会。此外，通过在深度学习算法中添加相应的策略，人们能够更有效地实现对单词以及句型的意思理解，也因此可以完成理解词汇和整个文档的任务工作。

3. 简化管理

同其他大数据分析技术一样，文本分析最终是为人服务的，文本数据往往复杂烦琐，但输出的结果通俗易懂、形式简洁。将文本分析技术与业务相结合，可以简化管理，有效提升管理者的工作效率。

第五节　应用案例

案例名称：基于豆瓣评价的文本分析——以《流浪地球》为例

1. 模型说明

（1）理解影评数据并明确项目目标。本项目通过 Python 对主流电影评分网站豆瓣网上关于《流浪地球》评论用户的基本信息、影评内容等数据进行处理，对这些影评数据进行简单的文本分析，帮助出品方了解用户偏好。对不同类别的用户进行特征分析，比较不同类别用户的价值。

分析流程如下：

原始数据→数据预处理→分词并去除停用词→词频统计并绘制词云图→时间分析

（2）对影评数据进行预处理。

1）任务描述。数据预处理的目的是提高数据质量，便于后续进行分析。通过观察数据，发现网络获取的原始影评数据存在异常值，需要进行修正清洗，另外，由于我们对评论内容处理时需要找出关键词进行分析，所以需要对评论数据进行分词、去除停用词，以便后面分析时进行词频统计和绘制词云图。

2）任务分析。对《流浪地球》评论数据进行预处理可以分为以下四个步骤：①读取评论数据；②读取停用词库，并进行切片、返回列表；③对评论数据进行分词；④去除停用词。

3）主流技术。本项目的主要涉及技术是 Jieba，Jieba 是由 Python 公司开发的一个分词开源库，专门利用中文划分方式，把待分词方法的内容和分词词库进行比对，并利用地图结构和动态规划方式寻找更大可能的新词组。除了分词，Jieba 还推出了添加自定义中文词汇的能力。

Jieba 库支持三种分词模式：①精确模式：把文本精确地切分开，不存在冗余单词；②全模式：把文本中所有可能的词语都扫描出来，有冗余；③搜索引擎模式：在精确模式基础上，对长词再次切分。

这里我们使用精确模式，将文本精确地切分开，不存在冗余单词。

4）读取评论数据。原始数据存储为 Excel 格式，所以需要将数据从 Excel 表格中读入 Python。除可使用 xlrd 库或者 xlwt 库对 Excel 表格的读写进行操作外，也可使用 pandas 库进行 Excel 的操作，且 pandas 操作更加简捷方便。这里运用 pandas 库中的 read_ excel（）读取表格，并形成一个480×7的数据框。

（3）读取停用词库并对数据进行处理。使用已有的停用词库，此停用词库为文本形式，而我们在去除停用词时，停用词库应该为列表形式，因此，读入停用词库后需对词库进行切片和列表转换。停用词库文本中每行一个停用词，方便我们进行切分。Str. split（）函数很有效地帮助我们解决了这个问题，通过指定分隔符对字符串进行切分，并且返回值为字符串列表。由此，我们可以通过将换行符（\ n）作为分隔符，对文本进行切分，得到一个停用词列表。

（4）对评论数据进行分词、去除停用词。因为之前我们已经将停用词库做成了一个列表，这里只需要去除停用词即可取得需要的影评关键词。

（5）词频统计。由于本项目的目标是对电影《流浪地球》的影评进行分析，类似于"推荐""还行""力荐"等评论虽然表达了对电影的情感倾向，但是实际上无法根据这些评论提取出观影者对此影片的集体感官。评论中只有出现明确的名词，如电影细节、演员及特效等时，评论才有意义，因此需要对分词后的词语进行词频统计。

利用_flatten（）函数将列表展评，转换为Series之后利用value_counts（）方法进行特征统计描述。

（6）绘制词云图。进行词频计算之后，就可以绘制词云图查看统计效果了，词云会将在文章中出现频次较大的"关键词"进行视觉上的突出。可以通过WordCloud模块的wordcloud绘制词云。

从原文件中提取出评分（scores）与评论（contents）两列，利用pd. pivot_table（）方法以scores列为索引创建透视表。

2. 代码实现

```
#读入原始数据
data=pd. read_excel(r"D:\Wandering_Earth\/流浪地球. xlsx")
#读入停用词库并进行切片和列表转换
with open(r"D:\Wandering_Earth\stoplist. txt",'r',encoding='utf-8') as f:
    stoplist=f. read()
stoplist=stoplist. split()+['\n','','']
#分词
data_cut=data['content']. apply(jieba. lcut)
#去除停用词
data_new=data_cut. apply(lambda x:[i for i in x if i not in stoplist])
#词频统计
pd. Series(_flatten(list(data_new))). value_counts()
#创建透视表
evaluate=pd. pivot_table(data[['scores','content']],index='scores',aggfunc=np. sum)
#绘制词云图
good=evaluate. iloc[3:5]
not_bad=evaluate. iloc[2:3]
terrible=evaluate. iloc[0:2]
```

```
def word_cloud( Data = None) :
    data_cut = Data. apply( jieba. lcut)
    data_new = data_cut. apply( lambda x: [ i for i in x if i not in stoplist] )
    total = pd. Series( _flatten( list( data_new) ) ). value_counts( )
    plt. figure( figsize = ( 10,10) )
    mask = plt. imread( 'rec. jpg')
    wc = WordCloud( font_path = 'C :/Windows/Fonts/simkai. ttf', mask = mask , background_color = 'white')
    wc. fit_words( total)
    plt. imshow( wc)
    plt. axis( 'off')
word_cloud( Data = good[ 'content'] )      #好评词云
word_cloud( Data = not_bad[ 'content'] )    #中评词云
word_cloud( Data = terrible[ 'content'] )   # 差评词云
```

3. 结果分析

分别得到词云图如下：

案例一　好评词云图

案例一　中评词云图

案例一　差评词云图

从好评和差评中的关键数据表现就可以看得出这部电影是一个很难得的科幻类的电影，描述了一个人带着地球漂流的故事，赞扬主要包括特效以及中国特色等，差评主要集中于剧情的因素。

本章小结

文本、音频、视频和图像均是非结构化数据，文本分析的对象为文本数据。而在现实中，文本信息往往和其他形式的非结构化信息一起存在，如社交媒介的信息往往包含文字信息、图像数据、影像信息；平面广告也会在精心打造的画面上使用文字；电视广告有相应的音频，与视频中的文本相对应。音频信息相比于图像信息的优点之一是，音频以声调和语言特征的方式给出了丰富的信息，研究人员不但能够观察说的信息，而且能够研究声调、语气和语言特性的塑造行为。因此，未来的文本分析可以调查文本与其他特征的相互作用，不仅包括文本本身的内容，还包括其出现的时间以及出现的媒介，从而采取合适的方式从文本中取得尽可能大的价值。

虽然文本信息占有着数字社会的大多数，使我们通过文本分析方法研究文本信息变为可能，但文本信息又提出了许多问题。首先，面临文字可解释性的问题。虽然文本研究给出了评价人类活动行为的比较客观的方式，但还是需要一些有意义的说明。比如，尽管一些词语（例如"love"）往往是正面的，但它的正面意义可能在较大程度上依赖语言。

其次，在理解文本信息上下文的过程中面临挑战。例如，餐厅评论可能包含很多否定词，但这是否意味着否定的是食物、服务或餐厅？文本数据对使用场景变化特别敏感，同一个词在不同的语境中表达的意思则不尽相同，对于这种情况可以使用针对特定研究环境创建的词典。

与大数据分析一样，数据隐私挑战也是文本数据分析流程中的主要问题。文本数据分析研究方法一般采用从网络上爬取的在线商品评价、销量排行等数据以及在社会化媒介平台上爬取的消费者的活动数据分析。虽然这个做法比较普遍，不过可能会产生某些风险。尽管研究人员可以收集一些公共数据，但此行为可能与那些拥有数据平台的服务条款相冲突。

所以，一方面，需建立一种学术数据集，这种数据集中可能含有过时或经过处理的信息，以保证不会引起企业风险或用户个人信息披露问题。另一方面，研究人员必须注意文本分析过程中对数据的潜在滥用，尽可能保护数据提供者的隐私，最大限度地减少对隐私的侵犯。

思考练习题

一、思考题

1. 常用的分词方法可以分为哪几类？
2. 简述 TF-IDF 的优缺点。
3. TF-IDF 适合提取什么样的文本特征？

二、简答题

1. 讨论如何从一篇比较长的新闻中抽取摘要。
2. 文本挖掘的过程由哪几个环节组成？这些环节分别负责哪些工作？
3. 什么是语义消歧？说明常用的语义消歧基本思想？

参考文献

［1］Bin Cheng. Text Mining and Visualization Analysis Based on Fine-Grained Sentiment ［J］. Advances in Applied Mathematics, 2021, 10（1）: 128-136.

［2］C Lin, Y He. Joint Sentiment/Topic Model for Sentiment Analysis ［C］// In Proceeding of the 18th ACM Conference on Information and Knowledge Management. New York: ACM Press, 2009.

［3］Calvo R A, D'Mello S, Gratch J, et al. The Oxford Handbook of Affective Computing ［M］. Oxford: Oxford University Press, 2014.

［4］Ceron A，Curini L，Lacus S M，et al. Every Tweet Counts？How Sentiment Analysis of Social Media can Improve our Knowledge of Citizens？Political Preferences with an Application to Italy and France ［J］. New Media and Society，2014，16（2）：340-358.

［5］Furnas G W，Deerwester S，Dumais S T，et al. Information Retrieval Vsing a Sivgular Valve Decomposition Model of Latent Semantic Structure ［C］//In Proceedings of the llᵗʰ Ahhual International ACM SIGR Conference on Research and Development in Information Retrieval. New York：ACM Press，1988.

［6］Golder S A，Macy M W. Diurnal and Seasonal Mood Vary with Work，Sleep，and Daylength across Diverse Cultures ［J］. Science，2011，333（6051）：1878-1881.

［7］Hatzivassiloglou V. McKeown K R. Predicting the Semantic Orientation of Adjectives ［C］//Proceedings of the Eighth Conference on European Chapter of the Association for Computational Linguistics. Association for Computational Linguistics，1997.

［8］Hu M，Liu B. Mining Opinion Features in Customer Reviews ［C］. Menlo Park：AAAI Press，2004.

［9］Hur M，Kang P，Cho S. Box-office Forecasting based on Sentiments of Movie Reviews and Independent Subspace Method ［J］. Information Sciences，2016（372）：608-624.

［10］Kim S，Lee J，Lebanon G，et al. Estimating Temporal Dynamics of Human Emotions ［C］//Proc of the 29th Int AAAI Conf on Artificial Intelligence. Menlo Park，CA：AAAI，2015.

［11］Liu，Bing. Sentiment Analysis and Opinion Mining ［J］. Synthesis Lectures on Human Language Technologies，2012，5（1）：1-167.

［12］Roberts C W . Text Analysis ［M］. Oxford：Blackwell Publishers Inc. ，2015.

［13］Tumasjan A，Sprenger T O，Sandner P G，et al. Predicting Elections with Twitter：What 140 Characters Reveal about Political Sentiment ［C］//Proc of the 4th Int AAAI Conf on Weblogs and Social Media. Menlo Park，CA：AAAI，2010.

［14］Y Jo，A H Oh. Aspect and Sentiment Unification Model for Online Review Analysis ［C］. Proceeding of the Fourth ACM International Conference on Wek Searoh and Date Mining. New York：ACM Press，2011.

［15］Zhou X，Wan X，Xiao J. Collective Opinion Target Extraction in Chinese Microblogs ［C］//Proc of the 2013 Conf on Empirical Methods on Natural Language Processing. Stroudsburg，PA：ACL，2013.

［16］蒋梦迪，程江华，陈明辉，等. 视频和图像文本提取方法综述 ［J］. 计算机科学，2017，44（B11）：11.

［17］李寿山. 情感文本分类方法研究 ［D］. 北京：中国科学院自动化研究

所，2008．

　　［18］邱祥庆，刘德喜，万常选，等．文本情感原因自动提取综述［J］．计算机研究与发展，2022，59（11）：2467-2496．

　　［19］谭松波．高性能文本分类算法研究［D］．北京：中国科学院计算技术研究所，2006．

　　［20］王婷，杨文忠．文本情感分析方法研究综述［J］．计算机工程与应用，2021，57（12）：11-24．

　　［21］许海云，董坤，刘春江，等．文本主题识别关键技术研究综述［J］．情报科学，2017，35（1）：8．

　　［22］张琦，张祖凡，甘臣权．融合社会关系的社交网络情感分析综述［J］．计算机工程与科学，2021，43（1）：180-190．

第十一章 推荐模型与系统

第一节 推荐概述

一、推荐系统背景

由于移动网络的高速发展，人们步入了信息爆炸时代。当前利用网络进行业务的平台越来越多，相关的公司提出的服务类型（购物、影视、资讯、音乐、教育、婚恋、社区等）层出不穷，提供服务"标的物"的类型也日益多样化（亚马逊上有上百万种书），这么多的"标的物"如何让所有需要它的人都发现它，满足用户的不同需求，正是摆在所有公司眼前的关键问题。

由于经济社会的发展，人们受教育程度的提高，越来越多的人都有了展示自己个性的能力。同时由于网络的发达，也产生了非常多的、能够表现自己个性的平台，如微信朋友圈、微博、抖音、快手等，每个人的个性特长都有了更多可以展现的空间。此外，从进化论的观点来看，每个人都是完全不同的个体，是生而不同的，从而使个人的偏好也千差万别。"长尾理论"就很好地说明了多样化商品中的非畅销品能够满足人类多样性的需要，而这种需求量加起来也不一定比畅销商品所带来的需求量少。

随着时代的进步、人们物质生活水平的提高，人们已经不用再为生活需求而担心，越来越多的非生活需求涌现出来，包括读书、看电影、购物等。但这种非生活的需求往往有许多地方是不确定的，是无意识的，甚至每个人自己也不清楚自己需要什么。生活需求对于人来说十分强烈和明显，如果你处于非常饥饿的状态，你的第一个需求必然是食物。不同于生活需求，对于其他非生活需求，我们其实更乐于接触被动推荐的好东西，例如向你推荐一部电影，要是迎合自己的审美和口味，你或许更感兴趣。

综上所述，当今社会可以购买的产品与服务如此多，每个人的兴趣偏好也会不同，而且在某些情况下，人对产品的要求并非那么严格。在上述背景的驱使下，推荐技术应运而生。个性化推荐技术是克服以上问题的最有效的技术与手段之一。

为了更好地为个人用户提供服务，同时获取更多的收益，更多的企业将通过使用个性化推送，辅助用户更快地发现感兴趣的内容。公司通过用户在产品上的活动记录，根据用户自己和"标的物"的相关信息，运用推荐技术来给用户介绍其可能感兴趣的内容或产品。

二、推荐系统的概念

从计算的角度来看，推荐系统的基本输入是用户集 X 和项目集 S，其中项目集是待推荐物品的集合，可以是商品、音乐、用户、文章等。其基本输出是效用函数 μ：$X \times S \to R$，其中 R 是评分集，它是一个完全有序集。对于一个用户，可以根据评分集 R 为其推荐相应的物品。

推荐系统必须面对的问题包括怎样根据已有分数形成 R 矩阵、怎样获取效用矩阵中的信息、怎样通过已有的分数推测未知的分数、如何评估推断方法、如何衡量推荐方法的性能等。推荐系统可以有多种实现方法，下面介绍几种常见的推荐策略。

1. 基于内容的推荐

基于内容的推荐（Content-based Recommendation）是对消息过滤技术的延续和开发，它主要是建立在项目管理的内部信息上的建议，并不必依靠用户对项目内容的评论，更多地要求用机器学习的方法，从根据信息的特征描述的事件中获取用户的注意信息。在基于内容的推荐系统中，推荐项目或用户可以根据相应的特点来确定，推荐系统根据用户评价目标的特点了解用户的动机，并检查用户信息和待分析项目信息的相符程度。根据使用的信息模式决定采用的学习方法，常见的方法有决策树、神经网络，还有基于向量的表示方法等。基于内容的用户资料是需要用户的历史数据，而用户资料模型也可以因用户的喜好改变而有所改变。

基于内容推荐方法的优点如下：

（1）不需要其他用户的数据，无冷启动问题和数据稀疏问题。

（2）能为具有特殊兴趣爱好的用户进行推荐。

（3）能推荐新的项目或非流行的项目。

（4）通过列出推荐项目的主要特点，有助于人们理解为什么推荐该项目。

（5）已有比较好的技术，如关于分类学习方面的技术已相当成熟。

基于内容的推荐的主要缺陷是：需要的内容必须能很容易地提取出最有价值的特征，需要的特征信息必须具有良好的结构化，需要的用户爱好必须可以用内容特征的方式来表现，并且不能很明确地知道其他用户的评价结果。

2. 协同过滤推荐

协同过滤推荐方法（Collaborative Filtering Recommendation）是推荐系统中使用较早，也是较为成熟的一种方法。它通常使用最近邻算法，利用用户的历史喜好信息计算用户之间的距离，进而利用目标用户的最近邻数据对产品评分的加权评值，来判断目标用户对某个产品的偏好程度，按照这一偏好程度来对目标用户进行推荐。协同过滤推荐方法的主要优势是对推送内容无特定的需求，可处理非结构化的复杂内容，如歌曲、影视等。

协同过滤推荐是基于这样的假定：为一个用户寻找他真正感兴趣的内容的最好办法，是先发现和此用户有相同兴趣爱好的其他用户，进而再把他们真正感兴趣的内容推送给此用户。这一思路十分容易掌握，在实际工作中，人们常常会通过对好朋友的介绍来做出一个选择。而协同过滤与推荐系统就是将这一思路运用在了电子商务推荐系统中，通过其他用户对某一内容的评论来向目标用户做出推荐。

基于协同过滤的推荐系统是从用户的视角来自动做出相关推荐的。即用户得到的选择是用户通过选择数据或使用方式的隐式得出的，并不要求自己去寻找符合自身兴趣的推荐数据，比如填写一些调查数据等。

3. 基于关联规则的推荐

基于关联规则的推荐（Association Rule-based Recommendation）也就是以关联规则为基础，把所购产品当作规则头，把所选择的物品当作规则体。通过关联规则挖掘，能够找到各种产品之间在商业营销活动中的相互关系，因此在零售业中获得了大量运用。所谓关联规则，是指一个在贸易数据库中选择了商品集 X 的贸易中有多大百分比的贸易结果是选择了产品集 Y，其最直观的含义就是消费者在选择一些产品的同时有多大倾向去选择另一些产品。例如，许多消费者在选择牛奶的时候也会选择面包。这种算法的缺点是，第一步（关联规则的出现）最重要而且最费时，但好在能够离线实现。此外，商品名称的同义化问题更是关联规则的另一个难点。

4. 基于效用的推荐

基于效用的推荐（Utility Based Recommendation）是建立在调查用户使用项目的价值效用上，其核心在于怎样为每一位用户去创造一种效用函数，所以，用户模型在很大程度上是由其所选择的效用函数确定的。基于效用的推荐方法的优点在于，它可以将非产品的属性，如供货商的安全性（Vendor Reliability）和商品的易得性（Product Availability）都充分考虑在效用计算中。

5. 基于知识的推荐

基于知识的推荐（Knowledge-based Recommendation）从某种程度上应该被视为一个推理程序，并不是在满足用户需要的偏好基础上选择的。基于知识的推荐因其所使用的功能领域不同，而存在着显著差异。效用知识（Functional Knowledge）是一种关于一个项目如何满足某一特定用户的知识、因此能解释需要和推荐的关系，它也能说明需要与供给之间的联系，所以用户信息既可能是一个能帮助推理的知识结构，也可能是一个已经标准化的产品信息，还可能是一种更加细致地对用户需要的信息表示。

6. 推荐方法的组合

因为所有的推荐方式都有优缺点，所以在实践中，组合推荐（Hybrid Recommendation）也往往被广泛使用。研发和使用的最多的是将基于内容的推荐和协同过滤推荐的形式结合。最简便的方法则是依次使用基于内容的推荐和协同过滤推荐技术去产生一个推荐预测结果，而后再使用某技术合并其结论。虽然在理论上有很多种不同的组合形式，但在某一具体研究课题中并非都是可行的，因此组合推荐的一项最关键原则便是通过综合要能避免并克服各种综合推荐技术中的缺陷。

在组合方法上，研发人员共给出了七种组合思路：

（1）加权（Weight）。加权多种推荐算法的综合结果。

（2）变换（Switch）。根据问题的历史背景和现实情况或者需要决定的时间变换，去选择不同的推荐算法。

（3）混合（Mixed）。同时通过多种选择功能提供多重选择结果，给用户提供选择。

（4）特征组合（Feature Combination）。组合各种数据源的特征也可以被另一个推荐算法所利用。

（5）层叠（Cascade）。首先用某种推荐算法形成一个粗略的结果，其次用另一个推荐算法在此基础上进一步做出更加细致的推荐。

（6）特征扩充（Feature Augmentation）。把通过某种推荐算法产生多余的特征信息，植入到另一个推荐算法的特性输入中去。

（7）元级别（Meta-level）。将由某种推荐算法所产生的模型视为另一个推荐算法的输入。

三、推荐系统的评价

推荐系统的评价是一个较为复杂的过程，根据角度的不同，有着各种不同的指标。这里的指标通常包括主观指标和客观指标，客观指标又包括用户相关指标和用户无关指标。

（1）用户满意度。描述了用户对推荐结果的满意程度，这也是推荐系统中最关键的指标，一般通过对用户实施问卷式调查和监控用户线上行为数据来获取信息。

（2）预测准确度。描述了推荐系统预测用户行为的能力。一般采用在离线数据集上算法所给出的推荐列表及与用户行为的重合率来运算。重合率越大，其准确度越高。

（3）覆盖率。说明推荐系统对物品长尾的发掘能力。通常采用所选择商品占总商品的百分比以及所有商品被推荐的概率分布来测算。百分比越高，概率分布越均匀，其覆盖率也高。

（4）多样性。推荐系统中推荐结果能否覆盖用户不同的兴趣领域，通常采用推荐清单中物品两两间的不相似性进行计算。物体间越是不相似，其多样性越高。

（5）新颖性。若消费者没有听说过推荐清单中的很多物品，就表示这个推荐系统的新颖度很好。一般利用推荐结果的平均受欢迎程度和对消费者的问卷调查得出。

（6）惊喜度。只要推荐结果与用户的历史兴趣并不相同，却又使用户很满足，那么就说明这是一次给用户带来惊喜的推荐活动。可定性地利用推荐结论与用户历史兴趣的接近程度以及使用满意度来衡量。

四、推荐系统的作用与意义

推荐系统的作用与意义可以从用户和公司两个角度进行描述。

用户角度：在推荐系统解决了"信息过载"的前提下，用户如何高效获得感兴趣信息的问题。从概念上说，推荐系统的使用环境应该不仅限于网络，但互联网带来的海量信息问题，往往会导致用户迷失在信息中无法找到目标内容。可以说互联网是推荐系统应用的最佳场景。从用户的视角，由于推荐技术主要是在对其用户信息并不十分明确的前提下实现对信息的筛选，所以，和搜索引擎（用户会输入明确的"搜索词"）相比，推荐系统更多地利用用户的各类历史信息"猜测"用户所感兴趣的内容信息，这是解决推荐问题时必须注意的基本场景假设。

公司角度：通过推荐系统，解决公司商品能否有效地吸引用户、留存用户、增强用户黏性、提升使用转化率等问题，进而达到公司商业目标不断增加的目的。不同业务模式的公司定义的具体推荐系统优化目标不同，例如，视频类公司更注重用户观看时长、电商类公司更注重用户的购买转化率（Conversion Rate，CVR）、新闻类公司更注重用户的点击率等。必须注意的是，企业设计推荐系统的最终目标是达到企业的商业目标、增加公司收益，这应是推荐工程师站在公司角度考虑问题的出发点。

正因如此，推荐系统不仅是用户高效获取感兴趣内容的"引擎"，也是互联网公司达成商业目标的"引擎"，二者是一个问题的两个维度，是相辅相成的。

第二节　推荐系统的架构

建立推荐系统所要处理的基本问题，即要解决的问题是"人"和"信息"的关系。其中的"信息"，在产品介绍中指的是"产品信息"，在视频推荐中指的是"信息"，在新闻推荐中指的是"新闻信息"，简而言之，可统称为"物品信息"。而从"人"的角度来看，能够更准确地预测出"人"的兴趣点，推荐系统期望使用一些与"人"有关的数据，包含社会文化情况、人群特征、人际关系网络等，它们可统称为"用户信息"。

另外，在具体的推荐场景中，用户的最终选择通常会受到时间、位置、用户当前的生活状态以及各种环境信息的影响，可称之为"场景信息"或"上下文信息"。

一、推荐系统的逻辑框架

在获得"用户个人信息""物品信息""场景信息"的基础上，推荐系统要解决的问题可能较形式化地定义为：根据用户信息 U（User），在特定情景 C（Context）下，根据海量的"物品"信息，建立一种函数 f（U，I，C），预测用户对特定候选物件 I（item）的喜爱程度，并按照喜爱程度对每个候选商品予以排名，从而形成推荐列表的情况。

通过对推荐系统概念的描述，即可得出抽象的推荐系统逻辑结构（见图11-1）。尽管其逻辑架构是概括化的，但是在此基础上，把其功能加以细分与延伸，才形成了推荐系统的整个技术体系。

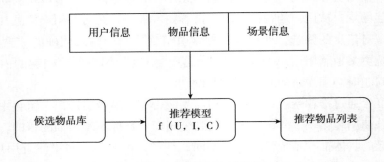

图 11-1　推荐系统逻辑框架

二、推荐系统的技术架构

在实际设计推荐过程中，工程师们必须把抽象的概念与模块系统化、工程化。在图 11-1 中，工程师们必须着重处理的问题主要有以下两类：

（1）数据与信息有关的主要问题，如"用户信息""物品信息""场景信息"等各自都有哪些？怎样保存、变更与管理？

（2）推荐系统与模型有关的问题，如推荐模块怎样使用、怎么预测、怎样取得良好的推荐结果？

可把这两个问题分为两个部分："数据和信息"逐步深入发展为推荐系统中融入了大量数据离线批处理、实时流处理过程的数据流架构；"算法和模型"部分则更进一步细分为在推荐系统中集训练（Training）、评价（Evaluation）、部署（Deployment）、线上推断（Online Inference）于一体的建模架构。具体地讲，推荐系统的技术架构如图 11-2 所示。

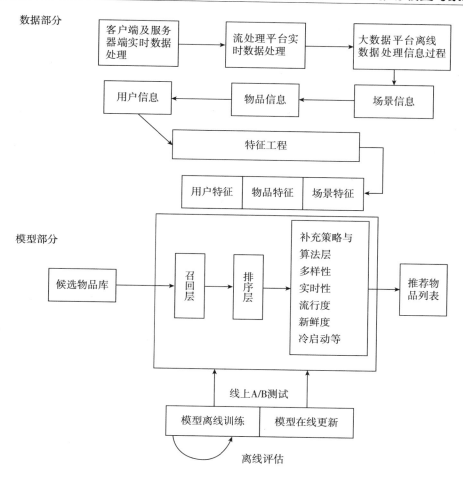

图 11-2 推荐系统的技术架构

三、推荐系统的数据部分

推荐系统的数据部分，主要负责对"用户""物品""场景"的信息收集与处理。具体地讲，将负责数据收集与处理的三种网络平台按照实时性的强弱排序，依次为"客户端及服务器端实时数据处理""流处理系统实时数据处理""大数据系统离线数据处理"。在实时性从强到弱的过程中，三种系统的海量数据处理能力也从弱到强。所以，一个完善的推荐系统的数据流系统将会使三方扬长避短，协调发展。

在得到原始的数据信息后，推荐系统的数据处理系统会将原始数据进一步加工，加工后的数据出口主要有三个：

（1）生成推荐模型所需要的样本数据，进行算法建模的训练与评价。

（2）创建推荐模型服务（Model Serving）所需要的"特征"，用作推荐服务系统的线上推荐。

（3）生成系统监控、商业智能（Business Intelligence，BI）等管理系统中所需要的统计型数据。

应该认为，推荐系统的数据部分都是整个推荐系统的"水源"，只有保证"水源"的持续、纯净，才能不断地"滋养"推荐系统，使其高效地运转、准确地输出。

四、推荐系统的模型部分

推荐系统的"模型部分"是推荐系统的主体，模型的结构，一般由"召回层""排序层""补充策略与算法层"组成。

"召回层"一般利用高效的召回规则、算法或简单的模型，快速从海量的候选集中召回用户可能感兴趣的物品。"排序层"利用排序模型对初筛的候选集进行精准排序。"补充策略与算法层"，也被称为"再排序层"，可以在将推荐列表返回用户之前，为兼顾结果的"多样性"等指标，结合一些补充的策略和算法对推荐列表进行一定的调整，最终形成用户可见的推荐列表。

从推荐模型接收到全部候选物品集，再到最后形成推荐列表，这一流程通常叫作模型服务过程。从在线平台上开展建模服务之前，就必须使用模型训练（Model Training）来确定模型结构中不同参数权重的具体数值及其在模型相关算法和策略中的参数取值。模型的训练方法又可按照模型训练环境的差异，分成"离线训练"和"在线更新"两个组成部分，其中离线训练的优点是能够使用全量样品和特征，使模型接近全局最优点；在线更新则能够准时地"消化"新的数据分析样本，以较好地体现未来的数据变化趋势，满足模型实时性的要求。

此外，为评价推荐模型的有效性，并便于模型的迭代优化，在推荐系统的模型部分提出了"离线评估"和"线上 A/B 测试"等多个测评模板，用得出的线下和线上评价指标，指导下一个的模型送代优化。以上所有模块共同组成了推荐系统模型部分的技术框架。

第三节　基于协同过滤的推荐

如果让推荐系统领域的从业者选出业界影响力最大、应用最广泛的模型，那么大约90%的从业者会首选协同过滤。对协同过滤的研究甚至可以追溯到 1992 年，Xerox 的研究中心开发了一种基于协同过滤的邮件筛选系统，用以过滤一些用户不感兴趣的无用邮件。但协同过滤在互联网领域大放异彩，还是源于互联网电商巨头 Amazon 对协同过滤的应用。

2003 年，Amazon 发表论文 *Recommenders Item-to-Item Collaborative Filtering*，它不仅让 Amazon 的推荐模式广泛传播，也使协同过滤技术成为今后很长时间的发展重点和行业内首选的推荐模式。时至今日，虽然人们对协同过滤的深入研究仍和深度学习紧密联系着，但模型的基础仍然不能脱离经典协同过滤的方法。

一、什么是协同过滤

"协同过滤"是指根据大家的回复、评论和建议共同对海量的信息内容加以处理，并从中筛选过滤出目标用户能够感兴趣的信息内容。简单而言，就是通过某人的行动来预测其他人将会做出什么。协同过滤是一个基于邻域的算法，包含了基于用户的协同过滤算法 UserCF 和基于物品的协同过滤算法 ItemCF。

二、基于用户的协同过滤算法 UserCF

1. 计算用户相似度

在协同过滤的流程中，计算用户的相似度是算法中非常重要的步骤，共现矩阵中的行向量代表相应的用户向量，所以，求解用户 i 与用户 j 的最大相似度问题时，就要算出用户向量 i 与用户向量 j 间的相似度。两种向量间常用的相似度计算方法主要有以下几种：

（1）余弦相似度。余弦相似度（Cosine Similarity）反映了客户向量 i 与客户向量 j 间的向量夹角程度。显然，角度越小，可以证明余弦相似度越高，两个客户越接近。

$$sim(i, j) = \cos(i, j) = \frac{i \cdot j}{\|i\| \cdot \|j\|} \tag{11-1}$$

（2）皮尔逊相关系数。对比余弦相似度，皮尔逊相关系数可以实现根据使用的客户平均分对各独立评分值加以调整，从而降低了客户打分偏置的负面影响。

$$sim(i, j) = \frac{\sum_{p \in P}(R_{i, p} - \bar{R}_i)(R_{j, p} - \bar{R}_j)}{\sqrt{\sum_{p \in P}(R_{i, p} - \bar{R}_i)^2} \sqrt{\sum_{p \in P}(R_{j, p} - \bar{R}_j)^2}} \tag{11-2}$$

其中，$R_{i,p}$ 代表用户 i 对物品 p 值的评分；$\bar{R}_i$ 代表用户 i 对所有产品的平均评价；p 代表各种物品的集合。

（3）根据皮尔逊相关系数的思想，还可采用加入物体平均值分的方法，以降低物体评分偏置对结论的负面影响。

$$sim(i, j) = \frac{\sum_{p \in P}(R_{i, p} - \bar{R}_p)(R_{j, p} - \bar{R}_p)}{\sqrt{\sum_{p \in P}(R_{i, p} - \bar{R}_p)^2} \sqrt{\sum_{p \in P}(R_{j, p} - \bar{R}_p)^2}} \tag{11-3}$$

其中，$\bar{R}_p$ 表示物品 p 得到了全部物品的平均分。

在类似用户的计算系统中，理论上所有合理的"向量相似度定义方式"都能够成为类似用户设计的准则。在对传统协同过滤改进的工作中，研究人员也是通过对相似度定义的改进来解决传统的协同过滤算法存在的一些缺陷。

2. 最终结果的排序

在获得 Top n 个相似用户之后，利用 Top n 用户生成最终的用户 u 对物品 p 的评分是一个比较直接的过程。这里，我们假设"目标用户与其相似用户的喜好是相似的"，根据这个假设，我们可以利用相似用户的已有评价对目标用户的偏好进行预测。最常用的方法是，利用用户相似度和相似用户评价的加权平均值，来获得目标用户的评价预测，如式（11-4）所示。

$$R_{u,p} = \frac{\sum_{s \in S}(w_{u,s}, R_{s,p})}{\sum_{s \in S}w_{u,s}} \tag{11-4}$$

其中，权重 $w_{u,s}$ 是用户 u 和用户 s 的相似度，R 则是客户 s 对物品 p 的分数。当获取了消费者 u 对不同商品的评价预测结果后，将最后的选择行列按照预期评价数据加以排序就可以得出。至此，完成协同过滤的全部推荐过程。

基于用户的协同过滤功能（UserCF），可以满足我们直觉上的"兴趣相似的好友喜爱的东西，我也喜爱"的想法，但从技术的角度，它也存在一些缺点，主要包括以下两点：

（1）在互联网广泛应用的环境下，用户数量通常远大于物品数量，而 UserCF 通过维护数据相似度矩阵才能迅速找到 Top n 的数据。由于客户相似度矩阵的储存费用相当高，并且随着服务的开展以及用户数的增加将导致用户对相似度矩阵的存储以 n^2 的速度快速增长，这也是传统在线存储系统所难以承受的发展速度。

（2）用户的历史数据向量往往十分稀少，对一些有购买和浏览行为的用户而言，寻找类似用户的准确性往往是非常低的，这也造成了 UserCF 不适用于从一些正反馈方式获得信息比较难的使用场合（如酒店预订、大件商品购买等低频应用）。

三、基于物品的协同过滤算法 ItemCF

由于 UserCF 技术上的两点缺陷，无论是 Amazon，还是 Netflix，都没有采用 UserCF 算法，而采用了 ItemCF 算法实现其最初的推荐系统。

简单地说，ItemCF 就是根据产品相似程度自动选择的协同过滤算法。利用计算共现矩阵和物品列中的相似点求得了商品中间的相似矩阵，并对用户的历史上正反馈物品的类似物件做出了继续排列和选择，ItemCF 的具体步骤为：

（1）通过比较历史数据，可以建立以客户（假设用户总数为 m）为行坐标系，商品（商品数量为 n）为列坐标系的 m×n 维的共现矩阵。

（2）计算共现矩阵中列向量之间的一致性（接近度的方式与用户相似度的方式一

致），可以建立 n×n 维的物品相似度矩阵。

（3）获得用户的行为记录中的正反馈行为信息。

（4）通过物品相似度矩阵，可以根据目标系统的行为中的正反馈物品，寻找类似的 Top k 个物品，从而形成相似物品集合。

（5）对相似物品集合中的所有物品，利用相似程度评分进行排列，并得到最后的推荐排列。

（6）在第（5）步中，假设某个产品的众多使用行为历史上的正反馈情况都相同，因此这个物品最终的相似程度就必须是各个产品相似程度的相加。

$$R_{u,p} = \sum\nolimits_{h \in H} (w_{p,h}, R_{u,h}) \tag{11-5}$$

其中，H 是目标系统的所有正反馈物品集合，$w_{p,h}$ 是所有物品 p 和物品 h 中的物品相似点，$R_{u,h}$ 是用户 u 对产品 h 的已有评分。

四、UserCF 与 ItemCF 的应用场景

除了技术实现上的区别，UserCF 和 Item CF 在具体应用场景上也有所不同。

UserCF 根据用户兴趣相似程度进行推荐，使其具有更强的社交特征，用户也可以更迅速地了解和自己兴趣爱好相近的人最近感兴趣的是什么，即使某个兴趣点以前不在自己的兴趣范围内，也有可能通过"朋友"的动态快速更新自己的推荐列表。这样的特性使它特别适合作为新闻的推荐场景。由于资讯本身的关注焦点通常是分散的，相比受众对于不同资讯的兴趣偏好，资讯的时效性、话题度通常是其最关键的特征，而 UserCF 更适用于发掘话题，并且追踪热点的趋势。

但是，ItemCF 却更适合于兴趣变化相对平稳的应用，例如在 Amazon 的电商场景中，当用户在某个时期内更偏向于搜索某种产品时，利用物品相似度为其推荐相应物品就是最有效的。在 Netflix 的视频推荐场景中，用户观看电影、电视剧的兴趣点往往比较稳定，因此利用 ItemCF 推荐风格、类型相似的视频是更合理的选择。

第四节 基于关联规则的推荐

一、什么是关联规则

关联规则是典型的推荐算法，可以在大量的行为信息中找到具有高关联性的规则。这是一个无监督的机器学习方法，它通过历史数据计算不同规则出现的时间和机会，用以进行有效的选择。关联规则的一般步骤是先找到频繁项集，然后在频繁项集中通过可信度筛选获得关联规则。在关联的方法中，最关键的问题是怎样寻找最大频繁项集，常

见的方法有 Apriori 方法和 FP-Growth 树。

在电子商务网络平台中，最常见的相关原则应用为单品选择单品，即通常只要求知道常见的二项集。而且产品相互之间并不能完全均衡售卖，组合、搭售、买赠、企业采购等订单都可以限制商品频繁项集的产生，所以如果用支持度评价商品间的关系，就很容易造成商品产生假性关系。

在关联规则中，因为支持度代表了历史上商品 A 与商品 B 在一起被购买的可能性，所以置信度也代表了 A 对 B 的可信度。由此，可通过"提升度＝支持度（Support）×置信度（Confidence）"的方法，来表示 A 选择 B 或 A 与 B 在一起被选择的可能性。这相对于单纯使用支持度方法更有效，并且防止了支持度中等或置信度中等的关联方法被淘汰。

关联规则推荐算法的优点在于可以从大量的信息中挖掘出人们无法直观感知到的规律，而且往往还可以提供意想不到的规律结果。其不足之处在于无法直接通过模型判断，一般根据行业情况确定结果是否正确。

二、关联规则推荐中的基本概念

1. 前项和后项

假设存在规则 {A，B} → {C}，则称 {A，B} 为前项，记为 LHS（Left Hand Side），{C} 为后项，记为 RHS（Right Hand Side）。

2. 支持度

支持度计算的都是项集，在上例中，{A，B}、{C} 皆是项集。项集在所有交易过程中发生的交易数就是项集支持度，计算公式为：

$$S(A) = \frac{n(A)}{N} \tag{11-6}$$

3. 置信度

置信度计算的是规则，{A} → {B} 为一条规则，以这个规律为例，其置信度为 A、B 同时出现的次数占 B 出现的次数比例，即：

$$C(A \rightarrow B) = \frac{N(AB)}{N(B)} \tag{11-7}$$

4. 提升度

规则的提升度是为了说明在频繁项集 {A} 与频繁项集 {B} 之间的相互独立性，所以 Lift＝1 表示在 {A} 与 {B} 之间彼此独立，也表明两者没有什么关系。如果 Lift<1，说明两个事件是互斥的。通常认为，Lift>3 时才算是有意义的规则。可这样理解规则的提升度：把两个东西捆绑出售的结果，比单独出售两个东西的结果所增加的倍数。当支持度和置信度值都很高时，并不意味着规则很好，但通常是提升度很高，计算公式如下：

$$Lift(A \rightarrow B) = \frac{S(AB)}{S(A)S(B)} \tag{11-8}$$

5. 频繁项集

支持度超过了某个阈值范围的方法就是频繁项集，这种阈值范围一般由经验提供，但也可经由对数据的探索而获得。

6. 强关联规则

置信度超过阈值的频繁项集为强关联规则，一般都是根据实践经验得出，或经过对数据的探索而得出，并经过进一步地尝试与调整以确定为适当的阈值。

三、算法及业务实践

关联规则最典型的是购物篮分析，啤酒和尿布就是一个经典案例。用于早期的亚马逊、京东、淘宝等商品推荐情景中，通常体现为"买过这本书的人还买了×××"，"看了这部影片的人还想看×××"。但其推荐成果中包含的个性化信息相对而言较少，也比较简洁粗略。

但在互联网海量的用户特征中，使用这些算法挖掘频繁项集计算复杂度非常高，所以接下来我们介绍一种在业务实践当中简单实用的关联规则算法。以购物篮子为例，业务场景是通过利用用户的历史购物记录信息，给用户推荐商品。下面介绍如何构建简单的关联规则推荐算法。

1. 数据准备

首先获取客户所展示的商品购买信息，同时关联客户的展示时刻的特征信息。假设总样本数量为 n 个，数据格式如表 11-1 所示。

表 11-1　初始数据

样本序号	用户	特征	商品	用户是否购买
1	u_1	$f_{1,1}$，$f_{1,2}$	i_1	b_1
…	…	…	…	…
n	u_n	$f_{n,1}$，$f_{n,2}$	i_n	b_n

其中用户特征可以是用户历史购买的商品 ID，也可以是用户属性特征，例如年龄、性别、居住地等。

2. 特征交叉

在表 11-1 中，将一个样本的特征两两交叉，得到长度为 2 的特征规则，如 $f_{1,1}$ 和 $f_{1,2}$，再结合原来的长度为 1 的特征规则，就得出了关联特征的输入表，如表 11-2 所示。

表 11-2　rule 输入数据

样本序号	用户	特征	商品	用户是否购买
1	u_1	$f_{1,1}$，$f_{1,2}\cdots f_{1,1}\&f_{1,2}$，$f_{1,1}\&f_{1,3}$	i_1	b_1
…	…	…	…	…
n	u_n	$f_{n,1}$，$f_{n,2}\cdots f_{n,1}\&f_{n,2}$，$f_{n,1}\&f_{n,3}$	i_n	b_n

表 11-2 中只用长度为 1（原始特征）和 2（原始特征两两交叉）的规则作为后面规则的候选集，而不做长度为 3 的规则，重要的思考点在于降低规则的空间复杂程度。

3. 生成关联规则

把表 11-2 的特征展开，使一个特征对应一条记录，如表 11-3 所示。

表 11-3　展开数据

样本序号	用户	特征	商品	用户是否购买
1	u_1	$f_{1,1}$	i_1	b_1
1	u_1	$f_{1,2}$	i_1	b_1
…	…	…	…	…
1	u_1	$f_{1,1}\&f_{1,2}$	i_1	b_1
…	…	…	…	…
k	u_k	$f_{k,1}$	i_k	b_k
…	…	…	…	…

计算每个规则的支持度、置信度、提升度。首先做变量声明：

f→i：表示具备特征 f 的用户购买商品 i 的事件

$s_{f,i}$：表示规则 f→i 的支持度

$c_{f,i}$：表示规则 f→i 的置信度

$s_{f,i}$：计算方法为：在统计表中同时满足特征 =f，商品 =i，用户的购买 =0 的记录条数记为 $notbuyers_{f,i}$

$$C_{f,i} = \frac{buyers_{f,i}}{buyers_{f,i} + notbuyers_{f,i}} \tag{11-9}$$

规则选择，规则可以通过以下条件进行过滤：

条件 1：大于或等于某个值，参考值取 20~100。

条件 2：对每个规则的支持度做降序，并选取 75 位数作为参考值，即 $s_{f,i}$ 超过或等于这个数值。

条件 3：对每个规则的置信度做降序，并选取 75 位数的参考值，即 $c_{f,i}$ 必须超过或等于这个数值。

4. 给用户推荐商品

指定了一个用户 u 和一个商品 i，并使用上述方式将得到用户 u 的所有数据集合记为 F。我们用该用户特性集合下，以每个相对 i 有效特征的平均数度量用户 u 对该物品的选择可能性 $p(u, i)$：

$$p(u, i) = avg_{f \in F(C_{f,i})} \tag{11-10}$$

使用此方法在全库商品中求前十得分的产品推荐给消费者。在实际计算中，不会采用全库计算，只是通过特征索引算法来避免多余的运算。

第五节　基于分类、聚类的推荐

一、基于决策树的推荐算法

1. 算法简介

决策树是典型的机器学习分类算法，主要的代表方法是 ID3、C4.5、CARD，原理上可简单理解为经过对数据整理、归纳后得出的分类规则，以相亲见面的决策规则为例，如图 11-3 所示。

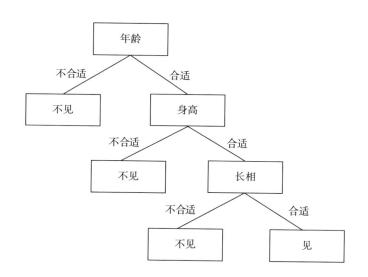

图 11-3　由 3 个属性构成的决策树

在决策树中，每个叶子节点都代表了一种决策规则（一般叶子节点的类目相当于该节点数据最多的类目），决策树算法的目标是获取准确率最高的准则，而决策规则的准确率可由叶子节点的复杂度来衡量。

2. 复杂度计算

以下列出两种最常用复杂度的计算方法，假设有样本集合 X，总共的类目就有 n 个，p_i 代表在第 i 个类目的占比。

（1）信息熵：

$$H(X) = -\sum_{i=1}^{n} p_i \log(p_i) \qquad (11-11)$$

式（11-11）中，数据信息熵的值越大，复杂度越高，样本的不确定性越大。

（2）基尼指数：

$$Gini(X) = 1 - \sum_{i=1}^{n} p_i^2 \qquad (11-12)$$

式（1-12）中，基尼指数越大，复杂度越高，样本的不确定性也越大。

3. 裂分指标

在决策树的创建过程中，每一节点的裂分都必须考虑选择哪个属性裂分使系统的复杂度减少得多。不同算法采用的裂分算法不同。

（1）ID3：信息增益。

$$G(A) = H(X) - \frac{\sum_{i=1}^{n} |X_i| H(X_i)}{|X|} \qquad (11-13)$$

其中，$H(X)$ 表示裂分前系统的复杂度，$\dfrac{\sum_{i=1}^{n} |X_i| H(X_i)}{|X|}$ 表示裂分后系统的相对复杂度。该值越大，表明裂分方式使整个系统更加有序。

（2）C4.5：信息增益率。

$$GR(A) = \frac{G(A)}{SplitInfo_A(X)} \qquad (11-14)$$

$$SplitInfo_A(X) = -\sum_{i=1}^{m} p_{A,i} \log(p_{A,i}) \qquad (11-15)$$

其中，$p_{A,i}$ 表示 A 属性的第 i 个取值占比，其中 $SplitInfo_A(X)$ 表示的意思是属性 A 的复杂度，该方法在考察系统中纯度增量变化的同时，还考察了属性 A 的复杂度。该值越大，表明裂分方式使系统更为有序。

在 ID3 算法中，因为所考虑的是通过数据信息增益计算系统纯度数量，所以通常都会选取复杂度最高的属性予以裂分，而复杂度最高的属性取值方法分段会有多个，从而造成裂分后的某个节点只有一些少量数据而不具有预测的统计学含义，C4.5 根据这些实际问题而加以改进。

（3）CARD：基尼系数。

$$Gini(X \mid A) = \frac{|X_1|Gini(X_1)}{|X|} + \frac{|X_2|Gini(X_2)}{|X|} \tag{11-16}$$

CARD 算法得到的决策树为一个二叉树，每个裂点都只裂分为两个节点，Gini（X｜A）代表裂分后的复杂度，该值越高，表明样本无序性越大，X_1、X_2 是 X 的裂分后的两个样本集（裂分办法为遍历全部可能的裂分，找出 Gini（X｜A）最少的那个点）。其值越小，表明这种裂分方式使系统更加有序。

4. 决策树生成

输入：$D = \{(x_1,\ c_1),\ (x_2,\ c_2),\ \cdots,\ (x_n,\ c_n)\}$。

裂分指标：选择一个裂分指标（信息增益、信息增益率、Gini 系数）。

节点裂分的终止要求：先确定节点最少样本数和最大深度。

第一步：首先选定某个可裂分的节点 D_i，其次循环统计每个属性的裂分指标，最后选定最优的指标使得整个系统中最有序的那个属性为裂分点，最后得出数据集 D_{i+1}，D_{i+2}，$\cdots$。

第二步：检查每个叶子节点是不是都满足了裂分的终止要求，是，则进行第三步，否，则再进行第一步。

第三步：剪枝。

第四步：返回决策树 T。

5. 业务实践

业务场景：以应用于商城的应用及个性化推荐为例。

第一步：建立用户画像，并收集用户下载历史记录、已安装使用历史记录、用户的社交属性（年龄、性别、学历、所在城市）。

第二步：建立应用画像，应用画像中包含了应用 ID、应用类别、应用标签、应用安装量排名、应用 CTR 等。

第三步：样本收集，获取数据历史曝光并加载应用数据（字段：客户 ID、使用 ID、是否使用），并通过客户 ID、使用 ID 与画像、使用画像关联起来获得样本信息（用户 ID、应用 ID、用户画像、应用图像、是否下载）。

第四步：建立模型训练样本，通过定义用户画像与应用画像中不同类型特征的交叉规则产生模型特征，再使用定义好的交叉规则对所有样本产生建模特征，从而获得模型训练样本（模型特征，是否下载）。

第五步：模型训练，模型训练样本，训练 CARD 算法，从而获得预测模型。

第六步：模型使用，首先给出一个用户和应用，其次根据上述方式得出用户的用户图像和应用的应用画像，最后利用已经定义好的交叉特征规则得出模型特征，将模型特征代入模型中得到预测值。

二、基于 KNN 的推荐算法

KNN（K 最近邻分类算法）是一个在机器学习中比较简单的算法，应用于推荐中的思路是：假设一个样本在特征空间内的 K 个最相似的样本中的大多数都属于某一种类别，那么这个样本就属于这种类别。

1. 算法简介

KNN（K 最近邻类型算法）是一个在机器学习中比较简单的算法，它的基本原理为：首先针对某个需要分类的物品 A，定义一种刻画物品之间距离的方法；然后寻找与该物品的最近邻 K 个中具有已知类别的物体，在 K 个物品中出现最多的类别即为物品 A 的类别。如图 11-4 所示：

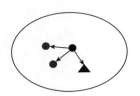

图 11-4　类别判断示意图

K=3，距离 X 最近的 3 个点中，有 2 个是圆圈，所以把 X 判定为圆圈。

在 KNN 算法中，最核心的一点就是如何定义物品间的距离，在这里我们将简要列出一些估算物体间距的办法：欧氏距离、曼哈顿距离、切比雪夫距离、杰卡德系数、夹角余弦、皮尔逊系数。以下说明 KNN 在实际业务中的使用。

2. 业务实践

（1）业务场景 1。以应用商城为例，当客户下载了一个软件时，产生一条"大家也在下载××"的推荐，以下说明了怎样使用 KNN 算法完成在这种场景的推荐：

首先定义应用的维度向量，一个最简便的办法就是离散化所有特征，并且进行 One-hot 编码，可以得出所有维度取值 0/1 的向量 V，比如：如果我们将每个用户都看成一个维度，假设在第 n 个用户安装了应用 A，所以应用 A 的第 n 个维度取值必须为 1，否则为 0，再利用欧氏距离法可得出应用领域 A 和应用领域 B 之间的距离方程：

$$d_{A,B} = | \vec{V_A} - \vec{V_B} | \tag{11-17}$$

给出一个应用 A，然后利用上述方法选择距离最小的四个应用出来，当用户下载了应用 A 之后再向用户，推荐这四个应用。

（2）业务场景 2。网上购物中，通过"猜你喜欢"方式推荐一些商品给客户，根据顾客的历史购买清单，使用杰卡德系数计算消费者和品牌的相关系数：

$$sim_{u,v} = \frac{|A_u \cap A_v|}{|A_u \cup A_v|} \tag{11-18}$$

将用户 u 与用户 v 的距离定义为：$d_{u,v} = 1 - sim_{u,v}$。假设指定了一个用户 u 后，首先寻找距离这些用户最近的 k 个用户，其次从这 k 个用户中根据已购买的用户数对商品进行降序，再减去用户 u 已购买的所有商品，最后选取前 10 个商品并推荐给用户。

三、基于贝叶斯的推荐算法

贝叶斯个性化选择算法（Bayes Personalized Ranking，BPR）基于贝叶斯定理，将所有产品中的信息按需求排列，在实际产品中，BPR 之类的推荐排序方法在海星数据中选择少量数据做推荐的时候具有优势，所以在一些大厂的产品使用中，都比较常用。

1. 算法简介

贝叶斯定理是有关随机事件 A 与 B 的条件概率大小互相转换的一个定理，贝叶斯方程式定义为：

$$P(B_i \mid u) = \frac{P(B_i)P(u \mid B_i)}{\sum_{j=1}^{n} P(B_j)P(u \mid B_j)} = \frac{P(B_i)P(u \mid B_i)}{P(u)} \tag{11-19}$$

其中，$P(B_{i \mid u})$ 代表在出现了事物 u 的情形下，出现事物 B_i 的概率，$P(B_i)$ 代表出现事物 B_i 的发生概率，$P(u)$ 代表出现事物 u 的发生概率。

怎样运用上述定理进行个性化推荐，下面我们将提供一个业务实践的案例。

2. 业务实践

以应用商城的应用介绍为例，服务场景：当客户进入应用商城时，按照客户已经安装的软件向其推荐应用。

第一步：问题分解。

指定一个用户 u 后，向该用户推荐了应用 B，按贝叶斯方程来算，用户安装的概率如下：

$$P(B \mid u) = \frac{P(B)P(u \mid B)}{P(u)} \tag{11-20}$$

假设用户的安装列表都是 $\{A_1, \cdots, A_n\}$，而将用户 u 看成是事件 $\{A_1, \cdots, A_n\}$，为简化问题，假设 A_k 互相独立，所以：

$$P(u \mid B) = P(A_1 \mid B)P(A_2 \mid B)\cdots P(A_n \mid B) = \prod_{i=1}^{n} P(A_i \mid B) \tag{11-21}$$

式（11-21）可以简化为：

$$P(B \mid u) = \frac{P(B)\prod_{i=1}^{n} P(A_i \mid B)}{P(u)} \tag{11-22}$$

在推荐场景中，是对一个用户计算不同应用的得分，之后再以降序方式加以推荐。而对同一个用户来说 $P(u)$ 是固定的，于是我们应该使用下列方法用作排序：

$$sortScore(u, B) = P(B) \prod_{i=1}^{n} P(A_i \mid B) \tag{11-23}$$

在贝叶斯推荐模型中的重要参数有两种组合，它们是：

$\{P(B) \mid B \in I\}$ $\{P(A_i \mid B) \mid B \in I,\ A_i \in I,\ A_i \neq B\}$

第二步：数据准备。

首先获取用户在应用商店中的历史展示记录，其次关联应用在展示时刻中的安装列表，数据格式如表11-4所示。

表11-4 初始数据

用户	已安装列表	展示应用	用户是否安装
u_1	A_1, A_2, …	B_1	b_1
…	…	…	…

第三步：模型参数计算。

首先指定一个应用 B，根据表11-4，将"展示应用 = B"的采样数记为 showNums$_B$，其次计算出"显示应用领域 = B"且"客户是否安装 = 1"的数量记为 installNums$_B$，那么：

$$P(B) = \frac{installNums_B}{showNums_B} \tag{11-24}$$

参数集合 $\{P(A_i \mid B) \mid B \in I,\ A_i \in I\}$ 中指定的一个展示应用 B 及 A_i，首先统计"$A_i \in$ 已安装列表"且"展示应用 = B"的样本数，记为 showNumsA_i, B。接着，统计"$A_i \in$ 已装载列表"且"展示应用 = B"且"用户已经装载 = 1"的样本数，记为 installNumsA_i，那么：

$$P(A_i \mid B) = \frac{installNums_{A_i, B}}{showNums_{A_i, B}} \tag{11-25}$$

在计算 P($A_i \mid B$) 值时可能会出现样本不够的情形，导致算出异常数值，如果想要减少这一类情形，必须按照经验增加一个最小的安装数限制，在这里我们可以定义为如果最小安装次数为100，那么：

$$P(A_i \mid B) = \begin{cases} P(A_i),\ installNums_{A_i, B} < 100 \\ \dfrac{installNums_{A_i, B}}{showNums_{A_i, B}},\ installNums_{A_i, B} \geqslant 100 \end{cases} \tag{11-26}$$

其中 P(A_i) 表示在所有用户中，安装了该应用 A_i 用户的占比。

第四步：给用户推荐应用。

首先给出一个用户 u，以及一个候选的推荐应用池，其次我们采用以上方式统计应用 u 对候选池中所有应用的分数 sortScore（u，B），再次按照这一值做降序，最后选取前十的应用推荐给客户使用。

四、基于随机森林的推荐算法

1. 算法简介

随机森林（RF）是决策树和 bagging 结合的一种分类回归算法，是由若干个决策树所组成的一套 bagging 型决策系统。在使用 RF 进行预测过程中，我们把所需要的样本数据提供给每一棵决策树，每棵树都得到了个叶子节点，在预测的时候，假如是回归问题则计算每棵树叶子节点的平均数，假如是分类问题则求每棵树叶子节点类中存在最多的那个类型。

RF 每棵决策树的构建方法主要包括：

第一步：用 M 代表数据总特征维度，N 代表样本总量，m 代表特征抽样维度。

第二步：有放回地随机选择 N 个样本作为这棵树的训练样本。

第三步：对训练样本建立决策树，在每个裂分前随机选择 m 个特征，裂分前特征从这 m 个特征中选取一组最佳的裂分特点。

第四步：不做剪枝，直到不裂分为止。

2. 业务实践

在实际的业务使用中和决策树很相似，但在上述讲解的决策树业务实现中可直接使用 RF 算法作为决策树，构建的方式也如之前所述，通过反复地随机抽取和抽取特征构成了多棵决策树，而决策树的棵数要结合分析准确度和建模复杂度情况决定。

五、推荐系统实现用户聚类推荐

聚类分析（Cluster Analysis），也叫作群集分析，是将一个数据点分组的机器学习方法。给定了一组数据点，就可以通过聚类算法把这些数据点分在特定的小组内。推荐方法就是首先对用户进行聚类，其次向每个聚类者提供对该类用户感兴趣的信息。

前两步的结果都将会存入到高速缓存中，然后是在线服务利用缓存进行推荐，如图 11-5 所示。

1. 用户聚类

类别信息：性别、年龄、职业等。

特征处理：使用 One-hot 把类别信息变成 0、1 的值。

行为列表：播放、购买等。

特征处理：使用 Word Embedding 的技术，转变成一个定长的密集向量 Word Embedding：把有序列表输出成定长向量，每一个向量的值是一个数字，这样不同人的行为列表就可以通过向量直接计算相似度。

特征处理之后，把 One-hot 向量列表和 Word Embedding 向量列表拼接成一个大的向量列表（Vector Assembler），里面都是数字把 Vector Assembler 输出给聚类算法 K-means。

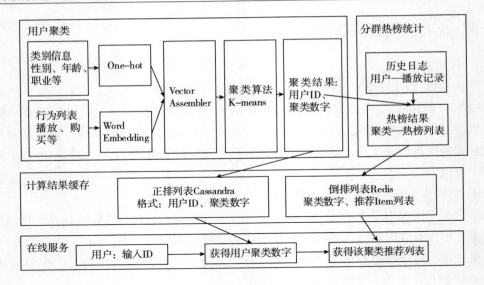

图 11-5　用户推荐系统

聚类算法，比如说 K-means，是按照距离度量的常见的聚类算法。聚类算法的计算结果包括用户 ID（key）、聚类数字（value）。把计算结果做两个输出，一个缓存到高速缓存中，另一个到下一步进行分群热榜统计。

2. 分群热榜统计

首先由历史日志、用户—播放记录，收到聚类结果之后，把聚类结果和历史日志通过用户 ID 进行连接，然后就可以计算每个聚类的热榜结果，格式是：聚类—热榜列表，把热榜结果发给缓存。

3. 计算结果缓存

（1）聚类结果：正排列表，一般使用 Cassandra。

格式：用户 ID、聚类数字。

（2）分群热榜统计结果：倒排列表，一般使用 Redis。

格式：聚类数字、推荐 Item 列表。

这两个列表可以通过聚类数字进行关联。

4. 在线服务

当用户请求的时候，可以得到用户 ID，在缓存的第一个列表中获取聚类数字，然后在第二个列表中获取推荐列表，这样既得到了聚类数字又获取了推荐列表。

聚类推荐的优点：实现简单，数据存储量很小。可用于新用户冷启动，使用用户注册信息，从站外获取用户信息、行为列表，用聚类即可实现个性化推荐。缺点：精度不高，群体喜欢的内容并不一定个人喜欢，不够个性化。

第六节 基于 W2V 的推荐算法

1. 算法简介

W2V 是 2013 年由 Google 开源的一个可以进行词向量运算的工具，这个算法所提出的场景主要是针对 NLP 中的词向量化的问题，而一般计算词向量的方式为 One-hot 编码，但 One-hot 编码主要存在两个问题，第一个问题是维度极高不能直接用作词模型的输入变量，第二个问题就是数字与单词之间缺乏关联。W2V 的出现破解了这两个难题，因为 W2V 是利用神经网络对词的中低维度的向量化。

W2V 有两个模型，一个是 CBOW 模型，另一个是 Skip-gram 模型。两个模型都是对词进行向量化，但不同之处就是：CBOW 是以某个词为输出目标，以与这个词最邻近的词作为输入目标；Skip-gram 是以某个词为输入，再以与这个词邻近的词作为输出目标。

以 CBOW 模型为例，该模型的结构如图 11-6 所示：

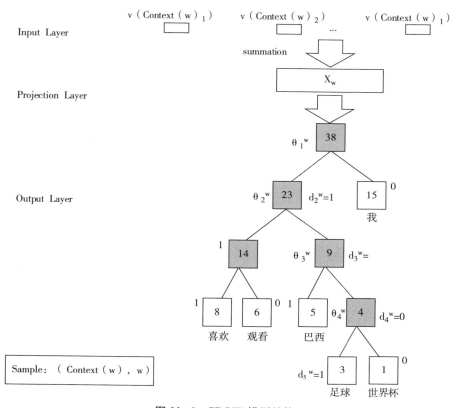

图 11-6　CBOW 模型结构

各层关系为：

Input 层：以一个单词为输出目标，以该单词及其邻近的词向量作为输入。

Projection 层：将 Input 层次的每个向量重叠并求和。

Output 层：首先，为语料库中的各个词都建立哈夫曼树编码（不采用 One-hot 编号，One-hot 编号太稀疏）。其次，为每一个哈夫曼树节点都创建一种逻辑斯蒂分类模型，模型的全部输入都作为 Projection 的输出。

2. 模型训练

模型的基本参数还包含对每一个词的词向量以及在哈夫曼树中对每一个节点的逻辑斯蒂回归参数 θ_1^w。

哈夫曼树中的各个节点都是通过一个逻辑斯蒂回归函数，将输出的名词作为叶子节点路径上的各个节点的分类（路径走左分枝为 1，右分枝非 0）作为训练目标。例如，将图 11-6 中的输出词设为"足球"，其路径为：

$$\sigma(X_w\theta_1^w)=1,\ \sigma(X_w\theta_2^w)=0,\ \sigma(X_w\theta_3^w)=0,\ \sigma(X_w\theta_4^w)=1 \tag{11-27}$$

损失函数的建立，采用了交叉熵的结构，以某个样本为例，将样本的输入词向量求和为 XW，若输入词为 M，则该词相应的哈夫曼树路径为 T（M），则该样本的损失函数为：

$$onelos(v,\ \theta_i^w)=\sum_{i\in T(M)} y_i\log\left[\sigma(X_w\theta_i^w)\right]+(1-y_i)\log\left[1-\sigma(X_w\theta_i^w)\right] \tag{11-28}$$

将每个样本根据式（11-28）计算损失函数，求和后得出模型的损失函数为：

$$los(v,\ \theta_i^w)=sum\left[onelos(v,\ \theta_i^w)\right] \tag{11-29}$$

利用梯度下降法计算所有词的词向量 vi。

3. 业务实践

应用：在互联网的购物环境中，可以使用通过 W2V+BP 实现个性化推荐。

第一步：对商品进行向量化。将所有用户都视为一篇文章，将其中的商品根据时间排序，把商品看作词，并以模型 W2V 得到了商品的词向量。

第二步：样本收集。在客户端中，对客户的商品曝光和购物数据进行收集，以客户历史购物的商品清单为客户画像，以在客户曝光商品后客户如何购物为目标变量。

第三步：构造 W2V+BP 的模型。模型的输入主要有两条，第一条是用户购买商品的向量均值，第二条则是曝光商品的向量。模型的输出为客户是否购买曝光的商品，以及它们之间通过 BP 网络进行连接，如图 11-7 所示。

第四步：模型训练与应用。模型训练：目前业界普遍采用 TF 进行训练实现，BP 网络的训练节点数量和层数则要依据实际训练情况决定。

模型应用：先指定一个客户 u 和一个商品 i，将客户 u 的物品向量均值和商品 i 的向量作为模型输入，求商品 i 的模型得分。通过此功能，可以统计出用户 u 上全部候选商品的模型分数，将物品的模型分数降序后推荐给客户。

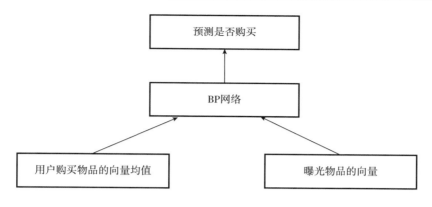

图 11-7　W2V+BP 模型

第七节　应用案例

案例名称：电影推荐系统

在电影推荐中，由于电影的消息数量远远超过了用户的有效评价消息，而使用 Iterm-based 的协同过滤算法则会产生很大的计算工作量和较低的准确度，所以我们可以选用 User-based 的协同过滤算法进行电影推荐。User-based 协同过滤算法进行的电影推荐一般包括三个阶段：第一阶段，利用用户的历史信息建立了用户—电影评分矩阵。第二阶段，通过选取适当的相似度公式计算用户间的相似性。第三阶段，通过第二阶段得出用户间的相似性，利用近邻用户与当前用户间已评论电影的差别，最后使用预测公式做出预测。

1. 数据说明

本案例以大量数据如电影名称、类型、电影的评分，建立起一个数据集，以此构建模型，进行电影推荐。数据如图 11-8 和图 11-9 所示。

2. 模型说明

（1）用户—电影评分矩阵的构建。在网站中获取 MovieLens 数据集之后，对用户—影片评分矩阵进行构建。数据集包括了 610 个用户对不同影片的 10 万多条评价，分值范围为 1~5，不同的用户通过电影 ID 相互联系，如图 11-10 所示。

（2）寻找近邻用户。关于各种客户间的相似之处，人们常常采用最单纯的欧氏距离法来计算，因此本书拟通过皮尔逊相关系数，对各种客户间的相似性进行计算。而针对不同类型的客户，通常皮尔逊相关系数取值在 [-1，1] 之间，但如果皮尔逊相关系

movieId	title	genres
1	Toy Story (1995)	Adventure|Animation|Children|Comedy|Fantasy
2	Jumanji (1995)	Adventure|Children|Fantasy
3	Grumpier Old Men (1995)	Comedy|Romance
4	Waiting to Exhale (1995)	Comedy|Drama|Romance
5	Father of the Bride Part II (1995)	Comedy
6	Heat (1995)	Action|Crime|Thriller
7	Sabrina (1995)	Comedy|Romance
8	Tom and Huck (1995)	Adventure|Children
9	Sudden Death (1995)	Action
10	GoldenEye (1995)	Action|Adventure|Thriller
11	American President, The (1995)	Comedy|Drama|Romance
12	Dracula: Dead and Loving It (1995)	Comedy|Horror
13	Balto (1995)	Adventure|Animation|Children
14	Nixon (1995)	Drama
15	Cutthroat Island (1995)	Action|Adventure|Romance
16	Casino (1995)	Crime|Drama
17	Sense and Sensibility (1995)	Drama|Romance
18	Four Rooms (1995)	Comedy
19	Ace Ventura: When Nature Calls (1995	Comedy
20	Money Train (1995)	Action|Comedy|Crime|Drama|Thriller
21	Get Shorty (1995)	Comedy|Crime|Thriller
22	Copycat (1995)	Crime|Drama|Horror|Mystery|Thriller
23	Assassins (1995)	Action|Crime|Thriller
24	Powder (1995)	Drama|Sci-Fi
25	Leaving Las Vegas (1995)	Drama|Romance

图 11-8 电影名称、类型的数据

userId	movieId	rating	timestamp
1	1	4	964982703
1	3	4	964981247
1	6	4	964982224
1	47	5	964983815
1	50	5	964982931
1	70	3	964982400
1	101	5	964980868
1	110	4	964982176
1	151	5	964984041
1	157	5	964984100
1	163	5	964983650
1	216	5	964981208
1	223	3	964980985
1	231	5	964981179
1	235	4	964980908
1	260	5	964981680
1	296	3	964982967
1	316	3	964982310
1	333	5	964981179
1	349	4	964982563
1	356	4	964980962
1	362	5	964982588
1	367	4	964981710
1	423	3	964982363

图 11-9 电影评分数据

电影ID 用户ID	1	2	3	4	5	......
1		4		4		
2					2	
3						3
4		5				
5		4				
......					......	......

图 11-10 用户—电影评分矩阵

数越接近于 1, 则说明两种客户间越存在明显关联, 二者都对电影有着同样的个人偏好。当皮尔逊系数最靠近于 -1 时, 两者之间为绝对负相关, 以及说明两人对影片的个人偏好为完全相反。当皮尔逊相关系数小于 0 时, 则说明两种客户对影片的个人偏好并没有过大的关系。

$$r = \frac{N\sum x_i - y_i - \sum x_i \sum y_i}{\sqrt{N\sum x_i^2 - \left(\sum x_i\right)^2}\sqrt{N\sum y_i^2 - \left(\sum y_i\right)^2}} \tag{11-30}$$

其中, r 代表皮尔逊系数, i 则代表电影的编号, x 与 y 分别表示 2 个不同的用户。针对每一个用户, 我们采用了皮尔逊系数排名, 并筛选前 10 个用户成为近邻用户, 并通过他们对影片的评价做出电影的推荐。

(3) 电影推荐。针对我们将要推荐的用户, 我们通过近邻用户间的评分进行预测。

$$p(x, m) = \overline{r_x} + \frac{\sum_{n \in I} s(x, n) \times (r_{n, m} - \overline{r_n})}{\sum_{n \in I} s(x, n)} \tag{11-31}$$

其中, p 表示用户 x 对电影 m 的预测评分, s 则是用户 x 的一些近邻用户。目标数据的近邻集合就是 I_m。如果我们将所获得的所有预测结果都置于统一的集合内, 并对预测结果进行降序排列, 就能得出具体的电影推荐结果, 并将结果输出。

3. 代码实现

```
import pandas as pd
from math import *
import numpy as np
"""
读取 movies 文件, 设置列名为'videoId', 'title', 'genres'
读取 ratings 文件, 设置列名为'userId', 'videoId', 'rating', 'timestamp'
通过两数据框之间的 videoId 连接
保存'userId', 'rating', 'videoId', 'title'为 data 数据表
"""
```

```
    movies = pd. read_csv("D:/Documents/ml-latest-small/movies. csv", names = ['videoId', 'title', 'genres'])
    ratings = pd. read_csv("D:/Documents/ml-latest-small/ratings. csv", names = ['userId', 'videoId', 'rating', 'times-
tamp'])
    data = pd. merge(movies, ratings, on = 'videoId')
    data[['userId', 'rating', 'videoId', 'title']]. sort_values('userId'). to_csv('D:/Documents/ml-latest-small/da-
ta. csv', index = False)
    """
    新建一个 data 字典存放每位用户评论的电影和评分, 如果字典中没有某位用户, 则使用用户 ID 来创建这位用
户, 否则直接添加以该用户 ID 为 key 字典中
    """
    file = open("D:/Documents/ml-latest-small/data. csv", 'r', encoding = 'UTF-8')
    data = {}
    for line in file. readlines():
        line = line. strip(). split(',')
        if not line[0] in data. keys():
            data[line[0]] = {line[3]:line[1]}
        else:
            data[line[0]][line[3]] = line[1]
"""
找到两位用户共同评论过的电影, 然后计算两者之间的欧氏距离, 最后算出两者之间的相似度, 欧氏距离越小两者
越相似
"""
def Euclidean(user1, user2):
    user1_data = data[user1]
    user2_data = data[user2]
    distance = 0
    for key in user1_data. keys():
        if key in user2_data. keys():
            distance += pow(float(user1_data[key]) - float(user2_data[key]), 2)
    return 1/(1 + sqrt(distance))
"""
计算某个用户与其他用户的相似度
"""
def top_simliar(userID):
    res = []
    for userid in data. keys():
        #排除与自己计算相似度
        if not userid == userID:
            simliar = Euclidean(userID, userid)
            res. append((userid, simliar))
    res. sort(key = lambda val:val[1])
    return res[:4]
"""
从控制台输入需要推荐的用户 ID, 如果用户不在原始数据集中则报错, 重新输入
"""
getIdFlag = 0
while not getIdFlag:
    inputUid = str(input("请输入用户 ID\n"))
```

```
Try：
        uid＝data［inputUid］
        getIdFlag＝1
except Exception：
        Print（"用户 ID 错误,请重新输入\n"）
"""
根据与当前用户相似度最高的用户评分记录,按降序排列,推荐出该用户还未观看的评分最高的 10 部电影
"""
def recommend（user）：
    top_sim_user＝top_simliar（user）［0］［0］
    items＝data［top_sim_user］
    recommendations＝[ ]
    for item in items. keys（）：
        if item not in data［user］. keys（）：
            recommendations. append（（item, items［item］））
    recommendations. sort（key＝lambda val：val［1］, reverse＝True）    #按照评分排序
    return recommendations［:10］
"""
根据输入的用户 ID,输出为他推荐的影片
"""
Recommendations＝recommend（inputUid）
Print（"为用户"+inputUid+"推荐下列评分最高的 10 部影片\n"）
for video in Recommendations：
    Print（video）
```

4. 结果分析

程序运行结果如下：

请输入用户 ID：50

为用户 50 推荐下列评分最高的 10 部影片

（'Psycho（1960）', '5.0'）

（'Star Wars：Episode V－The Empire Strikes Back（1980）', '5.0'）

（'300（2007）', '5.0'）

（'Braveheart（1995）', '5.0'）

（'Midnight in Paris（2011）', '5.0'）

（'This is the End（2013）', '5.0'）

（'12 Angry Men（1957）', '5.0'）

（'Nightcrawler（2014）', '5.0'）

（'Drive（2011）', '5.0'）

（'Star Wars：Episode IV－A New Hope（1977）', '5.0'）

输入用户 ID，即可为用户推荐评分最高的 10 部影片。

本章小结

推荐系统内容十分丰富，用途也十分广泛。第一节概述了推荐系统中几种常见的推荐策略，包括基于内容推荐、基于协同过滤推荐、基于关联规则推荐、基于效用推荐、基于知识推荐以及推荐方法的组合。推荐系统的评价包括用户满意度、预测准确度、覆盖率、多样性、新颖性和惊喜度。第二节概述了推荐系统的架构，从逻辑框架、技术架构以及数据三方面讲述了推荐系统的架构部分。第三节介绍了协同过滤推荐，包括什么是协同过滤及其比较重要的问题，即用户相似度计算和最终结果的排序，并讲述了 UserCF 与 ItemCF 的区别及各自的应用场景。第四节概述了关联规则推荐中的一些基本概念，还介绍了基于关联规则的推荐算法及其业务实践，主要包括 Apriori 算法和 FP-Growth 树。第五节介绍了基于分类、聚类的几种主要的推荐算法及其业务实践，包括决策树、KNN、贝叶斯、随机森林等。第六节主要介绍了 W2V 算法及其业务实践。第七节为应用案例。

思考练习题

一、思考题

1. 推荐系统常用于哪些领域？请举例说明。
2. 推荐系统常用的方法有哪些？这些方法分别适用于什么场合？

二、简答题

1. UserCF 与 ItemCF 的特点是什么？有哪些适用的场景？
2. 推荐系统的功能是什么？

参考文献

［1］Fan X，Jiang M，Pei Z . Text Classification Based on Word2vec and Convolutional Neural Networks ［J］. Basic & Clinical Pharmacology & Toxicology，2019（S1）：124.

［2］ Lian S, Tang M. API Recommendation for Mashup Creation Based on Neural Graph Collaborative Filtering ［J］. Connection Science, 2021 （7）: 1-15.

［3］ Liu D, Jiang H, Li X, et al. DPWord2Vec: Better Representation of Design Patterns in Semantics ［J］. IEEE Transactions on Software Engineering, 2020 （99）: 1.

［4］ Wu C, Liu S, Zeng Z, et al. Knowledge Graph-based Multi-context-aware Recommendation Algorithm ［J］. Information Sciences, 2022 （595）: 179-194.

［5］ 陈克寒, 韩盼盼, 吴健. 基于用户聚类的异构社交网络推荐算法 ［J］. 计算机学报, 2013, 36 （2）: 349-359.

［6］ 韩东冉. 基于文本处理的新闻推荐系统的设计与实现 ［D］. 北京: 北京交通大学, 2018.

［7］ 纪文璐, 王海龙, 苏贵斌, 等. 基于关联规则算法的推荐方法研究综述 ［J］. 计算机工程与应用, 2020, 56 （22）: 33-41.

［8］ 李涛, 王建东, 叶飞跃, 等. 一种基于用户聚类的协同过滤推荐算法 ［J］. 系统工程与电子技术, 2007, 29 （7）: 1178-1182.

［9］ 刘建国, 周涛, 汪秉宏. 个性化推荐系统的研究进展 ［J］. 自然科学进展, 2009, 19 （1）: 1-15.

［10］ 荣辉桂, 火生旭, 胡春华, 等. 基于用户相似度的协同过滤推荐算法 ［J］. 通信学报, 2014, 35 （2）: 16-24.

［11］ 沈晶磊, 虞慧群, 范贵生, 等. 基于随机森林算法的推荐系统的设计与实现 ［J］. 计算机科学, 2017, 44 （11）: 164-167.

［12］ 王国霞, 刘贺平. 个性化推荐系统综述 ［J］. 计算机工程与应用, 2012, 48 （7）: 66-76.

［13］ 王胜. 基于决策树 ID3 算法研究与实现 ［J］. 齐齐哈尔大学学报 （自然科学版）, 2012, 28 （3）: 64-68.

［14］ 王宇恒. 推荐系统中随机森林算法的优化与应用 ［D］. 杭州: 浙江大学, 2016.

［15］ 张小雷. 基于协同过滤的推荐系统研究综述 ［J］. 数码世界, 2021 （1）: 8-9.

［16］ 张祖平, 沈晓阳. 基于深度学习的用户行为推荐方法研究 ［J］. 计算机工程与应用, 2019, 55 （4）: 142-147, 158.

［17］ 赵俊逸, 庄福振, 敖翔, 等. 协同过滤推荐系统综述 ［J］. 信息安全学报, 2021, 6 （5）: 17-34.